U0167945

一体化计算机辅助设计与分析
——原理及软件开发(上册)

Integration of CAD and FEA：Basic Methods
and Software Development(Volume Ⅰ)

刘　波　刘翠云　编著

北京航空航天大学出版社

内 容 简 介

《一体化计算机辅助设计与分析——原理及软件开发》分为上、下两册。上册内容包括：绪论、有限元方法基本原理(给出了一维到三维各类升阶谱求积单元的形函数及其推导过程)和基于 VTK 的数据可视化(介绍 VTK 基础知识、深入探讨 VTK 底层的架构以及如何基于 VTK 的框架实现自己的算法)。下册内容包括：计算机辅助几何设计原理(给出一套矩阵计算 C++ 模板库、开发一套 NURBS 计算的 C++ 代码、介绍曲面求交技术及 OCCT 的基本原理)和一体化建模与网格生成(介绍基于曲面求交技术、OCCT 和 Gmsh 的一体化建模与网格生成技术)。

本书可作为计算力学、计算机辅助几何设计、计算机图形学、高阶网格生成及相关领域的学者和工程技术人员的参考书籍,也可以作为高校相关专业研究生的教材。

图书在版编目(CIP)数据

一体化计算机辅助设计与分析:原理及软件开发.上册 / 刘波,刘翠云编著. -- 北京 ：北京航空航天大学出版社,2022.12
　ISBN 978 - 7 - 5124 - 3984 - 9

Ⅰ. ①一… Ⅱ. ①刘… ②刘… Ⅲ. ①计算机辅助设计②计算机辅助分析③软件开发 Ⅳ. ①TP391.72②TP391.77③TP311.52

中国国家版本馆 CIP 数据核字(2023)第 000598 号

一体化计算机辅助设计与分析——原理及软件开发(上册)
刘　波　刘翠云　编著
策划编辑　刘　扬　　责任编辑　孙玉杰
*
北京航空航天大学出版社出版发行
北京市海淀区学院路 37 号(邮编 100191)　http://www.buaapress.com.cn
发行部电话:(010)82317024　传真:(010)82328026
读者信箱: qdpress@buaacm.com.cn　邮购电话:(010)82316936
北京凌奇印刷有限责任公司印装　各地书店经销
*
开本:710×1 000　1/16　印张:24.25　字数:546 千字
2023 年 2 月第 1 版　2023 年 2 月第 1 次印刷
ISBN 978 - 7 - 5124 - 3984 - 9　定价:99.00 元

前　言

考虑到解析解本身的复杂程度及应用范围的局限性,作者从 2013 年留校起就开始做数值方法。一开始作者希望数值方法具有解析方法的精度和效率,因此在数值方法中使用了分离变量、正交等解析解的思路。在研究中作者逐渐发现这些特点正是升阶谱方法所具有的,因此作者开始研究升阶谱方法,并于 2014 年申请、获批了国家自然科学基金项目"微分求积升阶谱有限元方法研究及其在结构振动中的应用"。在撰写该项目申请书的时候,作者发现"与国际计算力学软件相比,我国计算力学软件的发展规模及水平仍然有很大的差距,在整体功能与性能上还无法与国外同类产品竞争。因此,不但重大工业项目中的工程力学计算几乎全靠进口程序,甚至一般中小设计院也被进口程序所控制",于是计算力学软件开发成为作者的研究方向之一。在 2013 年的中国力学大会上,大连理工大学的祝雪峰告诉作者有一种称为等几何分析的方法可以直接在 CAD 模型上做有限元分析,于是在 2014 年世界计算力学大会上作者听了等几何分析的全部报告并参加了会后的等几何分析培训班,等几何分析也成为作者的研究方向之一。随着升阶谱方法的逐渐成熟,高阶网格生成逐渐成为它进一步发展的主要障碍,于是高阶网格生成成为作者近几年的研究方向之一。近 8 年作者的主要精力集中在升阶谱方法、等几何分析、计算力学软件开发及高阶网格生成方面,本书是其中部分研究内容的汇总。

作者对升阶谱方法最早的了解来自诸德超教授的著作《升阶谱有限元法》,于 2008 年左右阅读了这本书。当时作者刚完成微分求积有限元方法的工作,为了克服微分求积有限元方法和升阶谱有限元方法的不足,作者将两种方法结合起来提出升阶谱求积元方法。升阶谱求积元方法是在升阶谱有限元方法的基础上在单元的边界上配置了微分求积节点,同时在单元矩阵的计算等方面结合了微分求积有限元方法的一些思想。升阶谱求积元方法继承了升阶谱有限元方法自适应的特点,这种方法更接近固定界面模态综合方法,即在单元边界上有一定数量的节点,在单元内部只需一定数量的固定界面模态即可得到精度很高的结果,但升阶谱求积元方法不需要做模态分析。升阶谱求积元方法对微分求积方法和升阶谱有限元方法也有进一步的发展,主要体现在三角形和四面体单元的构造、C^1 单元的构造以及正交多项式数值稳定性问题的克服等,这对于推动微分求积方法和升阶谱有限元方法的普及也是有意义的。《升阶谱有限元法》主要介绍一维单元、二维矩形和正六面体单元,而且二维和三维结构主要是理论介绍,应用实例很少或没有,存在的数值稳定性问题也没有得到解决。升阶谱求积元方法则涵盖了所有常见类型的单元,如曲边三角、任意四面体单元等,对于二维结构不但有 C^0 单元还有 C^1 单元,正交多项式的数值稳定性问题也克服了。除此之外,作者还初步探索了高阶方法在非线性问题中的应用及高阶网格生成问题,解决这两个问题对于各类高阶方法走向实用或普及有重要意义,特别是高阶网格生成是目前制约高阶方法发展的瓶颈难题,因此作者目前仍然致力于这方面的研究。

目前,在升阶谱求积元方法方面已经有两部著作出版:第一部是国防工业出版社出版的《微分求积升阶谱有限元方法》,第二部是国防工业出版社和世界科学(World Scientific)出版社联合出版的 *A Differential Quadrature Hierarchical Finite Element Method*。本书第 2 章给出了该方法的基本原理介绍,更多内容可参阅上述两本著作。在作者对升阶谱求积元方法的研究中,第一位参与研究的研究生是赵亮,他主要参与了平面三角形单元及 NURBS 方面的研究。随后,伍洋参与了 C^1 单元和薄壁结构的升阶谱求积元分析,卢帅参与了四面体、三棱柱单元的研究,郭茂参与了金字塔单元的研究,石涛和宋佳佳分别参与了几何非线性和材料非线性的升阶谱求积元分析。

近些年等几何分析概念发展迅速、产生了广泛的影响,计算机辅助设计与分析一体化的研究连续几年受到国家重点研发计划项目支持。等几何分析的核心思想与等参单元类似,但采用 CAD 建模所用的 NURBS 作为基函数,目标是实现几何精确、避免 CAD 模型转换成 CAE 模型(即网格生成)过程中的大量时间投入及各种困难出现。借鉴等几何分析的思想,升阶谱求积元方法通过引入 CAD 建模中的 NURBS 建模技术来建立单元的几何模型,从而实现 CAD 模型与有限元计算模型之间的精确转化。但升阶谱求积元方法在等几何分析的基础上还有进一步的发展。等几何分析采用 NURBS 作为基函数,NURBS 基函数的张量积特性使得计算三角形、四面体等单元时存在奇异,而且局部加密会引起全局网格的变化,因此 NURBS 基函数的非插值特性使得施加非齐次边界条件比较困难。而升阶谱求积元方法仍然保留边界上形函数的插值特性,能较好地避免等几何分析的上述问题,同时还能实现几何精确。这对未来实现高精度计算、缩短前处理周期、提高分析效率、实现 CAD 与 CAE 无缝融合具有重要意义。

在等几何分析的研究方面作者要特别感谢北京航空航天大学机械工程及自动化学院的王伟老师。作者在刚开始学习 NURBS 时阅读的第一本书是北京航空航天大学施法中教授编著的《计算机辅助几何设计与非均匀有理 B 样条》(修订版),从该书的致谢部分了解到王伟老师并取得联系,在随后的几年中一直跟王伟老师学习,其中 NURBS toolbox 便是王伟老师教会的。作者的研究生赵亮、卢帅等也都选修了北京航空航天大学机械工程及自动化学院的"计算机辅助几何设计与非均匀有理 B 样条"课程。在等几何分析方面作者还要特别感谢研究生赵亮,他将 *The NURBS Book* 一书中的伪代码转成了 C++代码,本书第 4 章部分相关代码来自赵亮当时的工作。

作者大约从 2017 年开始全力以赴研究计算力学软件开发,当时首先想到的是 C++编程和科学数据可视化。在 C++编程方面作者首先想到的是 MATLAB 编程风格,因为作者多年来一直在使用 MATLAB。作者在搜索之后发现 Armadillo 有这个特点,于是基于 Armadillo 把 NURBS toolbox 转成了 C++语言,完成之后作者惊讶地发现用 C++编写的代码的计算效率居然不如 MATLAB,于是自己编写了一套与 Armadillo 功能类似的矩阵计算模板,这部分工作包含在本书 4.1.1 节中。然后作者结合 *The NURBS Book* 一书重新编写了 NURBS toolbox 转换而来的 C++代码,这部分工作包含在本书 4.1.2 节。在科学数据可视化方面作者采用的是 VTK，在学习 VTK 的过程中主要参阅了《VTK 图形图像开发进阶》及该书作者的博客（https://blog.csdn.net/www_doling_net?type=blog）、*VTK User's Guide*、*The Visualization Toolkit：An Object－Oriented Approach To 3D Graphics* 等。为了更好地学习 VTK，作者向 Kitware 公司交了 12 500 美元的培训费，主要用于咨询问题。VTK 的学习成果被总结在本书第 3 章。在学习 VTK 的过程中作者一度萌生了分析与可视化和 CAD 一体化的思路，并做过一些尝试，这部分工作包含在本书 4.4 节。作者在 2018 年的"中国计算力学大会暨国际华人计算力学大会"还做过相关报告。作者的研究生郭帅和张鑫参与了 VTK 方面的部分工作，本书 3.9 节是基于张鑫学位论文的部分工作。

在高阶网格生成方面目前有两种方法：一种是直接法，即采用经典网格生成算法直接生成所需高阶网格；另一种是间接法，即首先生成一阶（直边）网格然后曲边化并根据是否存在无效单元进行矫正。间接法相对容易，因此目前这方面的文献较多。但间接法需要首先生成线性网格，因此存在常规有限元方法的困难，即难以实现 CAD 与 FEA 的一体化。直接法将高阶方法与网格生成算法和 CAD 建模理论结合，直接生成高阶网格。作者在高阶网格生成方面最先开始探索的是直接法，本书 4.2.5 节曲面求交问题、5.2 节参数曲面求交和裁剪、4.4 节离散多边形曲面的布尔运算、5.3 节网格生成和优化都是这方面的探索。这方面的研究并不顺利，曲面求交算法是 CAD 技术的核心，国际上只有 3 个流行的 CAD 内核。因此作者后来开始探索间接法，并采用了开源 CAD 内核 OCCT，但核心追求仍然是一体化建模与分析。本书 4.5～4.7 节是 OCCT 的一些基础理论，5.4～5.6 节是基于 OCCT、Gmsh 和 FreeCAD 的一体化建模与网格生成平台。

在高阶网格生成方面作者的研究生郭帅参与了 IGES 读取方面的工作，本书 5.1 节是郭帅学位论文的部分工作；研究生孙昊参与了曲面求交与直接法高阶网格生成和优化方面的工作，本书 5.2 节和 5.3 节是孙昊学位论文的部分工作；研究生彭泽宇参与了基于 OCCT、Gmsh 和 FreeCAD 的一体化建模与网格生成平台开发，本书 5.4～5.6 节是彭泽宇学位论文的部分工作。在高阶网格生成技术的研究过程中，作者曾多次向北京航空航天大学机械工程及自动化学院的宁涛教授请教曲面求交技术，在此致以诚挚的谢意。作者的研究生彭泽宇曾在英特工程仿真技术（大连）有限公司实习半年多，在此特别感谢该司的张群总裁、刘洋博士等。作者曾向 OCCT 官方支付 10 000 欧元以学习 OCCT 相关课程，并多次向官方技术人员请教学习，在此一并致以诚挚的谢意。

在作者刚开始做计算力学软件开发的时候，大家对这个领域的前景并不看好，现在形势已经好多了。国家重点研发计划连续几年有"工业软件"重点专项支持，国内从事计算力学软件开发研究的学者已经为数不少，国内这方面的公司也不断涌现，特别是计算机辅助设计与分析一体化连续几年被列入"工业软件"重点专项中，因此本书的出版恰逢其时。本书在撰写过程中既保持了一定的深度，也特别留意内容的易读性。本书可作为计算力学、计算机辅助几何设计、计算机图形学、高阶网格生成及相关领域的学者和工程技术人员的参考书籍，也可以作为高校相关专业研究生的教材。作者希望本书能够起到抛砖引玉的作用，激发更多工程技术和科研人员的研究兴趣，进而推动计算机辅助设计与分析一体化原理及软件开发的发展。

　　本书主要内容是作者和作者的博士、硕士研究生近 8 年的研究成果。作者在此特别感谢邢誉峰教授多年来对研究工作的支持和指导，刘翠云对全书的文字校核，国家自然科学基金（项目批准号：11972004，11772031，11402015）对本书研究工作的资助。本书从开始编写到完稿历经多年，全书不断修改完善务求内容正确无误，限于作者的水平和时间，书中错误和疏忽之处在所难免，恳请读者提出宝贵的建议。

　　本书随书代码下载地址为 https://sourceforge.net/projects/vtk-nurbstoolbox-matlib/files/BookCodes.zip/download。

随书代码下载

刘　波

2022 年 6 月

目　　录

第1章 绪　论

1.1　计算机辅助设计与分析无缝融合技术

在工业中,计算机辅助几何设计(CAGD)给出的标准几何模型一般是基于非均匀有理 B 样条(NURBS)的边界表示(B‑Rep 表示)模型[1,2],而工业中结构分析所采用的主要是有限元方法(FEM),有限元方法一般采用线性的或二次的没有重叠的单元来表示几何模型。因此,从设计到分析的整个工作流程中,网格划分这一几何转换过程成为不可缺少的环节。网格划分及分析一般在计算机辅助工程(CAE)系统中完成。尽管对于很多固体力学分析来说这一几何转换过程并不难,然而对于复杂几何模型而言,这一转换过程的计算量很大、很难完全实现自动化、容易出现有问题的网格,因此常常需要用户手工改进网格[3]。据统计,工程设计中 80% 以上的时间被投入网格划分这一几何转换过程[4],真正用于计算的时间所占比例非常小。对于高效率的虚拟产品开发(VPD)来说,这一几何转换过程已成为一个苛刻的瓶颈[1,3,5-7]。因此,工业中无论是以**设计为导向还是以分析为导向的群体,都迫切需要二者之间几何模型的无缝衔接**[1,2,8,9]。

尽管计算机辅助设计与分析无缝融合的重要性已经被讨论了几十年[2],然而对工程实践的影响一直很小,直到等几何分析的概念被提出才掀起研究热潮[4,10],短短十多年就有许多成果发表,开拓了设计与分析的一个新视角[1,2]。**先进制造产业的发展水平是国家核心竞争力的重要标志,而计算机辅助设计与分析的无缝融合则是先进制造领域亟需解决的核心问题之一**[4,9,10]。除等几何分析外,还有把虚拟区域法与 p‑型有限元方法结合起来的有限元胞方法(finite cell method)等[1,7,11,12]。

等几何分析采用国际计算机辅助设计(CAD)系统标准所用的 NURBS 作为有限元分析的基函数[10]。其基本思想是:首先把精确的 CAD 几何用 NURBS 曲面来表示,然后再构造稀疏的、能够精确表示 CAD 几何的 NURBS 单元。这里的"精确"指从有限元分析角度把 CAD 模型看作是精确的。Hughes 在文中说生成精确的 NURBS 单元**"显然不是一件简单的事情,但却值得大量的研究,一旦这个目标实现了,就等于开启了通向强大应用的一扇门"**。在随后的计算中采用 CAD 所用的节点插入、升阶方法来分别实现 h‑精化和 p‑精化,由于其基函数的嵌套特性,还可以实现 k‑精化。k‑精化在某些方面比 p‑精化更有优势。在这些精化过程中,不再需要与 CAD 系统交换信息,但始终保持几何是精确的。由于 NURBS 基函数优越的数学特性,等几何分析能够得到非常好的结果,已经被应用于很多领域[4]。

然而,NURBS 基函数的张量积特性及非插值函数等特性,使得基于 NURBS 的等几何分析在局部精化[8,13-15]、处理裁剪曲面[5,8,13,16,17]、处理三角形和四面体单元[18-21]、处理非齐次边界条件[10,13,22-25]、片之间的 C^1 连续等方面存在明显不足[13,19,26];而且由于 CAD 系统大多采用边界表示模型[1,2],这使得等几何分析的应用主要局限于二维结构[2,6,27]。有限元胞方法虽然在处理构造实体几何(CSG)方面更有优势[2],但还存在一些问题[28,29]:

(1) NURBS 几何的张量积特性决定其参数域定义在矩形网格上,局部的精化会引起整行或整列网格的变化(见图 1.1-1)[8,13,14]。为了克服 NURBS 基函数的不足,Giannelli 等[15]采用可以局部精化的层次 B 样条(hierarchical B - splines)做等几何分析。Sederberg[30,31]提出的 T 样条允许"T"形联结点的存在(见图 1.1-2),因此可以只插入一个控制点而不产生不必要的控制点。T 样条的每个控制点都有一组节点向量,例如 T 样条曲面可以表示为

$$S(s,t) = \frac{\sum_{i=1}^{n} B_i(s,t) w_i \boldsymbol{P}_i}{\sum_{i=1}^{n} B_i(s,t) w_i} \tag{1.1-1}$$

其中,$\boldsymbol{P}_i$ 为控制点;w_i 为权因子;$B_i(s,t) = N_i(s) N_i(t)$ 是 T 样条的基函数,其中 $N_i(s)$ 和 $N_i(t)$ 分别是定义在节点向量 $s_i = [s_i, s_{i+1}, \cdots, s_{i+p+1}]$ 和 $t_i = [t_i, t_{i+1}, \cdots, t_{i+p+1}]$ 上的 B 样条基函数。如果 T 样条也是定义在张量积网格上,则与 B 样条是等价的[8,13,30,31]。T 样条已被用于等几何分析[17,32,33]。作者提出的升阶谱求积元方法[34-36]本身就具有自适应分析的特点,可以采用精确的 NURBS 单元、易于链接不同自由度的单元,只单元边界上需要一定数目的节点,单元内部使用很少数目的升阶谱基函数就可以得到精度很高的结果[34,37],但目前尚未实现与 CAD 系统的无缝融合。

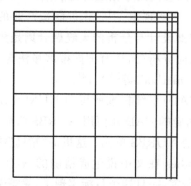

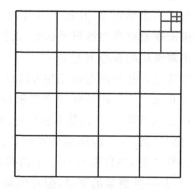

(a) 由于NURBS的张量积特性,通过节点插入实现的h-精化会引起全局网格的精化

(b) 期望的局部精化效果

图 1.1-1 NURBS 单元的局部精化

(2) 张量积几何不够灵活,复杂的几何模型必须通过多个张量积几何模型的拼接

或裁剪运算得到[13,16]。如果采用拼接模型做等几何分析，由于各片之间只是 C^0 连续，那么分析复杂几何模型时还需要对应力做光滑处理[13]；如果几何模型是通过裁剪得到的，那么会出现片之间的匹配（watertight）问题[5,16,17]，而且这些片只是视觉上被裁掉了，其参数形式还是存在的[5]，因此不能直接用来做等几何分析[8,13]。为了避免把裁剪曲面分解成张量积曲面的复杂过程，Kim 等[8,13]采用 T 样条对裁剪曲面做等几何分析，如图 1.1 - 3 所示，图中的矩形和三角形网格是用来积分的单元。由于被裁

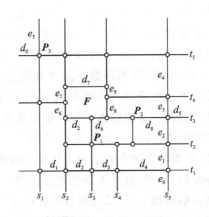

图 1.1 - 2　T 样条网格

剪边的控制点不在边上，因此边界条件需要采用拉格朗日（Lagrange）乘子法等方法处理[13]。为了简化边界条件的处理，Schmidt 等[5]把边界上被裁剪的单元重构成单个的 NURBS 单元，其他单元仍采用常规的方法处理。Breitenberger 等[1]提出的**等几何边界表示分析，把有限元方法、等几何分析和 CAD 系统通用的边界表示模型结合起来，期望实现在 CAD 上的分析（analysis in CAD）**。

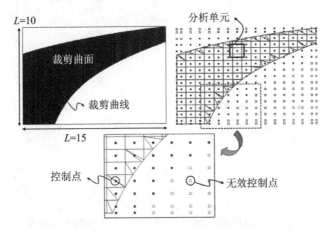

图 1.1 - 3　裁剪曲面的等几何分析

（3）由于 NURBS 的张量积特性，在表示三角形区域时需要把一条边汇聚成一个点，而该点的雅可比（Jacobi）行列式为零，在计算的时候会产生奇异[20]。利用塌陷坐标系（collapsed coordinate systems）[38,39]可以把 NURBS 曲面在矩形参数域的坐标和导数转换到三角形域的面积坐标上然后做计算[20,38,39]。这样的转换并不能消除汇聚点导数的奇异性，该点的导数还需要单独处理，Takacs[20]针对 B 样条给出一种处理方法，作者利用汇聚点两条相交直线的拉格朗日插值发现，曲面在该点关于面积坐标的导数是两条边的切向量的线性组合[40,41]。有理三角形 Bézier 样条可以精确表示 NURBS 区

域的边界,被 Jaxon 和 Qian[21] 以及 Engvall 和 Evans[6] 用于等几何分析。Powell-Sabin B 样条是满足 C^1 连续的二次函数,虽然不满足几何精确,但定义在三角形上的特性使得其应用更为灵活,因此被 May 等[19] 及 Speleers 等[18] 用于等几何分析。

(4) NURBS 基函数不是插值函数,因此等几何分析与无网格方法十分类似[10,22]。虽然齐次边界条件可以像常规有限元方法一样处理[4,10],但把狄利克雷(Dirichlet)边界条件直接加在控制点上却可能带来很大的误差[22,23],因此无网格方法中处理边界条件所用的 Nitsche 方法经常被采用[13,24]。王东东等[22] 利用配点法对边界控制点做了转换,从而可以像在有限元方法中一样施加狄利克雷边界条件。胡平等[23] 针对裁剪曲面等几何分析的边界条件处理提出 B++样条,把裁剪曲线附近的曲面上的控制点转换到裁剪曲线上,然后就可以直接施加狄利克雷边界条件了。Schillinger 等[25] 利用曲面细分技术把 NURBS 基函数转换成拉格朗日基函数,从而可以采用常规的有限元程序做等几何分析。作者把有理拉格朗日插值和差分方法结合起来提出非均匀有理拉格朗日函数(NURL)[40,41],可以**精确表示 NURBS 几何**(见图 1.1-4),**不需要曲面细分,计算过程与 T 样条类似,是局部、嵌套定义的,但 NURL 基函数是插值函数**,Schillinger[25] 的方法是 NURL 在非嵌套定义情况下的一个特例。从图 1.1-5 可以看出,NURL 的结果更接近 NURBS 而非常规有限元方法。

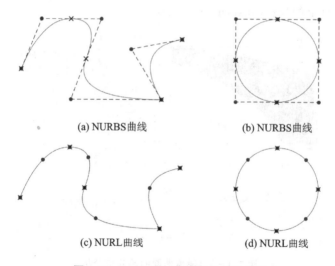

(a) NURBS曲线　　　　　(b) NURBS曲线

(c) NURL曲线　　　　　(d) NURL曲线

图 1.1-4　NURBS 曲线和 NURL 曲线

(5) 虽然单个 NURBS 片可以实现高阶连续,但 NURBS 片之间仅 C^0 连续。为了处理 C^1 连续问题,Kiendl[26] 提出弯条(bending strip)方法,在片的交界处加一个有虚拟质量的弹性条来近似满足 C^1 连续条件;但该方法仅在两个或四个片相连的情况得到验证,对于三个或多于四个片相连的交汇点的处理方法则没有给出[19]。T 样条在三个或多于四个片相连的交汇点处的混合函数不满足单位分解[19],因此,May 等[19] 采用满足 C^1 连续的 Powell-Sabin B 样条分析了 Kirchhoff-Love 板,并对交汇点处非结构化的 T 样条做了改进使其满足单位分解。作者在提出 NURL 时把有理埃尔米特(Hermite)

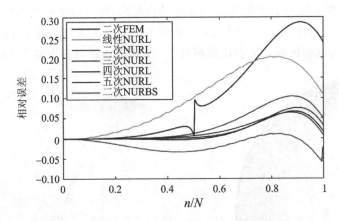

图 1.1－5　NURL、NURBS 与有限元方法的离散频谱相对误差对比(固支杆)

插值和差分方法结合起来,还提出非均匀有理埃尔米特函数(NURH)[40,41],NURH、NURBS 与 NURL 的离散频谱相对误差对比如图 1.1－6 所示。采用 NURH 做等几何分析与采用埃尔米特多项式做有限元分析是类似的,但 NURH 基函数的嵌套特性却是常规有限元方法所不具备的,并且可以保证几何精确。

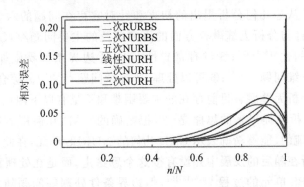

图 1.1－6　NURH、NURBS 与 NURL 的离散频谱相对误差对比(固支杆)

　　(6) 由于 CAD 系统主要采用边界表示模型[1,2],因此,等几何分析的应用主要集中在二维结构[2]。实体模型的等几何分析是一个公认的难题[2,6,27],而有限元胞方法[11,12]的主要优势在实体模型的分析上。有限元胞方法把一个实体模型(见图 1.1－7)放在一个更大的简单区域内(见图 1.1－8),然后用该简单区域生成结构化网格,并通过对边界网格不断二分来提高精度(只用来积分,基函数定义在简单区域的结构化网格上),计算的时候把实体模型之外的区域用很软的材料代替[11,12],即把弱形式写为

$$\Pi = \int_{\Omega} [\boldsymbol{Lu}]^{\mathrm{T}} \alpha \boldsymbol{C} [\boldsymbol{Lv}] \mathrm{d}\Omega \qquad (1.1-2)$$

其中,α 在实体区域内取 1,在之外的区域取 $[10^{-14},10^{-4}]$[42]。有限元胞方法已被应用于结构优化[43]、几何非线性[3]等问题。由于该方法在边界上的节点很少或没有,因此本质边界条件需要通过弱形式施加[12,42],施加边界条件也是其难点所在[12]。张卫

红[44]把有限元胞方法与水平集(level-set)结合起来,可直接把边界条件施加在物理边界上,与网格离散情况无关。有限元胞方法的不足体现在该方法的计算量较大、稳定性跟实体模型占所嵌套区域的体积比例相关[28]、分析非连续材料困难[29]等。

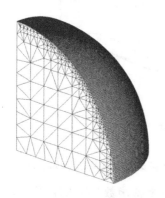
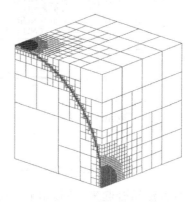

图 1.1-7　球体1/8的有限元胞方法表面网格　　　图 1.1-8　　八叉树模型

综上所述,计算机辅助设计与分析的无缝融合是计算几何学和计算力学的一次大融合,是先进制造业亟需解决的核心问题之一,经过几十年的发展,特别是近十年,已经取得长足的进展。从等几何分析提出的初衷和针对它存在问题的六个方面的研究来看,计算机辅助设计与分析无缝融合方面的研究涉及的主要问题有:①几何精确[4,10];②自适应(或局部精化)[8,13-15];③没有奇异性[18-21];④边界条件易施加[22,23,25];⑤可以处理裁剪曲面和三维问题[2,8,13];⑥可以处理 C^1 连续问题[13,19,26]。综合这 6 个方面,计算机辅助设计与分析无缝融合目前存在的主要困难和不足有以下四点:

(1) 等几何分析被提出来的思路是[10]:把精确的 CAD 几何用 NURBS 曲面来表示,然后再构造稀疏的、能够精确表示 CAD 几何的 NURBS 单元,在此基础上做等几何分析。**等几何分析在随后的发展中并没有按这个思路走,而是在处理裁剪曲面时尽可能避免生成 NURBS 单元的过程**[1,5,6,13,16],但边界条件处理等问题随之产生[5,13,22-24],**分析三维问题也是困难重重**[2,6,27-29]。实际上 Hughes[10] 的思想虽然复杂但最为实用,除边界表示模型外,很多 CAD 系统还同时提供构造实体几何模型[27]。构造实体几何通过简单几何模型的布尔运算关系来表示复杂几何模型,更适合于分析、优化等,但难点在于模型的显示等。结合构造实体几何以及有限元胞方法的部分思路(这里仅指网格生成)完全可以把这一过程的复杂程度降低。

(2) NURBS 的张量积特性使得其自适应分析能力受到限制[8,13,14];层次 B 样条[15]和 T 样条[30,31]在曲面自适应分析方面取得很多成果[17,32,33],但在三维区域的应用却十分困难[6]。因此,采用精确的 NURBS 单元、物理域用升阶谱求积元方法实现自适应分析更为容易,而且可用来解决裁剪曲面之间的匹配问题[34],但目前尚没有实现与 CAD 系统的无缝融合。

(3) 由 NURBS 张量积特性引起的三角形、四面体区域的奇异性,对计算过程和精度的影响是致命的,这方面虽然有一些进展,但还有待进一步发展。Takacs[20] 的方法主要针对 B 样条，不具备通用性。作者的方法[40,41]具有通用性但主要针对的是平面区域和 C^0 问题，在曲面和四面体区域的性能以及 C^1 问题上还有待研究。有理三角形 Bézier 样条[6,21]、Powell-Sabin B 样条[18,19]等方法不能保证几何的精确性，使得在随后的计算中还需要与 CAD 系统交换信息，而且不是插值函数，施加边界条件也没有常规有限元方法简便，这使其价值打了折扣。

（4）**计算机辅助设计与分析的无缝融合在处理 C^1 连续问题方面也存在许多困难。**如果采用 NURBS 做等几何分析，那么需要采用弯条方法[26]，但该方法在三个或多于四个片相连的交汇点处却没有得到验证；如果采用 T 样条，那么一方面编程复杂，另一方面还需要特殊处理[19]；如果采用 Powell-Sabin B 样条，则几何精确难以保证；作者所提出的 NURH 在这方面的应用还有待研究，C^1 问题在常规有限元方法中也是难题[45]。

针对目前存在的这些困难，作者曾开展以下 4 方面的研究：

（1）把 CAD 模型的边界表示与构造实体几何和有限元胞方法结合起来，研究稀疏的、能够精确表示 CAD 几何的曲面和实体单元的自动生成问题，这样在随后的计算中不再需要与 CAD 系统交换信息，这也会给自适应分析带来方便。

（2）针对曲面和三维问题，采用能够精确表示 CAD 几何的曲面和实体单元，用升阶谱求积元方法做自适应分析，并解决裁剪曲面之间的匹配问题。

（3）研究处理用张量积形式表示的曲面三角形、任意四面体区域汇聚点奇异性的方法。

（4）研究基于 NURH 的 C^1 连续问题的等几何分析。

在解决这些问题的过程中，作者将基于这些研究成果以及前期的相关研究成果开发计算力学软件。本研究可为解决计算机辅助设计与分析无缝融合这一瓶颈问题起到重要的推动作用，从而为提高我国在先进制造产业领域的国际竞争力、为自主知识产权计算力学软件开发[46,47]奠定基础。

1.2 有限元方法

1.2.1 概 述

计算力学从 20 世纪 60 年代初登上国际力学界的舞台[48]，如今已是为国民经济建设和国防建设服务不可缺少的手段，也是力学学科和高新技术的结合点[48,49]。20 世纪 50 年代中期有限元方法的基本思想和方法被提出[50-52]，这个方法特别适合于在计算机上使用，对求解各类力学问题表现出广泛的适用性。经过 Zienkiewicz[52]等的发展，在工业应用需求的强大推动下，有限元方法的发展十分迅速。如今国际上有 ANSYS、ADINA、ABAQUS、MSC Nastran、COMSOL Multiphysics 等大型通用有限元分析软件，国内有 JIFEX、HAJIF、SciFEA、FEPG 等大型通用有限元分析软件，此外国内外还有数以千计的针对特殊工程问题的有限元分析软件。有限元方法如今仍在求解的精度、效率、可靠性以及解决问题的范围等方面继续发展[53]。**我国有限元分析软件与国际有限元分析软件相比在整体功能与性能上差距很大**,难以与国外同类先进产品竞争,这使得我国在国际上的力学创新研究和科技竞争中以及国防实力对比上都很被动[54,55]。

常规位移有限元方法[50]采用低阶多项式,通过加密网格来提高求解精度。随着单元数量的增加,单元的最大尺寸 h 相应地会减小,因此该方法通常被称为 h-型有限元方法[56]。与此相反,高阶有限元的网格保持不变,而是通过增加单元内的形函数的阶次 p 来改善精度的方法,通常被称为 p-型有限元方法[56]。如果在自由度安排上,低阶 p-型单元的形函数是高阶 p-型单元形函数的一个子集,则称该方法为升阶谱有限元方法[56-58]。**与常规的 h-型有限元方法相比,升阶谱有限元方法有以下优点:**

(1)**升阶谱有限元方法划分网格简单而且只需划分一次网格**,然后通过提高单元的阶次来得到收敛的结果[59]。简单的结构可以只用一个单元来模拟[56],对于复杂结构可以使用很少数目的单元来模拟。因此可以极大地简化前处理这一长期以来制约有限元方法应用的瓶颈问题[59-61]。

(2)**刚度矩阵、质量矩阵和载荷向量具有"嵌入"特性**,即它们是同一问题更高阶升阶谱单元的相应矩阵或向量的子阵或子向量。这样,在升阶过程中,在原有矩阵的基础上扩充新的行和列即可得到新的矩阵方程[56,58]。这一特性使得升阶谱有限元方法易于获得自适应计算的误差指标[62,63]。

(3)**链接不同阶次的单元不再困难**,因此可以根据需要只增加部分单元的自由度数[56]。

(4)**升阶谱有限元方法可以用远少于 h-型有限元方法的节点得到足够精度的结果**[56,64-66],这一特性在非线性有限元分析中尤其重要[65]。

显然升阶谱有限元方法比常规 h-型有限元方法优越,但由于**历史因素和自身的原因,升阶谱有限元方法的应用却远不如常规的位移有限元方法那样普遍**[67]。升阶谱有限元方法采用高阶甚至很高阶的正交多项式作为附加自由度的基底函数,因而将出现数值稳定性问题,尤其是在不规则域的数值稳定性问题难以克服[58,67-70]。目前已经被商业软件(如 MSC Nastran)采用的是在 h-型网格基础上适当升阶的升阶谱单元[63,60,71]。升阶谱有限元方法的前处理简单等优势只有在阶次较高的时候才能体现出来。**如果把升阶谱有限元方法存在的问题解决了,那么升阶谱有限元方法有可能成为未来开发有限元分析软件的主流**。用新的求解方法开发软件,也有利于摆脱传统方法的束缚,并且易于超越国际水平。

在高阶方法的研究方面,微分求积有限元方法[72,73]已经取得成功。但微分求积有限元方法不具备升阶谱有限元方法阶次可变等优点,而且在构造三角形单元等方面也存在困难。把微分求积有限元方法中计算单元矩阵的方法引入升阶谱有限元方法,并结合形函数的分离变量特点,**既可以改善升阶谱有限元方法计算单元矩阵的精度和效率,又可以克服升阶谱有限元方法中的计算问题,而且可以突破微分求积有限元方法的**

局限。这一新的方法被命名为**升阶谱求积元方法**。

1.2.2 升阶谱有限元方法

升阶谱有限元方法最早由 Zienkiewicz[57]在 1970 年提出,由于它与 h-型有限元方法相比具有明显的优越性,因此提出后便受到广泛的关注并被深入研究。经过 40 多年的发展,升阶谱有限元方法的研究取得了长足的进步[60,67,74]。概括起来讲,升阶谱有限元方法必须解决以下问题:

(1) 满足 C^0 连续条件[74]。由于薄壁结构在工业中非常普遍[52],虽然薄板、薄壳理论要求 C^1 连续,但在 p-型有限元方法中基于薄板、薄壳理论的 C^1 单元的计算量远小于基于厚板、厚壳理论的 C^0 单元,因此构造 C^1 升阶谱单元也很有意义。

(2) 高效构造形函数[60,74]。

(3) 高效计算求得单元矩阵需要的微分及积分[60,74]。

(4) 单元几何形状如何近似[60,74]。由于升阶谱单元的尺寸远大于 h-型单元,升阶谱单元对几何映射的要求也更高,因此 h-型有限元方法所用的等参变换已不适合升阶谱有限元方法[60]。

升阶谱函数的构造目前已经基本成熟[56,67]。早期的升阶谱函数用泰勒(Taylor)基函数构造[63,75],当插值函数的幂次超过 7 时,其矩阵方程就会成为病态的[76]。**诸德超**[58,77]首先推导出升阶谱单元的正交多项式形函数,能保证计算结果随自由度的增加而单调收敛于精确解,所得矩阵带宽窄、数值稳定性好、计算效率较高[76]。此后该正交多项式被广泛应用于升阶谱有限元方法中[56,78,79]。然而,计算实践表明,虽然这类升阶谱单元导出的代数方程在理论上是良态的,但用正交多项式形函数和常用的积分方法算出的矩阵方程的系数,在阶次较高的情况下却出现了不可忽略的计算误差,因此诸德超[58]给出了基于正交多项式的高阶形函数以及各种有关积分的显式,从而在根本上解决了一维问题的数值稳定性。对于正规域内的二维(或三维)问题,只须把两(三)个方向的一维函数相乘,即可得到适用于矩形(立方体)的升阶谱单元[58,67]。但是由于舍入误差的影响,对于一维问题,正交多项式的阶次只能达到 24 左右,对于二维问题只能达到 14 左右[56],即使采用符号计算,正交多项式的阶次最多也只能达到 45[59]。因此 Beslin[59]提出采用三角函数来构造正交形函数,利用显式积分可以使升阶谱函数的阶次达到 2 048 而不存在计算问题。

在单元几何形状的近似方面,可以采用 CAD 中用来近似复杂几何形状的混合函数(blending function)方法[60],因此这一问题已经解决。

目前制约升阶谱有限元方法应用的主要因素是计算不规则域单元矩阵需要的积分,因为在不规则域内无法得到各种有关积分的显式,必须采用数值积分。这一问题中包含计算积分点微分的困难。有限元方法的最大优势在于它能够求解带有曲边(或曲面)的不规则域内的问题[60],因此这一问题必须解决。采用数值积分的文献[70,80]所用的升阶谱函数的阶次只达到 12。文献[79]采用矩形升阶谱单元分析了薄板的振动问题,其中的积分采用了符号计算。在三角形升阶谱单元中似乎都采用了符号积分[68,69]。

文献[66,81]用升阶谱单元分析了梁和板的非线性振动,其中的积分也采用了符号计算。众所周知,符号计算的速度很慢,能够求解的问题的规模一般较小,难以满足工程计算需求。不规则域内积分的困难使得升阶谱单元的阶次实际上不能很高[53,60,71],因此单元的尺寸实际上还比较小,从而制约了升阶谱有限元方法前处理简单等优势的发挥。

在高阶方法的研究方面,微分求积方法[82,83]已经取得了很大成功[73,84]。用微分求积方法所得矩形板面内振动的频率至少5位有效数字跟精确解完全吻合[85]。**微分求积有限元方法**[72,73]巧妙地把微分求积方法跟有限元方法结合起来,保持了微分求积方法的高精度优点[72,73,86],同时具有有限元方法的灵活性,可以求解不规则域的问题[72,73]。此外,微分求积有限单元矩阵的计算非常高效,只需要对微分和积分权系数矩阵做简单代数运算即可得到。但微分求积有限单元是一种拉格朗日单元,没有升阶谱单元矩阵的稀疏、对角、"嵌入"及相邻单元的阶次可不同等特性。

把微分求积有限元方法中计算单元矩阵的方法引入升阶谱有限元方法,既可以改善升阶谱有限元方法计算单元矩阵的精度和效率,又可以克服升阶谱有限元方法中的**数值稳定性问题**。这是完全可以的,因为拉格朗日函数与正交多项式都是多项式,可以用类似的方法处理。

作者在博士在读期间就曾研究过升阶谱有限元方法与微分求积方法的结合,当时把这一方法称为**升阶谱求积单元方法**[87,88]。文献[87,88]**已经解决了任意四边形域C^0连续单元的数值稳定性问题**,但用待定系数法构造的C^1连续单元遇到了数值稳定性问题,单元的阶次只能达到14次。所以这些成果仅在会议上交流过,没有在学术期刊上发表。作者曾试图把分离变量法与有限元方法结合起来[89],得到一种高效率、高精度的新方法,在研究过程中遇到了收敛性差的问题,分析原因发现是由形函数没有正交性而导致的。因此作者想到了升阶谱有限元方法,进一步研究发现文献[87,88]的问题是可以解决的,具体有两个途径:①采用混合函数(blending function)方法和埃尔米特多项式构造C^1连续升阶谱单元边界上的节点位移函数,由此构造的节点位移函数是显式的,因此不会存在计算问题;②通过改写C^0单元矩阵得到C^1单元矩阵,微分求积有限元方法[72,73]就是用这一方法得到C^1单元矩阵的。

值得注意的是,由于早期主要研究基于常规h-型网格的升阶谱有限元方法,因此**早期的升阶谱有限元方法允许位移函数是由h-型单元节点位移函数与正交多项式组合而成的**[60,68,70,90],在单元尺寸较大的时候,由于单元边界上的节点没有明确的物理意义,这给施加位移边界条件带来了困难。**微分求积升阶谱有限元方法将在单元边界上采用以高斯-洛巴托-勒让德(Gauss-Lobatto-Legendre)积分点为节点的Lagrange[87,88]或Hermite多项式构造的节点位移函数,在单元内部采用正交多项式形函数**,这样既可以克服升阶谱有限元方法施加边界条件困难的问题,又可以使微分点与积分点重合[91],从而改善计算精度和效率。

关于升阶谱方法的论文大多数集中在一维单元或矩形域、六面体域,但三角形和四面体单元分别是二维和三维空间最容易生成的网格,**绝大多数商业自动网格生成程序生成的主要是三角形和四面体网格,因此这两类升阶谱单元也十分重要**。三角形和四面体域的升阶谱单元不能通过一维升阶谱函数的张量积得到,必须采用其他方法。Rossow 和 Katz[92] 在 1978 年采用幂级数构造得三角形升阶谱单元。Carnevali[93] 在 1993 年采用积分勒让德多项式推导得三角形上的正交多项式。Webb 和 Abouchacra[94] 在 1995 年采用雅可比多项式构造得三角形上的正交多项式,并由此改善了三角形升阶谱单元的数值稳定性。Webb[95,96] 在 1999 年又进一步发展了该方法并将其推广到四面体单元。固体力学中的升阶谱方法与流体力学中的谱单元方法十分类似[38,97],Webb 和 Abouchacra[94] 所给的三角形上正交多项式的推导方法与文献[38]的方法是类似的。Adjerid 等[98] 对 Carnevali[93] 以及 Szabó 和 Babuška[99] 的基函数加以正交化得到三角形和四面体上新的基函数。三角形和四面体单元主要的困难是单元组装和边界条件施加,这是因为所采用的基函数具有奇偶性,没有明确物理意义[94]。

相对于 C^0 单元来说,C^1 单元要复杂得多,即使低阶 C^1 单元至今仍然存在不少困难,但研究 C^1 单元还是有必要的。如基于 Kirchhoff 理论的薄壁结构必须采用 C^1 单元,虽然可以采用 C^0 理论模拟薄壁结构,但存在剪切闭锁问题而且计算量比 C^1 单元要大得多,因此研究简单、实用的 C^1 单元还是很有必要的。对于升阶谱 C^1 单元,近年的代表成果是 Ferreira 和 Bittencourt[100] 的工作。早期的 C^1 升阶谱单元比较少见,基于埃尔米特多项式的 p-型 C^1 单元比较多见[101-103]。对于 C^1 升阶谱单元,单元组装和边界条件施加比 C^0 升阶谱单元要更复杂。

1.2.3　升阶谱求积元方法

针对升阶谱有限元方法在基函数阶次较高时容易出现数值稳定性问题、主要用于规则区域等局限,作者将微分求积方法与升阶谱有限元方法结合,提出了升阶谱求积元方法(Hierarchical Quadrature Element Method)[34-37]。研究表明,升阶谱方法中的数值稳定性问题主要是因为大多数研究中采用了正交多项式的级数表达式,如果采用正交多项式的递推公式则不会出现数值稳定性问题。尽管 Szabó 和 Babuška[99] 很早就采用了正交多项式的递推公式,但也许是由于人们使用常规低阶有限元方法形成的习惯,研究一直采用的是正交多项式的泰勒级数公式,使得即使采用符号计算最高阶次也只能达到 45 阶[56,94,104-110]。除此之外,应用升阶谱方法还需要注意以下两点:①正交多项式及其导数都可以通过递推公式得到,这会显著减少计算量,而且可以克服计算高阶多项式时的数值稳定性问题;②尽可能利用基函数的分离变量形式,这也会显著减少计算量。升阶谱方法由于采用正交多项式作为基函数,在单元边界上附加自由度时会给单元的组装和边界条件的施加带来不便,这是因为正交多项式没有明确的物理意义,而且具有奇偶性。为了克服这个问题,升阶谱求积元方法用混合函数和拉格朗日函数在单元边界上配置了微分求积节点。升阶谱求积元方法在单元边界与单元内部自由度的配置完全自由,因而方便与各种形状的单元进行连接,克服了张量积形式单元局部升阶会引起全局传播的缺点,从而可以用于自适应分析,如图 1.2-1 所示。

在四边形单元[34-37] 的基础上,作者进一步研究了三角形、四面体、三棱柱等的升阶谱求积元方法[111],这些方面还有一些成果尚处于未发表状态[112],但为了内容的系统性,在本书中仍然做了详细介绍。这些单元内部正交多项式的推导方法与文献[38,94]的方法类似,即首先采用塌陷坐标系[38,39]把三角形区域变换到四边形区域、把四面体和三棱柱区域变换到六面体区域,然后利用雅可比多项式得到对应区域上的正交多项式。在研究三角形、四面体等区域上的升阶谱求积元方法的过程中逐渐发现,构造单元边界上的插值函数时采用正交多项式比采用混合函数和拉格朗日函数的方法更简单而且效率更高,由于正交多项式通过递推公式计算效率非常高,即使再求一个插值矩阵的逆矩阵,计算效率仍然比采用拉格朗日函数的方法高[112]。

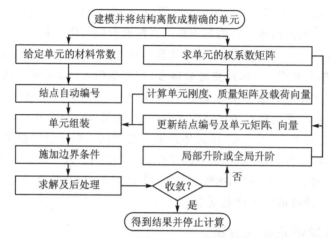

图 1.2-1 升阶谱求积元方法自适应分析流程

实际上,微分求积方法在构造三角形、四面体等单元方面存在的困难跟所取的节点和基函数有关。对于一维问题,研究表明最优节点是高斯-洛巴托(Gauss-Lobatto)点[97],矩形、六面体区域采用高斯-洛巴托点的张量积即可。在三角形、四面体区域却没有这么简单,这些区域上的高斯-洛巴托点称作 Fekete 点[113]。Fekete 点要求对应区域上各点的拉格朗日函数在该点处取极大值且该极值等于1,一维高斯-洛巴托点满足该条件;三角形和四面体区域上的拉格朗日函数是通过广义范德蒙德(Vandermonde)行列式构造的[114],由于对各点拉格朗日函数取极值得到的非线性方程组的求解计算量非常大[113],因此很多学者尝试通过几何变换等方法探索计算 Fekete 点的解析公式[115-120]。作者[112]利用等边三角形面积坐标的对称性,给出把一维高斯-洛巴托点变换到三角形、四面体上的方法。研究表明三角形、四面体边上的 Fekete 点就是一维高斯-洛巴托点,由此构造的三角形、四面体单元与四边形、三棱柱等单元组装的时候会更方便。作者[112]构造的三角形、四面体等微分求积单元不再要求各边的节点数目相关,即可以实现自由度的局部加密,因此这种方法也可以称作升阶谱微分求积方法。

对于 p-型 C^1 单元,主要难点是 C^1 连续条件的满足[26,72,121-126],此外还有网格局部加密的困难[26,72,122,123,125,126]。文献[100]所给出的升阶谱 C^1 单元并没有讨论单元组装、边界条件施加等问题,作者尝试过该论文的方法,直接组装边界上的升阶谱形函数效果并不好。针对这些问题,作者利用混合函数插值和埃尔米特函数构造得三角形和四边形单元边界上的 C^1 插值,利用文献[94]的方法构造得满足 C^1 连续条件的三角形内部的正交多项式,并且构造得三角形和四边形 $\mathbf{C}^1$ 单元边界上的最优节点分布,即高斯-雅可比(Gauss-Jacobi)点。研究表明,$\mathbf{C}^1$ 单元需要注意以下两点:①单元边界上关于转角自由度和挠度自由度的阶次是不同的,因此单元边界上转角自由度多于挠度自由度才会收敛较好;②单元顶点采用 6 自由度收敛性会比较好,4 自由度的 p-型 $\mathbf{C}^1$ 单元可能存在不稳定性。除此之外,$\mathbf{C}^0$ 升阶谱单元提高计算效率的技巧对于 $\mathbf{C}^1$ 升阶谱单元也是适用的。

高阶方法在线性固体力学分析中的计算效率和精度是得到公认的[99]。相比低阶方法,高阶方法具有指数收敛的速度,而且对网格奇异、各种闭锁问题不敏感[127]。升阶谱方法在线性分析方面的文献很多,在几何非线性的应用方面也有一定数量[56,128-130]文献。由于升阶谱方法需要的自由度数远少于常规 h-型有限元方法,因此在非线性迭代计算中可以显著减少计算量[130]。升阶谱方法在弹塑性模拟方面的文献不是很多[56,99,131,132],但这些研究均认为高阶方法在非线性分析中很有优势。Düster 等[131]以薄壁结构的弹塑性问题为例对比了 h-型和 p-型单元,发现 p-型单元采用三维单元模拟薄壁结构比 h-型单元采用二维单元模拟的效率都高,而且可以避免低阶单元存在的各种数值问题。Ribeiro 和 Heijden[132]采用升阶谱方法研究了梁结构的几何非线性和弹塑性变形,发现采用 p-型单元比 h-型单元需要的自由度数更少,可以更精细地给出应力和应变的结果。

综上所述,升阶谱求积元方法克服了传统有限元方法、升阶谱方法和微分求积方法存在的困难和不足,综合了这些方法的优点,形成一套完整、完善的系统,因此有良好的发展前景。

1.3　科学数据可视化

视觉是人类获取信息最重要的通道。在计算机学科的分类中,利用人眼感知能力对数据进行交互的可视表达以增强认知的技术,称为可视化技术。研究表明,人类通过视觉通道获取的信息占总获取信息的 80% 以上,正所谓百闻不如一见,视觉信息比文字、数字等信息更加直观,信息量更为丰富。数据可视化技术构建了数据到视觉之间的桥梁,让人们从不同的视角和维度来观察这个世界,洞察那些海量数据背后的知识、内涵和规律。

科学数据可视化的含义是指运用计算机图形学的原理和方法,将科学与工程中产生的大规模数据转换为图形、图像,以直观的方式显示出来。它涉及计算机图形学、图像处理、计算机视觉、人机交互等多个研究领域,是当前计算机图形学的重要研究方向。随着计算机硬件配置不断提高,计算能力极大增强,许多重要的图形图像处理算法可以快速地通过硬件实现。因此,基于科学数据可视化技术来直观地展示数据计算过程与结果并进行交互处理,已经成为可能。

随着科学数据可视化技术的发展,出现了大量新的软硬件可视化技术和手段,广大从事可视化工作的科研与工程人员迫切需要一种功能强大的可视化开发工具。相信许多人已经接触或者听说过开放式图形库(OpenGL)。OpenGL 是行业领域中最被广泛接纳的 2D/3D 图形应用程序接口(API),它采用 C 语言风格,提供大量的函数来实现从简单到复杂图形的渲染。然而,OpenGL 仅提供底层的 API 供用户使用,因此学习和使用这个工具有一定的难度,通常需要用户深入理解计算机图形学的基础知识。另外,它们并未封装当前流行的可视化算法,例如体绘制算法。对于工程人员来说,使用底层 API 开发这些算法,既制约了工程开发效率,也不利于代码复用。因此,工程开发与科研人员需要一种功能更强大、方便易用的可视化开发库,VTK(Visualization Toolkit,可视化工具包)即是这样一种工具。

VTK 是一个用于可视化应用程序构造与运行的支撑环境,它是在 OpenGL 的基础上采用面向对象的设计方法发展起来的。VTK 将可视化开发过程中经常遇到的细节屏蔽起来,并将常用的可视化算法以类的方式进行封装,为从事可视化应用程序开发工作的研究人员提供了一个强大的开发工具,因此 VTK 发布后得到广泛的关注与应用。VTK 是一个很适合进入 3D 可视化技术领域的入口,经过 20 多年的积累,这个工具包在数据描述、存储管理、图像处理、三维重建、交互接口和可视化等方面积累了非常多的基础功能。通过对这些功能的学习,再结合 VTK 提供的实例,在 3D 可视化领域的技术入门上就站在一个相对较高的起点上。

VTK 是一种开源的、跨平台的、可自由获取的可视化函数库,来自世界各地的开发人员可以修改以及贡献个人的代码。另外,VTK 支持 Linux、Windows、Mac OS 等操作系统,支持和不同语言的 UI 开发库的结合,且不断出现和 VTK 相关的一些扩展开源库,可以为未来 3D 可视化应用提供支撑和无限可能。

1.4 一体化建模与高阶网格生成

有限元方法在 20 世纪 50—60 年代被提出并登上国际力学界的舞台,在工业应用需求的强大推动下发展十分迅速,**几乎遍及所有的工程技术领域,出现许多大型通用软件及数以千计的针对特殊工程问题的专用软件**。常规有限元分析软件采用的是低阶单元,与常规的低阶方法相比,高阶方法具有许多优点[133-135],比如高阶方法易于实现自适应分析、在高精度计算方面更有优势、对各种闭锁问题不敏感、只需划分一次网格、可以采用非常稀疏的网格、在长时间波动模拟中计算量小等[133-137]。虽然由于历史因素和一些自身原因,高阶方法还远不如常规低阶方法普及,但其诸多优点一直吸引着众多学者对其不断进行探索。从 20 世纪 70 年代至今,升阶谱方法[138-140]、微分求积方法[141]、间断伽辽金(Galerkin)法[142,143]、等几何分析[4,10]等高阶方法相继被提出,成功地解决了许多低阶方法无法解决或解决不好的工程问题[133,144-146],如今一些高阶方法已逐渐趋于成熟,这对高阶网格生成技术有了更迫切的需求[145-147]。这多数高阶方法需要高阶网格[133,145-154],不然其优势难以充分发挥[137,145-149],甚至有可能得到错误的结果[133]。高阶方法在某一时刻或许可以取代低阶方法[146,152-154],至少在某些应用上已经或正在逐步取代低阶方法[146,152-154]。如今,**缺乏复杂几何模型的高阶网格自动生成工具已被公认为是阻碍高阶方法走向普及的主要障碍**[133,145-157]。

高阶单元一般指三次及以上的单元[152],一些文献中把曲边单元(含二次)都称作高阶单元[158]高阶网格也被称作曲边网格(curved mesh)[145,155,158]。美国航空航天学会(AIAA)、德国宇航中心等在 2013 年组织了一次高阶方法学术会议,对高阶方法的现状、前景等做了深入的探讨和总结,会议总结中将高阶网格自动生成技术列为影响高阶方法发展和普及的首要因素[152]。

生成高阶网格的方法有直接法和后验法(a posteriori approach)[136,137,145-151]。生成稀疏的高阶曲边网格需要从原始的曲面定义出发[137,149],这可能是从 CAD 程序包导出来的 NURBS 曲面,也可能是通过医学扫描数据得到的线性三角化曲面。如果直接对原始曲面进行离散,得到吻合或近似吻合原始曲面的曲边三角形或四边形网格,然后在此表面网格的基础上生成曲边体网格,则这样的方法被称作直接法[137,49,158];如果先构造稀疏的直边体网格,其外表面节点位于原始曲面上,然后对体网格外表面单元进行曲边化,使其吻合或近似吻合原始曲面,则这样的方法被称作后验法[137,149,158]。后验法的主要优势是可以借助现有成熟的低阶网格生成技术,因此被广泛研究[136,137,145-151,155]。然而不幸的是,该方法很容易生成无效单元(见图 1.4 - 1),即单元可能存在自相交、相切面等[137,146,149,151],一些文献中将这种现象称作扭曲(tangling),因此还需要进一步解扭(untangling),这是目前高阶网格生成技术中主要研究的问题[145,155]。其采用的方法包括力学方法[133,137,148,159]、优化方法[144-146,151,154,155]、拓扑方法[147]等,这些方法又可以进一步分为线性方法和非线性方法[146]。一般来说,线性方法得到的曲边网格质量难以保证;非线性方法得到的网格质量有保障,但计算量非常大[137,146]。

(a) 线性网格　　　　(b) 存在扭曲的曲边网格　　　　(c) 解扭后的最终网格

注:蓝线是原始模型边界;粗黑线是单元边界;粉色圆点是曲边单元的节点。

图 1.4 - 1　后验法生成高阶网格的过程

解扭是后验法生成高阶曲边网格最具挑战性的一步[151,155],这方面的研究很多。**力学方法**[137,155,159]将原始的低阶网格看成一个弹性体,然后给所有单元插入高阶节点,将外表面单元上的节点投影到 CAD 曲面上,把投影点与各节点之间的距离看作位移边界条件,求解该弹性问题即可得到所需曲边网格。这方面研究采用的是有线弹性方法、非线性超弹性方法、热弹性方法等,研究目标是探索网格质量和计算效率"最优"的算法[137,155]。**优化方法**[155]给网格赋予一个代表能量的泛函,然后通过非线性优化算法最小化该泛函以获得有效的曲边网格,这方面的研究聚焦在如何选取泛函[146,147,158]。为了验证高阶单元是否有效或存在扭曲,需要验证单元的雅可比矩阵是否处处为正,这个计算量很大。为了降低计算量需要将其展开为 Bézier 多项式,然后利用 Bézier 多项式的凸包性等特点进行快速判断[136,153,160]。

高阶网格生成技术发展至今已经有 20 多年的历史[158,161],尤其是近 10 年发展特别迅速[162,163],其中间断伽辽金法[133,142,143]和谱单元方法[138,139]的迅速发展与趋于成熟对其起到了重要的推动作用[145-147,156,157,162]。在空气动力学应用方面,欧盟在 2006—2009 年支持了自适应高阶变分方法项目 ADIGMA[157],在 2010—2014 年支持了高阶方法工业化项目 IDIHOM[164]。其中,ADIGMA 项目针对的是高阶算法,在项目总结中特别强调了研究稀疏高阶网格生成的重要性和必要性[157];IDIHOM 项目主要针对的是高阶网格生成。在 IDIHOM 项目期间,Geuzaine 等[163]开发的开源网格生成程序 GMSH 在曲边网格生成方面取得重要进展,包含检查单元的有效性[153]、解扭[146]、高阶单元的可视化[162]等功能。除这些高阶网格生成方面的成果之外,还有许多其他进展[133]。但总的来说,目前还没有软件能够自动生成中等复杂或复杂航空模型的高阶网格[133]。

实际上网格自动生成的困难不仅在高阶方法中存在,在低阶方法中同样存在[4,9,10]。据统计,工程设计中 80% 以上的时间被投入网格划分这一几何转换过程[4]中,真正用于计算的时间所占比例非常小。为了解决该问题,Hughes[4,10]提出等几何分析的概念。等几何分析也是通过提高阶次 p 来获得更优越的性能的,这与其他高阶方法类似[157]。实际上等几何分析概念的提出也受到了升阶谱方法的启发[10]。高阶方法的普遍特点是通过增加理论复杂性来得到更好的仿真性能[157],因此高阶方法具有很多解析特性,体现出不同领域之间的无缝融合。

由于商业 CAD 软件大多没有为分析考虑,因此在生成低阶网格时,导入 CAD 模型后首先需要清理其中的"脏"信息[165]。如今计算机辅助设计与分析的无缝融合已成为先进制造领域亟需解决的核心问题之一[4,9,10,166],因此等几何分析近 10 年来发展非常迅速。在 CAD 建模过程中,不同的模型特征建模方法不同,调用不同的 C++类(https://www.opencascade.com/content/overview)来实现,建模过程及各种特征的表示形式等信息对于网格生成非常有帮助,但导出为 IGES、STEP 等中性数据格式后这些信息大多丢失了,这给网格生成带来很多困难,使它不只是"科学"还是"艺术"[165];网格生成过程中手工干预是难以避免的,而且工程设计中大多数时间用在这里[4],最终网格质量也是因人而异[165]。因此,从 CAD 建模过程入手更容易解决网格生成中的很多问题。国际上有三大几何内核:ACIS、Parasolid 和 Open CAS-CADE,前两个是商用的(如 CATIA、Solidworks 等使用),开源程序大多采用 Open CASCADE(例如 GMSH[163])。本书基于 Open CASCADE,从 CAD 建模过程及 CAD 内核的数据结构等信息出发,探索高阶网格的自动生成,即探索曲边网格生成的直接法。

升阶谱有限元方法由有限元方法的创始人之一 Zienkiewicz 在 20 世纪 70 年代提出,是一种典型的高阶方法。**升阶谱有限元方法采用正交多项式作为基函数,单元矩阵的带宽窄。**与常规的 h-型有限元方法相比,升阶谱有限元方法有很多优点[131,134,135,167]:①只需划分一次网格,因此可以极大地简化前处理这一长期以来制约有限元方法应用的瓶颈问题;②易于实现自适应分析,这对于采用稀疏网格、减少自由度数有重要意义;③可以局部精化、对网格奇异不敏感;④具有指数收敛速度;⑤对各种闭锁问题不敏感;⑥可以用三维单元分析低维问题,而且没有低维单元存在的各种困难。

自 20 世纪 80 年代起,经 Ivo Babuška、Barna Szabó、诸德超、Spencer Sherwin 等国内外学者的发展,升阶谱方法基本成型[135],出现了 RASNA[10]、StressCheck(http://www.stresscheck.cn/)**等专注于 p-型单元的商业程序,**以及 Nektar++(https://www.nektar.info/)**等开源程序。**但升阶谱方法在阶次较高的时候容易出现数值稳定性问题[10],在应用中也主要局限于四边形、六面体单元[168]。作者近些年将升阶谱方法与解析方法、微分求积方法和等几何分析结合,提出升阶谱求积元方法,克服了升阶谱方法存在的数值稳定性、计算量等难题,构造得三角形、四面体等各类常用的单元,并给单元边界上配置了插值节点以方便单元组装、边界条件施加等[35,36,111,140,169-171]。作者的方法支持各向异性网格(见图 1.4-2),单元各边及面、体内的自由度数配置灵活[35,36,111,140,169-171],这有助于简化高阶网格生成。**鉴于升阶谱方法的显著优势**[134,135]、**高阶方法的发展趋势**[133,145-157,164]**及自主知识产权软件需求,**[54,172-174]拟基于 Open CASCADE 和升阶谱方法研究高阶网格自动生成。

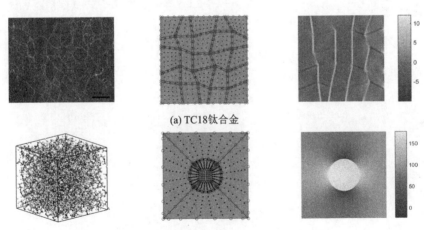

(a) TC18 钛合金

(b) 纳米颗粒增强复合材料晶粒结构

注:界面尺度与基体和颗粒有量级差异仍然能够得到正确结果。

图 1.4-2　采用升阶谱求积元方法模拟 TC18 钛合金

综上所述,随着高阶方法逐渐趋于成熟,缺乏复杂几何模型的高阶网格自动生成工具逐渐成为阻碍高阶方法走向普及的主要障碍[133,145-157]。经近 20 年,特别是近 10 年的发展,高阶网格生成技术已取得长足的进步[157-164]。高阶网格生成技术中的后验法,由于可以借助现有成熟的低阶网格生成技术,因此被广泛研究[136,137,145-151,155],并有开源软件出现[133,163]。但总的来说,目前离工程应用还有一定的距离[133]。**从 CAD 建模过程入手,即采用直接法,才是根本的解决之道。**升阶谱有限元方法是一种典型的高阶方法,经几代学者的努力已基本成型,离实用越来越近[131,134,135,167,168],它对网格畸变不敏感的特性有助于简化高阶网格生成。**本书基于 Open CASCADE,从 CAD 建模过程及 CAD 内核的数据结构等信息出发,结合作者的升阶谱方法,探索高阶网格的自动生成,从而促进高阶方法优势的发挥与普及、计算机辅助设计与分析的无缝融合及自主知识产权软件的发展。**

第2章 升阶谱求积元方法

计算力学主要是进行数值方法的研究,其研究领域和应用范围十分广泛,但有限元方法是其基础。本章在介绍有限元方法时采用的是升阶谱求积元方法,常规的有限元方法及升阶谱有限元方法是其特例,因此该方法比较有代表性。本章只给出升阶谱求积元方法一维到三维各类单元的形函数及其推导过程,关于该方法的静力学、动力学、线性、非线性及在复合材料问题中的应用可参阅作者的著作《微分求积升阶谱有限元方法》(英文版为 *A Differential Quadrature Hierarchical Finite Element Method*)。

2.1 基本原理

本节依次包括微分求积方法的基本原理、升阶谱有限元方法的基本原理以及升阶谱求积元方法的基本原理。为了更好地理解升阶谱求积元方法,本节将对二维升阶谱求积元方法做简要介绍。

2.1.1 微分求积方法基本原理

考虑定义在区间 $[a,b]$ 上的一元函数 $f(x)$,并给定区间上的一组离散点 $[a=x_1, x_2,\cdots,x_M=b]$,根据微分求积方法,函数在各离散点处的各阶导数值可以由函数在各点的函数值的加权线性和来表示,即

$$f^{(n)}(x_i) \approx \sum_{i=1}^{M} A_{ij}^{(n)} f(x_i), \quad i=1,2,\cdots,M \tag{2.1-1}$$

其中,$A_{ij}^{(n)}$ 为第 i 个节点的第 j 个 n 阶导数的权系数。

计算权系数的一种简单的方法是由贝尔曼(Bellman)给出的,即选择一组幂函数为试函数

$$g_k = x^{k-1}, \quad k=1,2,\cdots,M \tag{2.1-2}$$

对于每个节点 x_i,$i=1\sim M$,将式(2.1-1)中 f 用 g_k 代替得

$$g_k^{(n)}(x_i) = \sum_{i=1}^{M} A_{ij}^{(n)} g_k(x_i), \quad k=1,2,\cdots,M \tag{2.1-3}$$

或写成矩阵形式

$$
\begin{bmatrix}
1 & 1 & \cdots & 1 \\
x_1 & x_2 & \cdots & x_M \\
\vdots & \vdots & & \vdots \\
x_1^{M-1} & x_2^{M-1} & \cdots & x_M^{M-1}
\end{bmatrix}
\begin{bmatrix}
A_{i1}^{(n)} \\
A_{i2}^{(n)} \\
\vdots \\
A_{iM}^{(n)}
\end{bmatrix}
=
\begin{bmatrix}
g_{1i} \\
g_{2i} \\
\vdots \\
g_{Mi}
\end{bmatrix}
\qquad (2.1-4)
$$

其中，$g_{ki} = g_k^{(n)}(x_i) = (k-1)(k-2)(k-n)x_i^{k-n-1}$，这样即可求得一组系数 $A_{ik}^{(n)}$，$k = 1,2,\cdots,M$。依次对所有节点应用式(2.1-4)则可求得所有的权系数 $A_{ij}^{(n)}$。由于式(2.1-4)中的范德蒙德系数矩阵随着节点的增多而出现病态，因而在节点较多时一般不使用该方法。

另一种计算权系数的方法则是采用拉格朗日插值基函数作为试函数来计算权系数，其中拉格朗日插值基函数定义为

$$
l_i(x) = \frac{\phi(x)}{(x-x_i)\phi'(x_i)}, \quad i = 1,2,\cdots,M, \quad \phi(x) = \prod_{i=1}^{M}(x-x_i)
$$

$$\qquad (2.1-5)$$

并具有性质

$$
l_i(x_j) = \delta_{ij}
$$

以一阶导数为例，将式(2.1-5)依次代入式(2.1-3)并取 $n=1$，易求得一阶导数的权系数为

$$
A_{ij}^{(1)} = l_j'(x_i) =
\begin{cases}
\dfrac{\phi'(x_i)}{(x_i-x_j)\phi'(x_j)}, & i \neq j \\
\displaystyle\sum_{j=1,j\neq i}^{M} \dfrac{1}{(x_i-x_j)}, & i = j
\end{cases}
\qquad (2.1-6)
$$

其中，$\phi'(x_i) = \prod\limits_{k=1,k\neq i}^{M}(x_i-x_k)$。需要指出的是，由于式(2.1-2)与式(2.1-5)所给多项式基的前 $M-1$ 次多项式构成的线性空间中的两组基底相互等价，可以证明由它们所得到的权系数是完全相同的，因此由式(2.1-4)中第一式可得

$$
\sum_{j=1}^{M} A_{ij}^{(1)} = 0
$$

这表明式(2.1-6)中，当 $i=j$ 时有另一个更直接的计算权系数的方法，即

$$
A_{ii}^{(1)} = -\sum_{j=1,j\neq i}^{M} A_{ij}^{(1)}
$$

以上这一显式方法在计算权系数时对节点个数以及节点分布不敏感，因而成为一种广泛采用的计算方法。

将式(2.1-1)记为矩阵形式为

$$
\boldsymbol{f}^{(n)} = \boldsymbol{A}^{(n)} \boldsymbol{f}
$$

其中

$$\boldsymbol{f}^{(n)} = \begin{bmatrix} f^{(n)}(x_1) \\ f^{(n)}(x_2) \\ \vdots \\ f^{(n)}(x_M) \end{bmatrix}, \quad \boldsymbol{A}^{(n)} = \begin{bmatrix} A_{11}^{(n)} & A_{12}^{(n)} & \cdots & A_{1M}^{(n)} \\ A_{21}^{(n)} & A_{22}^{(n)} & \cdots & A_{2M}^{(n)} \\ \vdots & \vdots & & \vdots \\ A_{M1}^{(n)} & A_{M1}^{(n)} & \cdots & A_{MM}^{(n)} \end{bmatrix}, \quad \boldsymbol{f} = \begin{bmatrix} f(x_1) \\ f(x_2) \\ \vdots \\ f(x_M) \end{bmatrix}$$

通过迭代公式

$$\boldsymbol{A}^{(n)} = \boldsymbol{A}^{(1)} \boldsymbol{A}^{(n-1)}$$

可以方便地求得第 n 阶导数的权系数矩阵 $\boldsymbol{A}^{(n)}$。由于直接采用矩阵相乘的计算量较大,下面给出另外一种迭代公式

$$A_{ij}^{(n)} = l_j^{(n)}(x_i) = \begin{cases} n\left(A_{ii}^{(n-1)} A_{ij}^{(1)} - \dfrac{A_{ij}^{(n-1)}}{x_i - x_j} \right), & i \neq j \\ -\displaystyle\sum_{k=1, k\neq i}^{M} A_{ik}^{(n)}, & i = j \end{cases} \qquad (2.1-7)$$

实际上从插值近似的角度也可以得到相同的权系数,给定节点矢量$[a = x_1, x_2, \cdots, x_M = b]$,构造拉格朗日插值近似函数为

$$f(x) \approx \widetilde{f}(x) = \sum_{j=1}^{M} l_j(x) f(x_j)$$

那么 $f(x)$ 在 x_i 处的导数可以近似为

$$f^{(n)}(x_i) \approx \widetilde{f}^{(n)}(x_i) = \sum_{j=1}^{M} l_j^{(n)}(x_i) f(x_j)$$

即可得权系数的表达式为

$$A_{ij}^{(n)} = l_j^{(n)}(x_i) \qquad (2.1-8)$$

可以看到,式(2.1-8)与式(2.1-7)给出的权系数是一致的。下面将采用这种方法构造多元函数的微分求积格式。

对于二维情形,经典的微分求积格式只适用于矩形定义域。考虑定义在矩形域 $[a,b] \times [c,d]$ 上的函数 $f(x,y)$,其节点如图 2.1-1 所示。

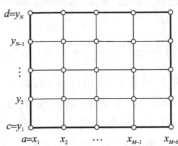

图 2.1-1 二维微分求积节点分布

其拉格朗日插值近似函数可表示为

$$f(x,y) \approx \sum_{i=1}^{M} \sum_{j=1}^{N} f(x_i, y_j) l_i(x) l_j(y)$$

记 $f_{ij}=f(x_i,y_j)$,那么 f 在点 (x_i,y_j) 的导数值可以近似为

$$\begin{cases} \left.\dfrac{\partial^r f(x,y)}{\partial x^r}\right|_{ij} \approx \sum_{m=1}^{M}\sum_{n=1}^{N} f_{mn} l_m^{(r)}(x_i) l_n(y_j)=\sum_{m=1}^{M} f_{mj} l_m^{(r)}(x_i) \\[2mm] \left.\dfrac{\partial^s f(x,y)}{\partial y^s}\right|_{ij} \approx \sum_{m=1}^{M}\sum_{n=1}^{N} f_{mn} l_m(x_i) l_n^{(s)}(y_j)=\sum_{n=1}^{N} f_{in} l_n^{(s)}(y_j) \quad (2.1-9) \\[2mm] \left.\dfrac{\partial^{r+s} f(x,y)}{\partial x^r \partial y^s}\right|_{ij} \approx \sum_{m=1}^{M}\sum_{n=1}^{N} f_{mn} l_m^{(r)}(x_i) l_n^{(s)}(y_j) \end{cases}$$

记

$$A_{im}^{(r)}=l_m^{(r)}(x_i), \quad B_{jn}^{(s)}=l_n^{(s)}(y_j)$$

则式(2.1-9)可表示为

$$\begin{cases} \left.\dfrac{\partial^r f(x,y)}{\partial x^r}\right|_{ij} \approx \sum_{m=1}^{M} A_{im}^{(r)} f_{mj} \\[2mm] \left.\dfrac{\partial^s f(x,y)}{\partial y^s}\right|_{ij} \approx \sum_{n=1}^{N} B_{jn}^{(s)} f_{in} \\[2mm] \left.\dfrac{\partial^{r+s} f(x,y)}{\partial x^r \partial y^s}\right|_{ij} \approx \sum_{m=1}^{M}\sum_{n=1}^{N} A_{im}^{(r)} B_{jn}^{(s)} f_{mn} \end{cases}$$

其中权系数的计算与一维情况相同,用类似的方法可以得到更高维情形的微分求积格式。

在微分求积方法中,节点的分布将直接影响微分求积方法结果的精度。通常来说,均匀节点由于其构造简单,自然是一种方便的选择,例如 $[0,1]$ 上的 N 个均匀分布节点可直接由

$$x_i=\frac{j-1}{N-1}, \quad j=1,2,\cdots,N$$

给出,然而随着节点的增多,均匀节点的计算结果往往发生退化现象,这主要是由于均匀节点的插值近似非常不稳定。因此,实际计算过程中往往采用非均匀节点,其中广泛采用的一种节点是高斯-洛巴托-切比雪夫(Gauss-Lobatto-Chebyshev)节点,其表达式为

$$x_j=\frac{1}{2}\left(1-\cos\frac{j-1}{N-1}\pi\right), \quad j=1,2,\cdots,N$$

实践表明,使用该节点得到微分求积结果精度较高,而且不易发生退化现象。以 $\sin(\pi x)$ 为例,图 2.1-2 给出了均匀节点和高斯-洛巴托-切比雪夫节点的一阶导数插值误差的对比。从图中可以看出,对于相同数目的节点,高斯-洛巴托-切比雪夫节点的插值精度要比均匀节点高;随着节点数目增多,均匀节点的插值精度在区间的两端出现退化,而高斯-洛巴托-切比雪夫节点的插值精度则进一步得到提高。

2.1.2 升阶谱有限元方法基本原理

如绪论中所述,传统的 h-型有限元方法的收敛速度一般来说要低于 p-型有限元

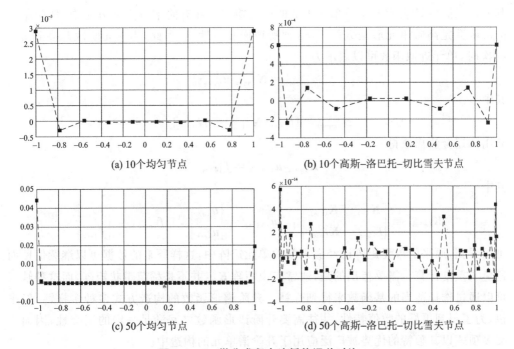

(a) 10个均匀节点 (b) 10个高斯–洛巴托–切比雪夫节点

(c) 50个均匀节点 (d) 50个高斯–洛巴托–切比雪夫节点

图 2.1 - 2   微分求积方法插值误差对比

方法的收敛速度,而且当计算网格重新加密时,单元矩阵一般都需要重新计算,因而将增加计算成本。另外,一般的高阶单元虽然可以升高阶次,但是随着阶次的改变,单元的形函数也将改变,因而单元矩阵也需要重新计算。然而,对于自适应分析来说,人们希望先采用较少自由度得到一个初步结果,然后根据误差来判断是否需要进一步提高计算精度。因此,在进一步计算的过程中,如果上一步计算的单元矩阵还能继续利用,这将有效降低计算成本并提高效率。升阶谱有限元方法为实现这一特性提供了可能。

在升阶谱有限元方法中,n 阶单元的近似函数可以表示为

$$\widetilde{u}_{(n)} = \sum_{i=1}^{n} N_i u_i = \boldsymbol{N}_{(n)}^{\mathrm{T}} \boldsymbol{u}_{(n)}$$

其中,N_i 为升阶谱形函数,下标"(n)"代表单元阶次。考虑如下线性问题

$$\begin{cases} \Omega : L(u) + q = 0 \\ \Gamma : B(u) = 0 \end{cases} \qquad (2.1 - 10)$$

其中,L 为线性算子,Ω 代表域内,Γ 代表边界。其等效积分形式为

$$\int_{\Omega} v(L(u) + q)\,\mathrm{d}\Omega + \int_{\Gamma} \bar{v} B(u)\mathrm{d}\Gamma = 0$$

其中,v、$\bar{v}$ 为任意函数。基于等效积分形式,利用伽辽金法可将式(2.1 - 10)离散为

$$\int_{\Omega} \boldsymbol{N}_{(n)}(L(\boldsymbol{N}_{(n)}^{\mathrm{T}} \boldsymbol{u}_{(n)}) + q)\,\mathrm{d}\Omega + \int_{\Gamma} \boldsymbol{N}_{(n)} B(\boldsymbol{N}_{(n)}^{\mathrm{T}} \boldsymbol{u}_{(n)})\mathrm{d}\Gamma = 0$$

积分得到

$$\boldsymbol{K}_{(n)} \boldsymbol{u}_{(n)} = \boldsymbol{f}_{(n)}$$

其中,下标"(n)"表示由 n 阶单元生成的单元矩阵。在升阶谱有限元方法中,低阶单元的形函数是高阶单元形函数的子集(即所谓嵌套特性)。因此,当单元阶次升高到 $n+m$ 次时,单元近似函数可以表示为

$$\widetilde{u}_{(n+m)} = \boldsymbol{N}_{(n+m)}^{\mathrm{T}} \boldsymbol{u}_{(n+m)}$$

其中

$$\boldsymbol{N}_{(n+m)}^{\mathrm{T}} = [\boldsymbol{N}_{(n)}, \boldsymbol{N}_{n+1}, \cdots, \boldsymbol{N}_{n+m}]^{\mathrm{T}}$$

利用伽辽金法离散得

$$\boldsymbol{K}_{(n+m)} \boldsymbol{u}_{(n+m)} = \boldsymbol{f}_{(n+m)}$$

其中

$$\boldsymbol{K}_{(n+m)} = \begin{bmatrix} \boldsymbol{K}_{(n)} & \boldsymbol{K}_{(nm)} \\ \boldsymbol{K}_{(mn)} & \boldsymbol{K}_{(mm)} \end{bmatrix}, \quad \boldsymbol{u}_{(n+m)} = \begin{bmatrix} \boldsymbol{u}_{(n)} \\ \boldsymbol{u}_{(m)} \end{bmatrix}, \quad \boldsymbol{f}_{(n+m)} = \begin{bmatrix} \boldsymbol{f}_{(n)} \\ \boldsymbol{f}_{(m)} \end{bmatrix}$$

可以看到,原来的单元矩阵已经嵌入新的单元矩阵中,这样原来的数据可以继续保留而避免了重复计算。需要指出的是,通常来说矩阵 $\boldsymbol{K}_{(n)}$ 并不是稀疏带状矩阵,而这种缺点可以通过选择适当的基函数来得到弥补。升阶谱形函数的构造方式多种多样,一般来说,为了得到更好的数值特性,往往需要升阶谱形函数之间满足一定的正交性,因而正交多项式以其独特的优势被广泛应用于升阶谱单元的构造中。

图 2.1-3 给出了一维 $\boldsymbol{C}^0$ 型升阶谱基函数与拉格朗日基函数的对比,可以看出升阶谱基函数一般由端点插值的基函数以及满足端点值为 0 的"帽子"函数(或气泡函数)构成,这些基函数满足单元阶次升高时的嵌套特性;而拉格朗日基函数则不具备嵌套特

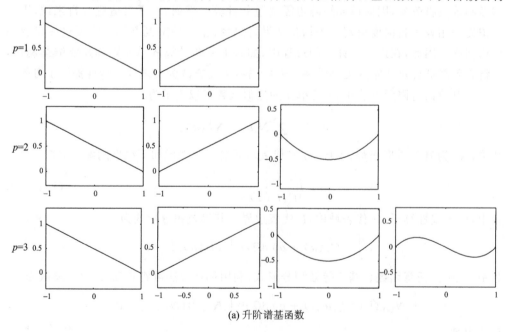

(a) 升阶谱基函数

图 2.1-3　一维 $\boldsymbol{C}^0$ 型升阶谱基函数

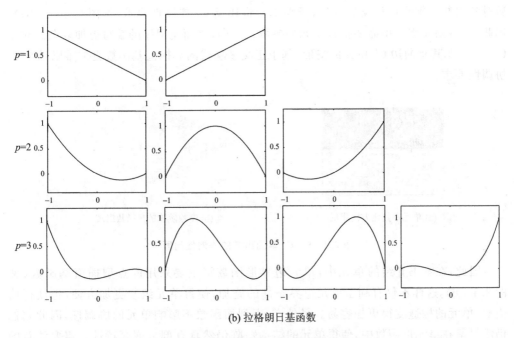

(b) 拉格朗日基函数

图 2.1-3 一维 C^0 型升阶谱基函数（续）

性,其基函数在单元节点满足配点性质。二维 C^0 型升阶谱单元形函数如图 2.1-4 所示,其中包括顶点形函数、边形函数以及面函数（"帽子"函数,或气泡函数,下文将不再区分）。其中顶点函数满足插值特性,而边函数则不具有插值性质,面函数满足在边界处为 0。

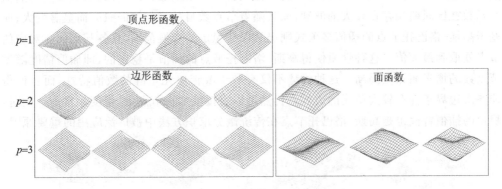

图 2.1-4 二维 C^0 型升阶谱单元形函数

2.1.3 升阶谱求积元方法基本原理

从前面的分析可以看出,由于升阶谱单元的边函数不具有插值特性,因而给非齐次边界条件的施加带来困难。另外,在单元组装时也需要注意边函数的奇偶性问题;如果单元在边界上几何参数化方向不一致(见图 2.1-5(a)),那么相应形函数在阶次为奇数时其组装必须采取相反的符号,否则单元将违反 $\mathbf{C}^0$ 连续性要求(见图2.1-5(b))。因此,在有限元程序中需要记录单元的参数化方向,进而使程序的编写更加复杂。对于 $\mathbf{C}^1$ 单元,尤其是曲边 $\mathbf{C}^1$ 单元的情形,基于正交多项式的非插值基函数更加难以满足 $\mathbf{C}^1$ 协调性要求。

(a) 单元参数化方向相反　　　　　　(b) 奇数阶次的形函数组装

图 2.1-5　$\mathbf{C}^0$ 单元组装的协调性问题

因此,在本书介绍的单元中,单元边界形函数将主要采用配点型插值基函数(见图2.1-6),这样不仅有利于单元边界条件的施加,使得单元组装更加方便,也使得曲边 $\mathbf{C}^1$ 单元的构造变得更加容易。另外,考虑到面函数不影响单元的协调性,因此它们仍然保留在单元形函数中,使得单元的结构矩阵仍然具有部分嵌套特性。需要注意的是,由于单元边界上一般为拉格朗日插值多项式,因此其插值节点的选择将对单元的数值性质(如矩阵的条件数等)具有显著影响。由于龙格现象,传统的均匀节点在单元阶次较高时一般导致病态的矩阵,而且此时非齐次边界条件也不能直接施加在节点上。因此,对于 $\mathbf{C}^0$ 问题来说,一般采用非均匀分布的高斯-洛巴托节点来代替传统均匀节点。图2.1-7所示为基于不同节点的拉格朗日插值基函数,可以看到均匀节点的插值基函数在区间两端存在较大的波动,而且随着节点数目的增加(10→15)而显著变大;而基于高斯-洛巴托节点的插值多项式则仍然保持稳定的变换范围,且各基函数在对应的节点处取到最大值。这种性质使得高斯-洛巴托节点的插值是稳定的,即插值精度随着节点数的增多而相应提高。这种优势不仅有利于改善单元矩阵的数值特性,而且使得非齐次边界条件在较大单元的边界上仍然可以直接施加在节点上,精度非常高。同时,稳定的插值特性也是高斯-洛巴托节点在传统微分求积方法中被广泛应用的重要原因。

图 2.1-6　采用配点型插值基函数的边界形函数

传统多项式微分求积方法实际上可以看成基于拉格朗日插值近似法来得到其权系数矩阵;而在升阶谱求积元方法中,单元的近似函数将仍然采用边界插值基函数以及内部升阶谱面函数的形式构造。例如一维问题,近似函数在参数区间 $\xi\in[-1,1]$ 上表示为

26

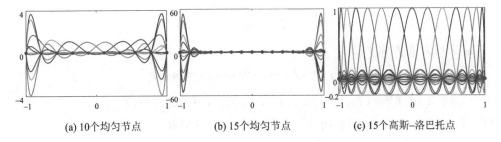

(a) 10个均匀节点　　　(b) 15个均匀节点　　　(c) 15个高斯-洛巴托点

图 2.1-7　基于不同节点的拉格朗日插值基函数

$$f\left[x(\xi)\right] \approx \frac{1-\xi}{2}f\left[x(\xi_1)\right] + \frac{1+\xi}{2}f\left[x(\xi_2)\right] + \sum_{m=1}^{H_\xi}\varphi_m(\xi)a_m, \quad \xi \in [-1,1]$$

$$(2.1-11)$$

其中，$\xi_1=-1$，$\xi_2=1$，H_ξ 为"帽子"函数 φ_m 的个数，a_m 为广义节点变量。"帽子"函数通常采用勒让德多项式的积分形式

$$\varphi_m(\xi) = \int_{-1}^{\xi} L_m(\xi)\mathrm{d}\xi = \frac{(\xi^2-1)}{m(m+1)}\frac{\mathrm{d}L_m(\xi)}{\mathrm{d}\xi}, \quad \xi \in [-1,1], \quad m=1,2,\cdots$$

$$(2.1-12)$$

其中，L_m 为 m 次勒让德正交多项式。

对于二维问题，如函数 $f\left[x(\xi,\eta),y(\xi,\eta)\right]$，微分求积升阶谱方法的近似函数可设为

$$f\left[x(\xi,\eta),y(\xi,\eta)\right] \approx \sum_{k=1}^{K}S_k(\xi,\eta)f_k + \sum_{m=1}^{H_\xi}\sum_{n=1}^{H_\eta}\varphi_m(\xi)\varphi_n(\eta)a_{mn} \quad (2.1-13)$$

其中，$S_k(\xi,\eta)$ 为边界上的插值型 Serendipity 形函数，$\varphi_m(\xi)$、$\varphi_n(\eta)$ 为张量积形式面函数，由式（2.1-12）定义。形函数的具体形式将在后续章节中给出。

基于式（2.1-11）或式（2.1-13）所表示的近似函数，可以方便地得到升阶谱求积元方法的基本格式。以二维问题为例，式（2.1-13）所表示的近似函数 $f\left[x(\xi,\eta),\right.$ $\left.y(\xi,\eta)\right]$ 在给定节点 (ξ_i,η_j) 的一阶偏导数可以近似为

$$\begin{cases} \left(\dfrac{\partial f}{\partial \xi}\right)_{ij} = \displaystyle\sum_{k=1}^{K}\dfrac{\partial S_k(\xi_i,\eta_j)}{\partial \xi} + \sum_{m=1}^{H_\xi}\sum_{n=1}^{H_\eta}L_m(\xi)\varphi_n(\eta)a_{mn} \\[3mm] \left(\dfrac{\partial f}{\partial \eta}\right)_{ij} = \displaystyle\sum_{k=1}^{K}\dfrac{\partial S_k(\xi_i,\eta_j)}{\partial \eta} + \sum_{m=1}^{H_\xi}\sum_{n=1}^{H_\eta}\varphi_m(\xi)L_n(\eta)a_{mn} \end{cases}$$

利用链式法则可以得到函数在 (ξ_i,η_j) 的对应点 (x_i,y_i) 处关于 $x-y$ 坐标的偏导数

$$\begin{cases} \left(\dfrac{\partial f}{\partial x}\right)_{ij} = \dfrac{1}{|\boldsymbol{J}|_{ij}}\left[\left(\dfrac{\partial y}{\partial \eta}\right)_{ij}\left(\dfrac{\partial f}{\partial \xi}\right)_{ij} - \left(\dfrac{\partial y}{\partial \xi}\right)_{ij}\left(\dfrac{\partial f}{\partial \eta}\right)_{ij}\right] \\[3mm] \left(\dfrac{\partial f}{\partial y}\right)_{ij} = \dfrac{1}{|\boldsymbol{J}|_{ij}}\left[\left(\dfrac{\partial x}{\partial \xi}\right)_{ij}\left(\dfrac{\partial f}{\partial \eta}\right)_{ij} - \left(\dfrac{\partial x}{\partial \eta}\right)_{ij}\left(\dfrac{\partial f}{\partial \xi}\right)_{ij}\right] \end{cases} \quad (2.1-14)$$

其中，$|\boldsymbol{J}|$ 为雅可比行列式，即

$$|\boldsymbol{J}| = \frac{\partial x}{\partial \xi}\frac{\partial y}{\partial \eta} - \frac{\partial y}{\partial \xi}\frac{\partial x}{\partial \eta}$$

定义列向量 $\boldsymbol{f}$ 和 $\bar{\boldsymbol{f}}$:

$$\begin{cases} \boldsymbol{f}^{\mathrm{T}} = (f_1, f_2, \cdots, f_K, a_{11}, \cdots, a_{H_\xi 1}, \cdots, a_{H_\xi H_\eta}) \\ \bar{\boldsymbol{f}}^{\mathrm{T}} = (f_{11}, \cdots, f_{N_\xi 1}, f_{12}, \cdots, f_{N_\xi 2}, \cdots, f_{1N_\eta}, \cdots, f_{N_\xi N_\eta}) \end{cases} \quad (2.1-15)$$

其中, $f_{ij} = f[x(\xi_i, \eta_j), y(\xi_i, \eta_j)]$,于是由式(2.1-13)有

$$f[x(\xi, \eta), y(\xi, \eta)] \approx \boldsymbol{N}^{\mathrm{T}} \boldsymbol{f}$$

其中

$$\boldsymbol{N}^{\mathrm{T}} = [S_1(\xi, \eta), \cdots, S_K(\xi, \eta), \varphi_1(\xi)\varphi_1(\eta), \cdots, \varphi_{H_\xi}(\xi)\varphi_{H_\eta}(\eta)]$$

则有

$$\bar{\boldsymbol{f}} \approx \boldsymbol{G} \boldsymbol{f} \quad (2.1-16)$$

其中

$$\boldsymbol{G} = [\boldsymbol{N}(\xi_1, \eta_1), \boldsymbol{N}(\xi_2, \eta_1), \cdots, \boldsymbol{N}(\xi_{N_\xi}, \eta_{N_\eta})]^{\mathrm{T}}$$

由式(2.1-14)、式(2.1-16)可以得

$$\begin{cases} \bar{\boldsymbol{f}}_x \approx \boldsymbol{A} \boldsymbol{f} \\ \bar{\boldsymbol{f}}_y \approx \boldsymbol{B} \boldsymbol{f} \end{cases} \quad (2.1-17)$$

其中

$$\boldsymbol{A} = [\boldsymbol{N}_x(\xi_1, \eta_1), \boldsymbol{N}_x(\xi_2, \eta_1), \cdots, \boldsymbol{N}_x(\xi_{N_\xi}, \eta_{N_\eta})]^{\mathrm{T}}$$

$$\boldsymbol{N}_x(\xi_i, \eta_j) = \frac{1}{|\boldsymbol{J}|_{ij}}\left[\left(\frac{\partial y}{\partial \eta}\right)_{ij} \boldsymbol{N}_\xi(\xi_i, \eta_j) - \left(\frac{\partial y}{\partial \xi}\right)_{ij} \boldsymbol{N}_\eta(\xi_i, \eta_j)\right]$$

同理可得到 $\boldsymbol{B}$ 矩阵。与传统微分求积方法类似,式(2.1-17)实际上给出了基于升阶谱基函数的微分求积基本格式,因此称这种方法为微分求积升阶谱方法(DQHM)。对于更高阶微分情形可以借用相应的链式法则得到。与传统广义微分求积方法一样,微分求积升阶谱方法也可以直接应用于强形式微分方程的离散,而对于弱形式的有限元方法来说,微分求积升阶谱方法则主要用于得到其积分点的函数值以及导数值,这样结合高斯-洛巴托或高斯(Gauss)积分方法,则可以将有限元势能泛函进行离散,这便是升阶谱求积元方法(HQEM)的基本思想。显然,除了在数值离散方面的特点外,升阶谱求积元方法在本质上是一种 p-型有限元方法,因此它具有 p-型有限元方法的诸多优点,如收敛速度快、精度高、前处理简单以及对板、壳、体单元中的闭锁现象不敏感等。

2.1.4 小 结

本节从一维微分求积方法与升阶谱有限元方法出发,分别介绍了二者的基本原理,然后介绍了升阶谱求积元方法的基本原理。可以看出,微分求积方法是有节点概念的,因此其物理意义比较明确,单元组装和边界条件施加也比较直接,但其并不简便,因为

微分求积方法采用的是强形式。升阶谱有限元方法可以局部升阶,采用的是弱形式,但用起来也不太方便,主要因为形函数的物理意义不明确。升阶谱求积元方法给单元边界上配置了微分求积节点,内部仍然采用正交多项式升阶谱基函数,因此在性能上综合了二者的优势。

2.2 一维结构的升阶谱求积元方法

拉压杆、扭轴、欧拉梁以及剪切梁是典型的一维结构元件,被广泛应用于各类工程结构中。本节将介绍以上典型一维结构的升阶谱求积元的构造方法。一维升阶谱求积元方法在形式上相对简单,与升阶谱有限元方法没有区别,读者可以借此充分认识升阶谱求积元方法的基本思想。

2.2.1 拉压杆

拉压杆是最简单的结构受力元件,例如桁架的杆件和平面薄壁板件中的筋条等。在结构力学理论中,拉压杆是指横截面积尺寸远远小于纵向尺寸的细长平直杆件,它只承受纵向载荷的作用。因此可以假设拉压杆只发生纵向伸缩变形而不发生横向弯曲变形,并可假设原先垂直于杆件中心线的剖面在杆件受载变形后仍然保持为垂直于中心线的平面,且剖面形状不变。对于特别短而粗的杆件,应采用三维弹性力学的方法进行分析。

杆的平衡可以由控制微分方程的形式给出,也可以用变分原理描述。固体力学问题可以表示为多种变分原理的形式,这取决于选择何种变量作为自变函数。在位移有限元中广泛采用的变分原理为最小总势能变分原理。针对图 2.2-1 所示的拉压杆,其总势能泛函为

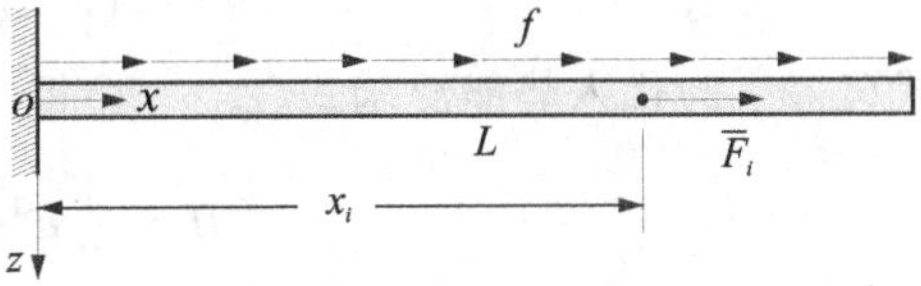

图 2.2-1 拉压杆

$$\Pi = \int_0^L \left[\frac{1}{2} EA \left(\frac{\mathrm{d}u}{\mathrm{d}x} \right)^2 - fu \right] \mathrm{d}x - \sum_{i=1}^n \bar{F}_i u_{x_i} \qquad (2.2-1)$$

其中,$\bar{F}_i$ 为集中载荷,f 为分布载荷,杆长为 L。对于一维问题,在自然坐标系下升阶谱单元的试函数为

$$\tilde{u}(\xi) = u_1 \phi_1(\xi) + u_2 \phi_2(\xi) + \sum_{i=3}^N a_i \phi_i(\xi), \quad \xi = \frac{2x - L}{L}$$

其中,ϕ_1、ϕ_2 为线性杆单元的形函数,即一次拉格朗日插值函数;$\phi_i (i \geqslant 3)$ 为气泡函数。其表达式分别如下

$$
\begin{cases}
\phi_1 = \dfrac{1-\xi}{2} \\[2mm]
\phi_2 = \dfrac{\xi+1}{2} \\[2mm]
\phi_{k+2} = \displaystyle\int_{-1}^{\xi} P_k(\xi)\mathrm{d}\xi = \dfrac{\xi^2-1}{k(k+1)}\dfrac{\mathrm{d}P_k}{\mathrm{d}\xi}, \quad k=1,2,\cdots
\end{cases}
$$

其中,$P_k(\xi)$为k次勒让德正交多项式。由拉格朗日基函数的插值特性不难得到u_1和u_2对应单元两端的位移,而其余对应于气泡函数的广义节点变量则不具备明显的物理意义,但是这些系数不影响单元在两端的位移,这样使得边界条件以及单元间协调性条件的施加可以由前两个自由度来完成。

由于实际使用的升阶谱形函数往往需要升高到较高阶次,因此在形成单元矩阵的过程中高阶多项式的计算一般需要格外注意。下面将介绍两种方法:第一种为传统的显式表达方法,其中单元矩阵的每一项均由解析表达式积分得到;第二种为微分求积升阶谱方法,其中单元矩阵的各元素将采用高斯-洛巴托积分的形式得到。在微分求积升阶谱方法中一般采用高斯-洛巴托积分而非高斯积分,前者需要的积分点比后者略多,但由于包含了边界点,会给后处理带来方便。

2.2.1.1 单元矩阵的显式表达

这里将结合前述推导的微分求积升阶谱方法和势能泛函得到单元矩阵及向量。记杆单元的广义节点向量及形函数向量分别为

$$
\begin{cases}
\boldsymbol{u}^{\mathrm{T}} = (u_1, u_2, a_3, \cdots, a_n) \\
\boldsymbol{N}^{\mathrm{T}} = (\phi_1, \phi_2, \cdots, \phi_n)
\end{cases}
\tag{2.2-2}
$$

将式(2.2-2)代入势能泛函式(2.2-1)得

$$
\Pi = \frac{1}{2}\boldsymbol{u}^{\mathrm{T}}\boldsymbol{K}\boldsymbol{u} - \boldsymbol{u}^{\mathrm{T}}\boldsymbol{F}
$$

其中

$$
\boldsymbol{K} = \int_0^L EA\,\frac{\mathrm{d}\boldsymbol{N}}{\mathrm{d}x}\,\frac{\mathrm{d}\boldsymbol{N}^{\mathrm{T}}}{\mathrm{d}x}\,\mathrm{d}x, \quad \boldsymbol{F} = \int_0^L f\boldsymbol{N}\mathrm{d}x + \sum_{i=1}^n \bar{F}_i \boldsymbol{N}(x_i)
$$

注意到

$$
\boldsymbol{K}_{ij} = \int_0^L EA\,\frac{\mathrm{d}\phi_i}{\mathrm{d}x}\,\frac{\mathrm{d}\phi_j}{\mathrm{d}x}\,\mathrm{d}x = \frac{2EA}{L}\int_{-1}^1 \frac{\mathrm{d}\phi_i}{\mathrm{d}\xi}\,\frac{\mathrm{d}\phi_j}{\mathrm{d}\xi}\,\mathrm{d}\xi
$$

利用勒让德多项式的正交性

$$
\int_{-1}^1 L_i L_j = \frac{2}{2i+1}\delta_{ij}
$$

刚度矩阵可显式表示为

$$\boldsymbol{K} = \frac{EA}{L} \begin{bmatrix} 1 & -1 & & & & & \\ -1 & 1 & & & & & \\ & & \frac{4}{3} & & & & \\ & & & \frac{4}{5} & & & \\ & & & & \ddots & & \\ 对 & & 称 & & & & \frac{4}{2n-3} \end{bmatrix}$$

对于动力学问题,质量矩阵可以由

$$\boldsymbol{M} = \int_0^L \rho A \boldsymbol{N} \boldsymbol{N}^{\mathrm{T}} \mathrm{d}x$$

得到。其中

$$\boldsymbol{M}_{ij} = \int_0^L \rho A \phi_i \phi_j \mathrm{d}x = \frac{\rho A L}{2} \int_{-1}^1 \phi_i \phi_j \mathrm{d}\xi$$

注意到 ϕ_i、ϕ_j 不是完全正交的,下面可以证明其部分正交性仍可使得质量矩阵呈稀疏带状。

首先考虑 ϕ_m、$\phi_n (m \neq n, m \geqslant 3$ 且 $n \geqslant 3)$,有

$$\int_{-1}^1 \phi_m \phi_n \mathrm{d}\xi = \frac{1}{(m-2)(m-1)(n-2)(n-1)} \int_{-1}^1 (\xi^2-1)^2 \frac{\mathrm{d}L_{m-2}}{\mathrm{d}\xi} \frac{\mathrm{d}L_{n-2}}{\mathrm{d}\xi} \mathrm{d}\xi$$

利用勒让德多项式的递推性质

$$\begin{cases} (x^2-1)\dfrac{\mathrm{d}L_n}{\mathrm{d}x} = nxL_n - nL_{n-1} \\ xL_n - L_{n-1} = \dfrac{n+1}{2n+1}(L_{n+1}-L_{n-1}) \end{cases}$$

可得到

$$\int_{-1}^1 \varphi_m \varphi_n \mathrm{d}\xi = \begin{cases} \dfrac{2}{(2m-1)(2m-3)(2m-5)}, & m=n \\ -\dfrac{1}{(2m+1)(2m-1)(2m-3)}, & n=m+2 \\ -\dfrac{1}{(2n+1)(2n-1)(2n-3)}, & m=n+2 \\ 0, & 其他 \end{cases} \quad (m, n \geqslant 3)$$

对于 $m=1,2, n \geqslant 3$,有

$$\int_{-1}^1 \phi_1 \phi_n \mathrm{d}\xi = \begin{cases} -\dfrac{1}{3}, & n=3 \\ \dfrac{1}{15}, & n=4 \\ 0, & n>4 \end{cases}, \qquad \int_{-1}^1 \phi_2 \phi_n \mathrm{d}\xi = \begin{cases} -\dfrac{1}{3}, & n=3 \\ -\dfrac{1}{15}, & n=4 \\ 0, & n>4 \end{cases}$$

因此质量矩阵具有如下形式

$$
M = \frac{\rho A L}{2}
\begin{bmatrix}
\frac{2}{3} & \frac{1}{3} & -\frac{1}{3} & \frac{1}{15} & & & & \\
 & \frac{2}{3} & -\frac{1}{3} & -\frac{1}{15} & & & & \\
 & & \frac{2}{5 \times 3 \times 1} & 0 & -\frac{1}{7 \times 5 \times 3} & & & \\
 & & & \frac{2}{7 \times 5 \times 3} & 0 & -\frac{1}{9 \times 7 \times 5} & & \\
 & & & & \frac{2}{9 \times 7 \times 5} & 0 & \ddots & \\
 & & & & & \frac{2}{11 \times 9 \times 7} & \ddots & I_{n-2,n} \\
 & & & & & & \ddots & 0 \\
\text{对} \quad \text{称} & & & & & & & I_{nn}
\end{bmatrix}
$$

其中

$$
I_{nn} = \frac{2}{(2n-1)(2n-3)(2n-5)}, \qquad I_{n-2,n} = -\frac{1}{(2n-3)(2n-5)(2n-7)}
$$

对于强度为 f 的均布载荷,其对应的载荷矩阵为

$$
F^{T} = fL \begin{bmatrix} \frac{1}{2} & \frac{1}{2} & \frac{1}{3} & 0 & \cdots & 0 \end{bmatrix}
$$

从以上单元矩阵可以看到,低阶单元的单元矩阵是高阶单元对应矩阵的子矩阵,这意味着当阶次升高时,可以利用低阶单元的计算数据来形成新的代数方程,从而节省计算量。此外,正交多项式的应用让升阶谱单元的刚度矩阵、质量矩阵为稀疏带状矩阵,这将有利于矩阵的代数求解。

2.2.1.2 微分求积升阶谱杆单元

在升阶谱求积元方法中将采用高斯洛巴托积分方法进行数值离散。设 $\xi_i (i=1,2,\cdots,N_x)$ 为积分点,根据微分求积升阶谱方法,$\tilde{u}(\xi)$ 在积分点的函数值以及导数值可以记为

$$
\begin{cases}
\tilde{u} = Gu, \\
u_\xi = D_\xi u
\end{cases} \tag{2.2-3}
$$

其中

$$
\tilde{u}^{T} = \begin{bmatrix} \tilde{u}(\xi_1), \cdots, \tilde{u}(\xi_{N_x}) \end{bmatrix}, \quad u_\xi^{T} = \begin{bmatrix} \tilde{u}_\xi'(\xi_1), \cdots, \tilde{u}_\xi'(\xi_{N_x}) \end{bmatrix}, \quad u^{T} = \begin{bmatrix} u_1, u_2, a_3, \cdots, a_n \end{bmatrix}
$$

$$
G = \begin{bmatrix} \phi_{ij} \end{bmatrix}_{N_x \times n}, \quad \phi_{ij} = \phi_j(\xi_i), \quad D_\xi = \begin{bmatrix} \phi_{ij}^{(1)} \end{bmatrix}_{N_x \times n}, \quad \varphi_{ij}^{(1)} = \frac{d\phi_j(\xi_i)}{d\xi}
$$

$$\tag{2.2-4}$$

需要注意的是,在式(2.2-4)中计算气泡函数的函数值以及导数值时通常利用勒让德正交多项式的递推性质,相对于传统基于幂级数叠加形式的计算方法,这种方法不仅计

算效率更高而且能有效避免高阶多项式数值计算的困难。由链式法则

$$\frac{\mathrm{d}u}{\mathrm{d}x} = \frac{2}{L}\frac{\mathrm{d}u}{\mathrm{d}\xi}, \quad \mathrm{d}x = \frac{L}{2}\mathrm{d}\xi$$

得

$$\boldsymbol{u}_x = \boldsymbol{D}_x \boldsymbol{u} = \frac{2}{L}\boldsymbol{D}_\xi \boldsymbol{u}$$

其中

$$\boldsymbol{u}_x^{\mathrm{T}} = \left[\widetilde{u}'_x(\xi_1), \cdots, \widetilde{u}'_x(\xi_{N_x})\right]$$

那么质量矩阵、刚度矩阵和载荷向量可以离散为

$$\begin{cases} \boldsymbol{M} = \boldsymbol{G}^{\mathrm{T}}\boldsymbol{I}\boldsymbol{G}, \quad \boldsymbol{I} = \rho A \boldsymbol{C} \\ \boldsymbol{K} = \boldsymbol{D}_x^{\mathrm{T}}\boldsymbol{H}\boldsymbol{D}_x, \quad \boldsymbol{H} = EA\boldsymbol{C} \\ \boldsymbol{f}^{\mathrm{T}} = [f_1, \cdots, f_{N_x}] \times \boldsymbol{C}, \quad f_i = f(\xi_i) \end{cases} \tag{2.2-5}$$

其中,$\boldsymbol{C} = \dfrac{L}{2}\mathrm{diag}(C_1, C_2, \cdots, C_{N_x})$,$C_i(i=1,2,\cdots,N_\xi)$为高斯-洛巴托积分权系数。

图 2.2-2 所示是用微分求积升阶谱方法、等几何分析方法和有限元方法求得的固支杆的离散频谱的相对误差对比,可见微分求积升阶谱方法有 60% 的频率具有很高的精度。对于一维问题,微分求积升阶谱方法与常规升阶谱方法没有本质上的区别,升阶谱求积元方法的主要优势体现在二维和三维问题中。

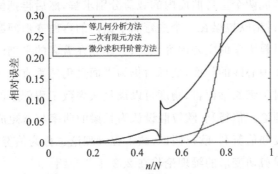

注:n 是频率阶次,N 是总的频率数。

图 2.2-2 固支杆离散频谱相对误差对比

2.2.2 扭 轴

扭轴是传递扭矩的结构元件,它在旋转机械中占有十分重要的地位。本节讨论的扭轴是指只承受扭矩、横剖面尺寸远小于纵向尺寸的细长柱体——假设在扭矩作用下,轴的各个剖面发生相对转动,但仍然保持为平面且外廓形状不变。实际上,只有圆形(包括圆管)剖面和少数剖面形状特殊的柱体在扭转时才不会发生剖面翘曲现象。考虑翘曲的柱体扭转问题称为圣维南扭转问题,一般采用三维弹性力学的方法来计算。

针对图 2.2 - 3 所示扭轴,根据上述假设,扭轴在分布扭矩 t 作用下的平衡微分方程为

$$\frac{\mathrm{d}}{\mathrm{d}x}\left(GJ\frac{\mathrm{d}\theta}{\mathrm{d}x}\right)+t=0$$

其中,θ 为转角,GJ 为扭转刚度,G 为剪切模量,J 为极惯性矩,t 为分布扭矩。由于扭轴的方程与拉压杆的方程类似,因此不难得到该扭轴的势能泛函为

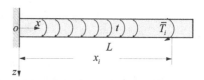

$$\Pi=\int_0^L\left(\frac{1}{2}GJ\left(\frac{\mathrm{d}\theta}{\mathrm{d}x}\right)^2-t\theta\right)\mathrm{d}x-\sum_{i=1}^n \bar{T}_i\theta_{x_i}$$

图 2.2 - 3　扭　轴

可以看到,扭轴的势能泛函与拉压杆的势能泛函在形式上是一致的,因此其升阶谱单元的构造也是类似的,在此不再赘述。

2.2.3　欧拉梁

欧拉梁是指横剖面尺寸远小于纵向尺寸的细长平直柱体,主要承受垂直于中心线的横向载荷作用并发生弯曲变形,也可以承受弯矩。欧拉梁可以承受不同方向的横向载荷,但一般来说存在两个主弯曲平面。主弯曲平面内的变形互不耦合,因此可把各个方向的横向载荷分解成两个主弯曲面内的载荷分别求解,然后再把两种结果叠加起来。为简单起见,这里只讨论欧拉梁在一个主弯曲平面内的弯曲变形问题。

欧拉梁理论是材料力学的主要内容之一,它建立在著名的平剖面假设基础之上,即认为变形前垂直于梁中心线的剖面,变形后仍为平面且仍然垂直于中心线,因此不存在剪切变形。该假设对于细长梁而言,精度可以满足大多数工程问题的需求,因此这种梁理论也称为工程梁理论。伯努利-欧拉假设认为长梁的曲率与弯矩成比例,由于工程梁理论中包含平面假设和伯努利-欧拉假设,故工程梁理论也称为伯努利-欧拉梁理论,简称欧拉梁理论。考虑剪切变形的梁理论将在 2.2.4 节介绍。

针对图 2.2 - 4 所示的梁,其总势能泛函可写为

$$\Pi=\int_0^L\left[\frac{1}{2}EI\left(\frac{\mathrm{d}^2 w}{\mathrm{d}x^2}\right)^2-qw\right]\mathrm{d}x-\sum_{i=1}^{n_1}\bar{Q}_i w_{x_i}-\sum_{i=1}^{n_2}\bar{M}_i\frac{\mathrm{d}w}{\mathrm{d}x}\bigg|_{x_i} \qquad (2.2-6)$$

自然坐标系下升阶谱梁单元的试函数为

$$\widetilde{w}(\xi)=w_1\phi_1+\frac{\mathrm{d}w_1}{\mathrm{d}x}\phi_2+w_2\phi_3+\frac{\mathrm{d}w_2}{\mathrm{d}x}\phi_4+\sum_{i=5}^n a_i\phi_i \qquad (2.2-7)$$

其中,前四个基函数 ϕ_1、ϕ_2、ϕ_3、ϕ_4 为三次梁单元的插值基函数,即三次埃尔米特插值函数,其余的高次气泡函数则采用勒让德多项式的二次积分形式。其表达式分别为

$$
\begin{cases}
\phi_1 = \dfrac{1}{4}(2 - 3\xi + \xi^3) \\[2mm]
\phi_2 = \dfrac{L}{8}(1 - \xi - \xi^2 + \xi^3) \\[2mm]
\phi_3 = \dfrac{1}{4}(2 + 3\xi - \xi^3) \\[2mm]
\phi_4 = \dfrac{L}{8}(-1 - \xi + \xi^2 + \xi^3) \\[2mm]
\phi_{k+3} = \displaystyle\int_{-1}^{\xi}\int_{-1}^{\xi} P_k \,\mathrm{d}\xi\,\mathrm{d}\xi = \dfrac{(\xi^2 - 1)^2}{(k-1)k(k+1)(k+2)}\dfrac{\mathrm{d}^2 P_k}{\mathrm{d}\xi^2}, \quad k = 2, 3, \cdots
\end{cases}
$$

$$(2.2-8)$$

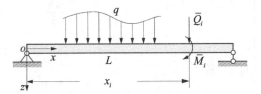

图 2.2 - 4　简支梁(欧拉梁)

图 2.2 - 5 分别给出了 $L = 2$ 时的埃尔米特基函数图形(见图 2.2 - 5(a))和气泡函数图形(见图 2.2 - 5(b))。可以看到,埃尔米特基函数具有插值特性,而气泡函数在单元的两端的函数值以及一阶导数值均为 0。这表明前四个自由度可以用来施加单元的边界条件以及协调性条件,而气泡函数对应的自由度则不会影响单元的边界条件以及单元间的协调性。

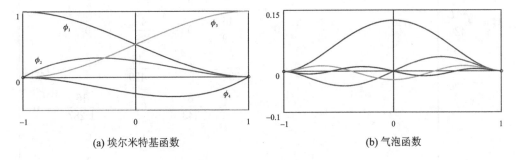

(a) 埃尔米特基函数　　　　　　　　(b) 气泡函数

图 2.2 - 5　梁的升阶谱基函数

2.2.3.1　单元矩阵的显式表达

梁单元矩阵的推导过程与杆单元矩阵的推导过程类似,因此这里仅给出结果。利用式(2.2 - 5)~式(2.2 - 8),梁单元的应变能、动能、外力功可以离散为

$$
U = \frac{1}{2}\boldsymbol{w}^{\mathrm{T}}\boldsymbol{K}\boldsymbol{w}, \quad T = \frac{1}{2}\boldsymbol{w}^{\mathrm{T}}\boldsymbol{M}\boldsymbol{w}, \quad P = \boldsymbol{w}^{\mathrm{T}}\boldsymbol{F}
$$

其中刚度矩阵、质量矩阵、载荷向量为

$$\boldsymbol{K} = \int_0^L EI \frac{\mathrm{d}^2 \boldsymbol{N}}{\mathrm{d}x^2} \frac{\mathrm{d}^2 \boldsymbol{N}^{\mathrm{T}}}{\mathrm{d}x^2} \mathrm{d}x, \quad \boldsymbol{M} = \int_0^L \rho A \boldsymbol{N} \boldsymbol{N}^{\mathrm{T}} \mathrm{d}x, \quad \boldsymbol{F} = \int_0^L q \boldsymbol{N} \mathrm{d}x + \sum_{i=1}^{n_1} \bar{Q}_i \boldsymbol{N}(x_i) + \sum_{i=1}^{n_2} \bar{M}_i \frac{\mathrm{d}\boldsymbol{N}}{\mathrm{d}x}\bigg|_{x_i}$$

式(2.2-9)和式(2.2-10)分别给出了刚度矩阵与质量矩阵的具体形式,它们都是稀疏带状矩阵,具体推导过程与2.2.1节杆单元类似。

$$\boldsymbol{K} = \frac{EI}{L^3} \begin{bmatrix} 12 & 6L & -12 & 6L & & & & \\ & 4L^2 & -6L & 2L^2 & & & & \\ & & 12 & -6L & & & & \\ & & & 4L^2 & & & & \\ & & & & \dfrac{16}{5} & & & \\ & & & & & \dfrac{16}{5} & & \\ & & & & & & \ddots & \\ \text{对} \quad \text{称} & & & & & & & \dfrac{16}{2n-5} \end{bmatrix} \quad (2.2-9)$$

$$\boldsymbol{M} = \frac{\rho AL}{420} \begin{bmatrix} 156 & 22L & 54 & -13L & 14 & -\dfrac{8}{3} & 0 & \dfrac{2}{33} \\ & 4L^2 & 13L & -3L & 3L & -\dfrac{L}{3} & -\dfrac{L}{9} & \dfrac{L}{33} \\ & & 156 & -22L & 14 & \dfrac{8}{3} & 0 & -\dfrac{2}{33} \\ & & & 4L^2 & -3L & -\dfrac{L}{3} & \dfrac{L}{9} & \dfrac{L}{33} \\ & & & & \dfrac{8}{3} & 0 & -\dfrac{16}{99} & 0 & \dfrac{4}{429} & 0 \\ & & & & & \dfrac{8}{33} & 0 & -\dfrac{16}{429} & 0 & I_{n-4,n} \\ & & & & & & \dfrac{8}{143} & 0 & -\dfrac{16}{1287} & 0 \\ & & & & & & & \ddots & 0 & I_{n-2,n} \\ & & & & & & & & \ddots & 0 \\ \text{对} \quad \text{称} & & & & & & & & & I_{n,n} \end{bmatrix}$$

$$(2.2-10)$$

其中

$$I_{n-4,n} = \frac{420(2n-15)!!}{(2n-5)!!}, \quad I_{n-2,n} = \frac{-1680(2n-13)!!}{(2n-3)!!}, \quad I_{nn} = \frac{2520(2n-11)!!}{(2n-1)!!}$$

2.2.3.2 基于高次埃尔米特插值的梁单元

在2.2.3.1节介绍了升阶谱梁单元,而实际上还可以根据埃尔米特插值基函数来

构造高阶梁单元。这时梁单元的挠度在自然坐标系下可以表示为

$$\tilde{w}(\xi) = h_1^{(1)}(\xi)w'(-1) + h_N^{(1)}(\xi)w'(1) + \sum_{j=1}^{N} h_j(\xi)w(\xi_j) \quad (2.2-11)$$

其中

$$\begin{cases} h_1^{(1)}(\xi) = \dfrac{1-\xi^2}{2}L_1(\xi) \\[2mm] h_N^{(1)}(\xi) = \dfrac{\xi^2-1}{2}L_N(\xi) \\[2mm] h_1(\xi) = (c_1\xi+c_2)\dfrac{1-\xi}{2}L_1(\xi) \\[2mm] h_N(\xi) = (c_3\xi+c_4)\dfrac{1+\xi}{2}L_N(\xi) \\[2mm] h_j(\xi) = \dfrac{1-\xi^2}{1-\xi_j^2}L_j(\xi), \quad j=2,3,\cdots,N-1, \quad L_j(\xi) = \prod_{k=1,k\neq j}^{N}\dfrac{\xi-\xi_k}{\xi_j-\xi_k} \end{cases}$$

分别为单元两端以及内部埃尔米特插值基函数,带上标"(1)"的基函数为与端点一阶导数相关的基函数。图 2.2-6(a)给出了当 $N=15$ 时均匀节点对应的埃尔米特插值基函数图形,与 2.1.3 节中图 2.1-7(b)所示的均匀节点的拉格朗日插值基函数类似,基函数在区间两端出现了强烈的波动现象,同时计算表明均匀节点在单元阶次较高时一般会导致病态的单元矩阵,因此单元内部一般采用非均匀节点。而对于 $\mathbf{C}^1$ 型埃尔米特插值,其对应的非均匀节点将不再是高斯-洛巴托点,然而也可以采用类似的方式得到埃尔米特插值的非均匀节点。为此,令中间节点对应的埃尔米特基函数在节点处取最大值

$$\max h_j(\xi) = h_j(\xi_j) = 1, \quad j=2,3,\cdots,N-1 \quad (2.2-12)$$

式(2.2-12)等价于如下 $N-2$ 个非线性方程

$$g_j(\xi) = \frac{\mathrm{d}h_j(\xi_j)}{\mathrm{d}\xi} = \frac{2\xi_j}{\xi_j^2-1} + \frac{\mathrm{d}L_j(\xi_j)}{\mathrm{d}\xi} = 0, \quad \xi=[\xi_2,\cdots,\xi_{N-1}], \quad j=2,3,\cdots,N-1$$

通过牛顿-拉弗森(Newton-Raphson)迭代方法可以得到一组非均匀节点。结果表明这些节点是雅可比多项式 $J_{N-2}^{(3,3)}(\xi)$ 的 0 点,因此称之为高斯-雅可比-(3,3)点。基于该非均匀节点的插值函数如图 2.2-6(b)所示,从图中可以看到,各个基函数均具有插值特性,且在节点处取得最大值。

为得到梁的单元矩阵,同样可以利用微分求积方法与高斯-洛巴托积分法进行离散。设 $\xi_i(i=1,2,\cdots,N_x)$ 为 N_x 个积分点,记 $h_0=h_1^{(1)}$,$h_{N+1}=h_N^{(1)}$ 以及

$$\tilde{w}^{\mathrm{T}} = [\tilde{w}(\xi_1),\cdots,\tilde{w}(\xi_{N_x})], \quad \tilde{w}_x''^{\mathrm{T}} = [\tilde{w}_x''(\xi_1),\cdots,\tilde{w}_x''(\xi_{N_x})], \quad \mathbf{w}^{\mathrm{T}} = [\tilde{w}_0,\tilde{w}_1,\cdots,\tilde{w}_{N+1}]$$

$$H_{ij} = h_{j-1}(\xi_1), \quad H_{ij}^{(2)} = \frac{\mathrm{d}^2 h_{j-1}(\xi_i)}{\mathrm{d}\xi^2}$$

$$\mathbf{G} = D_\xi^{(2)} = [H_{ij}^{(2)}]_{N_x\times(N+2)}, \quad \mathbf{D}_x^{(2)} = \frac{4}{L^2}\mathbf{D}_\xi^{(2)}$$

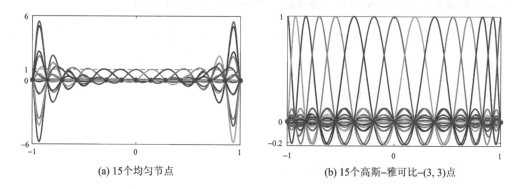

(a) 15个均匀节点   (b) 15个高斯-雅可比-(3,3)点

图 2.2 - 6 埃尔米特插值基函数

那么

$$\begin{cases} \tilde{\boldsymbol{w}}^{\mathrm{T}} = \boldsymbol{G}\boldsymbol{w} \\ \boldsymbol{w}_x''^{\mathrm{T}} = \boldsymbol{D}_x^{(2)}\boldsymbol{w} \end{cases}$$

从而刚度矩阵、质量矩阵和载荷向量可以离散为

$$\begin{cases} \boldsymbol{K} = EI\boldsymbol{D}_x^{(2)\mathrm{T}}\boldsymbol{C}\boldsymbol{D}_x^{(2)} \\ \boldsymbol{M} = \rho A\boldsymbol{G}^{\mathrm{T}}\boldsymbol{C}\boldsymbol{G} \\ \boldsymbol{q}^{\mathrm{T}}[q_1, \cdots, q_{N_x}] \times \boldsymbol{C}, \quad q_i = q(\xi_i) \end{cases} \tag{2.2-13}$$

式(2.2 - 13)中 $\boldsymbol{C}$ 矩阵的定义与式(2.2 - 5)中相同。显然,如果式(2.2 - 11)中 $N=2$,那么上述单元将退化为传统三次梁单元。

2.2.3.3 升阶谱求积梁单元

根据式(2.2 - 7),梁的升阶谱试函数为

$$\tilde{w}(\xi) = w_1\phi_1 + \frac{\mathrm{d}w_1}{\mathrm{d}x}\phi_2 + w_2\phi_3 + \frac{\mathrm{d}w_2}{\mathrm{d}x}\phi_4 + \sum_{i=5}^{n} a_i\phi_i$$

其中,ϕ_i 的定义如式(2.2 - 8),记

$$\tilde{\boldsymbol{w}}^{\mathrm{T}} = [\tilde{w}(\xi_1), \cdots, \tilde{w}(\xi_{N_x})], \quad \tilde{\boldsymbol{w}}_x''^{\mathrm{T}} = [\tilde{w}_x''(\xi_1), \cdots, \tilde{w}_x''(\xi_{N_x})],$$

$$\boldsymbol{w}^{\mathrm{T}}[w_1, w_{1x}', w_2, w_{2x}', a_5, \cdots, a_n]$$

$$\boldsymbol{G} = [\phi_{ij}^{(2)}]_{N_x \times n}, \quad \phi_{ij} = \phi_j(\xi_i), \quad \phi_{ij}^{(2)} = \frac{\mathrm{d}\phi_j(\xi_i)}{\mathrm{d}\xi}$$

$$\boldsymbol{D}_\xi^{(2)} = [\phi_{ij}^{(2)}]_{N_x \times n}, \quad \boldsymbol{D}_x^{(2)} = \frac{4}{L^2}\boldsymbol{D}_\xi^{(2)}$$

由高斯-洛巴托积分法可将刚度矩阵、质量矩阵和载荷向量离散为

$$\begin{cases} \boldsymbol{K} = EI\boldsymbol{D}_x^{(2)\mathrm{T}}\boldsymbol{C}\boldsymbol{D}_x^{(2)} \\ \boldsymbol{M} = \rho A\boldsymbol{G}^{\mathrm{T}}\boldsymbol{C}\boldsymbol{G} \\ \boldsymbol{q}^{\mathrm{T}} = [q_1, \cdots, q_{N_x}] \times \boldsymbol{C}, \quad q_i = q(\xi_i) \end{cases}$$

其基本过程与 2.2.3.2 节相似,只是基
函数发生了改变。同样需要注意的是在
计算升阶谱形函数时最好采用勒让德多
项式的迭代公式。图 2.2-7 所示是用
升阶谱方法与三次有限元方法(cubic
FEM)计算的简支欧拉梁离散频谱相对
误差对比,可见升阶谱方法仍然有 60%
的频率具有很高的精度。表 2-1 所列
是用升阶谱方法与离散奇异卷积(PSC)
方法[175]计算的简支欧拉梁的高阶无量
纲频率参数 $\Omega = \omega (L/100\pi)^2 \sqrt{\rho S/EI}$

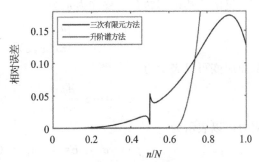

注:n 是频率阶次,N 是总的频率数。

图 2.2-7　简支欧拉梁离散频谱相对误差对比

对比,可见恰当地计算正交多项式,升阶谱方法的阶次可以非常高,即数值稳定性问题
是完全可以克服的。

表 2-1　升阶谱方法与离散奇异卷积方法计算的简支欧拉梁的高阶无量纲频率参数对比

频率序号	自由度数							
	1 001		2 001		3 001		4 001	
	升阶谱方法	离散奇异卷积方法[175]	升阶谱方法	离散奇异卷积方法[175]	升阶谱方法	离散奇异卷积方法[175]	升阶谱方法	离散奇异卷积方法[175]
500	25.000 0	25.000 2	25.000 0	25.000 0	25.000 0	25.000 0	25.000 0	25.000 0
1 000	—	—	100.000	100.001	100.000	100.000	100.000	100.000
2 000	—	—	—	—	410.976	401.206	400.000	400.004

2.2.4　剪切梁

欧拉梁理论可以用于处理工程中有关梁的大部分静动力学问题,然而如果梁的长
度较短,或者梁的实际长度虽然很长,但其有效长度却很短,例如铁路路轨在列车车轮
集中力的作用下的接触问题、梁的高阶固有振动或波传播等问题,利用欧拉梁理论将得
不到满意的结果。对于此类问题,用铁摩辛柯在 1932 年提出的剪切梁理论(或铁摩辛
柯梁理论)可以大幅度提高结果的精度。

与欧拉梁相比,铁摩辛柯梁理论仍然
采用平剖面假设,但放松了剖面始终垂直
于梁挠度曲线的假设,因此剖面转角不再
与挠度曲线的一阶导数相等,即梁可以发
生剪切变形。图 2.2-8 所示为剪切梁,根
据假设,它具有两个广义位移,即挠度 w
以及剖面的转角 ψ。

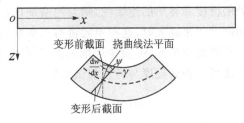

图 2.2-8　剪切梁

梁的位移可用转角与挠度表示为

$$\begin{cases} u(x,z) = -z\psi(x) \\ w(x,z) = w(x) \end{cases}$$

从而应变可以表示为

$$\varepsilon_x = -z\,\frac{\mathrm{d}\psi}{\mathrm{d}x}, \quad \varepsilon_z = 0, \quad \gamma_{zx} = \frac{\mathrm{d}w}{\mathrm{d}x} - \psi$$

应力可以表示为

$$\sigma_x = E\varepsilon_x, \quad \sigma_z \neq 0, \quad \tau_{xz} = kG\gamma$$

根据微元体平衡易得平衡方程为

$$\begin{cases} \dfrac{\mathrm{d}}{\mathrm{d}x}\left[kGA\left(\dfrac{\mathrm{d}w}{\mathrm{d}x} - \psi\right)\right] + q = 0 \\[2mm] \dfrac{\mathrm{d}}{\mathrm{d}x}\left(EI\,\dfrac{\mathrm{d}\psi}{\mathrm{d}x}\right) + kGA\left(\dfrac{\mathrm{d}w}{\mathrm{d}x} - \psi\right) + m = 0 \end{cases}$$

其中,q 和 m 分别为与挠度和转角对应的广义载荷。

剪切梁的静平衡问题同样可以利用最小总势能原理来描述。针对图 2.2 - 9 所示的承受分布载荷的梁,其总势能泛函为

$$\Pi = \int_0^L \frac{1}{2}EI\left(\frac{\mathrm{d}\psi}{\mathrm{d}x}\right)^2 \mathrm{d}x + \int_0^L \frac{1}{2}kGA\left(\frac{\mathrm{d}w}{\mathrm{d}x} - \psi\right)^2 \mathrm{d}x - \int_0^L qw\,\mathrm{d}x - \int_0^L m\psi\,\mathrm{d}x -$$

$$\sum_{i=1}^{n_1} \bar{Q}_i w_{x_i} - \sum_{i=1}^{n_2} \bar{M}_i \psi_{x_i}$$

$$(2.2 - 14)$$

由于场变量的最高阶导数为一阶的,因此对单元的连续性要求为 $\mathbf{C}^0$ 连续,这与拉压杆和扭轴的情况类似,因而它们的有限元构造方法具有相似性。

对于剪切梁,当 w 为常数时,代表梁的刚体平移;当 $\mathrm{d}w/\mathrm{d}x = \psi$ 时代表刚体转动;当 $\mathrm{d}w/\mathrm{d}x$ 和 ψ 皆为常数但不相等时,代表纯剪切变形;而当 $\mathrm{d}^2 w/\mathrm{d}x^2 = \mathrm{d}\psi/\mathrm{d}x$ 为常数时,代表纯弯曲变形。由此观之,把挠度 w 取为二次多项式,而把转角 ψ 取为

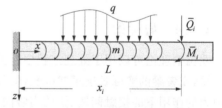

图 2.2 - 9 承受分布载荷的梁

线性多项式可以构造出最简单的剪切梁单元。这种单元能够保证相邻单元在公共节点处的挠度和转角的连续性,随着网格细化,一般情况下其结果也收敛到理论解,但当剪切刚度越来越大时,这种单元将与三次欧拉梁单元相抵触。为了能得到适用于各种剪切刚度的梁单元,w 至少要取三次多项式,而 ψ 的阶次比 w 低一阶。用埃尔米特插值方法可以得到挠度与转角的试函数为

$$\begin{cases} w(x) = w_1\phi_1 + \dfrac{\mathrm{d}w_1}{\mathrm{d}x}\phi_2 + w_2\phi_3 + \dfrac{\mathrm{d}w_2}{\mathrm{d}x}\phi_4 \\[2mm] \psi(x) = \dfrac{1}{2}(\xi-1)\xi\psi_1 + \dfrac{1}{2}(\xi+1)\xi\psi_2 + (1-\xi^2)\psi_3 \end{cases}$$

$$(2.2 - 15)$$

其中,$\phi_1 \sim \phi_4$ 为三次埃尔米特插值基函数,转角 ψ 的试函数与二次杆单元的试函数是一致的。在式(2.2-15)中,w_1、w_2、ψ_1、ψ_2 与保证单元间 $\mathbf{C}^0$ 连续性有关,因而被称为外部节点参数,其余参数则对单元间的位移协调条件没有影响,故属于内部节点参数。因此,单元的节点位移矢量可分块排列为

$$\boldsymbol{w}^{\mathrm{T}} = \begin{bmatrix} w_1 & \psi_1 & w_2 & \psi_2 & \vdots & \dfrac{\mathrm{d}w_1}{\mathrm{d}x} & \dfrac{\mathrm{d}w_2}{\mathrm{d}x} & \psi_3 \end{bmatrix}$$

用式(2.2-15)离散势能泛函,可以得到相应的单元刚度矩阵

$$\boldsymbol{K} = \begin{bmatrix} \boldsymbol{K}_{ee} & \boldsymbol{K}_{ei} \\ \boldsymbol{K}_{ie} & \boldsymbol{K}_{ii} \end{bmatrix}$$

其中,下标 e 代表对应外部节点参数,i 代表对应内部节点参数。对于长度为 L 的均匀梁单元,子矩阵为

$$\boldsymbol{K}_{ee} = \frac{kGA}{180L} \begin{bmatrix} 216 & 18L & -216 & 18L \\ & (24+35S)L^2 & -18L & (-6+5S)L^2 \\ & & 216 & -18L \\ \text{对称} & & & (24+35S)L^2 \end{bmatrix}$$

$$\boldsymbol{K}_{ei} = \boldsymbol{K}_{ie}^{\mathrm{T}} = \frac{kGA}{180L} \begin{bmatrix} 18L & 18L & 144L \\ -21L^2 & 9L^2 & (12-40S)L^2 \\ -18L & -18L & -144L \\ 9L^2 & -21L^2 & (12-40S)L^2 \end{bmatrix}$$

$$\boldsymbol{K}_{ii} = \frac{kGA}{180L} \begin{bmatrix} 24L^2 & -6L^2 & 12L^2 \\ & 24L^2 & 12L^2 \\ \text{对称} & & (96+80S)L^2 \end{bmatrix}$$

其中

$$S = \frac{12EI}{kGAL^2}$$

将挠度 w 和转角 ψ 假设成式(2.2-15)是位移有限元法中的常规做法,但这种做法并不唯一。在升阶谱有限元方法中,可以把位移和转角分别设为

$$\begin{cases} w = w_1 \dfrac{1-\xi}{2} + w_2 \dfrac{1+\xi}{2} + w_3 \dfrac{\xi^2-1}{2} + w_4 \dfrac{(\xi^3-\xi)}{2} \\ \psi = \phi_1 \dfrac{1-\xi}{2} + \phi_2 \dfrac{1+\xi}{2} + \phi_3 \dfrac{\xi^2-1}{2} \end{cases}$$

其中,w_1、w_2、ϕ_1、ϕ_2 对应单元两端挠度和转角,用来保证单元间的协调条件。与一维升阶谱杆单元类似,增加基函数配置可以方便构造更高阶的梁单元。

下面构造弱形式微分求积剪切梁单元及微分求积升阶谱梁单元。由于剪切梁单元属于 $\mathbf{C}^0$ 型单元,因此,对于弱形式微分求积方法,可以直接设其位移函数为

$$\begin{bmatrix} w(\xi) \\ \psi(\xi) \end{bmatrix} = \sum_{i=1}^{N_x} \begin{bmatrix} w_i \\ \psi_i \end{bmatrix} L_i(\xi)$$

其中,L_i 为拉格朗日基函数,其节点为定义在参考区间$[-1,1]$上的 N_x 个高斯-洛巴

托点。这里为简便起见,转角和挠度采用了相同的阶次。记

$$\boldsymbol{w}^T=[w_1,\cdots,w_{N_x}],\quad \boldsymbol{\psi}^T=[\psi_1,\cdots,\psi_{N_x}],\quad w_i=w(\xi_i),\quad \psi_i=\psi(\xi_i),\quad \boldsymbol{u}=\begin{bmatrix}w\\\psi\end{bmatrix}$$

$$\boldsymbol{w}_x^T=[w'_x(\xi_1),\cdots,w'_x(\xi_{N_x})],\quad \boldsymbol{\psi}_x^T=[\psi'_x(\xi_1),\cdots,\psi'_x(\xi_{N_x})]$$

$$w_x=Dw,\quad \psi_x=D\psi$$

则由式(2.2-14),其刚度矩阵、载荷向量可以离散为

$$\begin{cases}\boldsymbol{K}=\begin{bmatrix}\kappa GAD^TCD & -\kappa GAD^TC\\ -\kappa GACD & EID^TCD+\kappa GAC\end{bmatrix}\\ \boldsymbol{Q}=\begin{bmatrix}Cq\\Cm\end{bmatrix}\end{cases} \tag{2.2-16}$$

另外,剪切梁的动能可以由平移和转动两部分构成,其动能系数为

$$T_0=\frac{1}{2}\int_0^L(\rho Aw^2+\rho I\psi^2)\,\mathrm{d}x=\frac{1}{2}[\boldsymbol{w}^T,\boldsymbol{\psi}^T]\begin{bmatrix}\rho AC&\\&\rho IC\end{bmatrix}\begin{bmatrix}w\\\psi\end{bmatrix}$$

其中,I 是绕 z 轴的转动惯量,故质量矩阵为

$$\boldsymbol{M}=\rho\begin{bmatrix}AC&\\&IC\end{bmatrix} \tag{2.2-17}$$

对于微分求积升阶谱方法,剪切梁与杆单元的位移场是类似的,即式(2.2-3)同样适用于剪切梁。微分求积升阶谱方法的刚度矩阵、质量矩阵与载荷向量与式(2.2-16)和式(2.2-17)类似,结果如下

$$\begin{cases}\boldsymbol{K}=\begin{bmatrix}\kappa GAD_x^TCD_x & -\kappa GAD_x^TCG\\ -\kappa GAG^TCD_x & EID_x^TCD_x+\kappa GAG^TCG\end{bmatrix}\\ \boldsymbol{M}=\rho\begin{bmatrix}AG^TCG&\\&IG^TCG\end{bmatrix}\\ \boldsymbol{Q}=\begin{bmatrix}G^TCq\\G^TCm\end{bmatrix}\end{cases}$$

在得到刚度矩阵、质量矩阵和载荷向量之后,各种方法的结构动力学或静力学问题的求解方法基本上是一样的。

2.2.5 小 结

本节介绍了拉压杆、扭轴、欧拉梁、剪切梁的升阶谱求积元方法。由于升阶谱方法本身有顶点插值形函数,因此一维的升阶谱求积元方法与升阶谱有限元方法的差别不大,唯一的区别是,在升阶谱求积元方法中求导数的方法在形式上与微分求积方法类似。本节通过算例验证了微分求积升阶谱方法的高精度特性。

2.3 平面问题的升阶谱求积元方法

本节将介绍平面问题单元的构造。首先给出弹性力学平面问题的基本方程及其变

分形式,然后依次介绍四边形单元及三角形单元的升阶谱求积元方法,其中将详细介绍单元形函数以及几何模型的构造方法。

2.3.1 弹性力学平面问题

任何一个弹性体都是空间物体,一般外力都是空间力系,因此,严格来说,任何一个实际的弹性力学问题都是空间问题。但是,如果所考察的弹性体具有某种特殊的形状,并且承受的是某种特殊的外力,那么就可以把空间问题简化为平面问题。这种简化将大大减少计算的工作量,同时所得到的结果仍然能满足工程需求。

第一种平面问题是平面应力问题。其基本假设为:①结构形状为等厚度薄板;②板的侧面承受不随厚度变化的面力,同时体力平行于板面且不沿厚度变化;③材料性质与厚度无关。其受力示意图如图 2.3-1 所示。

根据假设可以得到

$$\sigma_z = \tau_{xz} = \tau_{yz} = 0$$

于是应力-应变关系可以简化为

$$\begin{bmatrix} \sigma_x \\ \sigma_y \\ \tau_{xy} \end{bmatrix} = \frac{E}{1-v^2} \begin{bmatrix} 1 & v & 0 \\ v & 1 & 0 \\ 0 & 0 & (1-v)/2 \end{bmatrix} \begin{bmatrix} \varepsilon_x \\ \varepsilon_y \\ \gamma_{xy} \end{bmatrix} \text{ 或 } \boldsymbol{\sigma} = \boldsymbol{D}\boldsymbol{\varepsilon} \tag{2.3-1}$$

其中,E 代表弹性模量,v 为泊松比。虽然板的厚度方向的应力为 0,但由于两个表面自由,因此厚度方向的正应变不等于 0,根据三维应力-应变关系可得

$$\varepsilon_z = -\frac{v}{E}(\sigma_x + \sigma_y)$$

平面应力问题常见于仅受面内载荷的薄板等结构。

第二种平面问题为平面应变问题。如图 2.3-2 所示,平面应变问题的基本假设为:①结构一般为很长的柱形体;②在柱面上受有平行于横截面而且不沿长度变化的面力,体力平行于横截面且不沿长度变化;③材料性质与厚度无关。从而应力、应变和位移分量都只是坐标 x、y 的函数,与坐标 z 无关。

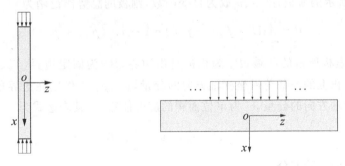

图 2.3-1 平面应力　　　　　图 2.3-2 平面应变

根据假设可得

$$\varepsilon_z = \gamma_{yz} = \gamma_{xz} = 0$$

进而易得其应力-应变关系为

$$
\begin{bmatrix} \sigma_x \\ \sigma_y \\ \tau_{xy} \end{bmatrix}
= \frac{E(1-\upsilon)}{(1+\upsilon)(1-2\upsilon)}
\begin{bmatrix}
1 & \dfrac{\upsilon}{1-\upsilon} & 0 \\[2ex]
\dfrac{\upsilon}{1-\upsilon} & 1 & 0 \\[2ex]
0 & 0 & \dfrac{1-2\upsilon}{2}
\end{bmatrix}
\begin{bmatrix} \varepsilon_x \\ \varepsilon_y \\ \gamma_{xy} \end{bmatrix}
\tag{2.3-2}
$$

注意到虽然 z 方向的应变为 0，但 z 方向的正应力却不为 0，根据三维应力-应变方程有

$$\sigma_z = \frac{E\upsilon}{(1+\upsilon)(1-2\upsilon)}(\varepsilon_x + \varepsilon_y)$$

需要指出的是，将式（2.3-1）中的 E 换成 $E/(1-\upsilon^2)$，将 υ 换成 $\upsilon/(1-\upsilon)$，便得到式（2.3-2）。反过来，将式（2.3-2）中的 E 换成 $E(1+2\upsilon)/(1+\upsilon)^2$，将 υ 换成 $\upsilon/(1+\upsilon)$，则得到式（2.3-1）。两种平面问题的平衡方程和几何方程是完全相同的，只是物理方程不同；并且只需经过弹性常数的上述置换，平面应力问题与平面应变问题的解答就可以互相转换，因此平面应力问题与平面应变问题具有相同类型的单元。

下面通过最小势能变分原理推导平面问题的平衡方程和自然边界条件。在平面弹性力学中，存在两个独立的位移函数，若取板面为 $x-y$ 平面，则它们就是沿 x 方向的位移函数 $u(x,y)$ 和沿 y 方向的位移函数 $v(x,y)$。利用位移应变关系，可得到应变矢量为

$$
\boldsymbol{\varepsilon} = \begin{bmatrix} \varepsilon_x \\ \varepsilon_y \\ \gamma_{xy} \end{bmatrix}
= \begin{bmatrix}
\dfrac{\partial}{\partial x} & 0 \\[2ex]
0 & \dfrac{\partial}{\partial y} \\[2ex]
\dfrac{\partial}{\partial y} & \dfrac{\partial}{\partial x}
\end{bmatrix}
\begin{bmatrix} u \\ v \end{bmatrix}
\tag{2.3-3}
$$

因为弹性力学问题的求解与板的厚度无关，故可假设板的厚度为一个单位。对于图 2.3-3 所示的薄板，把 u、v 取为自变函数，则板的总势能泛函为

$$\Pi = \iint\limits_A (U - f_x u - f_y v)\,\mathrm{d}A - \int_{B_\sigma}^{B_u} (p_x u + p_y v)\,\mathrm{d}s \tag{2.3-4}$$

其中，A 代表板所占的区域，B_σ 为板的自由边界，B_u 为固定边界，f_x、f_y 为作用在域内的单位面积上的外载荷沿坐标轴方向的分量，p_x、p_y 为作用在边界单位长度上的外载荷沿坐标轴方向的分量，U 为单位面积的应变能密度，其表达式为

$$U = \frac{1}{2}\boldsymbol{\sigma}^{\mathrm{T}}\boldsymbol{\varepsilon} = \frac{1}{2}\boldsymbol{\varepsilon}^{\mathrm{T}}\boldsymbol{D}\boldsymbol{\varepsilon}$$

总势能泛函的一阶变分为

$$\delta\Pi = \iint\limits_A (\delta U - f_x \delta u - f_y \delta v)\,\mathrm{d}A - \int_{B_\sigma}^{B_u} (p_x \delta u + p_y \delta v)\,\mathrm{d}s \tag{2.3-5}$$

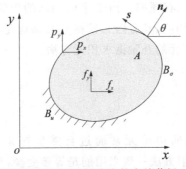

图 2.3 - 3　平面应力状态的薄板

其中

$$\delta U = \boldsymbol{\varepsilon}^{\mathrm{T}} \boldsymbol{D} \delta \boldsymbol{\varepsilon} = \sigma_x \frac{\partial \delta u}{\partial x} + \sigma_y \frac{\partial \delta v}{\partial y} + \tau \left(\frac{\partial \delta u}{\partial y} + \frac{\partial \delta v}{\partial x} \right)$$

经过分部积分，式(2.3 - 5)变为

$$\delta \Pi = -\iint_A \left[\left(\frac{\partial \sigma_x}{\partial x} + \frac{\partial \tau}{\partial y} + f_x \right) \delta u + \left(\frac{\partial \sigma_y}{\partial y} + \frac{\partial \tau}{\partial x} + f_y \right) \delta v \right] \mathrm{d}A -$$

$$\int_{B_\sigma} \left(p_x \delta u + p_y \delta v \right) \mathrm{d}s + \int_{B_\sigma + B_u} \left[(\sigma_x n_x + \tau n_y) \delta u + (\sigma_y n_y + \tau n_x) \delta v \right] \mathrm{d}s$$

$$(2.3 - 6)$$

其中，n_x、n_y 为外法线的方向余弦，由于在固定边界上有 $\delta u = \delta v = 0$，因此(2.3 - 6)可化为

$$\delta \Pi = -\iint_A \left[\left(\frac{\partial \sigma_x}{\partial x} + \frac{\partial \tau}{\partial y} + f_x \right) \delta u + \left(\frac{\partial \sigma_y}{\partial y} + \frac{\partial \tau}{\partial x} + f_y \right) \delta v \right] \mathrm{d}A +$$

$$\int_{B_\sigma} \left[(\sigma_x n_x + \tau n_y - p_x) \delta u + (\sigma_y n_y + \tau n_x - p_y) \delta v \right] \mathrm{d}s$$

由变分驻值条件，可得平面问题的平衡方程和边界条件

$$\begin{cases} \dfrac{\partial \sigma_x}{\partial x} + \dfrac{\partial \tau}{\partial y} + f_x = 0 \\[2mm] \dfrac{\partial \sigma_y}{\partial y} + \dfrac{\partial \tau}{\partial x} + f_y = 0 \end{cases}$$

$$\begin{cases} \sigma_x n_x + \tau n_y = p_x \\ \sigma_y n_y + \tau n_x = p_y \end{cases}$$

引入动能系数

$$T_0 = \frac{1}{2} \iint_A \rho (u^2 + v^2) \, \mathrm{d}A$$

其中，ρ 为单位面积的质量密度。通过瑞利商变分可以分析板的面内固有振动问题，即

$$\omega^2 = st \, \frac{\displaystyle\iint_A U \mathrm{d}A}{T_0}$$

其中,ω 为板的面内振动的固有频率。由于平面问题的势能泛函中包含的未知位移函数导数的最高阶次为一次,因此,其有限元试函数必须满足 $\mathbf{C}^0$ 连续性条件。下面将介绍四边形单元以及三角形单元的升阶谱求积元方法。

2.3.2 四边形单元

2.3.2.1 几何映射

全局坐标系下的一般曲边单元常通过自然坐标系下的母单元映射得到,如图 2.3-4 所示。传统的映射方法一般采用的是等参变换,该方法将单元的几何映射函数用相同数目的节点参数及单元的插值形函数来表示,即

$$\begin{cases} x = \sum_{i=1}^{m} x_i N_i(\xi, \eta) \\ y = \sum_{i=1}^{m} y_i N_i(\xi, \eta) \end{cases}$$

其中,N_i 为单元的形函数,x_i、y_i 分别为第 i 个插值点的笛卡尔坐标,m 为插值点个数。常用的插值基函数为 Serendipity 插值基函数。由于等参变换在单元边界上采用多项式插值的方式逼近单元的边界曲线,这种方法一般不能精确表示所有曲线边界(如常见的圆锥曲线),因此这种映射往往存在一定的几何误差。

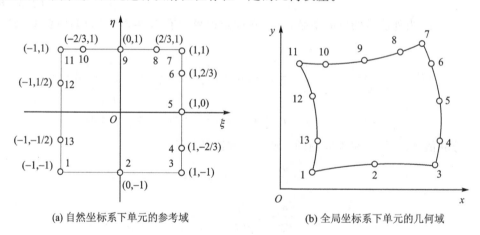

(a) 自然坐标系下单元的参考域　　　　　(b) 全局坐标系下单元的几何域

图 2.3-4 四边形单元节点配置

另外一种比较常用的几何映射方法是混合函数方法。该方法通过给定区域边界曲线,利用超限插值的方法构造混合函数来实现单元的几何映射。对于图 2.3-4 所示的单元,给定单元边界曲线

$$\begin{cases} x = x_i(\xi), \quad y = y_i(\xi), \quad -1 \leqslant \xi \leqslant 1, \quad i = 1,3 \\ x = x_i(\eta), \quad y = y_i(\eta), \quad -1 \leqslant \eta \leqslant 1, \quad i = 2,4 \end{cases}$$

其中,i 代表边的编号。那么满足边界映射条件的混合函数为

$$x(\xi,\eta) = \frac{1-\eta}{2}x_1(\xi) + \frac{1+\xi}{2}x_2(\eta) + \frac{1+\eta}{2}x_3(\xi) + \frac{1-\xi}{2}x_4(\eta) - \frac{(1-\xi)(1-\eta)}{4}X_A -$$

$$\frac{(1+\xi)(1-\eta)}{4}X_B - \frac{(1+\xi)(1+\eta)}{4}X_C - \frac{(1-\xi)(1+\eta)}{4}X_D$$

$$y(\xi,\eta) = \frac{1-\eta}{2}y_1(\xi) + \frac{1+\xi}{2}y_2(\eta) + \frac{1+\eta}{2}y_3(\xi) + \frac{1-\xi}{2}y_4(\eta) - \frac{(1-\xi)(1-\eta)}{4}Y_A -$$

$$\frac{(1+\xi)(1-\eta)}{4}Y_B - \frac{(1+\xi)(1+\eta)}{4}Y_C - \frac{(1-\xi)(1+\eta)}{4}Y_D$$

其中,X_A、X_B、X_C、X_D 代表单元的四个角点的横坐标,而 Y_A、Y_B、Y_C、Y_D 则代表单元的四个角点的纵坐标。可以看到,混合函数映射对于单元边界曲线是精确满足的,因此其精度一般要比等参变换高。然而,混合函数方法一般需要给出边界曲线的解析表达式,因此在实际应用中不如等参映射方法简单。此外,使用上述混合函数插值来构造单元几何的方法一般只适用于平面单元(包括 2.4 节中的剪切板单元、2.5 节中的薄板单元)的构造。对于壳单元来说,精确的几何模型不仅要在边界上精确吻合,而且单元内部也需要与壳面贴合,这也给上述混合函数的应用带来困难。为解决这个问题,并与 CAD 模型的一般技术接轨,本书将在 2.7.4 节介绍利用 NURBS 参数曲面来实现单元几何形状映射。

2.3.2.2 形函数

微分求积升阶谱四边形单元在形函数的构造上主要包含单元边界形函数和内部升阶谱形函数。传统的升阶谱单元在单元边界上采用一维升阶谱形函数构造的 Serendipity 形函数,这种做法通常难以处理非齐次边界条件的情形,因此在实际应用中存在缺陷。对于本章介绍的升阶谱求积元方法,单元间只需要满足 $\mathbf{C}^0$ 连续性条件,因此单元边界上将采用基于非均匀分布高斯-洛巴托点的 Serendipity 形函数,而单元内部则采用张量积形式的面函数。因此场变量 u 在自然坐标系内可以近似为

$$u[x(\xi,\eta),y(\xi,\eta)] = \sum_{k=1}^{K}S_k(\xi,\eta)u_k + \sum_{m=1}^{H_\xi}\sum_{n=1}^{H_\eta}\varphi_m(\xi)\varphi_n(\eta)a_{mn}$$

其中,K 为边界点个数,S_k 为边界上的插值形函数,H_ξ、H_η 为升阶谱形函数的个数,φ_m 由式(2.1-12)定义。下面给出形函数的具体表达式。

1. 单元边界

角点$(-1,-1)$处:

$$S_1 = \frac{1-\eta}{2}L_1^M(\xi) + \frac{1-\xi}{2}L_1^N(\eta) - \frac{(1-\xi)(1-\eta)}{4}$$

边$(\eta=-1)$内:

$$S_i = \frac{1-\eta}{2}L_i^M(\xi), \quad i=2,\cdots,M-1$$

其中,M 为边 $\eta=-1$ 上的节点数,N 为边 $\xi=-1$ 上的节点数,L_i^M 为基于该边上的节点构造的拉格朗日多项式,其表达式为

$$L_i^M(\xi) = \prod_{j=1, j\neq i}^{M} \frac{\xi - \xi_j}{\xi_i - \xi_j}$$

其余边界节点对应的形函数的构造与之相似。图 2.3 - 5(a)、(b)分别给出了当 $M=3$，$N=5$，$P=5$，$Q=4$(P 为边 $\eta=1$ 上的节点数，Q 为边 $\xi=1$ 上的节点数)时的一个角点形函数以及一个边内形函数。可以看到，它们均满足节点插值性质，进而有利于施加边界条件以及单元组装。

2. 单元内部

单元内部面函数将采用如下张量积形式

$$S_{mn} = \varphi_m(\xi)\varphi_n(\eta)$$

其中，φ_m、φ_n 的定义见 2.1.3 节。图 2.3 - 5(c)、(d)分别给出了 $S_{1,1}$、$S_{2,1}$ 的图像，可以看到，它们均满足单元边界上取值为 0 的特征，因此不影响单元间的协调性。

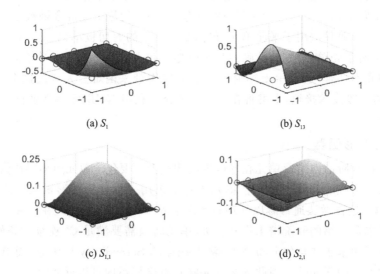

(a) S_1

(b) S_{13}

(c) $S_{1,1}$

(d) $S_{2,1}$

图 2.3 - 5   四边形单元形函数

2.3.2.3 有限元离散

这一部分将根据前面的单元位移函数、势能泛函得到单元矩阵和向量。由式(2.3 - 4)知，平面应力问题的势能泛函为

$$\Pi = \iint_A \left(\frac{1}{2}\boldsymbol{\sigma}^T\boldsymbol{\varepsilon} - f_x u - f_y v\right)\mathrm{d}A - \int_{B_\sigma}^{B_u} (p_x u + p_y v)\mathrm{d}s \tag{2.3 - 7}$$

单元内部的近似位移场为

$$\begin{cases} \tilde{u}(\xi, \eta) = \sum_{k=1}^{K} S_k(\xi, \eta) u_k + \sum_{m=1}^{H_\xi}\sum_{n=1}^{H_\eta} \varphi_m(\xi)\varphi_n(\eta) a_{mn} \\ \\ \tilde{v}(\xi, \eta) = \sum_{k=1}^{K} S_k(\xi, \eta) v_k + \sum_{m=1}^{H_\xi}\sum_{n=1}^{H_\eta} \varphi_m(\xi)\varphi_n(\eta) b_{mn} \end{cases} \tag{2.3 - 8}$$

记

$$\boldsymbol{u}^{\mathrm{T}} = (u_1, u_2, \cdots, u_K, a_{11}, \cdots, a_{H_\xi 1}, \cdots, a_{H_\xi H_\eta})$$

$$\boldsymbol{v}^{\mathrm{T}} = (v_1, v_2, \cdots, v_K, b_{11}, \cdots, b_{H_\xi 1}, \cdots, b_{H_\xi H_\eta})$$

$$\boldsymbol{N}^{\mathrm{T}} = [S_1(\xi, \eta), \cdots, S_K(\xi, \eta), \varphi_1(\xi)\varphi_1(\eta), \cdots, \varphi_{H_\xi}(\xi)\varphi_{H_\eta}(\eta)]$$

那么式(2.3-8)可简写为

$$\begin{cases} \tilde{u}(\xi, \eta) = \boldsymbol{N}^{\mathrm{T}} \boldsymbol{u} \\ \tilde{v}(\xi, \eta) = \boldsymbol{N}^{\mathrm{T}} \boldsymbol{v} \end{cases}$$

下面将利用高斯-洛巴托积分来离散势能泛函。设在自然坐标系下的积分点为(ξ_i, η_j), $i = 1, 2, \cdots, N_\xi$, $j = 1, 2, \cdots, N_\eta$, 并记试函数 $\tilde{u}$、$\tilde{v}$ 在积分点的取值为

$$\bar{\boldsymbol{u}}^{\mathrm{T}} = [\tilde{u}_{11}, \cdots, \tilde{u}_{N_\xi 1}, \cdots, \tilde{u}_{1N_\eta}, \cdots, \tilde{u}_{N_\xi N_\eta}]$$

$$\bar{\boldsymbol{v}}^{\mathrm{T}} = [\tilde{v}_{11}, \cdots, \tilde{v}_{N_\xi 1}, \cdots, \tilde{v}_{1N_\eta}, \cdots, \tilde{v}_{N_\xi N_\eta}]$$

且有

$$\bar{\boldsymbol{U}} = \begin{bmatrix} \bar{\boldsymbol{u}} \\ \bar{\boldsymbol{v}} \end{bmatrix} = \begin{bmatrix} \boldsymbol{G} & \boldsymbol{O} \\ \boldsymbol{O} & \boldsymbol{G} \end{bmatrix} \begin{bmatrix} \boldsymbol{u} \\ \boldsymbol{v} \end{bmatrix} = \bar{\boldsymbol{G}} \boldsymbol{U}$$

其中

$$\boldsymbol{G} = [\boldsymbol{N}(\xi_1, \eta_1), \boldsymbol{N}(\xi_2, \eta_1), \cdots, \boldsymbol{N}(\xi_{N_\xi}, \eta_{N_\eta})]^{\mathrm{T}}$$

根据微分求积升阶谱方法, 可以得到应变在积分点的取值

$$\bar{\boldsymbol{\varepsilon}} = \begin{bmatrix} \boldsymbol{\varepsilon}_x \\ \boldsymbol{\varepsilon}_y \\ \boldsymbol{\gamma}_{xy} \end{bmatrix} = \begin{bmatrix} \boldsymbol{A}^{(1)} & \boldsymbol{O} \\ \boldsymbol{O} & \boldsymbol{B}^{(1)} \\ \boldsymbol{B}^{(1)} & \boldsymbol{A}^{(1)} \end{bmatrix} \begin{bmatrix} \boldsymbol{u} \\ \boldsymbol{v} \end{bmatrix} = \boldsymbol{H} \boldsymbol{U} \qquad (2.3-9)$$

其中, $\boldsymbol{A}^{(1)}$、$\boldsymbol{B}^{(1)}$ 分别为函数对 x、y 的一阶偏导数的系数矩阵。应变向量 $\boldsymbol{\varepsilon}_x$ 为

$$\boldsymbol{\varepsilon}_x^{\mathrm{T}} = (\varepsilon_{x,11}, \cdots, \varepsilon_{x,N_x 1}, \varepsilon_{x,12}, \cdots, \varepsilon_{x,N_\xi 2}, \cdots, \varepsilon_{x,1N_\eta}, \cdots, \varepsilon_{x,N_\xi N_\eta})$$

其余应变向量类似。

根据势能泛函(2.3-7)和应变的离散式(2.3-9), 由高斯-洛巴托积分有

$$\Pi = \frac{1}{2} \boldsymbol{U}^{\mathrm{T}} \boldsymbol{H}^{\mathrm{T}} \boldsymbol{D} \boldsymbol{H} \boldsymbol{U} - \boldsymbol{U}^{\mathrm{T}} \boldsymbol{F}$$

其中

$$\boldsymbol{D} = \frac{Eh}{1-v^2} \begin{bmatrix} \boldsymbol{C} & v\boldsymbol{C} & \boldsymbol{O} \\ v\boldsymbol{C} & \boldsymbol{C} & \boldsymbol{O} \\ \boldsymbol{O} & \boldsymbol{O} & (1-v)/2\boldsymbol{C} \end{bmatrix}$$

$$\begin{cases} \boldsymbol{C} = \mathrm{diag}(\boldsymbol{C}_1, \boldsymbol{C}_2, \cdots, \boldsymbol{C}_{N_\eta}) \\ \boldsymbol{C}_j = C_j^y \mathrm{diag}(|\boldsymbol{J}|_{1j} C_1^x, \cdots, |\boldsymbol{J}|_{N_\xi j} C_{N_\xi}^x) \end{cases} \qquad (2.3-10)$$

那么刚度矩阵为

$$\boldsymbol{K} = \boldsymbol{H}^{\mathrm{T}} \boldsymbol{D} \boldsymbol{H}$$

对于分布载荷, 载荷列向量可以表示为

$$\boldsymbol{F} = \bar{\boldsymbol{G}}^{\mathrm{T}} \bar{\boldsymbol{C}} \bar{\boldsymbol{f}}, \quad \bar{\boldsymbol{C}} = \mathrm{diag}(\boldsymbol{C}, \boldsymbol{C}), \quad \bar{\boldsymbol{f}}^{\mathrm{T}} = [\boldsymbol{f}_x^{\mathrm{T}}, \boldsymbol{f}_y^{\mathrm{T}}]$$

$$\boldsymbol{f}_x^{\mathrm{T}} = \left[f_{x,11}, \cdots, f_{x,N_\xi 1}, \cdots, f_{x,1N_\eta}, \cdots, f_{x,N_\xi N_\eta}\right]$$

$$\boldsymbol{f}_y^{\mathrm{T}} = \left[f_{y,11}, \cdots, f_{y,N_\xi 1}, \cdots, f_{y,1N_\eta}, \cdots, f_{y,N_\xi N_\eta}\right]$$

对于边界上的载荷也可根据相应的数值积分得到类似的载荷向量,在此不再赘述。

对于动力学问题,单元的动能系数为

$$T_0 = \frac{1}{2}\iint_A \rho h\,(u^2 + v^2)\,\mathrm{d}A = \frac{1}{2}\boldsymbol{U}^{\mathrm{T}}\boldsymbol{M}\boldsymbol{U}$$

其中质量矩阵为

$$\boldsymbol{M} = \rho h \begin{bmatrix} \boldsymbol{G}^{\mathrm{T}}\boldsymbol{C}\boldsymbol{G} & \boldsymbol{O} \\ \boldsymbol{O} & \boldsymbol{G}^{\mathrm{T}}\boldsymbol{C}\boldsymbol{G} \end{bmatrix}$$

以上给出了平面应力问题的单元结构矩阵,对于平面应变问题,如前所述只需替换相关材料常数即可。

2.3.3 三角形单元

2.3.3.1 几何映射

图 2.3-6 所示为一个曲边三角形单元,其中三条边的编号依次为 S_1、S_2、S_3,设三条曲边对应的参数曲线为

$$\begin{cases} x = x_1(\xi), \quad y = y_1(\xi), \quad 0 \leqslant \xi \leqslant 1 \\ x = x_i(\eta), \quad y = y_i(\eta), \quad 0 \leqslant \eta \leqslant 1 \quad (i=2,3) \end{cases}$$

那么根据混合函数方法,由面积坐标 $\xi - \eta$ 到笛卡尔坐标 $x - y$ 的映射函数为

$$\begin{cases} x(\xi,\eta) = \dfrac{1-\xi-\eta}{1-\xi}x_1(\xi) + \dfrac{\xi}{1-\eta}x_2(\eta) + \dfrac{1-\xi-\eta}{1-\eta}x_3(\eta) - (1-\xi-\eta)X_1 - \dfrac{\xi(1-\xi-\eta)}{1-\xi}X_2 \\ y(\xi,\eta) = \dfrac{1-\xi-\eta}{1-\xi}y_1(\xi) + \dfrac{\xi}{1-\eta}y_2(\eta) + \dfrac{1-\xi-\eta}{1-\eta}y_3(\eta) - (1-\xi-\eta)Y_1 - \dfrac{\xi(1-\xi-\eta)}{1-\xi}Y_2 \end{cases}$$

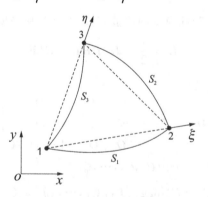

图 2.3-6　曲边三角形单元

其中 X_i、Y_i 分别为对应顶点的笛卡尔坐标。$x(\xi,\eta)$ 对于面积坐标的一阶偏导数为

$$\begin{cases}\dfrac{\partial x(\xi,\eta)}{\partial \xi}=\dfrac{1-\xi-\eta}{1-\xi}\dfrac{\mathrm{d}x_1(\xi)}{\mathrm{d}\xi}+\dfrac{x_2(\eta)-x_3(\eta)}{1-\eta}+\dfrac{\eta\left[X_2-x_1(\xi)\right]}{(1-\xi)^2}+X_1-X_2\\[3mm]\dfrac{\partial x(\xi,\eta)}{\partial \eta}=\dfrac{\xi}{1-\eta}\dfrac{\partial x_2(\eta)}{\partial \eta}+\dfrac{1-\xi-\eta}{1-\eta}\dfrac{\partial x_3(\eta)}{\partial \eta}+\dfrac{\xi X_2-x_1(\xi)}{1-\xi}+\dfrac{\xi\left[x_2(\eta)-x_3(\eta)\right]}{(1-\eta)^2}+X_1\end{cases}$$

$$(2.3-11)$$

笛卡尔坐标 $y(\xi,\eta)$ 关于参数坐标的偏导数与式(2.3-11)类似。

对于 NURBS 表示的三角形单元，由于其参数域仍然是矩形域 $[0,1]\times[0,1]$（见图 2.3-7(b)），与三角形单元的面积坐标参数域（见图 2.3-7(c)）不吻合，因此在使用时需要引入坐标变换。图 2.3-7(a) 所示为一个 NURBS 曲边三角形面，其参数域如图 2.3-7(b)所示，为将它转换到面积坐标（见图 2.3-7(c)），引入如下坐标变换

$$\xi=(1-t)s,\quad \eta=t$$

其逆变换为

$$s=\dfrac{\xi}{1-\eta},\quad t=\eta$$

那么对于给定的 NURBS 曲面 $\boldsymbol{r}(s,t)=(x(s,t),y(s,t),z(s,t))^{\mathrm{T}}$，它关于面积坐标的导数可以由

$$\begin{cases}\dfrac{\partial \boldsymbol{r}(s,t)}{\partial \xi}=\dfrac{\partial \boldsymbol{r}}{\partial s}\dfrac{\partial s}{\partial \xi}=\dfrac{1}{1-\eta}\dfrac{\partial \boldsymbol{r}}{\partial s}\\[3mm]\dfrac{\partial \boldsymbol{r}(s,t)}{\partial \eta}=\dfrac{\partial \boldsymbol{r}}{\partial s}\dfrac{\partial s}{\partial \eta}+\dfrac{\partial \boldsymbol{r}}{\partial t}=\dfrac{\xi}{(1-\eta)^2}\dfrac{\partial \boldsymbol{r}}{\partial s}+\dfrac{\partial \boldsymbol{r}}{\partial t}\end{cases}$$

$$(2.3-12)$$

计算。由于 NURBS 的参数域转化为面积坐标时，其参数域的一条边在自然坐标系下汇聚成了一点（如图 2.3-7 所示 $t=1$ 的边），因此在点 $(\xi,\eta)=(0,1)$ 处存在奇异性，从而不能直接通过链式法则求得点 $(\xi,\eta)=(0,1)$ 处的偏导数。观察图 2.3-7 可以发现，虽然从 $x-y$ 坐标系到 $s-t$ 坐标系、从 $s-t$ 坐标系到 $\xi-\eta$ 坐标系的变换都是存在奇异性的，然而从 $x-y$ 坐标系到 $\xi-\eta$ 坐标系的变换却并不存在奇异性。为此，可以绕过 $s-t$ 坐标系，直接通过从 $x-y$ 坐标系到 $\xi-\eta$ 坐标系的坐标变换求得 $\boldsymbol{r}(s,t)$ 在点 $(\xi,\eta)=(0,1)$ 处关于 ξ、η 的偏导数。可以证明，$\boldsymbol{r}(s,t)$ 在点 $(\xi,\eta)=(0,1)$ 处的偏导数可以直接由过该点的两条边界的插值曲面 $\tilde{\boldsymbol{r}}$ 在该点的偏导数来确定，即

$$\tilde{\boldsymbol{r}}(\xi,\eta)=\dfrac{1-\xi-\eta}{1-\eta}\boldsymbol{r}(0,t)+\dfrac{\xi}{1-\eta}\boldsymbol{r}(1,t)=\dfrac{1-\xi-\eta}{1-\eta}\boldsymbol{r}_1(\eta)+\dfrac{\xi}{1-\eta}\boldsymbol{r}_2(\eta)$$

通过求导并取极限可以得到点 $(\xi,\eta)=(0,1)$ 处的导数值为

$$\begin{cases}\dfrac{\partial \tilde{\boldsymbol{r}}(0,1)}{\partial \xi}=\dfrac{\partial \boldsymbol{r}(0,1)}{\partial \xi}=\boldsymbol{r}'_{1,\eta}(1)-\boldsymbol{r}'_{2,\eta}(1)\\[3mm]\dfrac{\partial \tilde{\boldsymbol{r}}(0,1)}{\partial \eta}=\dfrac{\partial \boldsymbol{r}(0,1)}{\partial \eta}=\boldsymbol{r}'_{1,\eta}(1)\end{cases}$$

这说明在汇聚点处笛卡尔坐标对参数坐标的导数，可以通过边界曲线对参数坐标的导数得到。

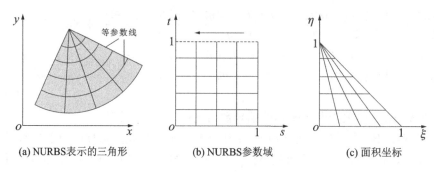

(a) NURBS表示的三角形   (b) NURBS参数域   (c) 面积坐标

图 2.3 - 7 坐标变换

2.3.3.2 形函数

三角形单元的形函数同样可以按照几何映射的方式来构造。如图 2.3 - 8 所示,在三角形单元的三条边上分别布置了 M、P、N 个高斯-洛巴托点。根据混合函数方法,三角形单元在边上的形函数如下:

角点:

$$\begin{cases} S_1(\xi,\eta) = \dfrac{1-\xi-\eta}{1-\xi}L_1^M(\xi) + \dfrac{1-\xi-\eta}{1-\eta}L_1^N(\eta) - (1-\xi-\eta) \\[2mm] S_2(\xi,\eta) = \dfrac{1-\xi-\eta}{1-\xi}L_M^M(\xi) + \dfrac{\xi}{1-\eta}L_1^P(\eta) - \dfrac{\xi(1-\xi-\eta)}{1-\xi} \\[2mm] S_3(\xi,\eta) = \dfrac{\xi}{1-\eta}L_P^P(\eta) + \dfrac{1-\xi-\eta}{1-\eta}L_N^N(\eta) \end{cases}$$

边内:

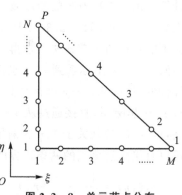

$$\begin{cases} S_{1i}(\xi,\eta) = \dfrac{1-\xi-\eta}{1-\xi}L_i^M(\xi), \quad i=2,\cdots,M-1 \\[2mm] S_{2j}(\xi,\eta) = \dfrac{\xi}{1-\eta}L_j^P(\eta), \quad j=2,\cdots,P-1 \\[2mm] S_{3j}(\xi,\eta) = \dfrac{1-\xi-\eta}{1-\eta}L_j^N(\eta), \quad j=2,\cdots,N-1 \end{cases}$$

其中

$$L_i^M(\xi) = \prod_{j=1,j\neq i}^{M} \frac{\xi - \xi_j}{\xi_i - \xi_j}$$

图 2.3 - 8 单元节点分布

形函数对坐标的偏导数计算与式(2.3 - 11)类似。

图 2.3 - 9(a)、(b)分别给出了一个角点形函数和一个边内形函数的图形。

三角形单元内部可以采用文献[94]给出的基于雅可比正交多项式构造的面函数,这里将对其构造方法做简要介绍。雅可比多项式的递推公式为

$$\begin{cases} a_{1n}P_{n+1}^{(\alpha,\beta)}(\xi) = (a_{2n} + a_{3n}\xi)P_n^{(\alpha,\beta)}(\xi) - a_{4n}P_{n-1}^{(\alpha,\beta)}(\xi), \quad \alpha > -1, \quad \beta > -1 \\[2mm] P_0^{(\alpha,\beta)}(\xi) = 1, \quad P_1^{(\alpha,\beta)}(\xi) = \dfrac{1}{2}[\alpha - \beta + (\alpha + \beta + 2)\xi] \end{cases}$$

$$(2.3 - 13)$$

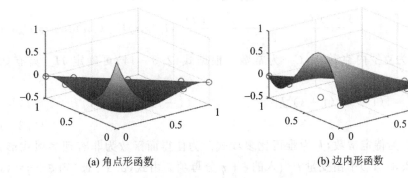

(a) 角点形函数   (b) 边内形函数

图 2.3 - 9 边界形函数

其中

$$\begin{cases} a_{1n} = 2(n+1)(n+\alpha+\beta+1)(2n+\alpha+\beta) \\ a_{2n} = (2n+\alpha+\beta+1)(\alpha^2-\beta^2) \\ a_{3n} = (2n+\alpha+\beta)(2n+\alpha+\beta+1)(2n+\alpha+\beta+2) \\ a_{4n} = 2(n+\alpha)(n+\beta)(2n+\alpha+\beta+2) \end{cases}$$

其正交性为

$$\int_{-1}^{1} (1-\xi)^\alpha (1+\xi)^\beta P_m^{(\alpha,\beta)}(\xi) P_n^{(\alpha,\beta)}(\xi) \mathrm{d}\xi = \delta_{mn} \frac{2^{\alpha+\beta+1}}{2n+\alpha+\beta+1} \frac{\Gamma(n+\alpha+1)\Gamma(n+\beta+1)}{n!\ \Gamma(n+\alpha+\beta+1)}$$

$$(2.3-14)$$

下面将从雅可比多项式出发来构造三角形域上的正交面函数。为此引入如下坐标变换

$$\xi = \frac{(1+s)(1-t)}{4}, \quad \eta = \frac{(1+s)(1+t)}{4}$$

其逆变换为

$$s = 2(\xi+\eta)-1, \quad t = \frac{\eta-\xi}{\eta+\xi} \qquad (2.3-15)$$

这样可将三角形区域 A 映射到方形区域 D,如图 2.3 - 10 所示。

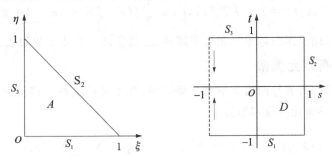

图 2.3 - 10 坐标变换

由于面函数满足三角形边界函数值为 0,因此面函数可以设为

$$F_{ij}(\xi,\eta) = (1-\xi-\eta)\xi\eta H_{ij}(s,t) \qquad (2.3-16)$$

其中,H_{ij} 为待定多项式函数,通过面函数的如下正交性条件确定

$$\iint_A F_{ij}F_{mn}\mathrm{d}A = \int_{-1}^{1}\int_{-1}^{1}\frac{(1-s)^2(1+s)^5(1-t)^2(1+t)^2}{2^{13}}H_{ij}(s,t)H_{mn}(s,t)\mathrm{d}s\,\mathrm{d}t = \delta_{im}\delta_{jn}C_{ij}$$

其中,δ_{im}、δ_{jn} 为克罗内克符号,C_{ij} 为常数。根据式(2.3-14)可确定 H_{ij} 具有如下形式

$$H_{ij}(s,t) = \left[(1-s)^a(1+s)^b J_i^{(2+2a,2b+5)}(s)\right]\left[(1-t)^c(1+t)^d J_j^{(2+2c,2+2d)}(t)\right]$$

$$(2.3-17)$$

其中 a、b、c、d 为待定常数,J 为雅可比多项式。为使得面函数为非有理多项式形式,需要消去式(2.3-17)中由变量 t 引入的 $\xi+\eta$ 分母项。由式(2.3-15)知 $\xi+\eta=(s+1)/2$,因此可在式(2.3-17)中令 $b=j$,这样便可消去有理项。而其他常数可以取为 $a=c=d=0$,这样式(2.3-17)可以简化为

$$H_{ij}(s,t) = (1+s)^j J_i^{(2,2j+5)}(s)J_j^{(2,2)}(t), \quad i,j=0,\cdots \qquad (2.3-18)$$

将式(2.3-18)代入式(2.3-16),并注意到 F_{ij} 的阶次 i 和 j 存在关系,$p=i+j+3$ 或 $j=p-3-i$,那么 F_{ij} 可以按阶次改写为

$$F_{pi}(\xi,\eta) = \xi\eta(1-\xi-\eta)(\xi+\eta)^j J_i^{(2,2j+5)}(2(\xi+\eta)-1)J_j^{(2,2)}\left(\frac{\eta-\xi}{\xi+\eta}\right),$$

$$p\geqslant 3, 0\leqslant i\leqslant p-3 \qquad (2.3-19)$$

注意式(2.3-19)中由于整个式子的常数项系数不影响其正交性,因此取值为 1。其前几阶形函数的图形如图 2.3-11 所示。

虽然式(2.3-19)实质上没有有理项,但在形式上有,因此需要恰当处理以避免计算雅可比多项式中的分母项,这是可以通过适当的变化用雅可比多项式的递推式计算的。为了避免当 $\xi+\eta=0$ 时出现数值问题,做如下变量替换

$$\widetilde{P}_n^{(\alpha,\beta)}(\widetilde{s},\widetilde{t}) = \widetilde{t}^p P_n^{(\alpha,\beta)}(\widetilde{s}/\widetilde{t}), \quad \widetilde{s}=\eta-\xi, \quad \widetilde{t}=\eta+\xi \qquad (2.3-20)$$

把式(2.3-20)代入式(2.3-13)可得

$$\begin{cases} a_{1n}\widetilde{P}_{n+1}^{(\alpha,\beta)}(\widetilde{s},\widetilde{t}) = (a_{2n}\widetilde{t}+a_{3n}\widetilde{s})\widetilde{P}_n^{(\alpha,\beta)}(\widetilde{s},\widetilde{t}) - a_{4n}\widetilde{t}^2\widetilde{P}_{n-1}^{(\alpha,\beta)}(\widetilde{s},\widetilde{t}) \\ \widetilde{P}_0^{(\alpha,\beta)}(\widetilde{s},\widetilde{t})=1, \quad \widetilde{P}_1^{(\alpha,\beta)}(\widetilde{s},\widetilde{t})=\dfrac{1}{2}\left[(\alpha-\beta)\widetilde{t}+(\alpha+\beta+2)\widetilde{s}\right] \end{cases} \quad (2.3-21)$$

这一方法同样可用于四面体单元和金字塔单元,请参阅 2.7.2.3 节和 2.7.2.4 节。

2.3.3.3 有限元离散

三角形单元的离散与四边形单元是类似的,其主要差别在位移场及积分。对于平面问题,设三角形单元内位移场为

$$u\left[x(\xi,\eta),y(\xi,\eta)\right] = \sum_{k=1}^{N_b}S_k(\xi,\eta)u_k + \sum_{i=0}^{N_s}\sum_{p=1}^{N_t}F_{pi}(\xi,\eta)a_{pi} \qquad (2.3-22)$$

其中,$N_b=(M+N+P-3)$ 为边界上的节点总数,N_s、N_t 为 s 和 t(或 ξ 和 η)方向的基函数个数,$S_k(\xi,\eta)$ 为边界上的形函数,u_k 为第 k 个节点上的位移,a_{pi} 为升阶谱形函数的系数。定义如下向量

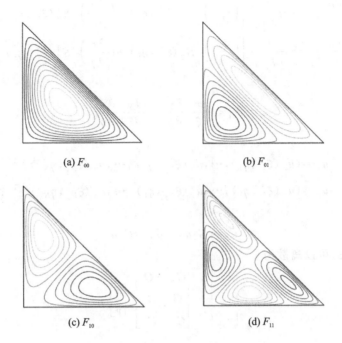

(a) F_{00}

(b) F_{01}

(c) F_{10}

(d) F_{11}

图 2.3 - 11 面函数

$$\boldsymbol{u} = (u_1, \cdots, u_{N_b}, a_{11}, \cdots, a_{N_s 1}, \cdots, a_{N_s N_t})^T$$

$$\boldsymbol{S} = (S_1(\xi, \eta), \cdots, S_{N_b}(\xi, \eta), F_{11}(\xi, \eta), \cdots, F_{N_s 1}(\xi, \eta), \cdots, F_{N_s N_t}(\xi, \eta))^T$$

那么式(2.3 - 22)可以表示为

$$u[x(\xi, \eta), y(\xi, \eta)] = \boldsymbol{S}^T \boldsymbol{u}$$

三角形区域上的高斯-洛巴托积分为

$$\int_0^1 \int_0^{1-\eta} f(\xi, \eta) \mathrm{d}\xi \mathrm{d}\eta = \sum_{i=1}^{N_\xi} \sum_{j=1}^{N_\eta} C_i^\xi C_j^{\eta *} f(\xi_i^*, \eta_j)$$

其中

$$\xi_i^* = (1 - \eta_j)\xi_i, \quad C_j^{\eta *} = (1 - \eta_j)C_j^\eta$$

这里的 ξ_i、η_j 为区间[0,1]上的积分点,C_i^ξ、C_j^η 为权系数。两个方向上的积分点的个数可取为 $N_\xi = \max[M, N_s + N_t + 2] + 2$,$N_\eta = \max[N, P, N_s + N_t + 2] + 2$。定义如下矩阵

$$\bar{\boldsymbol{u}} = [u(\xi_1^*, \eta_1), \cdots, u(\xi_{N_\xi}^*, \eta_1), \cdots, u(\xi_{N_\xi}^*, \eta_{N_\eta})]^T$$

$$\boldsymbol{G}^T = [\boldsymbol{S}(\xi_1^*, \eta_1), \cdots, \boldsymbol{S}(\xi_{N_\xi}^*, \eta_1), \cdots, \boldsymbol{S}(\xi_{N_\xi}^*, \eta_{N_\eta})]$$

则有

$$\bar{\boldsymbol{u}} = \boldsymbol{G}\boldsymbol{u}$$

由微分的链式法则可得

$$\begin{cases} \left(\dfrac{\partial u}{\partial x}\right)_{ij} = \dfrac{1}{|\boldsymbol{J}|_{ij}}\left[\left(\dfrac{\partial y}{\partial \eta}\right)_{ij}\boldsymbol{S}_{\xi}^{\mathrm{T}}(\xi_i^*,\eta_j) - \left(\dfrac{\partial y}{\partial \xi}\right)_{ij}\boldsymbol{S}_{\eta}^{\mathrm{T}}(\xi_i^*,\eta_j)\right]\boldsymbol{u} \\[3mm] \left(\dfrac{\partial u}{\partial y}\right)_{ij} = \dfrac{1}{|\boldsymbol{J}|_{ij}}\left[\left(\dfrac{\partial x}{\partial \xi}\right)_{ij}\boldsymbol{S}_{\eta}^{\mathrm{T}}(\xi_i^*,\eta_j) - \left(\dfrac{\partial x}{\partial \eta}\right)_{ij}\boldsymbol{S}_{\xi}^{\mathrm{T}}(\xi_i^*,\eta_j)\right]\boldsymbol{u} \end{cases}$$

其中

$$|\boldsymbol{J}| = \frac{\partial x}{\partial \xi}\frac{\partial y}{\partial \eta} - \frac{\partial y}{\partial \xi}\frac{\partial x}{\partial \eta}$$

定义向量

$$\begin{cases} \bar{\boldsymbol{u}}_x = (u_x(\xi_1^*,\eta_1),\cdots,u_x(\xi_{N_\xi}^*,\eta_1),\cdots,u_x(\xi_{N_\xi}^*,\eta_{N_\eta}))^{\mathrm{T}} \\[2mm] \bar{\boldsymbol{u}}_y = (u_y(\xi_1^*,\eta_1),\cdots,u_y(\xi_{N_\xi}^*,\eta_1),\cdots,u_y(\xi_{N_\xi}^*,\eta_{N_\eta}))^{\mathrm{T}} \end{cases}$$

进而有

$$\bar{\boldsymbol{u}}_x = \boldsymbol{G}_x\boldsymbol{u}, \quad \bar{\boldsymbol{u}}_y = \boldsymbol{G}_y\boldsymbol{u}$$

那么式(2.3-3)可以离散为

$$\begin{bmatrix} \varepsilon_x \\ \varepsilon_y \\ \gamma_{xy} \end{bmatrix} = \begin{bmatrix} \boldsymbol{G}_x & \boldsymbol{O} \\ \boldsymbol{O} & \boldsymbol{G}_y \\ \boldsymbol{G}_y & \boldsymbol{G}_x \end{bmatrix} \begin{bmatrix} \boldsymbol{u} \\ \boldsymbol{v} \end{bmatrix}$$

或

$$\boldsymbol{\varepsilon} = \boldsymbol{HU}$$

定义如下权系数矩阵

$$\bar{\boldsymbol{C}} = [\boldsymbol{C}_1^{\mathrm{T}}, \boldsymbol{C}_2^{\mathrm{T}}, \cdots, \boldsymbol{C}_{N_\eta}^{\mathrm{T}}]$$

$$\boldsymbol{C}_j^{\mathrm{T}} = C_j^{\eta*}[|\boldsymbol{J}|_{1j}C_1^\xi, |\boldsymbol{J}|_{2j}C_2^\xi, \cdots, |\boldsymbol{J}|_{N_\xi j}C_{N_\xi}^\xi]$$

$$\boldsymbol{C} = \mathrm{diag}(\bar{\boldsymbol{C}})$$

那么三角形单元的刚度矩阵 $\boldsymbol{K}$、质量矩阵 $\boldsymbol{M}$ 以及载荷向量 $\boldsymbol{F}$ 分别为

$$\begin{cases} \boldsymbol{K} = \boldsymbol{H}^{\mathrm{T}}\bar{\boldsymbol{D}}\boldsymbol{H} \\[2mm] \boldsymbol{M} = \rho h \begin{bmatrix} \boldsymbol{G}^{\mathrm{T}}\boldsymbol{CG} & \boldsymbol{O} \\ \boldsymbol{O} & \boldsymbol{G}^{\mathrm{T}}\boldsymbol{CG} \end{bmatrix} \\[4mm] \boldsymbol{F} = \tilde{\boldsymbol{G}}^{\mathrm{T}}\tilde{\boldsymbol{C}}\tilde{\boldsymbol{f}} \end{cases}$$

$$\tilde{\boldsymbol{C}} = \mathrm{diag}(\boldsymbol{C},\boldsymbol{C}), \quad \tilde{\boldsymbol{G}} = \mathrm{diag}(\boldsymbol{G},\boldsymbol{G}), \quad \tilde{\boldsymbol{f}}^{\mathrm{T}} = [\boldsymbol{f}_x^{\mathrm{T}}, \boldsymbol{f}_y^{\mathrm{T}}]$$

其中

$$\boldsymbol{f}_x = [f_x(\xi_1^*,\eta_1),\cdots,f_x(\xi_{N_\xi}^*,\eta_1),\cdots,f_x(\xi_{N_\xi}^*,\eta_{N_\eta})]^{\mathrm{T}}$$

$$\boldsymbol{f}_y = [f_y(\xi_1^*,\eta_1),\cdots,f_y(\xi_{N_\xi}^*,\eta_1),\cdots,f_y(\xi_{N_\xi}^*,\eta_{N_\eta})]^{\mathrm{T}}$$

在得到单元矩阵、向量之后,三角形单元与四边形单元的计算基本上是一样的。

2.3.4 小 结

本节从弹性力学平面问题的基本方程、变分原理出发,在此基础上详细介绍了四边

形单元和三角形单元的升阶谱求积元方法的几何映射、形函数构造和有限元离散。本节中的单元边界上的插值形函数是通过混合函数方法和拉格朗日插值函数构造的,这种方法比较便于理解,但其实计算效率并不高,改进的方法将在 2.7 节中介绍。

2.4 剪切板的升阶谱求积元方法

剪切板的基本理论是剪切梁理论的二维推广,其单元类型与平面问题一样属于 $\mathbf{C}^0$ 型单元,只是独立位移变量有所增加。剪切板理论适用于中等厚度的板,因此也被称作中厚板理论;由于它只考虑了位移的一阶展开,因此又被称作一阶剪切变形板理论,该理论由 Mindlin 首先提出,因此也被称作 Mindlin 板理论。与薄板理论相比,剪切板理论仅要求 $\mathbf{C}^0$ 连续,比需要 $\mathbf{C}^1$ 连续的薄板理论简单许多,在工程上有广泛的应用,但剪切板理论可能存在剪切闭锁,因此在应用中需要注意。与常规的低阶有限元方法相比,升阶谱方法对剪切闭锁不敏感,因此在应用中是有优势的。本节首先介绍剪切板的基本方程及其变分形式,然后给出剪切板单元的推导过程。

2.4.1 基本方程

这里首先给出各向同性剪切板的基本方程。如图 2.4-1 所示,取板的中面为 $x-y$ 平面,剪切板内任意一点的位移可以由三个广义位移表示为

$$\begin{cases} u(x,y,z) = -z\theta_x(x,y) \\ v(x,y,z) = -z\theta_y(x,y) \\ w(x,y,z) = w(x,y) \end{cases} \quad (2.4-1)$$

其中,θ_x、θ_y 分别表示中面法线在 $x-z$ 平面和 $y-z$ 平面的转角,w 为中面挠度,这三个广义位移均只与坐标 x、y 有关。因此可以得到剪切板的几何方程为

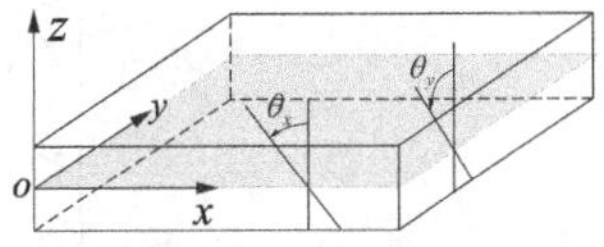

图 2.4-1 剪切板

$$\begin{bmatrix} \varepsilon_x \\ \varepsilon_y \\ \gamma_{xy} \\ \gamma_{yz} \\ \gamma_{zx} \end{bmatrix} = - \begin{bmatrix} z\dfrac{\partial}{\partial x} & 0 & 0 \\[2mm] 0 & z\dfrac{\partial}{\partial y} & 0 \\[2mm] z\dfrac{\partial}{\partial y} & z\dfrac{\partial}{\partial x} & 0 \\[2mm] 0 & 1 & -\dfrac{\partial}{\partial y} \\[2mm] 1 & 0 & -\dfrac{\partial}{\partial x} \end{bmatrix} \begin{bmatrix} \theta_x \\ \theta_y \\ w \end{bmatrix} \quad (2.4-2)$$

各向同性剪切板的应力-应变关系为

$$\begin{bmatrix} \sigma_x \\ \sigma_y \\ \tau_{xy} \\ \tau_{yz} \\ \tau_{zx} \end{bmatrix} = \frac{E}{1-\upsilon^2} \begin{bmatrix} 1 & \upsilon & 0 & 0 & 0 \\ \upsilon & 1 & 0 & 0 & 0 \\ 0 & 0 & \upsilon_1 & 0 & 0 \\ 0 & 0 & 0 & \kappa\upsilon_1 & 0 \\ 0 & 0 & 0 & 0 & \kappa\upsilon_1 \end{bmatrix} \begin{bmatrix} \varepsilon_x \\ \varepsilon_y \\ \gamma_{xy} \\ \gamma_{yz} \\ \gamma_{zx} \end{bmatrix} \tag{2.4-3}$$

其中,υ 为泊松比,E 为弹性模量,$\upsilon_1 = (1-\upsilon)/2$,$\kappa$ 为剪切修正系数,当各向同性材料沿板厚均匀分布时通常取 $\kappa = 5/6$,也有人取 $\kappa = \pi^2/12$。由式(2.4-1)~式(2.4-3)可得剪切板的势能泛函为

$$\Pi = \frac{1}{2}\iiint\limits_V \boldsymbol{\varepsilon}^{\mathrm{T}}\boldsymbol{\sigma}\,\mathrm{d}\upsilon - \iint\limits_S \boldsymbol{u}^{\mathrm{T}}\boldsymbol{P}\,\mathrm{d}s \tag{2.4-4}$$

其中,$\boldsymbol{P} = [m_x, m_y, q]^{\mathrm{T}}$,$m_x$、$m_y$ 分别为 $x-z$ 平面和 $y-z$ 平面的分布弯矩,q 为横向分布力。板的动能为

$$T = \frac{1}{2}\iiint\limits_V \rho \dot{\boldsymbol{u}}^{\mathrm{T}}\dot{\boldsymbol{u}}\,\mathrm{d}\upsilon \tag{2.4-5}$$

将式(2.4-4)的第一项沿 z 轴方向积分进一步可得到

$$\Pi = \frac{1}{2}\iint\limits_S \bar{\boldsymbol{\varepsilon}}^{\mathrm{T}}\boldsymbol{D}\bar{\boldsymbol{\varepsilon}}\,\mathrm{d}s - \iint\limits_S \boldsymbol{u}^{\mathrm{T}}\boldsymbol{P}\,\mathrm{d}s \tag{2.4-6}$$

其中

$$\bar{\boldsymbol{\varepsilon}} = \begin{bmatrix} \bar{\varepsilon}_x \\ \bar{\varepsilon}_y \\ \bar{\gamma}_{xy} \\ \bar{\gamma}_{yz} \\ \bar{\gamma}_{zx} \end{bmatrix} = -\begin{bmatrix} \dfrac{\partial}{\partial x} & 0 & 0 \\[2mm] 0 & \dfrac{\partial}{\partial y} & 0 \\[2mm] \dfrac{\partial}{\partial y} & \dfrac{\partial}{\partial x} & 0 \\[2mm] 0 & 1 & -\dfrac{\partial}{\partial y} \\[2mm] 1 & 0 & -\dfrac{\partial}{\partial x} \end{bmatrix} \begin{bmatrix} \theta_x \\ \theta_y \\ w \end{bmatrix} \tag{2.4-7}$$

$$\boldsymbol{D} = \begin{bmatrix} D_{11} & D_{12} & 0 & 0 & 0 \\ D_{12} & D_{22} & 0 & 0 & 0 \\ 0 & 0 & D_{66} & 0 & 0 \\ 0 & 0 & 0 & C_{44} & 0 \\ 0 & 0 & 0 & 0 & C_{55} \end{bmatrix}$$

$$D_{11} = D_{22} = \frac{Eh^3}{12(1-\upsilon^2)}, \quad D_{12} = \upsilon D_{11}, \quad D_{66} = \frac{Gh^3}{12}, \quad C_{44} = C_{55} = \kappa Gh$$

式(2.4-6)在形式上适用于各种类型的材料的单层板,对于不同材料,其中的刚度系数矩阵 $\boldsymbol{D}$ 是不同的。在得到式(2.4-6)后,用位移函数对它进行离散,即可得到有限单元矩阵。

2.4.2 剪切板单元

由于剪切板的势能泛函中 w、θ_x、θ_y 的最高阶导数都是一阶的,因此与平面单元一样,剪切板单元也属于 $\mathbf{C}^0$ 类单元,其构造方法与平面问题类似。剪切板中有三个位移参数,即挠度 w、转角 θ_x 和 θ_y,其近似位移场可设为

$$
\begin{bmatrix} w(x,y) \\ \theta_x(x,y) \\ \theta_y(x,y) \end{bmatrix} = \sum_{k=1}^{K} S_k(\xi,\eta) \begin{bmatrix} w_k \\ \theta_{xk} \\ \theta_{yk} \end{bmatrix} + \sum_{m=1}^{H_\xi} \sum_{n=1}^{H_\eta} \varphi_m(\xi)\varphi_n(\eta) \begin{bmatrix} a_{mn} \\ b_{mn} \\ c_{mn} \end{bmatrix}
$$

记

$$
\boldsymbol{N}^{\mathrm{T}} = \left[S_1(\xi,\eta), \cdots, S_K(\xi,\eta), \varphi_1(\xi)\varphi_1(\eta), \cdots, \varphi_{H_\xi}(\xi)\varphi_{H_\eta}(\eta) \right]
$$

$$
\boldsymbol{w}^{\mathrm{T}} = \left[w_1, w_2, \cdots, w_K, a_{11}, \cdots, a_{H_\xi H_\eta} \right]
$$

$$
\boldsymbol{\theta}_x^{\mathrm{T}} = \left[\theta_{x1}, \theta_{x2}, \cdots, \theta_{xK}, b_{11}, \cdots, b_{H_\xi H_\eta} \right], \quad \boldsymbol{\theta}_y^{\mathrm{T}} = \left[\theta_{y1}, \theta_{y2}, \cdots, \theta_{yK}, c_{11}, \cdots, c_{H_\xi H_\eta} \right]
$$

通过计算形函数在积分点 $(\xi_i, \eta_j)(i=1,2,\cdots,N_\xi, \quad j=1,2,\cdots,N_\eta)$ 上的函数值及导数值,可以定义如下矩阵

$$
\boldsymbol{G} = \left[\boldsymbol{N}(\xi_1,\eta_1), \boldsymbol{N}(\xi_2,\eta_1), \cdots, \boldsymbol{N}(\xi_{N_\xi},\eta_{N_\eta}) \right]^{\mathrm{T}}
$$

$$
\boldsymbol{A} = \left[\boldsymbol{N}'_x(\xi_1,\eta_1), \boldsymbol{N}'_x(\xi_2,\eta_1), \cdots, \boldsymbol{N}'_x(\xi_{N_\xi},\eta_{N_\eta}) \right]^{\mathrm{T}}
$$

$$
\boldsymbol{B} = \left[\boldsymbol{N}'_y(\xi_1,\eta_1), \boldsymbol{N}'_y(\xi_2,\eta_1), \cdots, \boldsymbol{N}'_y(\xi_{N_\xi},\eta_{N_\eta}) \right]^{\mathrm{T}}
$$

那么式(2.4-2)可以离散为

$$
\begin{bmatrix} \bar{\boldsymbol{\varepsilon}}_x \\ \bar{\boldsymbol{\varepsilon}}_y \\ \bar{\boldsymbol{\gamma}}_{xy} \\ \bar{\boldsymbol{\gamma}}_{yz} \\ \bar{\boldsymbol{\gamma}}_{zx} \end{bmatrix} = - \begin{bmatrix} \boldsymbol{A} & \boldsymbol{O} & \boldsymbol{O} \\ \boldsymbol{O} & \boldsymbol{B} & \boldsymbol{O} \\ \boldsymbol{B} & \boldsymbol{A} & \boldsymbol{O} \\ \boldsymbol{O} & \boldsymbol{G} & -\boldsymbol{B} \\ \boldsymbol{G} & \boldsymbol{O} & -\boldsymbol{A} \end{bmatrix} \begin{bmatrix} \boldsymbol{\theta}_x \\ \boldsymbol{\theta}_y \\ \boldsymbol{w} \end{bmatrix}
$$

或记为

$$
\boldsymbol{\varepsilon} = \boldsymbol{H}\boldsymbol{U}
$$

势能泛函可以进一步离散为

$$
\Pi = \frac{1}{2}\boldsymbol{U}^{\mathrm{T}}\boldsymbol{H}^{\mathrm{T}}\bar{\boldsymbol{D}}\boldsymbol{H}\boldsymbol{U} - \boldsymbol{U}^{\mathrm{T}} \begin{bmatrix} \boldsymbol{G}^{\mathrm{T}}\boldsymbol{C}\boldsymbol{m}_x \\ \boldsymbol{G}^{\mathrm{T}}\boldsymbol{C}\boldsymbol{m}_y \\ \boldsymbol{G}^{\mathrm{T}}\boldsymbol{C}\boldsymbol{q} \end{bmatrix}
$$

其中

$$
\bar{\boldsymbol{D}} = \begin{bmatrix} D_{11}\boldsymbol{C} & D_{12}\boldsymbol{C} & \boldsymbol{O} & \boldsymbol{O} & \boldsymbol{O} \\ D_{12}\boldsymbol{C} & D_{22}\boldsymbol{C} & \boldsymbol{O} & \boldsymbol{O} & \boldsymbol{O} \\ \boldsymbol{O} & \boldsymbol{O} & D_{66}\boldsymbol{C} & \boldsymbol{O} & \boldsymbol{O} \\ \boldsymbol{O} & \boldsymbol{O} & \boldsymbol{O} & C_{44}\boldsymbol{C} & \boldsymbol{O} \\ \boldsymbol{O} & \boldsymbol{O} & \boldsymbol{O} & \boldsymbol{O} & C_{55}\boldsymbol{C} \end{bmatrix}
$$

其中,C 的定义与式(2.3 - 10)一致。那么刚度矩阵和载荷向量为

$$K = H^{\mathrm{T}} \bar{D} H, \quad F = \begin{bmatrix} G^{\mathrm{T}} C m_x \\ G^{\mathrm{T}} C m_y \\ G^{\mathrm{T}} C q \end{bmatrix}$$

将动能式(2.4 - 5)离散可以得到剪切板的质量矩阵为

$$M = \rho \begin{bmatrix} J G^{\mathrm{T}} C G & & \\ & J G^{\mathrm{T}} C G & \\ & & h G^{\mathrm{T}} C G \end{bmatrix}$$

在得到单元矩阵和向量后,其余的计算方法与常规有限元方法基本上是一样的。

2.4.3 复合材料叠层板单元

2.4.2 节介绍了单层剪切(Mindlin)板单元的构造。对于复合材料叠层板,一种简单的做法是将每一层用单层剪切板来代替,同时层间满足位移连续性。实际上这种单元属于一种最简单的分层(Layerwise)叠层板模型(见文献[176])。下面将详细介绍其单元列式。叠层板的位移模式如图 2.4 - 2 所示。

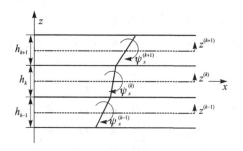

图 2.4 - 2 叠层板的位移模式

在图 2.4 - 2 中,由于每一层都是基于一阶剪切变形假设的,且层与层之间满足位移连续性条件,因此第 k 层的位移可以表示为

$$\begin{cases} u^{(k)}(x,y,z) = u_0^{(k)}(x,y) + z^{(k)} \psi_x^{(k)} \\ v^{(k)}(x,y,z) = v_0^{(k)}(x,y) + z^{(k)} \psi_y^{(k)} \\ w^{(k)}(x,y,z) = w(x,y) \end{cases}$$

其中,u_0、v_0 是第 k 层板中面的位移。由于位移 u 和 v 需要满足层间连续性,因此有

$$\begin{cases} u_0^{(k+1)}(x,y) = u_0^{(k)}(x,y) + \dfrac{h_k}{2} \psi_x^{(k)} + \dfrac{h_{k+1}}{2} \psi_x^{(k+1)} \\ \\ v_0^{(k+1)}(x,y) = v_0^{(k)}(x,y) + \dfrac{h_k}{2} \psi_y^{(k)} + \dfrac{h_{k+1}}{2} \psi_y^{(k+1)} \end{cases}$$

其中,h_k 表示第 k 层厚度且 $z^{(k)} \in [-h_k/2, h_k/2]$。由此,进一步可得第 k 层板的应变位移关系为

$$\begin{bmatrix} \varepsilon_{xx}^{(k)} \\ \varepsilon_{yy}^{(k)} \\ \gamma_{yz}^{(k)} \\ \gamma_{xz}^{(k)} \\ \gamma_{xy}^{(k)} \end{bmatrix} = \begin{bmatrix} \dfrac{\partial}{\partial x} & 0 & 0 & z\dfrac{\partial}{\partial x} & 0 \\ 0 & \dfrac{\partial}{\partial y} & 0 & 0 & z\dfrac{\partial}{\partial y} \\ 0 & 0 & \dfrac{\partial}{\partial y} & 0 & 1 \\ 0 & 0 & \dfrac{\partial}{\partial x} & 1 & 0 \\ \dfrac{\partial}{\partial y} & \dfrac{\partial}{\partial x} & 0 & z\dfrac{\partial}{\partial y} & z\dfrac{\partial}{\partial x} \end{bmatrix} \begin{bmatrix} u_0^{(k)} \\ v_0^{(k)} \\ w \\ \psi_x^{(k)} \\ \psi_y^{(k)} \end{bmatrix}$$

或

$$\boldsymbol{\varepsilon}^{(k)} = \boldsymbol{D}^{(k)} \boldsymbol{u}^{(k)}$$

其中，$\boldsymbol{D}^{(k)}$ 是关于厚度坐标 z 的一次函数。在材料坐标系下，应力-应变关系为

$$\begin{bmatrix} \sigma_{11}^{(k)} \\ \sigma_{22}^{(k)} \\ \tau_{23}^{(k)} \\ \tau_{13}^{(k)} \\ \tau_{12}^{(k)} \end{bmatrix} = \begin{bmatrix} Q_{11}^{(k)} & Q_{12}^{(k)} & 0 & 0 & 0 \\ Q_{12}^{(k)} & Q_{22}^{(k)} & 0 & 0 & 0 \\ 0 & 0 & Q_{44}^{(k)} & 0 & 0 \\ 0 & 0 & 0 & Q_{55}^{(k)} & 0 \\ 0 & 0 & 0 & 0 & Q_{66}^{(k)} \end{bmatrix} \begin{bmatrix} \varepsilon_{11}^{(k)} \\ \varepsilon_{22}^{(k)} \\ \gamma_{23}^{(k)} \\ \gamma_{13}^{(k)} \\ \gamma_{12}^{(k)} \end{bmatrix}$$

或记为

$$\boldsymbol{\sigma}_m^{(k)} = \boldsymbol{Q}_m^{(k)} \boldsymbol{\varepsilon}_m^{(k)}$$

其中，$Q_{ij}(i,j=1,2,4,6)$ 是材料主坐标系下的刚度系数，其表达式为

$$Q_{11}^{(k)} = \frac{E_1}{1-v_{12}v_{21}}, \quad Q_{12}^{(k)} = \frac{v_{12}E_2}{1-v_{12}v_{21}}, \quad Q_{22}^{(k)} = \frac{E_2}{1-v_{12}v_{21}}$$

$$Q_{44}^{(k)} = G_{23}, \quad Q_{55}^{(k)} = G_{13}, \quad Q_{66}^{(k)} = G_{12}$$

其中，E_1、E_2 分别是 1 和 2 方向的杨氏模量，G_{12}、G_{13} 和 G_{23} 是剪切模量，而泊松比 v_{12} 与 v_{21} 之间满足关系 $v_{12}E_2 = v_{21}E_1$。在 $x-y-z$ 坐标系下的应力和应变与在材料主坐标系下的应力和应变存在如下关系

$$\boldsymbol{\sigma}^{(k)} = \boldsymbol{T}_k \boldsymbol{\sigma}_m^{(k)}, \quad \boldsymbol{\varepsilon}_m^{(k)} = \boldsymbol{T}_k^{\mathrm{T}} \boldsymbol{\varepsilon}^{(k)}$$

其中，$\boldsymbol{T}$ 是坐标转换矩阵，具体表达式为

$$\boldsymbol{T} = \begin{bmatrix} \cos^2\theta & \sin^2\theta & 0 & 0 & -2\sin\theta\cos\theta \\ \sin^2\theta & \cos^2\theta & 0 & 0 & 2\sin\theta\cos\theta \\ 0 & 0 & \cos\theta & \sin\theta & 0 \\ 0 & 0 & -\sin\theta & \cos\theta & 0 \\ \sin\theta\cos\theta & -\sin\theta\cos\theta & 0 & 0 & \cos^2\theta-\sin^2\theta \end{bmatrix}$$

其中，θ 为铺层角度。因此在 $x-y-z$ 坐标系下的应力-应变关系为

$$\boldsymbol{\sigma}^{(k)} = \boldsymbol{T}_k \boldsymbol{Q}_m^{(k)} \boldsymbol{T}_k^{\mathrm{T}} \boldsymbol{\varepsilon}^{(k)} = \boldsymbol{Q}^{(k)} \boldsymbol{\varepsilon}^{(k)}$$

和高阶剪切板理论一样，在叠层板的计算过程中该理论也不需要剪切修正系数。通过

以上公式,板的虚应变能和外力虚功的表达式分别为

$$\delta U = \sum_{k=1}^{N_1} \int_{\Omega^k} (\delta \boldsymbol{\varepsilon}^{(k)})^{\mathrm{T}} \cdot \boldsymbol{\sigma}^{(k)} \mathrm{d}v = \sum_{k=1}^{N_1} \int_{\Omega^k} (\boldsymbol{D}^{(k)} \delta \boldsymbol{u}^{(k)})^{\mathrm{T}} \boldsymbol{Q}^{(k)} (\boldsymbol{D}^{(k)} \boldsymbol{u}^{(k)}) \mathrm{d}v$$

$$(2.4-8)$$

$$\delta W_{\mathrm{ext}} = \sum_{k=1}^{N_1} \int_{\Omega^k} (\delta \boldsymbol{u}^{(k)})^{\mathrm{T}} \cdot \boldsymbol{p}^{(k)} \mathrm{d}v \qquad (2.4-9)$$

其中,Ω^k 表示第 k 层板,$\boldsymbol{p}^{(k)}$ 表示第 k 层板的载荷分布,N_1 是总的层数。使用四边形单元计算该问题时,位移试函数可取为

$$\boldsymbol{u}^{(k)} = \tilde{\boldsymbol{N}}^{\mathrm{T}} \tilde{\boldsymbol{u}}^{(k)}, \quad \tilde{\boldsymbol{N}} = \boldsymbol{N} \otimes \boldsymbol{I}_{5 \times 5} \qquad (2.4-10)$$

其中,$\tilde{\boldsymbol{u}}^{(k)}$ 是对应于 $\boldsymbol{u}^{(k)}$ 的广义位移节点向量。将式(2.4−10)代入虚应变能表达式(2.4−8)和外力虚功表达式(2.4−9),进一步得到

$$\delta U = \sum_{k=1}^{N_1} (\delta \tilde{\boldsymbol{u}}^{(k)})^{\mathrm{T}} \int_{-h_k/2}^{h_k/2} \left[\iint_{S_{\mathrm{m}}} (\boldsymbol{B}^{(k)})^{\mathrm{T}} \boldsymbol{Q}^{(k)} \boldsymbol{B}^{(k)} \mathrm{d}x \, \mathrm{d}y \right] \mathrm{d}z \, \tilde{\boldsymbol{u}}^{(k)} \qquad (2.4-11)$$

和

$$\delta W_{\mathrm{ext}} = \sum_{k=1}^{N_1} (\delta \tilde{\boldsymbol{u}}^{(k)})^{\mathrm{T}} \int_{-h_k/2}^{h_k/2} \left[\iint_{S_{\mathrm{m}}} \tilde{\boldsymbol{N}} \cdot \boldsymbol{p}^{(k)} \mathrm{d}x \, \mathrm{d}y \right] \mathrm{d}z \qquad (2.4-12)$$

其中,S_{m} 表示第 k 层板的中面,$\boldsymbol{B}^{(k)}$ 表示第 k 层板的几何矩阵,定义为

$$\boldsymbol{B}^{(k)} = [\boldsymbol{B}_1^{(k)}, \cdots, \boldsymbol{B}_i^{(k)}, \cdots, \boldsymbol{B}_n^{(k)}]$$

$$\boldsymbol{B}_i^{(k)} = \begin{bmatrix} \dfrac{\partial N_i}{\partial x} & 0 & 0 & z\dfrac{\partial N_i}{\partial x} & 0 \\ 0 & \dfrac{\partial N_i}{\partial y} & 0 & 0 & z\dfrac{\partial N_i}{\partial y} \\ 0 & 0 & \dfrac{\partial N_i}{\partial y} & 0 & N_i \\ 0 & 0 & \dfrac{\partial N_i}{\partial x} & N_i & 0 \\ \dfrac{\partial N_i}{\partial y} & \dfrac{\partial N_i}{\partial x} & 0 & z\dfrac{\partial N_i}{\partial y} & z\dfrac{\partial N_i}{\partial x} \end{bmatrix}$$

其中,N_i 表示形函数向量 $\boldsymbol{N}$ 中第 i 个形函数,n 是形函数向量的维数。第 k 层板独立位移变量 $\boldsymbol{u}^{(k)}$ 与全局独立位移变量 $\boldsymbol{u}_{\mathrm{g}}$ 之间存在一定的转换关系

$$\boldsymbol{u}^{(k)} = \boldsymbol{H}_k \boldsymbol{u}_{\mathrm{g}} \qquad (2.4-13)$$

其中,$\boldsymbol{H}_k$ 表示转换矩阵。在下面算例中仅考虑三层对称铺层叠层板的情况,因此中间层的中面面内位移可以忽略。根据位移连续性条件,第一层和第三层板中面的面内位移可以简化为

$$\begin{cases} u_0^{(1)}(x,y)=-\dfrac{h_1}{2}\psi_x^{(1)}-\dfrac{h_2}{2}\psi_x^{(2)} \\ v_0^{(1)}(x,y)=-\dfrac{h_1}{2}\psi_y^{(1)}-\dfrac{h_2}{2}\psi_y^{(2)} \end{cases}, \begin{cases} u_0^{(3)}(x,y)=\dfrac{h_2}{2}\psi_x^{(2)}+\dfrac{h_3}{2}\psi_x^{(3)} \\ v_0^{(3)}(x,y)=\dfrac{h_2}{2}\psi_y^{(2)}+\dfrac{h_3}{2}\psi_y^{(3)} \end{cases}$$

$$(2.4-14)$$

全局独立位移变量可以选取为 $\psi_x^{(1)}$、$\psi_y^{(1)}$、$\psi_x^{(2)}$、$\psi_y^{(2)}$、$\psi_x^{(3)}$、$\psi_y^{(3)}$ 和 w。根据式(2.4-14)可以推出三层板独立位移变量与全局独立位移变量之间的转换矩阵分别为

$$\boldsymbol{H}_1=\begin{bmatrix} -\dfrac{h_1}{2} & 0 & -\dfrac{h_2}{2} & 0 & 0 & 0 & 0 \\ 0 & -\dfrac{h_1}{2} & 0 & -\dfrac{h_2}{2} & 0 & 0 & 0 \\ 0 & 0 & 0 & 0 & 0 & 0 & 1 \\ 1 & 0 & 0 & 0 & 0 & 0 & 0 \\ 0 & 1 & 0 & 0 & 0 & 0 & 0 \end{bmatrix}$$

$$\boldsymbol{H}_2=\begin{bmatrix} 0 & 0 & 0 & 0 & 0 & 0 & 0 \\ 0 & 0 & 0 & 0 & 0 & 0 & 0 \\ 0 & 0 & 0 & 0 & 0 & 0 & 1 \\ 0 & 0 & 1 & 0 & 0 & 0 & 0 \\ 0 & 0 & 0 & 1 & 0 & 0 & 0 \end{bmatrix}$$

$$\boldsymbol{H}_3=\begin{bmatrix} 0 & 0 & \dfrac{h_2}{2} & 0 & \dfrac{h_3}{2} & 0 & 0 \\ 0 & 0 & 0 & \dfrac{h_2}{2} & 0 & \dfrac{h_3}{2} & 0 \\ 0 & 0 & 0 & 0 & 0 & 0 & 1 \\ 0 & 0 & 0 & 0 & 1 & 0 & 0 \\ 0 & 0 & 0 & 0 & 0 & 1 & 0 \end{bmatrix}$$

根据式(2.4-13)可以推出第 k 层板位移节点向量 $\tilde{\boldsymbol{u}}^{(k)}$ 与全局位移节点向量 $\tilde{\boldsymbol{u}}_g$ 之间的关系,即

$$\tilde{\boldsymbol{u}}^{(k)}=\tilde{\boldsymbol{H}}_k\tilde{\boldsymbol{u}}_g \qquad (2.4-15)$$

其中,$\tilde{\boldsymbol{H}}_k$ 的表达式为

$$\tilde{\boldsymbol{H}}_k=\boldsymbol{I}_{n\times n}\otimes\boldsymbol{H}_k$$

将转换关系式(2.4-15)代入虚应变能表达式(2.4-11)和外力虚功表达式(2.4-12),离散后根据变分的任意性得到板的刚度矩阵和载荷向量,其表达式分别为

$$\boldsymbol{K}=\sum_{k=1}^{N_1}\tilde{\boldsymbol{H}}_k^{\mathrm{T}}\boldsymbol{K}^{(k)}\tilde{\boldsymbol{H}}_k,\quad \boldsymbol{f}=\sum_{k=1}^{N_1}\tilde{\boldsymbol{H}}_k^{\mathrm{T}}\boldsymbol{f}^{(k)}$$

其中,$\boldsymbol{K}^{(k)}$、$\boldsymbol{f}^{(k)}$ 分别对应第 k 层层板的刚度矩阵和载荷向量,其表达式分别为

$$K^{(k)}=\int_{-h_k/2}^{h_k/2}\left[\iint_{S_m}(\boldsymbol{B}^{(k)})^{\mathrm{T}}\boldsymbol{Q}^{(k)}\boldsymbol{B}^{(k)}\,\mathrm{d}x\,\mathrm{d}y\right]\mathrm{d}z\,,\quad f^{(k)}=\int_{-h_k/2}^{h_k/2}\left[\iint_{S_m}\widetilde{\boldsymbol{N}}\cdot\boldsymbol{p}^{(k)}\,\mathrm{d}x\,\mathrm{d}y\right]\mathrm{d}z$$

与前述一样,上述积分过程仍然采用微分求积升阶谱方法与高斯-洛巴托积分方法进行离散。

2.4.4 黏弹性复合材料叠层板单元

作为一种 p -型有限元方法,升阶谱求积元方法的快速收敛特性使得人们可以采用较少的自由度而达到较高的计算精度,这种特性使它在非线性问题的计算过程中具有明显的优势。下面将介绍它在材料非线性问题(即黏弹性叠层板的自由振动问题)中的应用。板的坐标定义如图 2.4 - 3 所示。

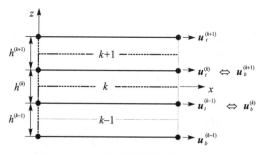

图 2.4 - 3　CUF 模型示意图及坐标定义

每一层板的位移模式采用 Carrera 统一公式(CUF),对于第 k 层板,位移场可以表示为

$$[u_x^{(k)},u_y^{(k)},u_z^{(k)}]^{\mathrm{T}}=F_t(z)\boldsymbol{u}_t^{(k)}+F_b(z)\boldsymbol{u}_b^{(k)},\quad k=1,2,3$$

其中,$F_t(z)$、$F_b(z)$ 是关于厚度坐标 z 的线性插值函数;$\boldsymbol{u}_t^{(k)}$ 和 $\boldsymbol{u}_b^{(k)}$ 为上下表面的位移,其具体形式为

$$\boldsymbol{u}_t^{(k)}=[u_{xt}^{(k)},u_{yt}^{(k)},u_{zt}^{(k)}]^{\mathrm{T}},\quad \boldsymbol{u}_b^{(k)}=[u_{xb}^{(k)},u_{yb}^{(k)},u_{zb}^{(k)}]^{\mathrm{T}}$$

其中,t 和 b 分别表示第 k 层板的上下表面。记 $(\boldsymbol{u}^{(k)})^{\mathrm{T}}=[\boldsymbol{u}_t^{(k)},\boldsymbol{u}_b^{(k)}]$,那么位移场可进一步表示为

$$[u_x^{(k)},u_y^{(k)},u_z^{(k)}]^{\mathrm{T}}=\hat{\boldsymbol{F}}\boldsymbol{u}^{(k)},\quad \hat{\boldsymbol{F}}=[F_t,F_b]\otimes\boldsymbol{I}_{3\times3}$$

其中,F_t 和 F_b 的表达式为

$$F_b=0.5-(z-z_0^{(k)})/h^{(k)},\quad F_t=0.5+(z-z_0^{(k)})/h^{(k)},\quad z_0^{(k)}=(z_b^{(k)}+z_t^{(k)})/2$$

其中,$z_b^{(k)}<z<z_t^{(k)}$;$z_0^{(k)}$ 表示第 k 层板的中面;$h^{(k)}$ 表示第 k 层板的厚度,其计算表达式为 $h^{(k)}=z_t^{(k)}-z_b^{(k)}$。根据 CUF 公式,每层板有六个独立位移变量,即 $u_{xt}^{(k)}$、$u_{yt}^{(k)}$、$u_{zt}^{(k)}$、$u_{xb}^{(k)}$、$u_{yb}^{(k)}$ 和 $u_{zb}^{(k)}$。利用三维线弹性体应变-位移关系,最终可以得到 Carrera 理论的应变-位移关系

$$\begin{bmatrix} \varepsilon_{xx}^{(k)} \\ \varepsilon_{yy}^{(k)} \\ \varepsilon_{zz}^{(k)} \\ \gamma_{yz}^{(k)} \\ \gamma_{xz}^{(k)} \\ \gamma_{xy}^{(k)} \end{bmatrix} = \begin{bmatrix} F_t\dfrac{\partial}{\partial x} & 0 & 0 & F_b\dfrac{\partial}{\partial x} & 0 & 0 \\ 0 & F_t\dfrac{\partial}{\partial y} & 0 & 0 & F_t\dfrac{\partial}{\partial y} & 0 \\ 0 & 0 & \dfrac{1}{h^{(k)}} & 0 & 0 & -\dfrac{1}{h^{(k)}} \\ 0 & \dfrac{1}{h^{(k)}} & F_t\dfrac{\partial}{\partial y} & 0 & -\dfrac{1}{h^{(k)}} & F_b\dfrac{\partial}{\partial y} \\ \dfrac{1}{h^{(k)}} & 0 & F_t\dfrac{\partial}{\partial x} & -\dfrac{1}{h^{(k)}} & 0 & F_b\dfrac{\partial}{\partial x} \\ F_t\dfrac{\partial}{\partial y} & F_t\dfrac{\partial}{\partial x} & 0 & F_b\dfrac{\partial}{\partial y} & F_b\dfrac{\partial}{\partial x} & 0 \end{bmatrix} \begin{bmatrix} u_{xt}^{(k)} \\ u_{yt}^{(k)} \\ u_{zt}^{(k)} \\ u_{xb}^{(k)} \\ u_{yb}^{(k)} \\ u_{zb}^{(k)} \end{bmatrix}$$

或记为

$$\boldsymbol{\varepsilon}^{(k)} = \boldsymbol{D}^{(k)}\boldsymbol{u}^{(k)}$$

应力-应变关系可以根据广义胡克(Hooke)定律得到。正交各向异性材料在材料主坐标系(坐标轴记为 1,2,3)下的应力-应变关系可以表示为

$$\begin{bmatrix} \sigma_{11}^{(k)} \\ \sigma_{22}^{(k)} \\ \sigma_{33}^{(k)} \\ \tau_{23}^{(k)} \\ \tau_{13}^{(k)} \\ \tau_{12}^{(k)} \end{bmatrix} = \begin{bmatrix} Q_{11}^{(k)} & Q_{12}^{(k)} & Q_{13}^{(k)} & 0 & 0 & 0 \\ Q_{12}^{(k)} & Q_{22}^{(k)} & Q_{23}^{(k)} & 0 & 0 & 0 \\ Q_{13}^{(k)} & Q_{23}^{(k)} & Q_{33}^{(k)} & 0 & 0 & 0 \\ 0 & 0 & 0 & Q_{44}^{(k)} & 0 & 0 \\ 0 & 0 & 0 & 0 & Q_{55}^{(k)} & 0 \\ 0 & 0 & 0 & 0 & 0 & Q_{66}^{(k)} \end{bmatrix} \begin{bmatrix} \varepsilon_{11}^{(k)} \\ \varepsilon_{22}^{(k)} \\ \varepsilon_{33}^{(k)} \\ \gamma_{23}^{(k)} \\ \gamma_{13}^{(k)} \\ \gamma_{12}^{(k)} \end{bmatrix} \qquad (2.4-16)$$

将式(2.4-16)简记为

$$\boldsymbol{\sigma}_{\mathrm{m}}^{(k)} = \boldsymbol{Q}_{\mathrm{m}}^{(k)}\boldsymbol{\varepsilon}_{\mathrm{m}}^{(k)}$$

其中,$Q_{ij}^{(k)}(i,j=1,\cdots,6)$ 是材料主坐标系下的刚度系数,其计算表达式为

$$Q_{11}^{(k)} = E_1^{(k)}\frac{1-v_{23}^{(k)}v_{32}^{(k)}}{\Delta}$$

$$Q_{22}^{(k)} = E_2^{(k)}\frac{1-v_{31}^{(k)}v_{13}^{(k)}}{\Delta}$$

$$Q_{33}^{(k)} = E_3^{(k)}\frac{1-v_{12}^{(k)}v_{21}^{(k)}}{\Delta}$$

$$\begin{cases} Q_{12}^{(k)} = E_1^{(k)}\dfrac{v_{21}^{(k)}+v_{31}^{(k)}v_{23}^{(k)}}{\Delta} = E_2^{(k)}\dfrac{v_{12}^{(k)}+v_{32}^{(k)}v_{13}^{(k)}}{\Delta} \\[2mm] Q_{13}^{(k)} = E_1^{(k)}\dfrac{v_{31}^{(k)}+v_{21}^{(k)}v_{32}^{(k)}}{\Delta} = E_3^{(k)}\dfrac{v_{13}^{(k)}+v_{12}^{(k)}v_{23}^{(k)}}{\Delta} \\[2mm] Q_{23}^{(k)} = E_2^{(k)}\dfrac{v_{32}^{(k)}+v_{12}^{(k)}v_{31}^{(k)}}{\Delta} = E_3^{(k)}\dfrac{v_{23}^{(k)}+v_{21}^{(k)}v_{13}^{(k)}}{\Delta} \\[2mm] Q_{44}^{(k)} = G_{23}^{(k)} \\[1mm] Q_{55}^{(k)} = G_{13}^{(k)} \\[1mm] Q_{66}^{(k)} = G_{12}^{(k)} \\[1mm] \Delta = 1-v_{12}^{(k)}v_{21}^{(k)}-v_{23}^{(k)}v_{32}^{(k)}-v_{31}^{(k)}v_{13}^{(k)}-2v_{21}^{(k)}v_{32}^{(k)}v_{13}^{(k)} \end{cases}$$

其中,$E_1^{(k)}$、$E_2^{(k)}$ 和 $E_3^{(k)}$ 分别是 1、2 和 3 方向的杨氏模量,$G_{12}^{(k)}$、$G_{13}^{(k)}$ 和 $G_{23}^{(k)}$ 是相应的剪

切模量,$v_{ij}^{(k)}$ $(i,j=1,2,3; i \neq j)$ 是泊松比。由于泊松比与杨氏模量之间存在关系 $v_{ij}^{(k)} / E_i^{(k)} = v_{ji}^{(k)} / E_j^{(k)}$,因此有 9 个独立的参数决定了正交各向异性材料的属性,即 $E_1^{(k)}$、$E_2^{(k)}$、$E_3^{(k)}$、$G_{12}^{(k)}$、$G_{23}^{(k)}$、$G_{13}^{(k)}$、$v_{12}^{(k)}$、$v_{23}^{(k)}$ 和 $v_{13}^{(k)}$。另外,如果选取 $E_1^{(k)} = E_2^{(k)} = E_3^{(k)}$,$v_{12}^{(k)} = v_{13}^{(k)} = v_{23}^{(k)}$,$G_{12}^{(k)} = G_{13}^{(k)} = G_{23}^{(k)}$,则可以用来描述各向同性材料的本构关系。对于黏弹性层,假设在等温条件下,其材料相关参数可以用复数进行表示,即

$$E_1^*(j\omega) = E_1(\omega) \left[1 + j\eta_{E_1}(\omega)\right]$$
$$E_2^*(j\omega) = E_2(\omega) \left[1 + j\eta_{E_2}(\omega)\right]$$
$$E_3^*(j\omega) = E_3(\omega) \left[1 + j\eta_{E_3}(\omega)\right]$$
$$G_{12}^*(j\omega) = G_{12}(\omega) \left[1 + j\eta_{G_{12}}(\omega)\right]$$
$$G_{13}^*(j\omega) = G_{13}(\omega) \left[1 + j\eta_{G_{13}}(\omega)\right]$$
$$G_{23}^*(j\omega) = G_{23}(\omega) \left[1 + j\eta_{G_{23}}(\omega)\right]$$
$$v_{12}^*(j\omega) = v_{12}(\omega) \left[1 - j\eta_{v_{12}}(\omega)\right]$$
$$v_{13}^*(j\omega) = v_{13}(\omega) \left[1 - j\eta_{v_{13}}(\omega)\right]$$
$$v_{23}^*(j\omega) = v_{23}(\omega) \left[1 - j\eta_{v_{23}}(\omega)\right]$$

其中,η_{E_1}、η_{E_2}、η_{E_3}、$\eta_{G_{12}}$、$\eta_{G_{13}}$、$\eta_{G_{23}}$、$\eta_{v_{12}}$、$\eta_{v_{13}}$ 和 $\eta_{v_{23}}$ 表示材料的损耗因子,j 表示虚数单位,ω 是振动的圆频率,即黏弹性材料的材料相关参数是随着振动频率变化的。在 $x-y-z$ 坐标系下的应力和应变与在材料主坐标系下的应力和应变存在如下关系

$$\boldsymbol{\sigma}^{(k)} = \boldsymbol{T}_k \boldsymbol{\sigma}_m^{(k)}, \quad \boldsymbol{\varepsilon}_m^{(k)} = \boldsymbol{T}_k^{\mathrm{T}} \boldsymbol{\varepsilon}^{(k)}$$

其中,$\boldsymbol{T}_k$ 是转换矩阵,其表达式为

$$\boldsymbol{T}_k = \begin{bmatrix} \cos^2\theta^{(k)} & \sin^2\theta^{(k)} & 0 & 0 & 0 & -2\sin\theta^{(k)}\cos\theta^{(k)} \\ \sin^2\theta^{(k)} & \cos^2\theta^{(k)} & 0 & 0 & 0 & 2\sin\theta^{(k)}\cos\theta^{(k)} \\ 0 & 0 & 1 & 0 & 0 & 0 \\ 0 & 0 & 0 & \cos\theta^{(k)} & \sin\theta^{(k)} & 0 \\ 0 & 0 & 0 & -\sin\theta^{(k)} & \cos\theta^{(k)} & 0 \\ \sin\theta^{(k)}\cos\theta^{(k)} & -\sin\theta^{(k)}\cos\theta^{(k)} & 0 & 0 & 0 & \cos^2\theta^{(k)} - \sin^2\theta^{(k)} \end{bmatrix}$$

其中,$\theta^{(k)}$ 是第 k 层板的主坐标轴与 x 轴之间的夹角。因此在 $x-y-z$ 坐标系下的应力-应变关系最终可以表示为

$$\boldsymbol{\sigma}^{(k)} = \boldsymbol{T}_k \boldsymbol{Q}_m^{(k)} \boldsymbol{T}_k^{\mathrm{T}} \boldsymbol{\varepsilon}^{(k)} = \boldsymbol{Q}^{(k)} \boldsymbol{\varepsilon}^{(k)}$$

因此整个板的虚应变能和惯性力虚功可分别表示为

$$\delta U = \sum_{k=1}^{N_1} \delta U^{(k)}, \quad \delta W_{\mathrm{int}} = \sum_{k=1}^{N_1} \delta W_{\mathrm{int}}^{(k)}$$

其中,$\delta U^{(k)}$ 和 $\delta W_{\mathrm{int}}^{(k)}$ 的计算表达式分别为

$$\delta U^{(k)} = \int_{\Omega^k} (\boldsymbol{D}^{(k)} \delta \boldsymbol{u}^{(k)})^{\mathrm{T}} \boldsymbol{Q}^{(k)} (\boldsymbol{D}^{(k)} \boldsymbol{u}^{(k)}) \, \mathrm{d}\Omega^k$$

$$\delta W_{\mathrm{int}}^{(k)} = \int_{\Omega^k} (\hat{\boldsymbol{F}} \delta \boldsymbol{u}^{(k)})^{\mathrm{T}} \cdot (-\rho \hat{\boldsymbol{F}} \ddot{\boldsymbol{u}}^{(k)}) \, \mathrm{d}\Omega^k$$

取位移试函数

$$\boldsymbol{u}^{(k)} = \tilde{\boldsymbol{N}}^{\mathrm{T}} \tilde{\boldsymbol{u}}^{(k)}, \quad \tilde{\boldsymbol{N}} = \boldsymbol{N} \otimes \boldsymbol{I}_{6 \times 6}$$

其中,$\boldsymbol{N}$ 表示形函数向量,$\tilde{\boldsymbol{u}}^{(k)}$ 是第 k 层板的广义位移节点向量。根据层间的位移连续性条

件 $u_{xt}{}^{(k)}=u_{xb}{}^{(k+1)}$，$u_{yt}{}^{(k)}=u_{yb}{}^{(k+1)}$，$u_{zt}{}^{(k)}=u_{zb}{}^{(k+1)}$，$u_{xb}{}^{(k)}=u_{xt}{}^{(k-1)}$，$u_{yb}{}^{(k)}=u_{yt}{}^{(k-1)}$，$u_{zb}{}^{(k)}=u_{zt}{}^{(k-1)}$ 可以得到第 k 层板的独立位移变量 $\boldsymbol{u}^{(k)}$ 与全局独立位移变量 $\boldsymbol{u}_g$ 的关系，记

$$\boldsymbol{u}^{(k)}=\boldsymbol{H}_k\boldsymbol{u}_g \tag{2.4-17}$$

其中，$\boldsymbol{H}_k$ 是第 k 层板的转换矩阵。将式(2.4-17)代入自由振动虚功方程并进行离散，可得到广义特征值方程

$$\left[\boldsymbol{K}(\omega)-\lambda_n^*\boldsymbol{M}\right]\tilde{\boldsymbol{u}}_g=0$$

其中，$\lambda_n^*=\lambda_n(1+\mathrm{j}\eta_n)$ 是相应的复特征值，$\lambda_n=\omega_n{}^2$ 是复特征值的实部，η_n 是对应于 λ_n 的模态损耗因子。$\boldsymbol{K}(\omega)$ 和 $\boldsymbol{M}$ 是基于 CUF 理论的微分求积升阶谱四边形单元的刚度矩阵和质量矩阵，它们的表达式分别为

$$\boldsymbol{K}(\omega)=\sum_{k=1}^{N_1}\tilde{\boldsymbol{H}}_k^{\mathrm{T}}\boldsymbol{K}^{(k)}(\omega)\tilde{\boldsymbol{H}}_k$$

和

$$\boldsymbol{M}=\sum_{k=1}^{N_1}\tilde{\boldsymbol{H}}_k^{\mathrm{T}}\boldsymbol{M}^{(k)}\tilde{\boldsymbol{H}}_k$$

其中，$\tilde{\boldsymbol{H}}_k$ 是第 k 层广义位移节点向量与全局节点位移向量之间的转换矩阵；$\boldsymbol{K}^{(k)}$、$\boldsymbol{M}^{(k)}$ 分别是第 k 层板的刚度矩阵和质量矩阵，表达式分别为

$$\boldsymbol{K}^{(k)}(\omega)=\int_{z_b^{(k)}}^{z_t^{(k)}}\left[\iint_{S_m}(\boldsymbol{B}^{(k)})^{\mathrm{T}}\boldsymbol{Q}^{(k)}\boldsymbol{B}^{(k)}\,\mathrm{d}x\,\mathrm{d}y\right]\mathrm{d}z$$

和

$$\boldsymbol{M}^{(k)}=\int_{z_b^{(k)}}^{z_t^{(k)}}\left[\iint_{S_m}\rho\tilde{\boldsymbol{N}}(\hat{\boldsymbol{F}}^{\mathrm{T}}\hat{\boldsymbol{F}})\tilde{\boldsymbol{N}}^{\mathrm{T}}\,\mathrm{d}x\,\mathrm{d}y\right]\mathrm{d}z$$

其中，$\boldsymbol{B}^{(k)}$ 是几何矩阵，可以根据应变-位移关系得到。通过刚度矩阵的表达式可以看出，整个板的刚度是随着振动频率变化的，因此广义特征值方程是关于频率的非线性方程，求解特征值需要迭代计算，图 2.4-4 给出了迭代计算流程。

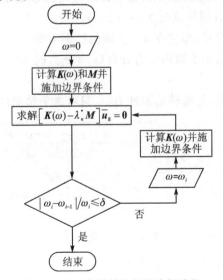

图 2.4-4　非线性特征值求解流程

2.4.5 小 结

剪切板与平面问题的升阶谱求积元方法的基函数是一样的,本节的重点内容是升阶谱求积元方法在剪切板(包括各向同性板、复合材料叠层板和黏弹性复合材料叠层板)中的应用。升阶谱求积元方法对剪切闭锁不敏感,可以用很少的自由度得到精度很高的结果。

2.5 薄板的升阶谱求积元方法

薄板是工程中的一种常见结构,薄板理论相对于剪切板理论来说独立变量更少,可以显著减少计算量,而且薄板也不存在剪切闭锁问题,因此当板十分薄的时候采用薄板理论比采用中厚板理论更有优势,对于流体力学中的一些强形式问题只能采用这种可以保证 $\mathbf{C}^1$ 连续的单元。但必须指出的是,薄板理论要比剪切板理论复杂得多,本节将介绍一种简单、实用的薄板微分求积升阶谱有限单元,首先介绍薄板基本方程的建立及其变分形式,然后给出四边形及三角形薄板单元的构造方法,着重强调 $\mathbf{C}^1$ 连续性单元形函数的生成以及升阶谱形函数的构造。

2.5.1 基本方程

厚度比平面尺寸小很多的平面结构称为薄板,与薄板的两个表面距离相等的面称为中面。讨论薄板的弯曲问题时一般将中面作为 $x-y$ 平面,如图 2.5-1 所示。如下基本假设的薄板几何特性使得薄板在小挠度弯曲问题计算中不至于引起较大误差。

(1) 直法线假设,即原来垂直于薄板中面的直线在弯曲后仍然垂直薄板中面,且长度不变。根据这个假设有面外应变 $\gamma_{xz}=\gamma_{yz}=\varepsilon_z=0$。

(2) 中面没有面内位移,即它在 $x-y$ 面的投影不变。

(3) 面外应力分量远小于面内应力分量($\sigma_z \ll \tau_{xz}$,$\tau_{yz} \ll \sigma_x$,σ_y,τ_{xy}),即它们引起的应变忽略不计。

(4) 对于动力学问题,忽略转动惯性力矩,只考虑平移惯性力。

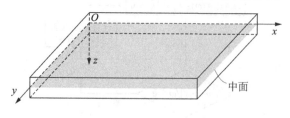

图 2.5-1 薄 板

根据假设(1)和(2),薄板的位移分量为

$$u = -z \frac{\partial w}{\partial x}, \quad v = -z \frac{\partial w}{\partial y}, \quad w = w(x, y)$$

因此独立的位移分量只有中面挠度 w，进而可得其应变分量（面外应变分量已假设为 0）为

$$\varepsilon_x = -\frac{\partial^2 w}{\partial x^2} z, \quad \varepsilon_y = -\frac{\partial^2 w}{\partial y^2} z, \quad \gamma_{xy} = -2 \frac{\partial^2 w}{\partial x \partial y} z$$

根据假设（3），薄板的面外应力分量远小于面内应力分量，因此在薄板理论中采用平面应力问题的物理方程，位移分量可以表示为

$$\begin{cases} \sigma_x = -\dfrac{Ez}{1-v^2} \left(\dfrac{\partial^2 w}{\partial x^2} + v \dfrac{\partial^2 w}{\partial y^2} \right) \\[3mm] \sigma_y = -\dfrac{Ez}{1-v^2} \left(v \dfrac{\partial^2 w}{\partial x^2} + \dfrac{\partial^2 w}{\partial y^2} \right) \\[3mm] \tau_{xy} = -\dfrac{Ez}{1+v} \dfrac{\partial^2 w}{\partial x \partial y} \end{cases} \tag{2.5-1}$$

对于面外应力分量，虽然它们不产生应变，但由平衡条件知，这些应力分量是不能完全忽略的。根据三维平衡方程（体力简化为 0）可以得到

$$\begin{cases} \tau_{xz} = \dfrac{E}{2(1-v^2)} \left(z^2 - \dfrac{h^2}{4} \right) \dfrac{\partial}{\partial x} \nabla^2 w \\[3mm] \tau_{yz} = \dfrac{E}{2(1-v^2)} \left(z^2 - \dfrac{h^2}{4} \right) \dfrac{\partial}{\partial y} \nabla^2 w \\[3mm] \sigma_z = -\dfrac{Eh^3}{6(1-v^2)} \left(\dfrac{1}{2} - \dfrac{z}{h} \right)^2 \left(1 + \dfrac{z}{h} \right) \nabla^2 \nabla^2 w \end{cases} \tag{2.5-2}$$

由于基本假设的限制，薄板的横截面上的应力很难满足实际的应力边界条件，因此一般采用圣维南原理来进行简化，即让这些应力分量在板边单位宽度上合成的内力近似满足边界条件，为此下面将给出薄板的内力表达式。

显然，薄板的边界上存在法向应力、面内切应力，以及横向切应力，将这些应力分量沿厚度方向进行合成便得到薄板的内力。不妨考虑垂直于 x 轴的横截面，即 $y-z$ 平面，其应力分量为 σ_x、τ_{xy}、τ_{xz}。由式（2.5-1）知道，面内应力 σ_x、τ_{xy} 关于中面反对称分布，因此其单位宽度上的主矢为 0，而只合成分布弯矩和分布扭矩，z 方向的切应力 τ_{xz} 则只合成横向剪力，那么 $y-z$ 横截面上的内力有

$$M_x = \int_{-h/2}^{h/2} \sigma_x z \, \mathrm{d}z, \quad M_{xy} = \int_{-h/2}^{h/2} \tau_{xy} z \, \mathrm{d}z, \quad Q_x = \int_{-h/2}^{h/2} \tau_{xz} \, \mathrm{d}z \tag{2.5-3}$$

同理，$x-z$ 平面上的内力有

$$M_y = \int_{-h/2}^{h/2} \sigma_y z \, \mathrm{d}z, \quad M_{yx} = \int_{-h/2}^{h/2} \tau_{xy} z \, \mathrm{d}z, \quad Q_y = \int_{-h/2}^{h/2} \tau_{yz} \, \mathrm{d}z \tag{2.5-4}$$

显然，$M_{xy} = M_{yx}$，将式（2.5-1）和式（2.5-2）代入式（2.5-3）和式（2.5-4）便得到用挠度表示的薄板的内力

$$M_x = -D \left(\frac{\partial^2 w}{\partial x^2} + \mu \frac{\partial^2 w}{\partial y^2} \right), \quad M_y = -D \left(\frac{\partial^2 w}{\partial y^2} + \mu \frac{\partial^2 w}{\partial x^2} \right),$$

$$M_{xy} = -D(1-\mu)\frac{\partial^2 w}{\partial x \partial y}, \quad Q_x = -D\frac{\partial}{\partial x}\nabla^2 w, \quad Q_y = -D\frac{\partial}{\partial y}\nabla^2 w$$

$$(2.5-5)$$

其中,$D = Eh^3/12(1-v^2)$,称为板的抗弯刚度。这样还可以得到薄板的内力与应力之间的关系

$$\sigma_x = \frac{12z}{h^3}M_x, \quad \sigma_y = \frac{12z}{h^3}M_y, \quad \tau_{xy} = \frac{12z}{h^3}M_{xy},$$

$$\tau_{xz} = \frac{3}{2h}\left(1-\frac{4z^2}{h^2}\right)Q_x, \quad \tau_{yz} = \frac{3}{2h}\left(1-\frac{4z^2}{h^2}\right)Q_y$$

下面建立薄板的平衡方程。针对如图 2.5-2 所示的薄板微元体,由力矩平衡有

$$\begin{cases} Q_x = \dfrac{\partial M_x}{\partial x} + \dfrac{\partial M_{xy}}{\partial y} \\ Q_y = \dfrac{\partial M_{xy}}{\partial x} + \dfrac{\partial M_y}{\partial y} \end{cases}$$

$$(2.5-6)$$

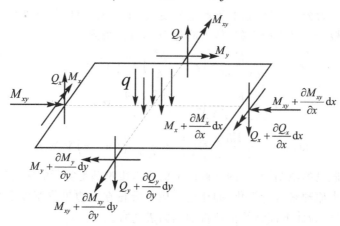

图 2.5-2 薄板微元体及其内力和所受载荷

由 z 方向上的力的平衡可得

$$\frac{\partial Q_x}{\partial x} + \frac{\partial Q_y}{\partial y} + q = 0 \qquad (2.5-7)$$

将式(2.5-5)和式(2.5-6)代入式(2.5-7)可以得到薄板的控制微分方程

$$\nabla^4 w = \frac{q}{D}$$

其相应的边界条件为:
简支:

$$w = 0, \quad M_n = 0$$

固支:

$$w = 0, \quad \frac{\partial w}{\partial n} = 0$$

自由：

$$M_n = 0, \quad Q_n + \frac{\partial M_{ns}}{\partial s} = 0$$

与平面问题类似，薄板的控制方程和边界条件也有相应的变分形式。以中面挠度 w 为自变函数，薄板的总势能泛函为

$$\Pi = \iint\limits_A \left(\frac{1}{2} \boldsymbol{\kappa}^{\mathrm{T}} \boldsymbol{D} \boldsymbol{\kappa} - qw \right) \mathrm{d}x\,\mathrm{d}y - \int_{B_\sigma} \bar{q}_n w\,\mathrm{d}s - \int_{B_\sigma + B_\psi} \bar{M}_n \frac{\partial w}{\partial n}\,\mathrm{d}s - \sum \bar{P}_i w_i$$

$$(2.5-8)$$

其中

$$\boldsymbol{D} = \frac{Eh^3}{12(1-\upsilon^2)} \begin{bmatrix} 1 & \upsilon & 0 \\ \upsilon & 1 & 0 \\ 0 & 0 & \frac{1-\upsilon}{2} \end{bmatrix}, \quad \boldsymbol{\kappa} = \left[-\frac{\partial^2 w}{\partial x^2}, -\frac{\partial^2 w}{\partial y^2}, -2\frac{\partial^2 w}{\partial x \partial y} \right]^{\mathrm{T}}$$

B_σ 为自由边界，B_ψ 为简支边界，$\bar{q}_n$ 为边界上的横向分布载荷，$\bar{M}_n$ 为法向分布弯矩，$\bar{P}_i$ 为集中载荷。对于薄板的横向自由振动问题，其对应的瑞利商变分为

$$\omega^2 = st \frac{\iint\limits_A U\,\mathrm{d}x\,\mathrm{d}y}{\frac{1}{2}\iint\limits_A \rho h w^2\,\mathrm{d}x\,\mathrm{d}y}$$

对于采用弱形式的各种数值方法，把近似位移函数带入式(2.5-8)，然后利用变分原理即可得到单元刚度矩阵、质量矩阵和载荷向量。

2.5.2　薄板单元

本节将介绍微分求积升阶谱薄板单元的构造方法，包括以下内容：介绍四边形及三角形区域的 C^1 型混合函数插值方法，并利用该方法构造四边形单元以及三角形单元的正交多项式升阶谱形函数；为方便边界条件施加以及曲边单元的组装，讨论自由度的转换以及节点配置问题；给出单元协调性分析以及在实际应用中边界条件的施加方法。单元的几何映射可参考 2.3.2 节介绍的平面问题的四边形单元，在此不再赘述。

2.5.2.1 C^1 型混合函数插值

所谓 C^1 型混合函数插值是指插值函数与被插值函数在给定区域边界上具有相同的函数值以及一阶偏导数值。对于光滑函数来说，它等价于求插值函数与被插值函数在区域边界上具有相同的函数值以及法向导数值。下面将分别介绍在四边形区域和三角形区域上的混合函数插值。

1. 四边形区域的混合函数插值

四边形区域的插值精度最高，四边形区域的混合函数插值相对于三角形区域来说也要容易构造一些。如图 2.5-3(a)所示，设光滑函数 $F(\xi,\eta)$ 在边界上的函数值以及法向导数值为

$$\begin{cases} f_1(\xi) = F(\xi, -1), \quad f_2(\eta) = F(1, \eta) \\ f_3(\xi) = F(\xi, 1), \quad f_4(\eta) = F(-1, \eta) \\ g_1(\xi) = \dfrac{\partial F(\xi, -1)}{\partial \eta}, \quad g_2(\eta) = \dfrac{\partial F(1, \eta)}{\partial \xi} \\ g_3(\xi) = \dfrac{\partial F(\xi, 1)}{\partial \eta}, \quad g_4(\eta) = \dfrac{\partial F(-1, \eta)}{\partial \xi} \end{cases} \qquad (2.5-9)$$

为得到满足同样边界函数的近似函数 $\tilde{F}(\xi, \eta)$,下面将通过在两个方向上进行 3 次埃尔米特插值来构造,其中在区间 $[-1, 1]$ 上沿 ξ 方向的埃尔米特插值函数为

$$\begin{cases} h_1(\xi) = \dfrac{1}{4}(\xi + 1)(\xi - 1)^2 \\ h_2(\xi) = \dfrac{1}{4}(\xi + 2)(\xi - 1)^2 \\ h_3(\xi) = \dfrac{1}{4}(2 - \xi)(\xi + 1)^2 \\ h_4(\xi) = \dfrac{1}{4}(\xi - 1)(\xi + 1)^2 \end{cases} \qquad (2.5-10)$$

其中,h_1 和 h_4 为端点导数插值基函数,h_2 和 h_3 为端点插值基函数。通过对 F 沿 ξ 方向插值(见图(2.5-3)(b))可得

$$P_\xi[F] = g_4(\eta)h_1(\xi) + f_4(\eta)h_2(\xi) + f_2(\eta)h_3(\xi) + g_2(\eta)h_4(\xi)$$
$$(2.5-11)$$

其中,$P_\xi[\cdot]$ 为 ξ 方向的插值算子。显然,在边界 $\xi = \pm 1$ 上,$P_\xi[F]$ 与 F 具有相同的边界函数值以及导数值。那么其残差

$$R = F - P_\xi[F]$$

在边界 $\xi = \pm 1$ 上满足函数值以及法向导数值均为 0。进一步对 R 沿 η 方向插值(见图 2.5-3(c))可得

$$P_\eta[R] = R(\xi, -1)h_1(\eta) + R_\eta(\xi, -1)h_2(\eta) + R(\xi, 1)h_3(\eta) + R_\eta(\xi, 1)h_4(\eta)$$
$$(2.5-12)$$

其中,$P_\eta[\cdot]$ 为 η 方向的插值算子,R_η 为 R 关于 η 的偏导数。显然,$P_\eta[R]$ 在边界 $\xi = \pm 1$ 上的函数值以及法向导数值均为 0,而在边界 $\eta = \pm 1$ 上具有与 R 相同的函数值以及法向导数值。那么最终所求的插值函数 $\tilde{F}$ 可以表示为

$$\tilde{F} = P_\xi[F] + P_\eta[R] \qquad (2.5-13)$$

从方程(2.5-11)以及(2.5-12)可以看出,插值算子满足线性性质,那么有

$$P_\eta[R] = P_\eta[F - P_\xi[F]] = P_\eta[F] - P_\eta[P_\xi[F]] \qquad (2.5-14)$$

同样,插值算子满足交换律,因此 $P_\eta[P_\xi[F]] = P_\xi[P_\eta[F]]$,或记为 $P_\eta P_\xi[F] = P_\xi P_\eta[F]$。将式(2.5-14)代入方程(2.5-13)得

$$\tilde{F} = (P_\xi \oplus P_\eta)[F] = P_\xi[F] + P_\eta[F] - P_\xi P_\eta[F] \qquad (2.5-15)$$

其中

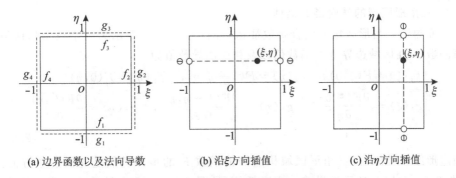

(a) 边界函数以及法向导数　　　(b) 沿ξ方向插值　　　(c) 沿η方向插值

图 2.5 - 3　四边形区域的混合函数插值

$$P_\eta[F] = g_1(\xi)h_1(\eta) + f_1(\xi)h_2(\eta) + f_3(\xi)h_3(\eta) + g_3(\xi)h_4(\eta)$$

$$
\begin{aligned}
P_\xi P_\eta[F] = \; & h_1(\xi)\left[g_1'(-1)h_1(\eta) + f_1'(-1)h_2(\eta) + f_3'(-1)h_3(\eta) + g_3'(-1)h_4(\eta)\right] + \\
& h_2(\xi)\left[g_1(-1)h_1(\eta) + f_1(-1)h_2(\eta) + f_3(-1)h_3(\eta) + g_3(-1)h_4(\eta)\right] + \\
& h_3(\xi)\left[g_1(1)h_1(\eta) + f_1(1)h_2(\eta) + f_3(1)h_3(\eta) + g_3(1)h_4(\eta)\right] + \\
& h_4(\xi)\left[g_1'(1)h_1(\eta) + f_1'(1)h_2(\eta) + f_3'(1)h_3(\eta) + g_3'(1)h_4(\eta)\right]
\end{aligned}
$$

式(2.5 - 15)的思想是插值函数由两个方向的插值叠加并减去重合部分而得到。为检验上述插值公式的性质,图 2.5 - 4 给出了被插值函数 $F = \sin(\xi)\sin(\eta)$ 与插值函数 $\widetilde{F}$ 的函数曲面,以及它们的差和它们的导数之差的函数曲面。可以看到,误差在边界上都严格为 0,这说明 F 与 $\widetilde{F}$ 具有相同的边界函数值和一阶导数值。

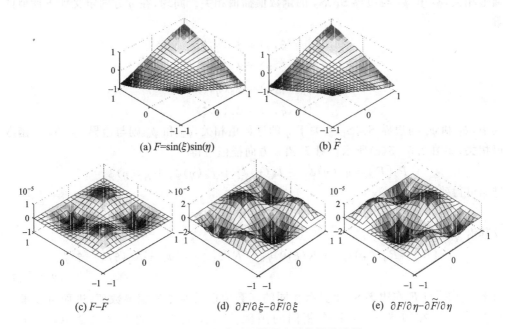

(a) $F=\sin(\xi)\sin(\eta)$　　　　　(b) $\widetilde{F}$

(c) $F-\widetilde{F}$　　　　(d) $\partial F/\partial\xi - \partial\widetilde{F}/\partial\xi$　　　　(e) $\partial F/\partial\eta - \partial\widetilde{F}/\partial\eta$

图 2.5 - 4　四边形区域混合函数插值验证

2. 三角形区域的混合函数插值

下面讨论三角形区域的混合函数插值。图 2.5 - 5(a)所示为一个三角形区域,被插值函数 F 在区域边界上的函数值以及相应的导数值为

$$\begin{cases} f_1(\xi) = F(\xi,0), \quad f_2(\eta) = F(1-\eta,\eta), \quad f_3(\eta) = F(0,\eta) \\ g_1(\xi) = \dfrac{\partial F(\xi,0)}{\partial \eta}, \quad g_2(\eta) = \dfrac{\partial F(1-\eta,\eta)}{\partial \xi}, \quad g_3(\eta) = \dfrac{\partial F(0,\eta)}{\partial \xi} \end{cases}$$

$$(2.5 - 16)$$

与四边形区域类似,在三角形区域构造插值函数 $\widetilde{F}$ 的步骤仍然是先沿着 ξ 方向插值(见图 2.5 - 5(b)),然后再沿着 η 方向插值(见图 2.5 - 5(c)),最后减去重复部分。但由于插值区域不再是矩形区域,因此埃尔米特插值函数需要进行修改,如 ξ 方向为

$$\begin{cases} \phi_1(\xi,\eta) = \dfrac{\xi(\xi+\eta-1)^2}{(1-\eta)^2} \\[2mm] \phi_2(\xi,\eta) = \dfrac{(\xi+\eta-1)^2(2\xi+1-\eta)}{(1-\eta)^3} \\[2mm] \phi_3(\xi,\eta) = \dfrac{\xi^2(2\xi-3+3\eta)}{(\eta-1)^3} \\[2mm] \phi_4(\xi,\eta) = \dfrac{(\xi+\eta-1)\xi^2}{(1-\eta)^2} \end{cases}$$

这些插值函数是用斜线埃尔米特插值构造的。其中,ϕ_1 和 ϕ_4 与边界 S_2、S_3 的导数值插值相关,ϕ_2 和 ϕ_3 与边界 S_2、S_3 的函数值插值相关。同理,在 η 方向定义如下插值函数

$$\begin{cases} \psi_1(\xi,\eta) = \phi_1(\eta,\xi) \\ \psi_2(\xi,\eta) = \phi_2(\eta,\xi) \\ \psi_3(\xi,\eta) = \phi_3(\eta,\xi) \\ \psi_4(\xi,\eta) = \phi_4(\eta,\xi) \end{cases}$$

其中,ψ_1 和 ψ_4 与边界 S_1、S_2 上关于 η 的导数值相关,ψ_2 和 ψ_3 则与边界 S_1、S_2 的函数值相关,如图 2.5 - 5(c)所示。对 F 沿 ξ 方向插值可得

$$P_\xi[F] = g_3(\eta)\phi_1 + f_3(\eta)\phi_2 + f_2(\eta)\phi_3 + g_2(\eta)\phi_4$$

进而可得残差

$$R = F - P_\xi[R]$$

及其沿 η 方向的插值

$$P_\eta[R] = R_\eta(\xi,0)\psi_1 + R(\xi,0)\psi_2 + R(\xi,1-\xi)\psi_3 + R_\eta(\xi,1-\xi)\psi_4$$

$$(2.5 - 17)$$

由于 $P_\xi[F]$ 与 F 在边界 S_2 上具有相同的函数值以及对 ξ 的偏导数值,进而可以推出 $P_\xi[F]$ 与 F 在边界 S_2 上具有相同的函数值以及关于 η 的偏导数值,因此方程 (2.5 - 17)中有 $R(\xi,1-\xi) = R_\eta(\xi,1-\xi) = 0$。那么 $P_\eta[R]$ 将退化为

$$\widetilde{P}_\eta[R] = R_\eta(\xi,0)\psi_1 + R(\xi,0)\psi_2 = P_\eta[R]$$

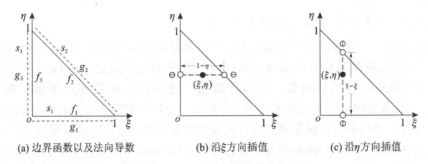

(a) 边界函数以及法向导数　　(b) 沿ξ方向插值　　(c) 沿η方向插值

图 2.5 – 5　三角形区域混合函数插值

最终的近似函数 $\widetilde{F}$ 可以表示为

其中
$$\widetilde{F} = (P_\xi \oplus P_\eta)[F] = P_\xi[F] + \widetilde{P}_\eta[F] - \widetilde{P}_\eta P_\xi[F] \qquad (2.5-18)$$
$$P_\xi[F] = g_3(\eta)\phi_1 + f_3(\eta)\phi_2 + f_2(\eta)\phi_3 + g_2(\eta)\phi_4$$
$$P_\eta[F] = g_1(\xi)\psi_1 + f_1(\xi)\psi_2$$
$$\widetilde{P}_\eta P_\xi[F] = \psi_1 \begin{bmatrix} g'_3(0)\phi_1(\xi,0) & + f'_3(0)\phi_2(\xi,0) & + f'_2(0)\phi_3(\xi,0) & + g'_2(0)\phi_4(\xi,0) + \\ g_3(0)\phi'_{1,\eta}(\xi,0) & + f_3(0)\phi'_{2,\eta}(\xi,0) + f_2(0)\phi'_{3,\eta}(\xi,0) + g_2(0)\phi'_{4,\eta}(\xi,0) \end{bmatrix} +$$
$$\psi_2 \left[g_3(0)\phi_1(\xi,0) + f_3(0)\phi_2(\xi,0) + f_2(0)\phi_3(\xi,0) + g_2(0)\phi_4(\xi,0) \right]$$

为验证上述插值公式,图 2.5 – 6 给出了三角形区域混合函数插值检验,可以看到插值函数与被插值函数具有相同的边界函数值以及一阶导数值。

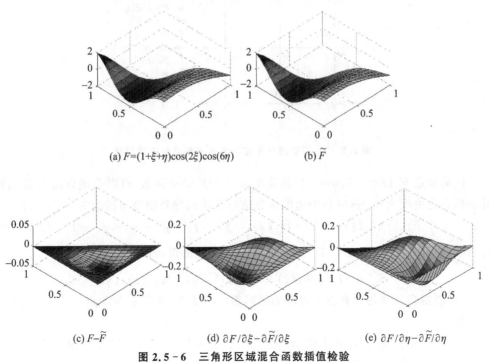

(a) $F=(1+\xi+\eta)\cos(2\xi)\cos(6\eta)$　　(b) $\widetilde{F}$

(c) $F-\widetilde{F}$　　　(d) $\partial F/\partial\xi - \partial\widetilde{F}/\partial\xi$　　　(e) $\partial F/\partial\eta - \partial\widetilde{F}/\partial\eta$

图 2.5 – 6　三角形区域混合函数插值检验

2.5.2.2 四边形单元升阶谱形函数

利用四边形区域的混合函数插值方法可以方便地构造四边形单元的形函数,其基本步骤为:首先根据节点自由度确定式(2.5-9)中的边界函数 f_i 和 g_i,然后根据式(2.5-15)得到相应的形函数。下面将依次讨论顶点形函数和边形函数的构造。图 2.5-7 所示为四边形单元的参考域,其中每一个角点配置了 6 个自由度,因此在参考域的边界上形函数的法向导数值可以由 3 次埃尔米特插值来构造,而边界的函数值则可以由 5 次埃尔米特插值来构造。方程(2.5-10)给出 3 次埃尔米特插值多项式,而5 次埃尔米特插值多项式则定义为

$$\begin{cases} H_1^{(2)} = (1-\xi)^3(1+\xi)^2/16 \\ H_2^{(2)} = (1+\xi)^3(1-\xi)^2/16 \\ H_1^{(1)} = (1-\xi)^3(1+\xi)(5+3\xi)/16 \\ H_2^{(1)} = (1+\xi)^3(\xi-1)(5-3\xi)/16 \\ H_1 = (1-\xi)^3(3\xi^2+9\xi+8)/16 \\ H_2 = (1+\xi)^3(3\xi^2-9\xi+8)/16 \end{cases}$$

其中,H_1 和 H_2 与端点函数值插值相关,$H_1^{(1)}$ 和 $H_2^{(1)}$ 与端点的一阶导数相关,$H_1^{(2)}$ 和 $H_2^{(2)}$ 则与端点的二阶导数值插值相关。

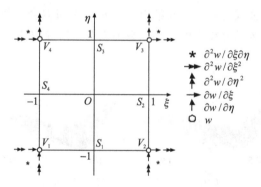

图 2.5-7 四边形单元在参考系下角点自由度配置

推导角点 $V_1(\xi=-1, \eta=-1)$ 的挠度 w^{V_1} 对应的形函数,可以令该自由度为 1,而其余角点自由度为 0。这时各个边的函数值以及法向导数值则可插值为

$$f_1 = H_1(\xi), \quad f_4 = H_1(\eta), \quad f_2 = f_3 = g_1 = \cdots = g_4 = 0 \quad (2.5-19)$$

将式(2.5-19)代入式(2.5-15)则可得到 w^{V_1} 对应的形函数

$$S_w^{V_1} = H_1(\eta)h_2(\xi) + H_1(\xi)h_2(\eta) - h_2(\xi)h_2(\eta)$$

同理,可以得到其他角点自由度对应的形函数。图 2.5-8 所示为角点 V_1 对应的 6 个形函数。

对于 $\mathbf{C}^1$ 单元来说,边界上的形函数可以分为两部分:第一部分用于提高单元边界函数值的完备阶次,它们在边界上的函数值为 1、法向导数值为 0;第二部分则用于提高

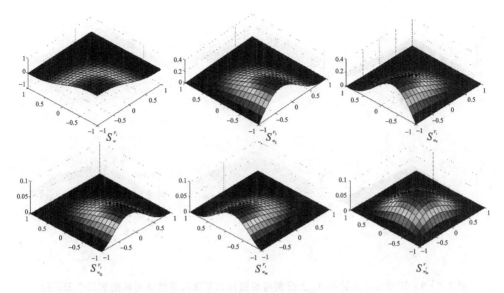

图 2.5 - 8　角点 V_1 处的顶点形函数

单元边界法向导数值的完备阶次，它们在边界上的函数值为 0、法向导数值为 1。由上文所述，由于角点形函数已使得单元边界上的函数值的完备阶次为 5 次、边界法向导数值的完备阶次为 3 次，因此，用于边界函数值完备的边函数将从第 6 次开始，而用于边界法向导数值完备的边函数将从第 4 次开始。如在边界 S_1 上，f_1 的一般形式可以设为

$$f_1 = (1 + \xi)^3 (1 - \xi)^3 J_i^{(\alpha, \beta)}(\xi), \quad i = 0, 1, 2, \cdots$$

其中，$J_i^{(\alpha, \beta)}(i = 0, 1, \cdots)$ 为雅可比正交多项式，权系数 (α, β) 可以与下文中的面函数一样取值为 $(4, 4)$，这样可以提高计算效率。可以令式 (2.5 - 9) 中其余边界函数为 0，这样根据式 (2.5 - 15) 可以求得边界 S_1 上与函数值 w 相关的形函数为

$$S_{w,i}^{S_1} = (1 + \xi)^3 (1 - \xi)^3 J_i^{(4,4)}(\xi) h_2(\eta), \quad i = 0, 1, 2, \cdots$$

同理，令

$$g_1 = (1 + \xi)^2 (1 - \xi)^2 J_i^{(4,4)}(\xi), \quad i = 0, 1, 2, \cdots$$

令式 (2.5 - 9) 中其余边界函数为 0，易得边界 S_1 上法向导数对应的边界形函数为

$$S_{w_n,i}^{S_1} = (1 + \xi)^2 (1 - \xi)^2 J_i^{(4,4)}(\xi) h_1(\eta), \quad i = 0, 1, 2, \cdots$$

利用以上方式，可以得到各个边对应的形函数。图 2.5 - 9 所示为四边形单元边界 S_1 上分别与函数值以及法向导数值对应的前三个形函数，可以看到，这些形函数分别满足边界法向导数值为 0 以及函数值为 0。

　　四边形单元内部面函数的构造相对简单一些，可以直接采用如下正交多项式的张量积形式，这与 C^0 矩形升阶谱单元面函数的构造是类似的。

$$S_{mn}^F = C_{mn}(1 - \xi^2)^2 (1 - \eta^2)^2 J_{m-1}^{(4,4)}(\xi) J_{n-1}^{(4,4)}(\eta), \quad m = 1, 2, \cdots, H_\xi, \quad n = 1, 2, \cdots, H_\eta$$

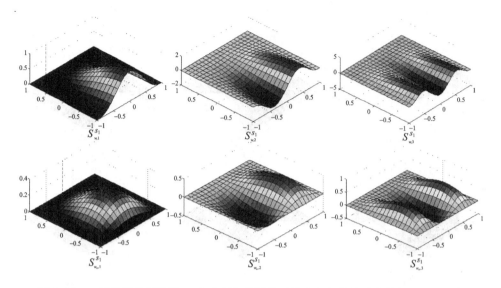

图 2.5 - 9　四边形单元边界 S_1 上分别与函数值以及法向导数值对应的前三个形函数

$$C_{mn} = \frac{1}{2^9}\sqrt{(2m+7)(2n+7)\prod_{i=4}^{7}(m+i)\prod_{j=4}^{7}(n+j)\Big/\prod_{i=0}^{3}(m+i)\prod_{j=0}^{3}(n+i)}$$

其中,m 和 n 为形函数的指标,H_ξ 和 H_η 为两个方向上的基函数个数,系数 C_{mn} 可以通过以下的正交性条件确定

$$\int_{-1}^{1}\int_{-1}^{1}S_{pq}^{F}S_{mn}^{F}\,\mathrm{d}\xi\mathrm{d}\eta = \delta_{pm}\delta_{qn}$$

其中,δ_{pm} 和 δ_{qn} 为克罗内克符号。图 2.5 - 10 所示为前三个面函数的图形,可以看到这些面函数在单元边界上不仅函数值为 0,而且导数值也为 0。

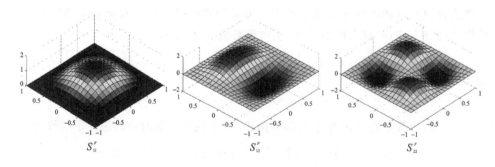

图 2.5 - 10　四边形单元的前三个面函数

2.5.2.3　三角形单元升阶谱形函数

与四边形单元形函数的推导类似,三角形单元(见图 2.5 - 11)的形函数也可以通过混合函数插值的方式构造。需要注意的是,在三角形单元角点 V_2 和 V_3 处形函数的推导要格外小心,因为这两个顶点处不再是直角。下面将推导角点 V_3 处与自由度 $w_\eta^{V_3}$

对应的形函数,读者可以自行构造其他自由度对应的形函数。同样,令该自由度为 1、其余自由度为 0,式(2.5 - 16)中边界 S_1 和边界 S_3 上的边界函数可以确定为

$$f_3(\eta) = \widetilde{H}_2^{(1)}(\eta), \quad g_3(\eta) = f_1(\eta) = g_1(\eta) = 0 \qquad (2.5 - 20)$$

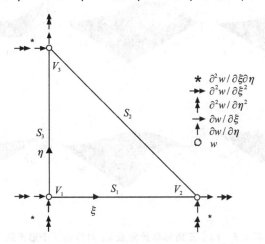

图 2.5 - 11   三角形单元角点自由度配置

其中,$\widetilde{H}_2^{(1)}$ 为区间[0,1]上的 5 次埃尔米特插值函数(与一阶导数相关)。为确定边界 S_2 上的边界函数,根据 f_2 和 g_2 的定义,可以得到如下关系

$$f_2(1) = w^{V_3}, \quad f_2'(1) = w_\eta^{V_3} - w_\xi^{V_3}, \quad f_2''(1) = w_{\xi\xi}^{V_3} - 2w_{\xi\eta}^{V_3} + w_{\eta\eta}^{V_3}$$

$$g_2(1) = w_\xi^{V_3}, \quad g_2'(1) = w_{\xi\eta}^{V_3} - w_{\xi\xi}^{V_3} \qquad (2.5 - 21)$$

注意到已经令 $w_\eta^{V_3} = 1$ 且其余角点自由度为 0,那么式(2.5 - 21)变为

$$f_2(1) = 0, \quad f_2'(1) = 1, \quad f_2''(1) = 0, \quad g_2(1) = 0, \quad g_2'(1) = 0$$

而在另一端显然有 $f_2(0) = f_2'(0) = f_2''(0) = g_2(0) = g_2'(0) = 0$。因此,通过 5 次埃尔米特插值和 3 次埃尔米特插值可以得到边界 S_2 的边界函数

$$f_2(\eta) = \widetilde{H}_2^{(1)}(\eta), \quad g_2(\eta) = 0 \qquad (2.5 - 22)$$

将式(2.5 - 20)和式(2.5 - 22)代入插值公式(2.5 - 18)中即可得到 $w_\eta^{V_3}$ 对应的形函数,即

$$S_{w_\eta}^{V_3} = H_2^{(1)}(\eta) [\phi_2(\xi, \eta) + \phi_3(\xi, \eta)]$$

化简得

$$S_{w_\eta}^{V_3} = -\eta^3 (3\eta^2 - 7\eta + 4)$$

同理,可以得到其他角点形函数。图 2.5 - 12 所示为角点 V_3 对应的 6 个形函数。

用类似的方式可以得到三角形单元边界对应的形函数,但要比顶点形函数的构造简单一些。如在边界 S_1 上,令

$$f_1 = \xi^3 (1 - \xi)^3 P_i(\xi), \quad i = 0, 1, 2, \cdots$$

其中,$P_i(\xi)$ 为 i 次多项式,同时令其余边界函数为 0,那么可以得到边界 S_1 上关于函

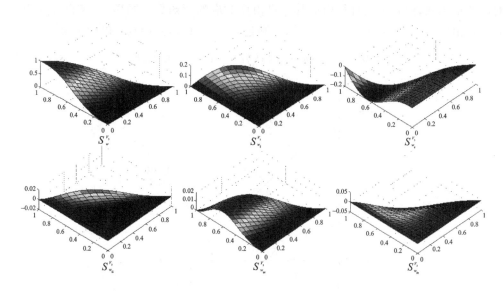

图 2.5 - 12   三角形单元角点 V_3 对应的 6 个形函数

数值的边函数

$$S_{w,i}^{S_1}(\xi) = \xi^3(1-\xi)^3 P_i(\xi)\psi_2(\xi,\eta), i=0,1,2\cdots$$

理论上 P_i 可以为从 $i=0$ 到任意给定阶次的完备多项式,然而考虑到正交性要求

$$\int_A S_{w,i}^{S_1} S_{w,j}^{S_1} \mathrm{d}A = C\delta_{ij}$$

可以将 P_i 取为如下雅可比多项式

$$P_i(\xi) = J_i^{(7,6)}(2\xi-1)$$

边界 S_1 上与函数值相关的边函数可以表示为

$$S_{w,i}^{S_1}(\xi) = \xi^3(\xi+\eta-1)^2(2\eta+1-\xi)J_i^{(7,6)}(2\xi-1), i=0,1,2,\cdots$$

类似地,可以得到与法向导数值相关的边函数

$$S_{w_\eta,i}^{S_1}(\xi) = \xi^2\eta(\xi+\eta-1)^2 J_i^{(7,4)}(2\xi-1), \quad i=0,1,2,\cdots$$

利用以上方式可得到其他边的边函数。图 2.5 - 13 所示为三角形单元边界 S_1 上分别与函数值以及法向导数值对应的前三个形函数。

三角形单元的面函数的推导需要构造三角形上的正交多项式,这需要用到三角形上的缩聚坐标系,即需要引入如下坐标变换

$$u = \frac{2\xi}{1-\eta} - 1, \quad v = 2\eta - 1$$

这样可以将三角形区域 A 转换到单位正方形区域 D(见图 2.5 - 14)。根据雅可比正交多项式的正交性条件,可以设面函数的一般形式为

$$S_{mn}^F(\xi,\eta) = C_{mn}(1-u)^{\alpha/2}(1+u)^{\beta/2}(1-v)^{(\gamma-1)/2}(1+v)^{\lambda/2}J_m^{(\alpha,\beta)}(u)J_n^{(\gamma,\lambda)}(v)$$

$$(2.5-23)$$

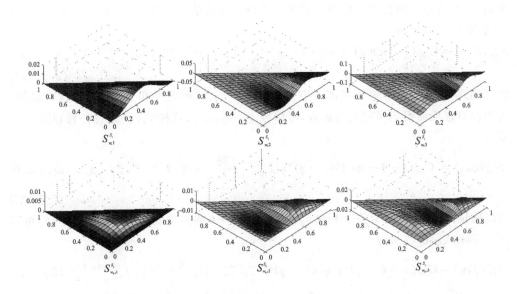

图 2.5 - 13 三角形单元边界 S_1 上分别与函数值以及法向导数值对应的前三个形函数

其中，C_{mn} 是任意常数，α、β、γ 和 λ 为待定系数。可以证明式(2.5－23)满足如下正交性

$$\int_A S_{mn}^F S_{pq}^F \mathrm{d}\xi\mathrm{d}\eta = \iint_D \frac{1-v}{8} S_{mn}^F S_{pq}^F \mathrm{d}u\mathrm{d}v = C\langle J_m^{(\alpha,\beta)}(u),J_p^{(\alpha,\beta)}(u)\rangle_{w_{\alpha,\beta}} \langle J_n^{(\gamma,\lambda)}(v),J_q^{(\gamma,\lambda)}(v)\rangle_{w_{\gamma,\lambda}}$$

其中

$$\langle J_m^{(\alpha,\beta)}(x),J_n^{(\alpha,\beta)}(x)\rangle_{w_{\alpha,\beta}} = \int_{-1}^1 w_{\alpha,\beta}J_m^{(\alpha,\beta)}(x)J_n^{(\alpha,\beta)}(x)\mathrm{d}x = \gamma_n^{\alpha,\beta}\delta_{mn}$$

$$w_{\alpha,\beta} = (1-x)^\alpha(1+x)^\beta, \quad \alpha,\beta > -1, \quad x\in(-1,1)$$

$$\gamma_n^{\alpha,\beta} = \frac{2^{\alpha+\beta+1}\Gamma(n+\alpha+1)\Gamma(n+\beta+1)}{(2n+\alpha+\beta+1)\Gamma(n+1)\Gamma(n+\alpha+\beta+1)}$$

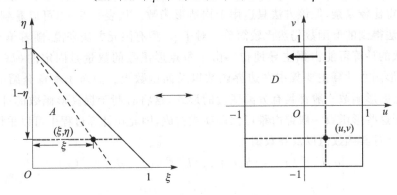

图 2.5 - 14 坐标变换

由于 $\mathbf{C}^1$ 面函数要求在三角形区域的边界满足函数值以及导数值均为 0，根据链式

法则,在四边形区域边界上也需要满足函数值与导数值为0,因此可取 $\alpha=\beta=\lambda=4$,进而式(2.5-23)变为

$$S_{mn}^F(\xi,\eta)=C_{mn}(1-u)^2(1+u)^2(1-v)^{(\gamma-1)/2}(1+v)^2 J_m^{(4,4)}(u)J_n^{(\gamma,4)}(v),\quad m,n\geqslant 0$$

$$(2.5-24)$$

注意到式(2.5-24)中包含了部分有理项 $1/(1-\eta)^k$,因此在角点 V_3 处存在奇异性。为消掉有理项而得到多项式基函数,可以令 $\gamma=2m+9$,这样式(2.5-24)可以进一步变为

$$S_{mn}^F(\xi,\eta)=C_{mn}(1-\xi-\eta)^2\xi^2(1-\eta)^m\eta^2 J_m^{(4,4)}\left(\frac{2\xi}{1-\eta}-1\right)J_n^{(2m+9,4)}(2\eta-1),\quad m,n\geqslant 0$$

$$(2.5-25)$$

可以验证式(2.5-25)为关于 ξ 和 η 的 $p=m+n+6$ 阶多项式。因此式(2.5-25)可以按照多项式阶次改写为

$$S_{pn}^F(\xi,\eta)=C_{pn}(1-\xi-\eta)^2\xi^2\eta^2(1-\eta)^{p-n-6} J_{p-n-6}^{(4,4)}\left(\frac{2\xi}{1-\eta}-1\right)J_n^{(2p-2n-3,4)}(2\eta-1)$$

$$(2.5-26)$$

其中,$p\geqslant 6,n=0,1,\cdots,p-6$。由正交性条件可得系数 C_{pn} 为

$$C_{pn}=\sqrt{(2p-2n-3)(2p+2)\prod_{i=1}^4(p-n-2+i)(2p-n-3+i)\Big/\prod_{i=1}^4(p-n-6+i)(n+i)}$$

由式(2.5-26)可得前三个面函数为

$$\begin{cases} S_{60}^F=C_{60}\xi^2\eta^2(1-\xi-\eta)^2 \\ S_{70}^F=C_{70}5\xi^2\eta^2(1-\xi-\eta)^2(2\xi+\eta-1) \\ S_{71}^F=C_{71}5\xi^2\eta^2(1-\xi-\eta)^2(3\eta-1) \end{cases}$$

三角形单元前三个面函数如图2.5-15所示,可以看到它们在边界上满足函数值以及一阶导数值为0。为方便参考,表2.5-1列出了四边形单元和三角形单元的所有形函数,这些形函数均可以通过混合函数插值得到。需要注意的是,虽然混合函数插值公式形式上显得比较复杂,但该方法只适用于构造形函数。从表2.5-1可以看到,运用混合函数方法得到的形函数仍然比较简单。对于 p-型有限元方法来说,随着单元阶次升高,形函数的计算可能占据主导地位。由于角点形函数的数量是固定的(每个角点6个),因此形函数计算主要集中在边界函数以及面函数上。而对于本章介绍的单元来说,边界上的形函数一般都具有分离变量的形式,这将有利于提高形函数的计算效率。此外,由于这些形函数一般都由雅可比多项式构成,因此在计算过程中可以采用以下迭代公式来计算其函数值以及导数值

$$\begin{cases} a_n J_n^{(\alpha,\beta)}(x)=(b_n x+c_n)J_{n-1}^{(\alpha,\beta)}(x)-d_n J_{n-2}^{(\alpha,\beta)}(x) \\ \dfrac{\mathrm{d}}{\mathrm{d}x}J_n^{(\alpha,\beta)}(x)=\dfrac{n+\alpha+\beta+1}{2}J_{n-1}^{(\alpha+1,\beta+1)}(x) \\ J_{-1}^{(\alpha,\beta)}(x)=0 \end{cases}$$

$$(2.5-27)$$

其中

$$\begin{cases} a_n = 2n(\alpha+\beta+n)(\alpha+\beta+2n-2) \\ b_n = (\alpha+\beta+2n-2)(\alpha+\beta+2n-1)(\alpha+\beta+2n) \\ c_n = (\alpha+\beta+2n-1)(\alpha^2-\beta^2) \\ d_n = 2(\alpha+n-1)(\beta+n-1)(\alpha+\beta+2n) \end{cases}$$

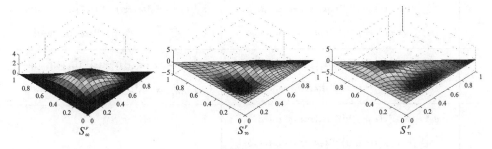

图 2.5 - 15 三角形单元前三个面函数

虽然式(2.5 - 26)实质上没有有理项,但在形式上有,因此需要恰当处理以避免计算雅可比多项式中的分母项。通过适当的变化可得到类似式(2.5 - 27)的递推式,从而可以从根本上消除有理式的计算。

表 2.5 - 1 形函数总结

位　置	四边形单元形函数	三角形单元形函数
角点 1	$S_w^{V_1} = h_2(\xi)H_1(\eta) + H_1(\xi)h_2(\eta) - h_2(\xi)h_2(\eta);$ $S_{w_\xi}^{V_1} = H_1^{(1)}(\xi)h_2(\eta); S_{w_\eta}^{V_1} = h_2(\xi)H_1^{(1)}(\eta);$ $S_{w_{\xi\xi}}^{V_1} = H_1^{(2)}(\xi)h_2(\eta); S_{w_{\eta\eta}}^{V_1} = h_2(\xi)H_1^{(2)}(\eta); S_{w_{\xi\eta}}^{V_1} = h_1(\xi)h_1(\eta)$	$S_w^{V_1} = 6\zeta^5 - 5\zeta^2(3\zeta^2 - 2\zeta - 6\xi\eta + 6\xi\eta\zeta), \zeta = 1 - \xi - \eta;$ $S_{w_\xi}^{V_1} = \xi(3\xi+1)\zeta^2(3\eta+\zeta); S_{w_\eta}^{V_1} = \eta(3\eta+1)\zeta^2(3\xi+\zeta);$ $S_{w_{\xi\xi}}^{V_1} = \xi^2\zeta^2(3\eta+\zeta)/2; S_{w_{\eta\eta}}^{V_1} = \eta^2\zeta^2(3\xi+\zeta)/2; S_{w_{\xi\eta}}^{V_1} = \xi\eta\zeta^2$
角点 2	$S_w^{V_2} = h_3(\xi)H_1(\eta) + H_2(\xi)h_2(\eta) - h_3(\xi)h_2(\eta);$ $S_{w_\xi}^{V_2} = H_2^{(1)}(\xi)h_2(\eta); S_{w_\eta}^{V_2} = h_3(\xi)H_1^{(1)}(\eta);$ $S_{w_{\xi\xi}}^{V_2} = H_2^{(2)}(\xi)h_2(\eta); S_{w_{\eta\eta}}^{V_2} = h_3(\xi)H_1^{(2)}(\eta); S_{w_{\xi\eta}}^{V_2} = h_4(\xi)h_1(\eta)$	$S_w^{V_2} = \xi^3(6\xi^2 - 15\xi+10); S_{w_\xi}^{V_2} = -\xi^3(3\xi^2 - 7\xi+4);$ $S_{w_\eta}^{V_2} = \xi^2\eta(9\xi\eta - 9\eta - 2\xi + 6\eta^2 + 3); S_{w_{\xi\xi}}^{V_2} = \xi^3(\xi-1)^2/2;$ $S_{w_{\eta\eta}}^{V_2} = \xi^2\eta^2(3\xi+2\eta-2)/2; S_{w_{\xi\eta}}^{V_2} = -\xi^2\eta(3\xi\eta - 3\eta - \xi + 2\eta^2 + 1)$
角点 3	$S_w^{V_3} = h_3(\xi)H_2(\eta) + H_2(\xi)h_3(\eta) - h_3(\xi)h_3(\eta);$ $S_{w_\xi}^{V_3} = H_2^{(1)}(\xi)h_3(\eta); S_{w_\eta}^{V_3} = h_3(\xi)H_2^{(1)}(\eta);$ $S_{w_{\xi\xi}}^{V_3} = H_2^{(2)}(\xi)h_3(\eta); S_{w_{\eta\eta}}^{V_3} = h_3(\xi)H_2^{(2)}(\eta); S_{w_{\xi\eta}}^{V_3} = h_4(\xi)h_4(\eta)$	$S_w^{V_3} = \eta^3(6\eta^2 - 15\eta+10); S_{w_\xi}^{V_3} = \eta^2\xi(9\xi\eta - 9\xi - 2\eta + 6\xi^2 + 3);$ $S_{w_\eta}^{V_3} = -\eta^3(3\eta^2 - 7\eta+4); S_{w_{\xi\xi}}^{V_3} = \eta^2\xi^2(3\eta+2\xi-2)/2;$ $S_{w_{\eta\eta}}^{V_3} = \eta^3(1-\eta)^2/2; S_{w_{\xi\eta}}^{V_3} = -\eta^2\xi(3\xi\eta - 3\xi - \eta + 2\xi^2 + 1)$
角点 4	$S_w^{V_4} = h_2(\xi)H_2(\eta) + H_1(\xi)h_3(\eta) - h_2(\xi)h_3(\eta);$ $S_{w_\xi}^{V_4} = H_1^{(1)}(\xi)h_3(\eta); S_{w_\eta}^{V_4} = h_2(\xi)H_2^{(1)}(\eta);$ $S_{w_{\xi\xi}}^{V_4} = H_1^{(2)}(\xi)h_3(\eta); S_{w_{\eta\eta}}^{V_4} = h_2(\xi)H_2^{(2)}(\eta); S_{w_{\xi\eta}}^{V_4} = h_1(\xi)h_4(\eta)$	

位　置	四边形单元形函数	三角形单元形函数
边1	$S_{w,i}^{S_1}=(1+\xi)^3(1-\xi)^3 J_i^{(4,4)}(\xi)h_2(\eta),\ i=0,1,\cdots,M-1;$ $S_{w_n,i}^{S_1}=(1+\xi)^2(1-\xi)^2 J_i^{(4,4)}(\xi)h_1(\eta),\ i=0,1,\cdots,M$	$S_{w,i}^{S_1}(\xi)=\xi^3\zeta^2(3\eta+\zeta)J_i^{(7,6)}(2\xi-1),\ i=0,1,\cdots,M-1$ $S_{w_\eta,i}^{S_1}(\xi)=\xi^2\eta\zeta^2 J_i^{(7,4)}(2\xi-1),\ i=0,1,\cdots,M$
边2	$S_{w,i}^{S_2}=(1-\eta)^3(1+\eta)^3 J_i^{(4,4)}(\eta)h_3(\xi),\ i=0,1,\cdots,N-1;$ $S_{w_n,i}^{S_2}=(1-\eta)^2(1+\eta)^2 J_i^{(4,4)}(\eta)h_4(\xi),\ i=0,1,\cdots,N$	$S_{w,i}^{S_2}(\eta)=-\xi^2\eta^3(\xi+3\zeta)J_i^{(7,6)}(2\eta-1),\ i=0,1,\cdots,N-1;$ $S_{w_\xi,i}^{S_2}(\eta)=-\xi^2\eta^2\zeta J_i^{(7,4)}(2\eta-1),\ i=0\sim N$
边3	$S_{w,i}^{S_3}=(1-\xi)^3(1+\xi)^3 J_i^{(4,4)}(\xi)h_3(\eta),\ i=0,1,\cdots,P-1;$ $S_{w_n,i}^{S_3}=(1-\xi)^2(1+\xi)^2 J_i^{(4,4)}(\xi)h_4(\eta),\ i=0,1,\cdots,P$	$S_{w,i}^{S_3}(\eta)=\eta^3\zeta^2(3\xi+\zeta)J_i^{(7,6)}(2\eta-1),\ i=0,1,\cdots,P-1;$ $S_{w_\xi,i}^{S_3}(\eta)=\xi\eta^2\zeta^2 J_i^{(7,4)}(2\eta-1),\ i=0,1,\cdots,P$
边4	$S_{w,i}^{S_4}=(1-\eta)^3(1+\eta)^3 J_i^{(4,4)}(\eta)h_2(\xi),\ i=0,1,\cdots,Q-1;$ $S_{w_n,i}^{S_4}=(1-\eta)^2(1+\eta)^2 J_i^{(4,4)}(\eta)h_1(\xi),\ i=0,1,\cdots,Q$	
面	$S_{mn}^{F}=C_{mn}(1-\xi^2)^2(1-\eta^2)^2 J_{m-1}^{(4,4)}(\xi)J_{n-1}^{(4,4)}(\eta);$ $m=1,2,\cdots,H_\xi,\quad n=1,2,\cdots,H_\eta$	$S_{pn}^{F}(\xi,\eta)=C_{pn}\xi^2\eta^2(1-\eta)^{p-6}J_{p-n-6}^{(4,4)}\left(\dfrac{2\xi}{1-\eta}-1\right);$ $J_n^{(2p-2n-3,4)}(2\eta-1),\ p\geqslant 6,\ n=0,1,\cdots,p-6$

2.5.2.4 自由度转化与节点配置

通常来说,使用正交多项式作为单元的形函数可以得到数值性质良好的单元矩阵,然而对于 C^1 单元来说,这将给单元组装以及边界条件施加带来困难,尤其是当单元畸形或存在曲边时,正交多项式很难满足 C^1 协调性条件。因此将 2.5.2.2 节和 2.5.2.3 节导出的形函数通过自由度转换的方式转换为配点型形函数,下面以四边形单元为例进行说明。根据上文,单元的位移场可以用升阶谱形函数表示为

$$w(\xi,\eta)=\mathbf{N}^{\mathrm{T}}\mathbf{a} \tag{2.5-28}$$

其中,$\mathbf{N}$ 是形函数列向量,$\mathbf{a}$ 是广义节点位移。它们定义如下:

$$\begin{cases}\mathbf{N}^{\mathrm{T}}=(S_w^{V_1},\cdots,S_{w_{\xi\eta}}^{V_1},\cdots,S_w^{V_4},\cdots,S_{w_{\xi\eta}}^{V_4},S_{w,1}^{S_1},\cdots,S_{w,M}^{S_1},\cdots,S_{w,1}^{S_4},\cdots,S_{w,Q}^{S_4},\\[2mm]\quad\quad S_{w_n,1}^{S_1},\cdots,S_{w_n,M+\Delta}^{S_1},\cdots S_{w_n,1}^{S_4},\cdots,S_{w_n,Q+\Delta}^{S_4},S_{11}^{F},\cdots,S_{H_\xi H_\eta}^{F})\\[2mm]\mathbf{a}^{\mathrm{T}}=(w^{V_1},\cdots,w_{\xi\eta}^{V_1},\cdots,w^{V_4},\cdots,w_{\xi\eta}^{V_4},a_1,\cdots,a_{N_w},b_1,\cdots,b_{N_d},c_1,\cdots,c_{N_f})\end{cases} \tag{2.5-29}$$

其中,M、N、P 和 Q 是单元边界上对应于函数值的边界形函数个数,而对应于边界法向导数值的形函数个数相应设为 $M+\Delta$、$N+\Delta$、$P+\Delta$ 和 $Q+\Delta$。其中增量 Δ 是一个可以调节的参数,这表明转角插值与挠度插值的阶次可以不一样,同时也体现了利用混合函数插值的独立性。对于直边三角形单元以及平行四边形单元来说,增量 Δ 的取值一般为1。后文将会证明,这既保证了单元边界严格满足 C^1 连续性,同时减少了不完备多项式的个数。对于曲边单元来说,由于难以精确满足 C^1 连续性,因而将通过插值的方式近似满足,这时为得到较好的近似精度,转角插值节点的数目可以略多于挠度插值节点的数目,Δ 的取值一般为3。这样最终单元边界上的挠度形函数数目为 $N_w=M+N+P+Q$,转角形函数数目为 $N_d=M+N+P+Q+4\Delta$,而面函数的数目为

$N_f = H_\xi H_\eta$。

接下来将讨论一般曲边单元的自由度转化。图 2.5 - 16 所示为全局坐标系中的曲边单元及其参数域，曲边单元可以通过混合函数或 NURBS 映射的方式构造。式(2.5 - 29)中广义节点位移均定义在参考坐标系下，由于不同单元的参数化可能不一致，这些自由度不能直接用于组装，因此需要在物理域(或全局坐标系下)中配置单元节点自由度。如图 2.5 - 16(b)所示，单元角点自由度关于全局坐标完备到二阶偏导数，根据链式法则，它们与参考系中关于参数坐标的完全二阶偏导数有以下可逆变换关系

$$\begin{bmatrix} w \\ w_\xi \\ w_\eta \\ w''_\xi \\ w''_\eta \\ w''_{\xi\eta} \end{bmatrix} = \begin{bmatrix} 1 & 0 & 0 & 0 & 0 & 0 \\ 0 & J_{11} & J_{12} & 0 & 0 & 0 \\ 0 & J_{21} & J_{22} & 0 & 0 & 0 \\ 0 & \partial^2 x/\partial\xi^2 & \partial^2 y/\partial\xi^2 & J_{11}^2 & J_{12}^2 & 2J_{11}J_{12} \\ 0 & \partial^2 x/\partial\eta^2 & \partial^2 y/\partial\eta^2 & J_{21}^2 & J_{22}^2 & 2J_{21}J_{22} \\ 0 & \partial^2 x/\partial\xi\partial\eta & \partial^2 y/\partial\xi\partial\eta & J_{11}J_{21} & J_{12}J_{22} & J_{11}J_{22}+J_{21}J_{12} \end{bmatrix} \begin{bmatrix} w \\ w'_x \\ w'_y \\ w''_x \\ w''_y \\ w''_{xy} \end{bmatrix}$$

其中，$x(\xi,\eta)$、$y(\xi,\eta)$ 为单元几何映射函数，其雅可比矩阵为

$$\boldsymbol{J} = \begin{bmatrix} J_{11} & J_{12} \\ J_{21} & J_{22} \end{bmatrix} = \begin{bmatrix} \dfrac{\partial x}{\partial \xi} & \dfrac{\partial y}{\partial \xi} \\ \dfrac{\partial x}{\partial \eta} & \dfrac{\partial y}{\partial \eta} \end{bmatrix}$$

而单元边界内部配置的自由度则为节点挠度以及法向转角，注意到挠度与转角节点的位置不一定重合，其数目与图 2.5 - 16(a)中对应的边界形函数数目一致。利用式(2.5 - 28)可以得到如下转换关系

$$\boldsymbol{\delta} = \boldsymbol{Ta} \quad \text{或} \quad \boldsymbol{a} = \boldsymbol{T}^{-1}\boldsymbol{\delta}$$

其中，$\boldsymbol{\delta}$ 为全局坐标系下的节点自由度。由于 $\boldsymbol{a}$ 中面函数对应的自由度不影响单元的协调性，因此这些自由度将不做修改地被保留在 $\boldsymbol{\delta}$ 中。最后，位移场可以表示为以下形式

$$w(\xi,\eta) = \boldsymbol{N}^{\mathrm{T}}\boldsymbol{T}^{-1}\boldsymbol{\delta} = \tilde{\boldsymbol{N}}^{\mathrm{T}}\boldsymbol{\delta} \tag{2.5 - 30}$$

其中，$\tilde{\boldsymbol{N}}$ 可以看成全局坐标系中表示的形函数。

用类似的方式可以得到三角形单元的节点转换关系，如图 2.5 - 17 所示。对于平行四边形和直边三角形，转换矩阵 $\boldsymbol{T}$ 的逆矩阵在单元边界上是常量，因此 $\boldsymbol{C}^1$ 连续可以精确满足；其他曲边单元等一般情况下 $\boldsymbol{T}$ 的逆矩阵在单元边界上不是常量，因此 $\boldsymbol{C}^1$ 连续仅可以在节点上精确满足。

需要注意的是，节点在单元边界的分布会影响单元矩阵的数值性质。考虑到边界法向导数的插值为端点带一阶导数的插值，因此其节点将采用 2.2.3.2 节给出的高斯-雅可比-(3,3)点。而边界挠度的插值为端点带二阶导数的埃尔米特插值，未得到其对应插值节点，下面考虑定义在区间[−1,1]上的一维函数 $f(\xi)$ 的插值。该函数在插值区间端点满足 $\boldsymbol{C}^2$ 连续的埃尔米特插值为

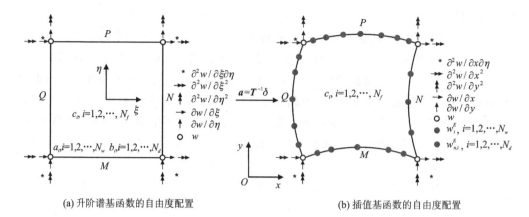

(a) 升阶谱基函数的自由度配置   (b) 插值基函数的自由度配置

图 2.5 - 16   四边形单元的自由度转换

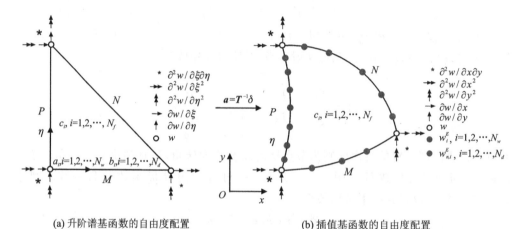

(a) 升阶谱基函数的自由度配置   (b) 插值基函数的自由度配置

图 2.5 - 17   三角形单元的自由度转换

$$f(\xi) \approx H_1^{(1)}(\xi)f'(-1) + H_1^{(2)}(\xi)f''(-1) + H_N^{(1)}(\xi)f'(1) + H_N^{(2)}(\xi)f''(1) + \sum_{j=1}^{N} H_j(\xi)f(\xi_j)$$

其中,$\xi_1 = -1, \xi_2, \cdots, \xi_{N-1}, \xi_N = 1$ 为 N 个插值节点;上标"(1)"和"(2)"分别与该基函数端点处的一阶和二阶导数相关。端点处的插值基函数为

$$\begin{cases} H_1(\xi) = (\xi-1)^2 (a_1\xi^2 + a_2\xi + a_3) L_1(\xi) \\ H_N(\xi) = (\xi+1)^2 (c_1\xi^2 + c_2\xi + c_3) L_N(\xi) \\ H_1^{(1)}(\xi) = (\xi^2-1)(b_1\xi^2 + b_2\xi + b_3) L_1(\xi) \\ H_N^{(1)}(\xi) = (\xi^2-1)(d_1\xi^2 + d_2\xi + d_3) L_N(\xi) \\ H_1^{(2)}(\xi) = \dfrac{1}{8}(\xi^2-1)^2 L_1(\xi) \\ H_N^{(2)}(\xi) = \dfrac{1}{8}(\xi^2-1)^2 L_N(\xi) \end{cases}$$

中间节点对应的插值基函数为

$$
\begin{cases}
H_j(\xi) = \dfrac{(1-\xi^2)^2}{(1-\xi_j^2)^2} L_j(\xi), \quad j = 2,3,\cdots,N-1 \\[3mm]
L_j(\xi) = \displaystyle\prod_{k=1,k\neq j}^{N} \dfrac{\xi-\xi_k}{\xi_j-\xi_k}
\end{cases}
$$

这些插值函数满足如下性质

$$
\begin{cases}
H_i(\xi_j) = \begin{cases} 1, & j=i \\ 0, & j\neq i \end{cases} \quad (i=1,2,\cdots,N) \\[4mm]
H'_i(\xi_j) = H''_i(\xi_j) = 0 \quad (i,j=1,N) \\[2mm]
H_i^{(1)}(\xi_j) = H''^{(1)}_i(\xi_j) = H_i^{(2)}(\xi_j) = H'^{(2)}_i(\xi_j) = 0 \quad (i=1,N;j=1,2,\cdots,N) \\[2mm]
H'^{(1)}_i(\xi_j) = \begin{cases} 1, & j=i \\ 0, & j\neq i \end{cases} \quad (i,j=1,N) \\[4mm]
H''^{(2)}_i(\xi_j) = \begin{cases} 1 & j=i \\ 0 & j\neq i \end{cases} \quad (i,j=1,N)
\end{cases}
$$

由此可以确定方程中的常数项为

$$
\begin{cases}
a_1 = \dfrac{3}{16} - \dfrac{1}{4}\dfrac{\mathrm{d}L_1(-1)}{\mathrm{d}\xi} + \dfrac{1}{4}\left[\dfrac{\mathrm{d}L_1(-1)}{\mathrm{d}\xi}\right]^2 - \dfrac{1}{8}\dfrac{\mathrm{d}^2 L_1(-1)}{\mathrm{d}^2\xi} \\[4mm]
a_2 = \dfrac{5}{8} - \dfrac{3}{4}\dfrac{\mathrm{d}L_1(-1)}{\mathrm{d}\xi} + \dfrac{1}{2}\left[\dfrac{\mathrm{d}L_1(-1)}{\mathrm{d}\xi}\right]^2 - \dfrac{1}{4}\dfrac{\mathrm{d}^2 L_1(-1)}{\mathrm{d}^2\xi} \\[4mm]
a_3 = \dfrac{11}{16} - \dfrac{1}{2}\dfrac{\mathrm{d}L_1(-1)}{\mathrm{d}\xi} + \dfrac{1}{4}\left[\dfrac{\mathrm{d}L_1(-1)}{\mathrm{d}\xi}\right]^2 - \dfrac{1}{8}\dfrac{\mathrm{d}^2 L_1(-1)}{\mathrm{d}^2\xi} \\[4mm]
b_1 = \dfrac{1}{4} - \dfrac{1}{4}\dfrac{\mathrm{d}L_1(-1)}{\mathrm{d}\xi} \\[4mm]
b_2 = \dfrac{1}{4} \\[4mm]
b_3 = -\dfrac{1}{2} + \dfrac{1}{4}\dfrac{\mathrm{d}L_1(-1)}{\mathrm{d}\xi} \\[4mm]
c_1 = \dfrac{3}{16} + \dfrac{1}{4}\dfrac{\mathrm{d}L_N(1)}{\mathrm{d}\xi} + \dfrac{1}{4}\left[\dfrac{\mathrm{d}L_N(1)}{\mathrm{d}\xi}\right]^2 - \dfrac{1}{8}\dfrac{\mathrm{d}^2 L_N(1)}{\mathrm{d}\xi^2} \\[4mm]
c_2 = -\dfrac{5}{8} - \dfrac{3}{4}\dfrac{\mathrm{d}L_N(1)}{\mathrm{d}\xi} - \dfrac{1}{2}\left[\dfrac{\mathrm{d}L_N(1)}{\mathrm{d}\xi}\right]^2 + \dfrac{1}{4}\dfrac{\mathrm{d}^2 L_N(1)}{\mathrm{d}\xi^2} \\[4mm]
c_3 = \dfrac{11}{16} + \dfrac{1}{2}\dfrac{\mathrm{d}L_N(1)}{\mathrm{d}\xi} + \dfrac{1}{4}\left[\dfrac{\mathrm{d}L_N(1)}{\mathrm{d}\xi}\right]^2 - \dfrac{1}{8}\dfrac{\mathrm{d}^2 L_N(1)}{\mathrm{d}\xi^2} \\[4mm]
d_1 = -\dfrac{1}{4} - \dfrac{1}{4}\dfrac{\mathrm{d}L_N(1)}{\mathrm{d}\xi} \\[4mm]
d_2 = \dfrac{1}{4} \\[4mm]
d_3 = \dfrac{1}{2} + \dfrac{1}{4}\dfrac{\mathrm{d}L_N(1)}{\mathrm{d}\xi}
\end{cases}
\tag{2.5-31}
$$

当 $N=2$ 时,如图 2.5-18 所示,共有 6 个基函数且分别对函数值及导数值具有插值性质。

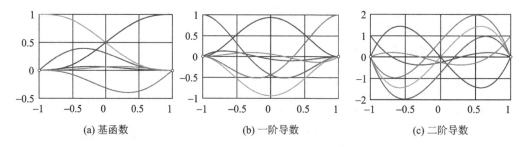

(a) 基函数   (b) 一阶导数   (c) 二阶导数

图 2.5-18 埃尔米特插值基($N=2$)

为了得到最优节点,可以采用在 $\mathbf{C}^1$ 型埃尔米特插值基中同样的做法,令中间节点的基函数在其对应节点处取最大值,那么有

$$g_j(\xi)=\frac{\partial H_j(\xi_j)}{\partial \xi}=\frac{4\xi_j}{\xi_j^2-1}+\frac{\mathrm{d}L_j(\xi_j)}{\mathrm{d}\xi}=0,\xi=[\xi_2,\cdots,\xi_{N-1}]^{\mathrm{T}},j=2,3,\cdots,N-1$$

$$(2.5-32)$$

方程组(2.5-32)为非线性方程组,其雅可比矩阵可通过

$$\frac{\partial g_i(\xi)}{\partial \xi_j}=\begin{cases}-\dfrac{4(\xi_i^2+1)}{(1-\xi_i^2)^2}-\displaystyle\sum_{k=1,k\neq i}^{N}\frac{1}{(\xi_i-\xi_k)^2} & (i=j)\\[4mm]\dfrac{1}{(\xi_i-\xi_j)^2} & (i\neq j)\end{cases}$$

计算。通过牛顿-拉弗森迭代方法,可以得到 $N-2$ 个根,可以证明它们正好是雅可比正交多项式 $J_{N-2}^{(5,5)}(\xi)$ 的 $N-2$ 个 0 点,因而被称为高斯-雅可比-(5,5)点。图 2.5-19 给出了当 $N=10$ 时对应的插值基函数的图像,可以看到中间节点对应的插值函数在节点上都取到了最大值 1。

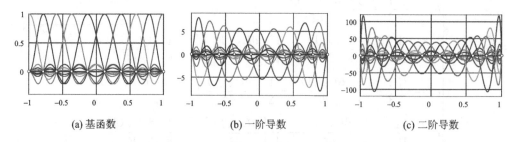

(a) 基函数   (b) 一阶导数   (c) 二阶导数

图 2.5-19 埃尔米特插值基($N=10$)

需要指出的是,上面给出的埃尔米特插值基函数是定义在区间$[-1,1]$上的,通过适当的转化,可以得到任意区间$[a,b]$上的插值基函数以及最优节点。令

$$\xi=\frac{2x-(a+b)}{b-a},\quad \xi_i=\frac{2x_i-(a+b)}{b-a},\quad x\in[a,b]$$

其中,$x_i(i=1,2,\cdots,N)$为$[a,b]$上的最优节点,它对应的插值基函数为

$$
\begin{cases}
H_1(x) = (\xi-1)^2 (a_1\xi^2 + a_2\xi + a_3) L_1(\xi) \\[2mm]
H_N(x) = (\xi+1)^2 (c_1\xi^2 + c_2\xi + c_3) L_N(\xi) \\[2mm]
H_1^{(1)}(x) = \dfrac{b-a}{2}(\xi^2-1)(b_1\xi^2 + b_2\xi + b_3) L_1(\xi) \\[2mm]
H_N^{(1)}(x) = \dfrac{b-a}{2}(\xi^2-1)(d_1\xi^2 + d_2\xi + d_3) L_N(\xi) \\[2mm]
H_1^{(2)}(x) = \dfrac{1}{8}\left(\dfrac{b-a}{2}\right)^2 (\xi^2-1)^2 L_1(\xi) \\[2mm]
H_N^{(2)}(x) = \dfrac{1}{8}\left(\dfrac{b-a}{2}\right)^2 (\xi^2-1)^2 L_N(\xi) \\[2mm]
H_i(x) = \dfrac{(1-\xi^2)^2}{(1-\xi_i^2)^2} L_i(\xi), \quad i = 2,3,\cdots,N-1
\end{cases}
\tag{2.5-33}
$$

注意 ξ 是 x 的函数。方程(2.5-33)只在原来部分基函数的基础上乘以相应的系数,其中各常数项的取值仍然由式(2.5-31)给出。对于四边形单元,挠度节点配置可以采用区间$[-1,1]$上的高斯-雅可比-(5,5)点,而对于三角形单元则采用区间$[0,1]$上的高斯-雅可比-(5,5)点。

2.5.2.5 协调性与边界条件施加

本节将以四边形单元为例分析单元的协调性,所有讨论同样适用于三角形单元以及混合情况。图 2.5-20 所示为两个组装的四边形单元,假设转角节点数目为 N,根据 2.5.2.2 节,在参考坐标系下边界上的挠度为关于参数坐标的 $N+5$ 次多项式,因此需要 $N+6$ 个节点参数来唯一确定。假设边界参数为 ξ,根据单元角点处的自由度可以确定参考系中挠度曲线在端点的二阶导数为

$$
w = w, \quad \frac{\mathrm{d}w}{\mathrm{d}\xi} = \frac{\mathrm{d}x}{\mathrm{d}\xi} w'_x + \frac{\mathrm{d}y}{\mathrm{d}\xi} w'_y, \quad \frac{\mathrm{d}^2 w}{\mathrm{d}^2\xi} = \left(\frac{\mathrm{d}x}{\mathrm{d}\xi}\right)^2 w''_{xx} + \left(\frac{\mathrm{d}y}{\mathrm{d}\xi}\right)^2 w''_{yy} + 2\frac{\mathrm{d}x}{\mathrm{d}\xi}\frac{\mathrm{d}y}{\mathrm{d}\xi} w''_{xy}
$$

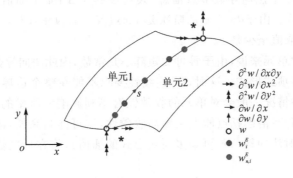

图 2.5-20 单元组装

两个端点共有 6 个参数,然后加上中间 N 个节点自由度则可得到 $N+6$ 个节点挠度信息,这样可以唯一确定边界挠度多项式。同样地,对于组装的另一个单元也用一样的处理方式,如果这两个单元在边界上具有同样的参数化,那么可以保证边界上挠度是连

续的。

对于 $\mathbf{C}^1$ 连续来说，主要难点是法向转角连续，在这里将证明转角自由度比挠度自由度低一阶，因此，为了保证 $\mathbf{C}^1$ 连续，构造形函数时转角自由度必须比挠度自由度至少多一阶。对于法向转角，在全局坐标系中有

$$\frac{\partial w}{\partial n} = n_x \frac{\partial w}{\partial x} + n_y \frac{\partial w}{\partial y} \qquad (2.5-34)$$

其中，n_x 和 n_y 是边界法向量的直角坐标分量，$\partial w/\partial x$ 与 $\partial w/\partial y$ 为关于全局坐标的偏导数，它们在组装边界上都是弧长坐标 s 的函数。根据链式法则，在组装边界上有

$$\begin{bmatrix} \dfrac{\partial w}{\partial x} \\ \dfrac{\partial w}{\partial y} \end{bmatrix} = \begin{bmatrix} J_{11}(s) & J_{12}(s) \\ J_{21}(s) & J_{22}(s) \end{bmatrix}^{-1} \begin{bmatrix} \dfrac{\partial w}{\partial \xi} \\ \dfrac{\partial w}{\partial \eta} \end{bmatrix} \qquad (2.5-35)$$

其中，$\partial w/\partial \xi$ 与 $\partial w/\partial \eta$ 是边界上关于参数坐标的偏导数。为了不失一般性，假设单元 1 的拼接边界是第一条边（见图 2.5-7），并假设边内转角节点数为 $N+\Delta$。根据 2.5.2.2 节，该参数坐标下 $\partial w/\partial \xi$ 是关于 ξ 的 $N+4$ 次多项式，而 $\partial w/\partial \eta$ 则是关于 ξ 的 $N+\Delta+3$ 次多项式。如果 ξ 与 s 是线性关系，那么对于直边三角形或平行四边形来说，由于雅可比矩阵为常数，同时 n_x 和 n_y 在边界上也是常数，因此根据式（2.5-34）和式（2.5-35）可知 $\partial w/\partial n$ 在组装边界上是 s 的 $\max\{N+4, N+\Delta+3\}$ 次多项式，而根据端点自由度可得

$$\frac{\partial w}{\partial n} = n_x w_x' + n_y w_y', \quad \frac{d}{ds}\left(\frac{\partial w}{\partial n}\right) = \left(w_{xx}'' \frac{dx}{ds} + w_{yy}'' \frac{dy}{ds}\right) n_x + \left(w_{xy}'' \frac{dx}{ds} + w_{yy}'' \frac{dy}{ds}\right) n_y$$

$$(2.5-36)$$

这样两个端点自由度共确定 4 个关于法向转角的插值条件。由于两个组装的单元在节点处具有相同的节点自由度，因此式（2.5-36）在不同单元上得到的值是一样的。此外，加上中间 $N+\Delta$ 个法向导数节点信息，共具备 $N+\Delta+4$ 个插值多项式，可以确定 $N+\Delta+3$ 次多项式。由于 $\partial w/\partial n$ 的阶次是 $\max\{N+4, N+\Delta+3\}$，因此要想满足法向导数连续，Δ 的取值至少是 1。

对于一般曲边单元来说，由于雅可比矩阵不是常数，因此法向导数在边界上一般不再是关于弧长的多项式形式。这时，$\mathbf{C}^1$ 连续性要求不能在整个边界上成立，而只能在节点处满足。这种情况一般会对单元的收敛性有不利影响。所幸的是，通过计算表明将转角节点取为高斯-洛巴托点能大大提高收敛性，这可能与高斯-洛巴托点的插值稳定性相关（尽管此时法向转角不再是多项式形式的插值），将在后文数值算例部分进一步说明。

下面讨论单元边界条件施加的问题。单元边界节点上的自由度物理意义明确，因此其边界条件易于施加。而对于角点来说，由于引入了二阶导数，因此边界条件施加需要进一步考虑。图 2.5-21 所示为几种典型的边界条件，其中 C 代表固支边界（挠度和转角均为 0），S 代表简支边界（挠度为 0）。对于图 2.5-21(a) 和图 2.5-21(b) 所示的情形来说，只须将角点自由度全取为 0 即可，即

$$\bar{w}_V = [w, w_x, w_y, w_{xx}, w_{yy}, w_{xy}]^{\mathrm{T}} = \boldsymbol{O}$$

对于图 2.5 - 21(c)所示的情形,角点 V 位于两个简支边界的交点,进一步可以得到如下约束方程

$$w\mid_V = 0, \quad \frac{\mathrm{d}w}{\mathrm{d}s_i}\bigg|_V = 0, \quad \frac{\mathrm{d}^2 w}{\mathrm{d}s_i^2}\bigg|_V = 0, \quad i = 1, 2 \qquad (2.5 - 37)$$

其中,$s_i(i=1,2)$ 为两个边界的弧长坐标。定义为以下两个切向量

$$\boldsymbol{\tau}_1 = (\tau_{1x}, \tau_{1y}), \quad \boldsymbol{\tau}_2 = (\tau_{2x}, \tau_{2y})$$

$$\tau_{1x} = \frac{\mathrm{d}x}{\mathrm{d}s_1}\bigg|_V, \quad \tau_{1y} = \frac{\mathrm{d}y}{\mathrm{d}s_1}\bigg|_V, \quad \tau_{2x} = \frac{\mathrm{d}x}{\mathrm{d}s_2}\bigg|_V, \quad \tau_{2y} = \frac{\mathrm{d}y}{\mathrm{d}s_2}\bigg|_V$$

那么式(2.5 - 37)的约束条件可以写成以下矩阵形式

$$\boldsymbol{T}_1 \bar{\boldsymbol{w}}_V = \begin{bmatrix} 1 & 0 & 0 & 0 & 0 & 0 \\ 0 & 1 & 0 & 0 & 0 & 0 \\ 0 & 0 & 1 & 0 & 0 & 0 \\ 0 & 0 & 0 & \tau_{1x}^2 & \tau_{1y}^2 & 2\tau_{1x}\tau_{1y} \\ 0 & 0 & 0 & \tau_{2x}^2 & \tau_{2y}^2 & 2\tau_{2x}\tau_{2y} \\ 0 & 0 & 0 & \alpha_1 & \alpha_2 & \alpha_3 \end{bmatrix} \begin{bmatrix} w \\ w_x \\ w_y \\ w_{xx} \\ w_{yy} \\ w_{xy} \end{bmatrix} = \begin{bmatrix} 0 \\ 0 \\ 0 \\ 0 \\ 0 \\ \lambda \end{bmatrix} = \boldsymbol{w}_V^1$$

其中,$\alpha_i(i=1,2,3)$ 可以取让 $\boldsymbol{T}_1$ 非奇异的任意值。这样角点自由度 $\bar{\boldsymbol{w}}_V$ 可以替换为 $\boldsymbol{w}_V^1$,同时图 2.5 - 21(c)所示情形的边界条件施加则可以让 $\boldsymbol{w}_V^1$ 的前 5 个自由度取 0,而 λ 则是保留的广义节点变量。

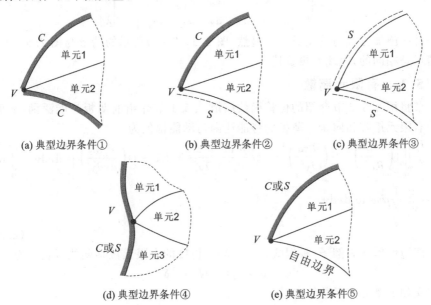

(a) 典型边界条件①　　　　(b) 典型边界条件②　　　　(c) 典型边界条件③

(d) 典型边界条件④　　　　(e) 典型边界条件⑤

图 2.5 - 21　一般曲边边界条件类型

对于图 2.5 - 21(d)所示的情形,单元的顶点位于边界上,如果边界是简支边界,那么可以得到以下约束方程

$$w\mid_V=0,\quad \frac{\mathrm{d}w}{\mathrm{d}s}\Big|_V=0,\quad \frac{\mathrm{d}^2w}{\mathrm{d}s^2}\Big|_V=0$$

它等效于以下矩阵形式

$$T_2\bar{w}_V=\begin{bmatrix}1&0&0&0&0&0\\0&\tau_x&\tau_y&0&0&0\\0&\tau_x^*&\tau_y^*&\tau_x^2&\tau_y^2&2\tau_x\tau_y\\0&\alpha_1&\alpha_2&\alpha_3&\alpha_4&\alpha_5\\0&\beta_1&\beta_2&\beta_3&\beta_4&\beta_5\\0&\gamma_1&\gamma_2&\gamma_3&\gamma_4&\gamma_5\end{bmatrix}\begin{bmatrix}w\\w_x\\w_y\\w_{xx}\\w_{yy}\\w_{xy}\end{bmatrix}=\begin{bmatrix}0\\0\\0\\\lambda_1\\\lambda_2\\\lambda_3\end{bmatrix}=w_V^2$$

其中

$$\tau_x=\frac{\mathrm{d}x}{\mathrm{d}s}\Big|_V,\tau_y=\frac{\mathrm{d}y}{\mathrm{d}s}\Big|_V,\tau_x^*=\frac{\mathrm{d}^2x}{\mathrm{d}s^2}\Big|_V,\tau_y^*=\frac{\mathrm{d}^2y}{\mathrm{d}s^2}\Big|_V$$

α_i、β_i、$\gamma_i(i=1,2,\cdots,5)$可以任意取值使得 T_2 非奇异,这时可以用 w_V^2 来替换角点自由度 $\bar{w}_V$,同时边界条件的施加可以令 w_V^2 的前 3 个值为 0,而 $\lambda_i(i=1,2,3)$ 则为保留的自由度。若边界为固支边界,则转换关系为

$$T_3\bar{w}_V=\begin{bmatrix}1&0&0&0&0&0\\0&1&0&0&0&0\\0&0&1&0&0&0\\0&0&0&\tau_x&0&\tau_y\\0&0&0&\tau_y&\tau_x&0\\0&0&0&\alpha_1&\alpha_2&\alpha_3\end{bmatrix}\begin{bmatrix}w\\w_x\\w_y\\w_{xx}\\w_{yy}\\w_{xy}\end{bmatrix}=\begin{bmatrix}0\\0\\0\\0\\0\\\lambda\end{bmatrix}=w_V^3$$

边界条件的施加方式与前文类似。显然,图 2.5-21(e)所示的情形与图 2.5-21(c)所示的情形是相同的,因此不再赘述。

2.5.2.6 有限元离散

本节将用 2.5.2 节介绍的位移函数离散 2.5.1 节介绍的薄板势能泛函,从而得到薄板的有限元矩阵和向量。薄板的势能泛函与动能幅值为

$$\begin{cases}\Pi=\dfrac{D}{2}\iint\limits_{\Omega}\left[\left(\dfrac{\partial^2w}{\partial x^2}\right)^2+\left(\dfrac{\partial^2w}{\partial y^2}\right)^2+2\upsilon\dfrac{\partial^2w}{\partial x^2}\dfrac{\partial^2w}{\partial y^2}+2(1-\upsilon)\left(\dfrac{\partial^2w}{\partial x\partial y}\right)\right]^2\mathrm{d}x\mathrm{d}y-\iint\limits_{\Omega}\mathrm{qw}\mathrm{d}x\mathrm{d}y\\[2ex]T_{\max}=\iint\limits_{\Omega}\dfrac{1}{2}\rho h\omega^2w^2\mathrm{d}x\mathrm{d}y\end{cases}$$

$$(2.5-38)$$

以四边形单元为例子,根据式(2.5-30),挠度的有限元位移函数可表示为

$$w(\xi,\eta)=N^{\mathrm{T}}T^{-1}\delta$$

定义如下微分权系数矩阵

$$D_0=\begin{bmatrix}N^{\mathrm{T}}(\xi_1,\eta_1)\\\vdots\\N^{\mathrm{T}}(\xi_{N_\xi},\eta_{N_\eta})\end{bmatrix},\quad D_{xx}=\begin{bmatrix}N_{xx}''^{\mathrm{T}}(\xi_1,\eta_1)\\\vdots\\N_{xx}''^{\mathrm{T}}(\xi_{N_\xi},\eta_{N_\eta})\end{bmatrix}$$

$$\boldsymbol{D}_{yy} = \begin{bmatrix} \boldsymbol{N}_{yy}''^{\mathrm{T}}(\xi_1, \eta_1) \\ \vdots \\ \boldsymbol{N}_{yy}''^{\mathrm{T}}(\xi_{N_\xi}, \eta_{N_\eta}) \end{bmatrix}, \quad \boldsymbol{D}_{xy} = \begin{bmatrix} \boldsymbol{N}_{xy}''^{\mathrm{T}}(\xi_1, \eta_1) \\ \vdots \\ \boldsymbol{N}_{xy}''^{\mathrm{T}}(\xi_{N_\xi}, \eta_{N_\eta}) \end{bmatrix}$$

与 2.3 节类似,其中 (ξ_i, η_j) 为高斯-洛巴托积分点,N_ξ 和 N_η 为不同方向上的积分点数目,$\boldsymbol{N}_{xx}''^{\mathrm{T}}(\xi_i, \eta_j)$ 定义为以下形式

$$\boldsymbol{N}_{xx}''^{\mathrm{T}}(\xi_i, \eta_j) = \frac{\partial^2 \boldsymbol{N}^{\mathrm{T}}}{\partial x^2}\bigg|_{(\xi_i, \eta_j)} = \left[\frac{\partial^2 S_w^{V_1}(\xi_i, \eta_j)}{\partial x^2}, \cdots, \frac{\partial^2 S_{H_\xi H_\eta}^F(\xi_i, \eta_j)}{\partial x^2} \right]$$

其余类似。在上述计算过程中一般需要以下链式求导公式

$$\begin{bmatrix} \dfrac{\partial}{\partial x} \\ \dfrac{\partial}{\partial y} \end{bmatrix} = \frac{1}{|\boldsymbol{J}|} \begin{bmatrix} J_{22} & -J_{12} \\ -J_{21} & J_{11} \end{bmatrix} \begin{bmatrix} \dfrac{\partial}{\partial \xi} \\ \dfrac{\partial}{\partial \eta} \end{bmatrix}$$

$$\begin{bmatrix} \dfrac{\partial^2}{\partial x^2} \\ \dfrac{\partial^2}{\partial y^2} \\ \dfrac{\partial^2}{\partial x \partial y} \end{bmatrix} = \frac{1}{|\boldsymbol{J}|^2} \begin{bmatrix} J_{22}^2 & J_{12}^2 & -2J_{12}J_{22} \\ J_{21}^2 & J_{11}^2 & -2J_{11}J_{21} \\ -J_{21}J_{22} & -J_{11}J_{12} & J_{11}J_{22}+J_{12}J_{21} \end{bmatrix} \begin{bmatrix} \dfrac{\partial^2}{\partial \xi^2} - \dfrac{\partial^2 x}{\partial \xi^2}\dfrac{\partial}{\partial x} - \dfrac{\partial^2 y}{\partial \xi^2}\dfrac{\partial}{\partial y} \\ \dfrac{\partial^2}{\partial \eta^2} - \dfrac{\partial^2 x}{\partial \eta^2}\dfrac{\partial}{\partial x} - \dfrac{\partial^2 y}{\partial \eta^2}\dfrac{\partial}{\partial y} \\ \dfrac{\partial^2}{\partial \eta \partial \xi} - \dfrac{\partial^2 x}{\partial \eta \partial \xi}\dfrac{\partial}{\partial x} - \dfrac{\partial^2 y}{\partial \eta \partial \xi}\dfrac{\partial}{\partial y} \end{bmatrix}$$

最终式(2.5-38)可以离散为

$$\begin{cases} \Pi = \dfrac{1}{2} \boldsymbol{\delta}^{\mathrm{T}} \boldsymbol{T}^{-\mathrm{T}} \boldsymbol{H}^{\mathrm{T}} \boldsymbol{B} \boldsymbol{H} \boldsymbol{T}^{-1} \boldsymbol{\delta} - \boldsymbol{q}^{\mathrm{T}} \boldsymbol{C} \boldsymbol{D}_0 \boldsymbol{T}^{-1} \boldsymbol{\delta} \\ T_{\max} = \dfrac{1}{2} \omega^2 \rho h \boldsymbol{\delta}^{\mathrm{T}} \boldsymbol{T}^{-\mathrm{T}} \boldsymbol{D}_0 \boldsymbol{C} \boldsymbol{D}_0 \boldsymbol{T}^{-1} \boldsymbol{\delta} \end{cases}$$

其中

$$\boldsymbol{B} = D \begin{bmatrix} \boldsymbol{C} & \upsilon\boldsymbol{C} & \boldsymbol{O} \\ \upsilon\boldsymbol{C} & \boldsymbol{C} & \boldsymbol{O} \\ \boldsymbol{O} & \boldsymbol{O} & 2(1-\upsilon)\boldsymbol{C} \end{bmatrix}, \quad \boldsymbol{H} = \begin{bmatrix} \boldsymbol{D}_{xx} \\ \boldsymbol{D}_{yy} \\ \boldsymbol{D}_{xy} \end{bmatrix}$$

$$\boldsymbol{C} = \operatorname{diag}(J_{ij}C_i^\xi C_j^\eta), \quad J_{ij} = |\boldsymbol{J}(\xi_i, \eta_j)|$$

$$\boldsymbol{q} = [q(\xi_1, \eta_1), \cdots, q(\xi_{N_\xi}, \eta_{N_\eta})]^{\mathrm{T}}$$

C_i^ξ 和 C_j^η 为高斯-洛巴托积分权系数,J_{ij} 为雅可比行列式在积分点 (ξ_i, η_j) 的取值。单元刚度矩阵、质量矩阵、载荷向量可以表示为

$$\boldsymbol{K} = \boldsymbol{T}^{-\mathrm{T}} \boldsymbol{H}^{\mathrm{T}} \boldsymbol{B} \boldsymbol{H} \boldsymbol{T}^{-1}$$

$$\boldsymbol{M} = \rho h \boldsymbol{T}^{-\mathrm{T}} \boldsymbol{D}_0 \boldsymbol{C} \boldsymbol{D}_0 \boldsymbol{T}^{-1}$$

$$\boldsymbol{F} = \boldsymbol{T}^{-\mathrm{T}} \boldsymbol{D}_0^{\mathrm{T}} \boldsymbol{C} \boldsymbol{q}$$

在得到单元刚度矩阵、质量矩阵和载荷向量后,接下来的静力学问题和动力学问题的求解方法与常规有限元方法是一样的。

2.5.3 小 结

本节介绍了薄板的基本方程和 C^1 型混合函数插值;将四边形和三角形区域上 C^1 型混合函数插值与埃尔米特插值结合构造得四边形和三角形单元上的 C^1 型升阶谱形函数;利用缩聚坐标系和雅可比正交多项式,在四边形和三角形单元内部构造得 C^1 型正交升阶谱形函数。在研究中发现,C^1 型单元转角自由度的阶次比挠度自由度的阶次低一阶,因此转角的节点需要比挠度节点至少多一个,这是实现 C^1 连续的一个关键点。由于 C^1 单元本身的复杂性,本节介绍的单元形函数的推导过程是比较复杂的,但结果十分简单,因此只从使用的角度来看是可以忽略整个推导过程的,直接用表 2.5-1 列出的形函数即可。本节介绍的单元可以很好地实现 C^1 连续,可以实现局部升阶,具有指数收敛的特点。对于单元边界上的节点分布,研究表明收敛性最好的节点是高斯-洛巴托点。

2.6 壳体的升阶谱求积元方法

壳体具有优良的力学性能,壳体结构已在各类工程领域中得到广泛应用。为研究其力学行为,相关学者提出了各种壳体理论。对于有限元计算来说,一阶剪切变形壳体理论是目前的计算模型广泛采用的。本节介绍基于该理论的微分求积叠层壳体单元的构造,这种单元不仅能有效模拟传统各向同性单层壳体结构,而且能适应复合材料叠层壳体以及加筋壳体的模拟。

2.6.1 壳体的几何表示

壳体是中面为曲面、与中面垂直方向的尺度小于中面两个方向尺度的实体结构。图 2.6-1 所示为一等厚度壳体,其几何表示为

$$X(\xi,\eta,\zeta) = S(\xi,\eta) + \zeta n(\xi,\eta), \quad \zeta \in [-h,h]$$

其中,X 代表壳体中任意质点,S 为壳体的中面,n 为单位法向量,h 为厚度。通常来说,曲壳中面的表示常常采用等参映射进行插值近似,然而这种插值近似方式会带来一定的几何误差,进而使得单元无法达到高阶精度。

为消除几何误差,同时兼顾对几何表示的通用性,下面将采用 NURBS 曲面来描述壳体的中面,即

$$S(\xi,\eta) = \sum_{i=1}^{m}\sum_{j=1}^{n} R_{ij}(\xi,\eta)P_{ij}$$

其中,P_{ij} 为控制点,R_{ij} 为 NURBS 基函数。曲面的协变标架场为

$$g_1 = \frac{\partial S}{\partial \xi}, \quad g_2 = \frac{\partial S}{\partial \eta}$$

由此可以引入以下局部直角坐标系

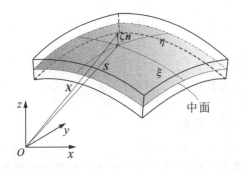 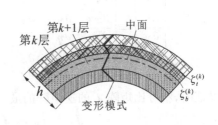

图 2.6 - 1   壳体的几何表示

$$i_1 = \frac{\boldsymbol{g}_1}{|\boldsymbol{g}_1|}, \quad i_3 = \boldsymbol{n} = \frac{\boldsymbol{g}_1 \times \boldsymbol{g}_2}{|\boldsymbol{g}_1 \times \boldsymbol{g}_2|}, \quad i_2 = i_3 \times i_1 \qquad (2.6-1)$$

根据曲面微分几何学可以得到关于参数坐标 ξ 和 η 的微分关系

$$\begin{cases} \dfrac{\partial \boldsymbol{i}_1}{\partial \xi} = \dfrac{1}{\sqrt{g_{11}}} \left(\Gamma_{11}^2 \dfrac{\boldsymbol{g}^2}{g^{22}} + b_{11} \boldsymbol{i}_3 \right) \\[2mm] \dfrac{\partial \boldsymbol{i}_1}{\partial \eta} = \dfrac{1}{\sqrt{g_{11}}} \left(\Gamma_{12}^2 \dfrac{\boldsymbol{g}^2}{g^{22}} + b_{12} \boldsymbol{i}_3 \right) \\[2mm] \dfrac{\partial \boldsymbol{i}_2}{\partial \xi} = \dfrac{1}{\sqrt{g_{22}}} \left(\Gamma_{21}^1 \dfrac{\boldsymbol{g}^1}{g^{11}} + b_{21} \boldsymbol{i}_3 \right) \\[2mm] \dfrac{\partial \boldsymbol{i}_2}{\partial \eta} = \dfrac{1}{\sqrt{g_{22}}} \left(\Gamma_{22}^1 \dfrac{\boldsymbol{g}^1}{g^{11}} + b_{22} \boldsymbol{i}_3 \right) \\[2mm] \dfrac{\partial \boldsymbol{i}_3}{\partial \xi} = -b_{11} \boldsymbol{g}^1 - b_{12} \boldsymbol{g}^2 \\[2mm] \dfrac{\partial \boldsymbol{i}_3}{\partial \eta} = -b_{21} \boldsymbol{g}^1 - b_{22} \boldsymbol{g}^2 \end{cases}$$

其中，$g_{\alpha\beta}$ 为度量张量协变分量，$g^{\alpha\beta}$ 为度量张量逆变分量，$\boldsymbol{g}^{\alpha}$（$\alpha=1,2$）为逆变基矢量，$b_{\alpha\beta}$ 为曲率张量，$\Gamma_{\alpha\beta}^{\gamma}$ 为克氏（Christoffel）符号。其表达式为

$$[g^{\alpha\beta}] = [g_{\alpha\beta}]^{-1}, \quad g_{\alpha\beta} = \boldsymbol{g}_{\alpha} \cdot \boldsymbol{g}_{\beta}, \quad \alpha, \beta = 1, 2$$

$$\boldsymbol{g}^{\alpha} = g^{\alpha\beta} \boldsymbol{g}_{\beta}, \quad \alpha, \beta = 1, 2$$

$$b_{\alpha\beta} = \boldsymbol{i}_3 \cdot \frac{\partial \boldsymbol{g}_{\alpha}}{\partial \xi^{\beta}} = -\frac{\partial \boldsymbol{i}_3}{\partial \xi^{\beta}} \cdot \boldsymbol{g}_{\alpha}, \quad \alpha, \beta = 1, 2$$

$$\Gamma_{\alpha\beta}^{\gamma} = \frac{\partial \boldsymbol{g}_{\alpha}}{\partial \xi^{\beta}} \cdot \boldsymbol{g}^{\gamma} = \frac{\partial \boldsymbol{g}_{\beta}}{\partial \xi^{\alpha}} \cdot \boldsymbol{g}^{\gamma} = \Gamma_{\beta\alpha}^{\gamma}, \quad \alpha, \beta, \gamma = 1, 2$$

其中，ξ^1 代表 ξ，ξ^2 代表 η。为得到全局坐标系下的应变表示，需要引入以下链式法则

$$\begin{bmatrix} \dfrac{\partial}{\partial x} \\[2mm] \dfrac{\partial}{\partial y} \\[2mm] \dfrac{\partial}{\partial z} \end{bmatrix} = \begin{bmatrix} \dfrac{\partial x}{\partial \xi} & \dfrac{\partial y}{\partial \xi} & \dfrac{\partial z}{\partial \xi} \\[2mm] \dfrac{\partial x}{\partial \eta} & \dfrac{\partial y}{\partial \eta} & \dfrac{\partial z}{\partial \eta} \\[2mm] \dfrac{\partial x}{\partial \zeta} & \dfrac{\partial y}{\partial \zeta} & \dfrac{\partial z}{\partial \zeta} \end{bmatrix}^{-1} \begin{bmatrix} \dfrac{\partial}{\partial \xi} \\[2mm] \dfrac{\partial}{\partial \eta} \\[2mm] \dfrac{\partial}{\partial \zeta} \end{bmatrix}, \quad \boldsymbol{J} = \begin{bmatrix} \dfrac{\partial x}{\partial \xi} & \dfrac{\partial y}{\partial \xi} & \dfrac{\partial z}{\partial \xi} \\[2mm] \dfrac{\partial x}{\partial \eta} & \dfrac{\partial y}{\partial \eta} & \dfrac{\partial z}{\partial \eta} \\[2mm] \dfrac{\partial x}{\partial \zeta} & \dfrac{\partial y}{\partial \zeta} & \dfrac{\partial z}{\partial \zeta} \end{bmatrix} \tag{2.6-2}$$

可以证明，雅可比矩阵 $\boldsymbol{J}$ 的逆矩阵的最后一列元素为

$$J_{13}^{-1} = i_{3x}, \quad J_{23}^{-1} = i_{3y}, \quad J_{33}^{-1} = i_{3z} \tag{2.6-3}$$

其中，i_{3x} 代表法矢量 i_3 的 x 轴分量，其余类似。式(2.6-3)有助于提高求逆矩阵的效率，此外还可以看到这些分量与厚度坐标 ζ 无关。

2.6.2 叠层壳体的分层理论

本节介绍基于一阶剪切变形理论的分层壳体理论，其基本假设为：①在每一层中，壳体的法向应变为 0，即法向纤维不可伸缩；②法向应力非常小，因此对应变不产生影响。此外，由于本章不考虑材料的破坏，因此假设变形过程中壳体的层与层之间始终牢固黏接，不产生撕裂与滑移，位移在各层交接面上是连续的。根据假设①，壳体的每一层位移可以统一用公式

$$\boldsymbol{u}^{(k)} = \boldsymbol{u}_R^{(k)} + \boldsymbol{\Omega}^{(k)} \times (\zeta - \zeta_R^{(k)})\boldsymbol{n}, \quad \zeta \in [\zeta_b^{(k)}, \zeta_t^{(k)}] \tag{2.6-4}$$

表示。其中，k 代表层的编号，$\boldsymbol{u}_R^{(k)}$ 为该层参考曲面的位移场，$\boldsymbol{\Omega}^{(k)}$ 为转角向量场，$\boldsymbol{n}$ 为单位法矢量，$\zeta_R^{(k)}$ 为参考曲面的厚度坐标，$\zeta_b^{(k)}$、$\zeta_t^{(k)}$ 分别为该层的底面和顶面的厚度坐标，每一层的厚度可表示为 $h_k = \zeta_t^{(k)} - \zeta_b^{(k)}$。注意：式(2.6-4)中 $\boldsymbol{u}_R^{(k)}$、$\boldsymbol{\Omega}^{(k)}$ 和 $\boldsymbol{n}$ 都是曲面参数 ξ 和 η 的函数。

需要指出的是，对于一个具体的 n 层壳体而言，只有一个参考曲面的位移场是独立的，该参考曲面称为初始参考曲面(original reference surface, ORS)。其他层的参考曲面的选择与定义将由层间位移的连续性来确定。例如，假设将第 k 层壳体坐标为 $\zeta_R^{(k)}$ 的曲面定义为初始参考曲面，其位移场便可以由式(2.6-4)确定。根据连续性要求，对于初始参考曲面所在层以下的壳层，如第 $k+1$ 层，其参考曲面选择为第 k 层的底面，即

$$\zeta_R^{(k+1)} = \zeta_b^{(k)}, \quad \boldsymbol{u}_R^{(k+1)} = \boldsymbol{u}^{(k)}(\xi, \eta, \zeta_b^{(k)})$$

其余类似。对于初始参考曲面所在层以上的壳层，如第 $k-1$ 层，其参考曲面选择为第 k 层的顶面，即

$$\zeta_R^{(k-1)} = \zeta_t^{(k)}, \quad \boldsymbol{u}_R^{(k-1)} = \boldsymbol{u}^{(k)}(\xi, \eta, \zeta_t^{(k)})$$

通过这种方式便可实现位移在层间的连续。整个壳体的变形将呈现出"Z"字形模式（见图 2.6-1）。

有了壳体曲面的几何表示，接下来需要推导壳体的本构方程，这些都是壳体弹性力学的基础。根据三维弹性力学，无穷小应变的全局坐标分量为

$$\begin{cases} \varepsilon_{11} = \dfrac{\partial \boldsymbol{u}^{(k)}}{\partial x} \cdot \boldsymbol{e}_1 \\[2mm] \varepsilon_{22} = \dfrac{\partial \boldsymbol{u}^{(k)}}{\partial y} \cdot \boldsymbol{e}_2 \\[2mm] \varepsilon_{33} = \dfrac{\partial \boldsymbol{u}^{(k)}}{\partial z} \cdot \boldsymbol{e}_3 \\[2mm] \gamma_{12} = 2\varepsilon_{12} = \dfrac{\partial \boldsymbol{u}^{(k)}}{\partial x} \cdot \boldsymbol{e}_2 + \dfrac{\partial \boldsymbol{u}^{(k)}}{\partial y} \cdot \boldsymbol{e}_1 \\[2mm] \gamma_{23} = 2\varepsilon_{23} = \dfrac{\partial \boldsymbol{u}^{(k)}}{\partial y} \cdot \boldsymbol{e}_3 + \dfrac{\partial \boldsymbol{u}^{(k)}}{\partial z} \cdot \boldsymbol{e}_2 \\[2mm] \gamma_{31} = 2\varepsilon_{31} = \dfrac{\partial \boldsymbol{u}^{(k)}}{\partial x} \cdot \boldsymbol{e}_3 + \dfrac{\partial \boldsymbol{u}^{(k)}}{\partial z} \cdot \boldsymbol{e}_1 \end{cases} \qquad (2.6-5)$$

其中，$\boldsymbol{e}_i (i=1,2,3)$ 为单位正交基向量。为引入假设②，需要将式（2.6-5）转为用式（2.6-1）所示局部坐标系表示，根据应变张量的不变性可得

$$\boldsymbol{\varepsilon} = \widetilde{\varepsilon}_{ij} \boldsymbol{i}_i \otimes \boldsymbol{i}_j = \varepsilon_{rs}(\boldsymbol{e}_r \cdot \boldsymbol{i}_i)(\boldsymbol{e}_s \cdot \boldsymbol{i}_j) \boldsymbol{i}_i \otimes \boldsymbol{i}_j$$

进而得到应变转换关系

$$\begin{bmatrix} \widetilde{\varepsilon}_{11} \\ \widetilde{\varepsilon}_{22} \\ \widetilde{\gamma}_{12} \\ \widetilde{\gamma}_{13} \\ \widetilde{\gamma}_{23} \end{bmatrix} = \underbrace{\begin{bmatrix} i_{1x}^2 & i_{1y}^2 & i_{1z}^2 & i_{1x}i_{1y} & i_{1x}i_{1z} & i_{1y}i_{1z} \\ i_{2x}^2 & i_{2y}^2 & i_{2z}^2 & i_{2x}i_{2y} & i_{2x}i_{2z} & i_{2y}i_{2z} \\ 2i_{1x}i_{2x} & 2i_{1y}i_{2y} & 2i_{1z}i_{2z} & i_{1x}i_{2y}+i_{1y}i_{2x} & i_{1x}i_{2z}+i_{1z}i_{2x} & i_{1y}i_{2z}+i_{1z}i_{2y} \\ 2i_{1x}i_{3x} & 2i_{1y}i_{3y} & 2i_{1z}i_{3z} & i_{1x}i_{3y}+i_{1y}i_{3x} & i_{1x}i_{3z}+i_{1z}i_{3x} & i_{1y}i_{3z}+i_{1z}i_{3y} \\ 2i_{2x}i_{3x} & 2i_{2y}i_{3y} & 2i_{2z}i_{3z} & i_{2x}i_{3y}+i_{2y}i_{3x} & i_{2x}i_{3z}+i_{2z}i_{3x} & i_{2y}i_{3z}+i_{2z}i_{3y} \end{bmatrix}}_{\varrho} \begin{bmatrix} \varepsilon_{11} \\ \varepsilon_{22} \\ \varepsilon_{33} \\ \gamma_{12} \\ \gamma_{13} \\ \gamma_{23} \end{bmatrix}$$

其中，$\gamma_{12}=2\varepsilon_{12}$，$\gamma_{13}=2\varepsilon_{13}$，$\gamma_{23}=2\varepsilon_{23}$；$\widetilde{\gamma}_{12}=2\widetilde{\varepsilon}_{12}$，$\widetilde{\gamma}_{13}=2\widetilde{\varepsilon}_{13}$，$\widetilde{\gamma}_{23}=2\widetilde{\varepsilon}_{23}$，$\widetilde{\varepsilon}_{33}=0$。根据假设②，法向应力不影响应变，因此各向同性材料在局部坐标系下的应力-应变可以由三维弹性本构得到，即

$$\begin{bmatrix} \widetilde{\varepsilon}_{11} \\ \widetilde{\varepsilon}_{22} \\ \widetilde{\gamma}_{12} \\ \widetilde{\gamma}_{13} \\ \widetilde{\gamma}_{23} \end{bmatrix} = \frac{1}{E} \begin{bmatrix} 1 & -\upsilon & 0 & 0 & 0 \\ -\upsilon & 1 & 0 & 0 & 0 \\ 0 & 0 & 2(1+\upsilon) & 0 & 0 \\ 0 & 0 & 0 & 2(1+\upsilon) & 0 \\ 0 & 0 & 0 & 0 & 2(1+\upsilon) \end{bmatrix} \begin{bmatrix} \widetilde{\sigma}_{11} \\ \widetilde{\sigma}_{22} \\ \widetilde{\tau}_{12} \\ \widetilde{\tau}_{13} \\ \widetilde{\tau}_{23} \end{bmatrix} \qquad (2.6-6)$$

其中，E 为弹性模量，υ 为泊松比。对式（2.6-6）求逆并考虑到剪切修正可得

$$\widetilde{\boldsymbol{\sigma}} = \begin{bmatrix} \widetilde{\sigma}_{11} \\ \widetilde{\sigma}_{22} \\ \widetilde{\tau}_{12} \\ \widetilde{\tau}_{13} \\ \widetilde{\tau}_{23} \end{bmatrix} = \frac{E}{1-\upsilon^2} \begin{bmatrix} 1 & \upsilon & 0 & 0 & 0 \\ \upsilon & 1 & 0 & 0 & 0 \\ 0 & 0 & (1-\upsilon)/2 & 0 & 0 \\ 0 & 0 & 0 & \kappa(1-\upsilon)/2 & 0 \\ 0 & 0 & 0 & 0 & \kappa(1-\upsilon)/2 \end{bmatrix} \begin{bmatrix} \widetilde{\varepsilon}_{11} \\ \widetilde{\varepsilon}_{22} \\ \widetilde{\gamma}_{12} \\ \widetilde{\gamma}_{13} \\ \widetilde{\gamma}_{23} \end{bmatrix} = \widetilde{\boldsymbol{D}}\widetilde{\boldsymbol{\varepsilon}}$$

其中，κ 为面外剪切修正系数。对于正交各向异性材料，其本构关系一般在材料主轴坐

标系下定义,即

$$\hat{\boldsymbol{\sigma}} = \begin{bmatrix} \hat{\sigma}_{11} \\ \hat{\sigma}_{22} \\ \hat{\tau}_{12} \\ \hat{\tau}_{23} \\ \hat{\tau}_{31} \end{bmatrix} = \begin{bmatrix} D_{11} & D_{12} & 0 & 0 & 0 \\ D_{21} & D_{22} & 0 & 0 & 0 \\ 0 & 0 & G_{12} & 0 & 0 \\ 0 & 0 & 0 & G_{23} & 0 \\ 0 & 0 & 0 & 0 & G_{31} \end{bmatrix} \begin{bmatrix} \hat{\varepsilon}_{11} \\ \hat{\varepsilon}_{22} \\ \hat{\gamma}_{12} \\ \hat{\gamma}_{23} \\ \hat{\gamma}_{31} \end{bmatrix} = \hat{\boldsymbol{D}} \hat{\boldsymbol{\varepsilon}}$$

其中,符号"∧"代表材料坐标系中的物理量,下标1和2分别代表纤维方向以及垂直于纤维方向,G_{12}、G_{23} 和 G_{31} 为剪切模量,弹性参数 $D_{\alpha\beta}(\alpha,\beta=1,2)$ 定义为

$$D_{11} = \frac{E_1}{1-\upsilon_{12}\upsilon_{21}}, \quad D_{22} = \frac{E_2}{1-\upsilon_{12}\upsilon_{21}}, \quad D_{12} = \frac{E_1\upsilon_{21}}{1-\upsilon_{12}\upsilon_{21}} = \frac{E_2\upsilon_{12}}{1-\upsilon_{12}\upsilon_{21}} = D_{21}$$

其中,E_1 和 E_2 为纤维方向及垂直纤维方向的弹性模量,υ_{12} 和 υ_{21} 为泊松比。如图 2.6 - 2 所示,假设材料主平面 1-2 与壳体的切平面 i_1-i_2 夹角为 θ,那么正交各向异性材料在局部坐标系下的本构关系可以表示为

$$\tilde{\boldsymbol{\sigma}} = \boldsymbol{T}\hat{\boldsymbol{\sigma}}, \quad \hat{\boldsymbol{\varepsilon}} = \boldsymbol{T}^{\mathrm{T}}\tilde{\boldsymbol{\varepsilon}}, \quad \tilde{\boldsymbol{\sigma}} = \boldsymbol{T}\hat{\boldsymbol{D}}\boldsymbol{T}^{\mathrm{T}}\tilde{\boldsymbol{\varepsilon}} = \tilde{\boldsymbol{D}}\tilde{\boldsymbol{\varepsilon}}$$

其中,旋转矩阵 $\boldsymbol{T}$ 为

$$\boldsymbol{T} = \begin{bmatrix} \cos^2\theta & \sin^2\theta & -2\sin\theta\cos\theta & 0 & 0 \\ \sin^2\theta & \cos^2\theta & 2\sin\theta\cos\theta & 0 & 0 \\ \sin\theta\cos\theta & -\sin\theta\cos\theta & \cos^2\theta-\sin^2\theta & 0 & 0 \\ 0 & 0 & 0 & \cos\theta & \sin\theta \\ 0 & 0 & 0 & -\sin\theta & \cos\theta \end{bmatrix}$$

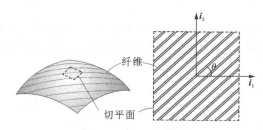

图 2.6 - 2　纤维方向与局部坐标

叠层壳体在工程中十分常见,本节的内容可以用来分析各类常见的叠层壳体结构。

2.6.3　叠层壳体单元

2.6.3.1　形函数

由于基于一阶剪切理论的壳体与 2.4 节中剪切板单元类似,因此,其形函数只需要满足 $\boldsymbol{C}^0$ 连续性要求即可。2.3 节的形函数(参数域为 $[-1,1]\times[-1,1]$)可以用来构造壳体的基函数,而由于 NURBS 的参数域为 $[0,1]\times[0,1]$,因此需要作仿射变换得到 $[0,1]\times[0,1]$(见图 2.6 - 3)上的形函数,其转化结果如表 2.6 - 1 所列。其中,M、N、

P、Q 为每条边上的节点数;L_i^M 代表第一条边上的第 i 个节点对应的拉格朗日基函数,其余类似;P_n 为勒让德正交多项式。需要注意的是,表 2.6-1 中所列的形函数在使用时只适用于相邻单元在边界上具有相同参数化的情形,即在相邻单元边界上,同一参数坐标对应于全局坐标系中单元边界上的同一个点。这样才能保证近似函数在整个求解域上的 $\mathbf{C}^0$ 连续。

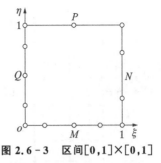

图 2.6-3　区间[0,1]×[0,1]

表 2.6-1　区间[0,1]×[0,1]上的二维升阶谱求积元形函数

顶点形函数	边形函数	面函数
$S^{V_1}=(1-\eta)L_1^M(\xi)+(1-\xi)L_1^Q(\eta)-(1-\xi)(1-\eta)$	$S_i^{E_1}=(1-\eta)L_i^M(\xi),\quad i=2,3,\cdots,M-1$	$S_{mn}^F=\phi_m(\xi)\phi_n(\eta)$, $m=1,2,\cdots,H_\xi;n=1,2,\cdots,H_\eta$
$S^{V_2}=(1-\eta)L_M^M(\xi)+\xi L_1^P(\eta)-\xi(1-\eta)$	$S_i^{E_2}=\xi L_i^N(\eta),\quad i=2,3,\cdots,N-1$	
$S^{V_3}=\xi L_N^N(\eta)+\eta L_P^P(\xi)-\xi\eta$	$S_i^{E_3}=\eta L_i^P(\xi),\quad i=2,3,\cdots,P-1$	$\phi_n(\xi)=\dfrac{[(2\xi-1)^2-1]}{n(n+1)}\dfrac{dP_n(x)}{dx}\bigg|_{x=2\xi-1}$
$S^{V_4}=(1-\xi)L_Q^Q(\eta)+\eta L_1^P(\xi)-(1-\xi)\eta$	$S_i^{E_4}=(1-\xi)L_i^Q(\eta),\quad i=2,3,\cdots,Q-1$	

　　然而,对于 NURBS 曲面来说,更的情况则是曲面由多个不同参数化的 NURBS 曲面片组合形成,如图 2.6-4(a)和图 2.6-4(b)所示,这时按照传统匹配节点的组装方式,表 2.6-1 中的形函数将无法满足协调性需要。因此,上述形函数还需做进一步修改。一种直接的方法是将边界上的拉格朗日多项式改为关于边界弧长的插值多项式,这时形函数如表 2.6-2 所列。注意表 2.6-2 中只对边界形函数进行了修改,由于面函数不影响协调性,因此保留为原来的形式。通过这种方式,形函数在参数化不一样的单元边界的匹配问题便能得到较好解决,如图 2.6-4(c)所示。

表 2.6-2　修改的形函数

顶点形函数	边形函数	面函数
$S^{V_1}=(1-\eta)\widetilde{L}_1^M(s_1)+(1-\xi)\widetilde{L}_1^Q(s_4)-(1-\xi)(1-\eta)$	$S_i^{E_1}=(1-\eta)\widetilde{L}_i^M(s_1),\quad i=2,3,\cdots,M-1$	$S_{mn}^F=\phi_m(\xi)\phi_n(\eta),\quad m=1,2,\cdots,H_\xi;n=1,2,\cdots,H_\eta$
$S^{V_2}=(1-\eta)\widetilde{L}_M^M(s_1)+\xi\widetilde{L}_1^P(s_2)-\xi(1-\eta)$	$S_i^{E_2}=\xi\widetilde{L}_i^N(s_2),\quad i=2,3,\cdots,N-1$	
$S^{V_3}=\xi\widetilde{L}_N^N(s_2)+\eta\widetilde{L}_P^P(s_3)-\xi\eta$	$S_i^{E_3}=\eta\widetilde{L}_i^P(s_3),\quad i=2,3,\cdots,P-1$	$\phi_n(\xi)=\dfrac{[(2\xi-1)^2-1]}{n(n+1)}\dfrac{dP_n(x)}{dx}\bigg|_{x=2\xi-1}$
$S^{V_4}=(1-\xi)\widetilde{L}_Q^Q(s_4)+\eta\widetilde{L}_1^P(s_3)-(1-\xi)\eta$	$S_i^{E_4}=(1-\xi)\widetilde{L}_i^Q(s_4),\quad i=2,3,\cdots,Q-1$	

注:$\widetilde{L}_i^N(s)=\displaystyle\prod_{j=1,j\neq i}^{N}\frac{s-s_j}{s_i-s_j}$,　$s_1(\xi)=\displaystyle\int_0^\xi|g_1(\xi,0)|\,d\xi$,　$s_2(\eta)=\displaystyle\int_0^\eta|g_2(1,\eta)|\,d\eta$,

$\qquad s_3(\xi)=\displaystyle\int_0^\xi|g_1(\xi,1)|\,d\xi$,　$s_4(\eta)=\displaystyle\int_0^\eta|g_2(0,\eta)|\,d\eta$.

2.6.3.2 有限元离散

　　根据 2.6.2 节,叠层壳体的位移将由初始参考曲面的位移向两侧展开,其基本变量为初始参考曲面的位移以及每一层的转角。因此,单元的节点将分配在初始参考曲面

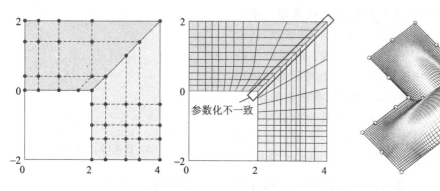

(a) 两个NURBS曲面及其控制点　　　(b) NURBS曲面的等参数线　　　(c) 修改的形函数在单元边界上连续

参数化不一致

图 2.6 - 4　不同参数化曲面片形函数的协调性

上,如图 2.6 - 5 所示。利用表 2.6 - 2 中的形函数,主参考面的位移场可以近似为

$$u_R \approx N_R \tilde{u}$$

其中

$$N_R = [S^{V_1}, \cdots, S^{V_4}, S_2^{E_1}, \cdots, S_{M-1}^{E_1}, \cdots, S_2^{E_4}, \cdots, S_{Q-1}^{E_4}, S_{11}^F, \cdots, S_{H_\xi H_\eta}^F] \bigotimes I,$$

$$I = \mathrm{diag}([1,1,1]) \quad \tilde{u} = \begin{bmatrix} u^E \\ u^F \end{bmatrix}, \quad u^E = \begin{bmatrix} u_1^E \\ \vdots \\ u_{N_d}^E \end{bmatrix}, \quad u^F = \begin{bmatrix} u_{11}^F \\ \vdots \\ u_{H_\xi H_\eta}^F \end{bmatrix},$$

$$u_i^E = \begin{bmatrix} u_i \\ v_i \\ w_i \end{bmatrix}, \quad u_{ij}^F = \begin{bmatrix} u_{ij} \\ v_{ij} \\ w_{ij} \end{bmatrix}$$

其中,u^E 代表边界上的节点位移,u^F 为内部广义节点位移,$N_d = M + N + P + Q - 4$ 为边界节点总数。类似地,任意层的转角可以近似为

$$\Omega^{(k)} \approx N^E \tilde{\omega}_E^{(k)} + N^F \tilde{\omega}_F^{(k)} \qquad (2.6-7)$$

其中,N^E 为边界形函数,N^F 为面函数,它们都是 N_R 的子矩阵。$\tilde{\omega}_E^{(k)}$ 为边界节点转角向量,可以由边界法向量和切向量表示(见图 2.6 - 5)。$\tilde{\omega}_F^{(k)}$ 为广义节点转角向量,可以由中面协变基矢量展开。其具体表达式为

$$\tilde{\omega}_E^{(k)} = \begin{bmatrix} \vdots \\ \alpha_i^{(k)} n_i + \beta_i^{(k)} \tau_i \\ \vdots \end{bmatrix}, \quad i = 1, 2, \cdots, N_d$$

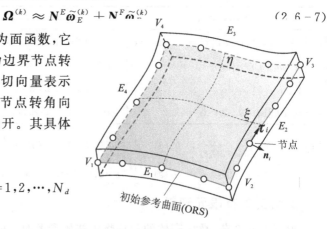

初始参考曲面(ORS)

图 2.6 - 5　节点配置

$$\widetilde{\boldsymbol{\omega}}_F^{(k)} = \begin{bmatrix} \vdots \\ \alpha_{ij}^{(k)}\boldsymbol{g}_1 + \beta_{ij}^{(k)}\boldsymbol{g}_2 \\ \vdots \end{bmatrix}, \quad i=1,2,\cdots,H_\xi, \quad j=1,2,\cdots,H_\eta$$

其中 $\boldsymbol{n}_i$、$\boldsymbol{\tau}_i$ 分别为边界单位法向和切向矢量,它们由壳体的中面定义,且各层相同。而未知变量 $\alpha_i^{(k)}$、$\alpha_{ij}^{(k)}$、$\beta_i^{(k)}$、$\beta_{ij}^{(k)}$ 则与层号相关。为便于有限元离散,可将式(2.6-7)改写为未知变量的形式

$$\boldsymbol{\Omega}^{(k)} \approx \boldsymbol{N}_\Omega \widetilde{\boldsymbol{\omega}}^{(k)}$$

其中

$$\boldsymbol{N}_\Omega = [\boldsymbol{N}_\Omega^1, \boldsymbol{N}_\Omega^2, \boldsymbol{N}_\Omega^3, \boldsymbol{N}_\Omega^4], \quad \omega^{(k)} = [\omega_1^{(k)}, \omega_2^{(k)}, \omega_3^{(k)}, \omega_4^{(k)}]^{\mathrm{T}}$$

$$\boldsymbol{N}_\Omega^1 = \boldsymbol{N}^E \begin{bmatrix} \boldsymbol{n}_1 & & \\ & \ddots & \\ & & \boldsymbol{n}_{N_d} \end{bmatrix}, \quad \boldsymbol{N}_\Omega^2 = \boldsymbol{N}^E \begin{bmatrix} \boldsymbol{\tau}_1 & & \\ & \ddots & \\ & & \boldsymbol{\tau}_{N_d} \end{bmatrix}$$

$$\boldsymbol{N}_\Omega^3 = \boldsymbol{N}^F \begin{bmatrix} \boldsymbol{g}_1 & & \\ & \ddots & \\ & & \boldsymbol{g}_1 \end{bmatrix}, \quad \boldsymbol{N}_\Omega^4 = \boldsymbol{N}^F \begin{bmatrix} \boldsymbol{g}_2 & & \\ & \ddots & \\ & & \boldsymbol{g}_2 \end{bmatrix}$$

$$\boldsymbol{\omega}_1^{(k)} = \begin{bmatrix} \vdots \\ \alpha_i^{(k)} \\ \vdots \end{bmatrix}, \boldsymbol{\omega}_2^{(k)} = \begin{bmatrix} \vdots \\ \beta_i^{(k)} \\ \vdots \end{bmatrix}, \quad \boldsymbol{\omega}_3^{(k)} = \begin{bmatrix} \vdots \\ \alpha_{ij}^{(k)} \\ \vdots \end{bmatrix}, \quad \boldsymbol{\omega}_4^{(k)} = \begin{bmatrix} \vdots \\ \beta_{ij}^{(k)} \\ \vdots \end{bmatrix}$$

下面将介绍一个三层壳体单元的格式推导案例。壳体的虚功原理可以表示为

$$\int_\Omega \boldsymbol{\sigma}^{\mathrm{T}} \cdot \delta\boldsymbol{\varepsilon}\,\mathrm{d}\Omega + \int_\Omega \rho\ddot{\boldsymbol{u}} \cdot \delta\boldsymbol{u}\,\mathrm{d}\Omega = \int_\Omega \boldsymbol{p} \cdot \delta\boldsymbol{u}\,\mathrm{d}\Omega + \int_\Gamma \boldsymbol{t} \cdot \delta\boldsymbol{u}\,\mathrm{d}\Gamma \qquad (2.6-8)$$

其中,$\boldsymbol{\sigma}$ 为应力张量,$\delta\boldsymbol{\varepsilon}$ 为虚应变,$\delta\boldsymbol{u}$ 为虚位移,$\boldsymbol{p}$ 为体力密度,$\boldsymbol{t}$ 为面力密度。假设初始参考曲面位于第二层,且厚度坐标为 $\zeta_R^{(2)}$,那么其位移场可以表示为

$$\boldsymbol{u}^{(2)} = \boldsymbol{N}_R^{(2)}\widetilde{\boldsymbol{u}} + \boldsymbol{\Omega}^{(2)} \times (\zeta - \zeta_R^{(2)})\boldsymbol{n}, \quad \zeta \in [z_b^{(2)}, z_t^{(2)}] \qquad (2.6-9)$$

由于初始参考曲面位于第二层,因此 $\boldsymbol{N}_R^{(2)} = \boldsymbol{N}_R$。定义以下反对称矩阵

$$\boldsymbol{\Lambda} = \begin{bmatrix} 0 & n_z & -n_y \\ -n_z & 0 & n_x \\ n_y & -n_x & 0 \end{bmatrix}$$

其中,n_x、n_y、n_z 为法矢量 $\boldsymbol{n}$ 的直角坐标分量。因此式(2.6-9)可以改写为未知变量的形式

$$\boldsymbol{u}^{(2)} = \widetilde{\boldsymbol{N}}^{(2)} \widetilde{\boldsymbol{d}}^{(2)} \qquad (2.6-10)$$

其中

$$\widetilde{\boldsymbol{N}}^{(2)} = [\boldsymbol{N}_R^{(2)}, (\zeta - \zeta_R^{(2)})\boldsymbol{\Lambda}\boldsymbol{N}_\Omega], \quad \zeta \in [\zeta_b^{(2)}, \zeta_t^{(2)}]; \quad \widetilde{\boldsymbol{d}}^{(2)} = \begin{bmatrix} \widetilde{\boldsymbol{u}} \\ \widetilde{\boldsymbol{\omega}}^{(2)} \end{bmatrix}$$

进而虚位移可以表示为

$$\delta\boldsymbol{u}^{(2)} = \widetilde{\boldsymbol{N}}^{(2)} \delta\widetilde{\boldsymbol{d}}^{(2)}$$

而应变及其变分则可以表示为

$$\boldsymbol{\varepsilon} = \boldsymbol{B}^{(2)} \tilde{\boldsymbol{d}}^{(2)}, \quad \delta\boldsymbol{\varepsilon} = \boldsymbol{B}^{(2)} \delta\tilde{\boldsymbol{d}}^{(2)}$$

应变矩阵定义为

$$\boldsymbol{B}^{(2)} = [\boldsymbol{B}_{11}^{\mathrm{T}}, \boldsymbol{B}_{22}^{\mathrm{T}}, \boldsymbol{B}_{33}^{\mathrm{T}}, \boldsymbol{B}_{12}^{\mathrm{T}}, \boldsymbol{B}_{23}^{\mathrm{T}}, \boldsymbol{B}_{31}^{\mathrm{T}}]$$

其中

$$\begin{cases} \boldsymbol{B}_{11} = \boldsymbol{e}_1^{\mathrm{T}} \cdot \dfrac{\partial \tilde{\boldsymbol{N}}^{(2)}}{\partial x} \\[2mm] \boldsymbol{B}_{22} = \boldsymbol{e}_2^{\mathrm{T}} \cdot \dfrac{\partial \tilde{\boldsymbol{N}}^{(2)}}{\partial y} \\[2mm] \boldsymbol{B}_{33} = \boldsymbol{e}_3^{\mathrm{T}} \cdot \dfrac{\partial \tilde{\boldsymbol{N}}^{(2)}}{\partial z} \\[2mm] \boldsymbol{B}_{12} = \boldsymbol{e}_2^{\mathrm{T}} \cdot \dfrac{\partial \tilde{\boldsymbol{N}}^{(2)}}{\partial x} + \boldsymbol{e}_1^{\mathrm{T}} \cdot \dfrac{\partial \tilde{\boldsymbol{N}}^{(2)}}{\partial y} \\[2mm] \boldsymbol{B}_{23} = \boldsymbol{e}_3^{\mathrm{T}} \cdot \dfrac{\partial \tilde{\boldsymbol{N}}^{(2)}}{\partial y} + \boldsymbol{e}_2^{\mathrm{T}} \cdot \dfrac{\partial \tilde{\boldsymbol{N}}^{(2)}}{\partial z} \\[2mm] \boldsymbol{B}_{31} = \boldsymbol{e}_1^{\mathrm{T}} \cdot \dfrac{\partial \tilde{\boldsymbol{N}}^{(2)}}{\partial z} + \boldsymbol{e}_3^{\mathrm{T}} \cdot \dfrac{\partial \tilde{\boldsymbol{N}}^{(2)}}{\partial x} \end{cases} \qquad (2.6-11)$$

式(2.6-11)计算过程中需要利用式(2.6-2)所给链式法则。式(2.6-8)所给虚位移方程可以离散为

$$\delta\tilde{\boldsymbol{d}}^{(2)\mathrm{T}} (\boldsymbol{K}^{(2)} \tilde{\boldsymbol{d}}^{(2)} + \boldsymbol{M}^{(2)} \ddot{\tilde{\boldsymbol{d}}}^{(2)}) = \delta\tilde{\boldsymbol{d}}^{(2)\mathrm{T}} \boldsymbol{F}^{(2)}$$

其中刚度矩阵、质量矩阵、载荷向量可以表示为

$$\boldsymbol{K}^{(2)} = \int_{\Omega^{(2)}} \boldsymbol{B}^{(2)T} \boldsymbol{Q}^{\mathrm{T}} \tilde{\boldsymbol{D}} \boldsymbol{Q} \boldsymbol{B}^{(2)} \, \mathrm{d}\Omega$$

$$\boldsymbol{M}^{(2)} = \int_{\Omega^{(2)}} \rho \tilde{\boldsymbol{N}}^{(2)\mathrm{T}} \tilde{\boldsymbol{N}}^{(2)} \, \mathrm{d}\Omega$$

$$\boldsymbol{F}^{(2)} = \int_{\Omega^{(2)}} \tilde{\boldsymbol{N}}^{(2)\mathrm{T}} \boldsymbol{p} \, \mathrm{d}\Omega + \int_{\Gamma^{(2)}} \tilde{\boldsymbol{N}}^{(2)\mathrm{T}} \bar{\boldsymbol{t}} \, \mathrm{d}\Gamma$$

上述积分可以采用与2.3节类似的方式进行离散。对于第一层和第三层,其参考曲面的位移可以由第二层的位移场确定

$$\boldsymbol{u}_R^{(1)} = \boldsymbol{N}_R^{(1)} \tilde{\boldsymbol{d}}^{(2)}, \quad \boldsymbol{N}_R^{(1)} = [\boldsymbol{N}_R^{(2)}, (\zeta_t^{(2)} - \zeta_R^{(2)}) \boldsymbol{\Lambda} \boldsymbol{N}_\Omega]$$

$$\boldsymbol{u}_R^{(3)} = \boldsymbol{N}_R^{(3)} \tilde{\boldsymbol{d}}^{(2)}, \quad \boldsymbol{N}_R^{(3)} = [\boldsymbol{N}_R^{(2)}, (\zeta_b^{(2)} - \zeta_R^{(2)}) \boldsymbol{\Lambda} \boldsymbol{N}_\Omega]$$

进而第一、三层壳体的位移场可表示为

$$\boldsymbol{u}^{(1)} = \boldsymbol{N}_R^{(1)} \tilde{\boldsymbol{d}}^{(2)} + (\zeta - \zeta_R^{(1)}) \boldsymbol{\Lambda} \boldsymbol{N}_\Omega \tilde{\boldsymbol{\omega}}^{(1)} = \tilde{\boldsymbol{N}}^{(1)} \tilde{\boldsymbol{d}}^{(1)}$$

$$\boldsymbol{u}^{(3)} = \boldsymbol{N}_R^{(3)} \boldsymbol{d}^{(2)} + (\zeta - \zeta_R^{(3)}) \boldsymbol{\Lambda} \boldsymbol{N}_\Omega \tilde{\boldsymbol{\omega}}^{(3)} = \tilde{\boldsymbol{N}}^{(3)} \tilde{\boldsymbol{d}}^{(3)}$$

其中

$$\begin{cases} \tilde{\boldsymbol{N}}^{(1)} = [\boldsymbol{N}_R^{(1)}, (\zeta - \zeta_R^{(1)}) \boldsymbol{\Lambda} \boldsymbol{N}_\Omega], \quad \tilde{\boldsymbol{N}}^{(3)} = [\boldsymbol{N}_R^{(3)}, (\zeta - \zeta_R^{(3)}) \boldsymbol{\Lambda} \boldsymbol{N}_\Omega] \\[2mm] \tilde{\boldsymbol{d}}^{(1)} = \begin{bmatrix} \tilde{\boldsymbol{d}}^{(2)} \\ \tilde{\boldsymbol{\omega}}^{(1)} \end{bmatrix}, \quad \tilde{\boldsymbol{d}}^{(3)} = \begin{bmatrix} \tilde{\boldsymbol{d}}^{(2)} \\ \tilde{\boldsymbol{\omega}}^{(3)} \end{bmatrix} \end{cases} \qquad (2.6-12)$$

用类似的方式可以得到其相应的单元矩阵。对于整个叠层壳体而言,总体未知变量可以表示为

$$\tilde{d} = \begin{bmatrix} \tilde{u} \\ \tilde{\omega}^{(1)} \\ \tilde{\omega}^{(2)} \\ \tilde{\omega}^{(3)} \end{bmatrix}$$

根据式(2.6-10)和式(2.6-12),每一层的未知变量可以由总体未知变量表示为

$$\tilde{d}^{(1)} = T_1\tilde{d}, \quad \tilde{d}^{(2)} = T_2\tilde{d}, \quad \tilde{d}^{(3)} = T_3\tilde{d}$$

最终叠层壳体单元的单元矩阵为

$$K = \sum_{i=1}^{3} T_i^{\mathrm{T}} K^{(i)} T_i, \quad M = \sum_{i=1}^{3} T_i^{\mathrm{T}} M^{(i)} T_i, \quad F = \sum_{i=1}^{3} T_i^{\mathrm{T}} F^{(i)}$$

有了单元刚度矩阵、质量矩阵和载荷向量,接下来的计算便与常规有限元方法一样了。

2.6.4 小 结

本节首先结合曲面理论给出了任意形状壳体结构的几何表示,接着介绍了叠层壳体的分层理论及壳体的本构关系。研究表明,升阶谱求积元方法可以用很少的自由度得到精度很高的结果,而且对剪切闭锁和薄膜闭锁不敏感。

2.7 三维问题的升阶谱求积元方法

本章 2.2~2.6 节介绍了各种简化结构的升阶谱求积元方法,然而在实际工程中并非所有的三维问题都能够简化为一维或二维问题,因此三维有限元的构造仍然十分必要。相对于简化的一维、二维单元来说,三维单元的理论模型更精确,其应用范围也更广泛。然而在实际应用中,由于增加了一个空间维度,因此三维有限元分析的计算量一般远大于一维、二维问题的计算量。为节约计算成本,在保证计算精度的前提下工程人员一般选择各类简化结构来进行数值模拟。如前所述,作为一种 p-型有限元方法,升阶谱求积元方法由于采用高阶近似方案,其收敛速度相对于传统有限元方法得到显著提高。因此,构造三维升阶谱求积单元对于减小三维分析的计算规模和提高计算精度具有重要意义。本节将重点介绍四种常用的四维单元(即六面体单元、三棱柱单元、四面体单元、金字塔单元)的构造。

2.7.1 三维弹性力学基本理论

本节简要介绍三维弹性力学的基本理论,更详细的介绍可参考弹性力学教材。图2.7-1 所示为一个三维实体结构,实体上任意一点的位移矢量可以分解为三个坐标分量,即

$$u = [u, v, w]^{\mathrm{T}}$$

其中,u、v 和 w 分别代表沿坐标轴 x、y 和 z 方向的位移分量,它们都是坐标(x,y,z)的函数,因而也被称为位移场。弹性体任意一点的应变可以通过六个应变分量 ε_x、ε_y、ε_z、γ_{xy}、γ_{xz} 和 γ_{yz} 来描述,应变的矩阵表示为

$$\varepsilon = [\varepsilon_x, \varepsilon_y, \varepsilon_z, \gamma_{yz}, \gamma_{xz}, \gamma_{xy}]^T$$

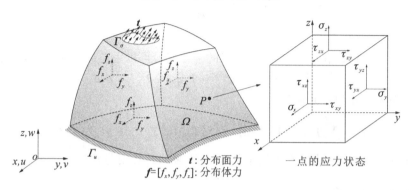

图 2.7 - 1 三维实体结构以及载荷、应力和位移

其中,ε_x、ε_y 和 ε_z 称为正应变,其数值的正负分别表示纤维沿对应方向的拉伸与压缩;γ_{xy}、γ_{xz} 和 γ_{yz} 称为剪应变,其数值为正代表对应坐标轴的夹角变小,反之为负。根据弹性力学,应变-位移关系为

$$\boldsymbol{\varepsilon} = \boldsymbol{L}\boldsymbol{u} \qquad (2.7 - 1)$$

其中

$$\boldsymbol{L} = \begin{bmatrix} \partial/\partial x & 0 & 0 \\ 0 & \partial/\partial y & 0 \\ 0 & 0 & \partial/\partial z \\ 0 & \partial/\partial z & \partial/\partial y \\ \partial/\partial z & 0 & \partial/\partial x \\ \partial/\partial y & \partial/\partial x & 0 \end{bmatrix}$$

弹性体体内任意一点的应力状态可以通过六个应力分量 σ_x、σ_y、σ_z、τ_{xy}、τ_{xz} 和 τ_{yz} 来描述。其中,σ_x、σ_y 和 σ_z 为正应力分量,τ_{xy}、τ_{xz} 和 τ_{yz} 为切应力分量。如图 2.7 - 1 所示,应力分量的符号规定为:如果某一个面的外法向与坐标轴方向一致,那么这个面上的应力分量与坐标轴方向一致时为正;反之,如果该面的外法向与坐标轴方向相反,那么该面上的应力分量与坐标轴方向相反时为正。应力分量的矩阵形式为

$$\boldsymbol{\sigma} = [\sigma_x, \sigma_y, \sigma_z, \tau_{yz}, \tau_{xz}, \tau_{xy}]^T$$

对于各向同性材料,应力与应变之间满足以下本构关系

$$\boldsymbol{\sigma} = \boldsymbol{D}(\boldsymbol{\varepsilon} - \boldsymbol{\varepsilon}^0) + \boldsymbol{\sigma}^0$$

其中,$\boldsymbol{\varepsilon}^0$ 为初应变矩阵,$\boldsymbol{\sigma}^0$ 为初应力矩阵,$\boldsymbol{D}$ 为弹性矩阵,定义为

$$\boldsymbol{D} = \frac{E(1-\upsilon)}{(1+\upsilon)(1-2\upsilon)} \begin{bmatrix} 1 & \dfrac{\upsilon}{1-\upsilon} & \dfrac{\upsilon}{1-\upsilon} & 0 & 0 & 0 \\[2mm] & 1 & \dfrac{\upsilon}{1-\upsilon} & 0 & 0 & 0 \\[2mm] & & 1 & 0 & 0 & 0 \\[2mm] & & & \dfrac{1-2\upsilon}{2(1-\upsilon)} & 0 & 0 \\[2mm] & & & & \dfrac{1-2\upsilon}{2(1-\upsilon)} & 0 \\[2mm] 对称 & & & & & \dfrac{1-2\upsilon}{2(1-\upsilon)} \end{bmatrix}$$

其中，E 为弹性模量，υ 为泊松比。对于正交各向异性材料，其弹性矩阵在材料主轴方向上可以表示为

$$\boldsymbol{D} = \begin{bmatrix} C_{11} & C_{12} & C_{13} & 0 & 0 & 0 \\ C_{21} & C_{22} & C_{23} & 0 & 0 & 0 \\ C_{31} & C_{32} & C_{33} & 0 & 0 & 0 \\ 0 & 0 & 0 & C_{44} & 0 & 0 \\ 0 & 0 & 0 & 0 & C_{55} & 0 \\ 0 & 0 & 0 & 0 & 0 & C_{66} \end{bmatrix}$$

其中

$$\begin{cases} C_{11} = \dfrac{S_{22}S_{33} - S_{23}^2}{S}, \quad C_{12} = \dfrac{S_{13}S_{23} - S_{12}S_{33}}{S}, \quad C_{13} = \dfrac{S_{12}S_{23} - S_{13}S_{22}}{S} \\[3mm] C_{22} = \dfrac{S_{33}S_{11} - S_{13}^2}{S}, \quad C_{23} = \dfrac{S_{12}S_{13} - S_{23}S_{11}}{S}, \quad C_{33} = \dfrac{S_{11}S_{22} - S_{12}^2}{S} \\[3mm] C_{44} = G_{23}, \quad C_{55} = G_{13}, \quad C_{66} = G_{12} \end{cases}$$

$$\text{(2.7-2)}$$

$$S = S_{11}S_{22}S_{33} - S_{11}S_{23}^2 - S_{22}S_{13}^2 - S_{33}S_{12}^2 + 2S_{12}S_{23}S_{13}$$

$$S_{ii} = \frac{1}{E_i}, \quad S_{ij} = -\frac{\upsilon_{ij}}{E_i}$$

这里的 E_1、E_2 和 E_3 分别为主轴方向上的弹性模量；G_{12}、G_{13} 和 G_{23} 分别为 $1-2$、$1-3$ 和 $2-3$ 平面内的剪切弹性模量；$\upsilon_{ij}(i \neq j)$ 为相应的泊松比，并满足如下约束关系

$$\frac{\upsilon_{ij}}{E_i} = \frac{\upsilon_{ji}}{E_j}$$

此外，在温度场作用下，正交各向异性弹性体的本构关系可以表示为

$$\begin{bmatrix} \sigma_{11} \\ \sigma_{22} \\ \sigma_{33} \\ \tau_{23} \\ \tau_{13} \\ \tau_{12} \end{bmatrix} = \begin{bmatrix} C_{11} & C_{12} & C_{13} & 0 & 0 & 0 \\ C_{12} & C_{22} & C_{23} & 0 & 0 & 0 \\ C_{13} & C_{23} & C_{33} & 0 & 0 & 0 \\ 0 & 0 & 0 & C_{44} & 0 & 0 \\ 0 & 0 & 0 & 0 & C_{55} & 0 \\ 0 & 0 & 0 & 0 & 0 & C_{66} \end{bmatrix} \begin{bmatrix} \varepsilon_{11} - \alpha_{11}\Delta T \\ \varepsilon_{22} - \alpha_{22}\Delta T \\ \varepsilon_{33} - \alpha_{33}\Delta T \\ \gamma_{23} \\ \gamma_{13} \\ \gamma_{12} \end{bmatrix}$$

其中,C_{ij} 的定义与式(2.7-2)相同,ΔT 为温升,α_{11}、α_{22} 和 α_{33} 为材料主轴方向的线性热膨胀系数。对于壳体结构来说,材料主轴的 1—2 平面通常与局部笛卡尔坐标的 $x-y$ 平面存在一定夹角 θ,3 轴与 z 轴重合,因此本构关系在 $x-y-z$ 坐标系下可以表示为

$$\begin{bmatrix} \sigma_{xx} \\ \sigma_{yy} \\ \sigma_{zz} \\ \tau_{yz} \\ \tau_{xz} \\ \tau_{xy} \end{bmatrix} = \boldsymbol{T}\boldsymbol{D}\boldsymbol{T}^{\mathrm{T}} \begin{bmatrix} \varepsilon_{xx} - \alpha_{xx}\Delta T \\ \varepsilon_{yy} - \alpha_{yy}\Delta T \\ \varepsilon_{zz} - \alpha_{zz}\Delta T \\ \gamma_{yz} \\ \gamma_{xz} \\ \gamma_{xy} - \alpha_{xy}\Delta T \end{bmatrix} = \boldsymbol{Q} \begin{bmatrix} \varepsilon_{xx} - \alpha_{xx}\Delta T \\ \varepsilon_{yy} - \alpha_{yy}\Delta T \\ \varepsilon_{zz} - \alpha_{zz}\Delta T \\ \gamma_{yz} \\ \gamma_{xz} \\ \gamma_{xy} - \alpha_{xy}\Delta T \end{bmatrix}$$

其中,变换矩阵 $\boldsymbol{T}$ 定义为

$$\boldsymbol{T} = \begin{bmatrix} \cos^2\theta & \sin^2\theta & 0 & 0 & 0 & -\sin 2\theta \\ \sin^2\theta & \cos^2\theta & 0 & 0 & 0 & \sin 2\theta \\ 0 & 0 & 1 & 0 & 0 & 0 \\ 0 & 0 & 0 & \cos\theta & \sin\theta & 0 \\ 0 & 0 & 0 & -\sin\theta & \cos\theta & 0 \\ \sin\theta\cos\theta & -\sin\theta\cos\theta & 0 & 0 & 0 & \cos^2\theta-\sin^2\theta \end{bmatrix}$$

热膨胀系数为

$$\begin{cases} \alpha_{xx} = \alpha_{11}\cos^2\theta + \alpha_{22}\sin^2\theta \\ \alpha_{yy} = \alpha_{11}\sin^2\theta + \alpha_{22}\cos^2\theta \\ \alpha_{zz} = \alpha_{33} \\ \alpha_{xy} = (\alpha_{11} - \alpha_{22})\sin 2\theta \end{cases}$$

弹性体 $\boldsymbol{\Omega}$ 域内任意一点的平衡方程可以表示为

$$\begin{cases} \dfrac{\partial\sigma_x}{\partial x} + \dfrac{\partial\tau_{yx}}{\partial y} + \dfrac{\partial\tau_{zx}}{\partial z} + f_x = \rho\dfrac{\partial^2 u}{\partial t^2} + c\dfrac{\partial u}{\partial t} \\[2mm] \dfrac{\partial\tau_{xy}}{\partial x} + \dfrac{\partial\sigma_y}{\partial y} + \dfrac{\partial\tau_{zy}}{\partial z} + f_y = \rho\dfrac{\partial^2 v}{\partial t^2} + c\dfrac{\partial v}{\partial t} \\[2mm] \dfrac{\partial\tau_{xz}}{\partial x} + \dfrac{\partial\tau_{yz}}{\partial y} + \dfrac{\partial\sigma_z}{\partial z} + f_z = \rho\dfrac{\partial^2 w}{\partial t^2} + c\dfrac{\partial w}{\partial t} \end{cases} \tag{2.7-3}$$

其中,f_x、f_y、f_z 代表体力分量,ρ 为密度,c 为阻尼系数,$\partial^2 u/\partial t^2$、$\partial^2 v/\partial t^2$、$\partial^2 w/\partial t^2$ 为加速度,$\partial u/\partial t$、$\partial v/\partial t$、$\partial w/\partial t$ 为三个方向的速度。弹性体的边界包括力边界 Γ_σ 以及

位移边界 Γ_u，其中在力边界上弹性体的受力是已知的，而在位移边界上其边界点的位移是给定的。因此式(2.7-3)存在如下两类边界条件：

1. 力边界条件

$$\left.\begin{array}{l} \sigma_x n_x + \tau_{yx} n_y + \tau_{zx} n_z = t_x \\ \tau_{xy} n_x + \sigma_y n_y + \tau_{zy} n_z = t_y \\ \tau_{xz} n_x + \tau_{yz} n_y + \sigma_z n_z = t_z \end{array}\right\} \text{在边界 } \Gamma_\sigma \text{ 上}$$

其中，n_x、n_y 和 n_z 为外法向矢量的坐标分量，t_x、t_y 和 t_z 为边界分布力的坐标分量。

2. 位移边界条件

$$\left.\begin{array}{l} u = \bar{u} \\ v = \bar{v} \\ w = \bar{w} \end{array}\right\} \text{在位移边界 } \Gamma_u \text{ 上}$$

其中，$\bar{u}$、$\bar{v}$ 和 $\bar{w}$ 为边界位移。

此外，式(2.7-3)还需要以下初始条件来定解

$$u(x,t_0) = u_0(x), v(x,t_0) = v_0(x), w(x,t_0) = w_0(x) \tag{2.7-4}$$

$$\dot{u}(x,t_0) = \dot{u}_0(x), \dot{v}(x,t_0) = \dot{v}_0(x), \dot{w}(x,t_0) = \dot{w}_0(x) \tag{2.7-5}$$

其中，式(2.7-4)为位移初始条件，式(2.7-5)为速度初始条件。

有了材料的应变-位移关系和本构方程，便可以构造其势能泛函。三维弹性体虚功形式的势能泛函为

$$\iiint_\Omega \delta\boldsymbol{\varepsilon}^{\mathrm{T}} \boldsymbol{\sigma} \mathrm{d}\Omega = \iiint_\Omega \delta\boldsymbol{u}^{\mathrm{T}}(\boldsymbol{f} - \rho\ddot{\boldsymbol{u}} - c\dot{\boldsymbol{u}})\mathrm{d}\Omega + \iint_{\Gamma_\sigma} \delta\boldsymbol{u}^{\mathrm{T}}\boldsymbol{t}\mathrm{d}\Gamma \tag{2.7-6}$$

其中，$\boldsymbol{f} = [f_x, f_y, f_z]^{\mathrm{T}}$ 为体力密度，其余物理量的含义如上文所述。由于方程(2.7-6)中只包括未知场变量(即位移分量)的一阶导数，因此，三维问题的有限元只须满足 C^0 连续性要求。下面将介绍四种常见几何形状的升阶谱求积单元。

2.7.2 三维升阶谱求积单元

2.7.2.1 六面体单元

六面体单元的构造相对简单而且其性能优越。图 2.7-2 所示为一个六面体单元的参数域和物理域，可通过 NURBS 体来表示。顶点处的形函数可以采用 Serendipity 形函数，即

$$\left\{\begin{array}{l} S^{V_1} = (1-\xi)(1-\eta)(1-\zeta) \\ S^{V_2} = \xi(1-\eta)(1-\zeta) \\ S^{V_3} = \xi\eta(1-\zeta) \\ S^{V_4} = (1-\xi)\eta(1-\zeta) \\ S^{V_5} = (1-\xi)(1-\eta)\zeta \\ S^{V_6} = \xi(1-\eta)\zeta \\ S^{V_7} = \xi\eta\zeta \\ S^{V_8} = (1-\xi)\eta\zeta \end{array}\right. \tag{2.7-7}$$

其中,$V_1 \sim V_8$ 代表 8 个顶点。

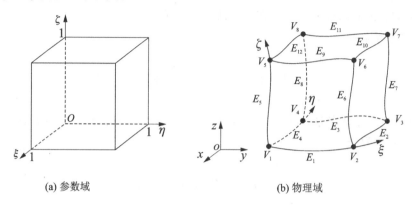

(a) 参数域   (b) 物理域

图 2.7 - 2   六面体单元

图 2.7 - 3 所示为顶点 V_4、V_5 和 V_6 对应的形函数,可以看出各形函数在对应的顶点处取值为 1,而在其他顶点处取值为 0。从式(2.7 - 7)还可以观察到,固定任意两个参数坐标,整个形函数变成关于第三个参数的线性函数,因此形函数在六面体单元参考域的十二条棱上都是线性变化的。

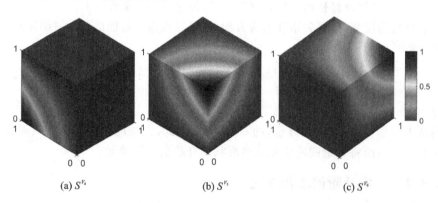

(a) S^{V_4} (b) S^{V_5} (c) S^{V_6}

图 2.7 - 3   六面体单元顶点形函数

为方便表示边函数,将六面体单元各条边依次用 $E_1 \sim E_{12}$("E"为"Edge"的缩写)表示(见图 2.7 - 2(b))。边 E_1($\eta = 0, \zeta = 0$)上的形函数可以表示为

$$S_i^{E_1} = \xi(1 - \xi)(1 - \eta)(1 - \zeta)J_i^{(2,2)}(2\xi - 1), \quad i = 0, 1, \cdots \quad (2.7 - 8)$$

其中,$J_i^{(2,2)}$ 为 i 次权系数为(2,2)的雅可比正交多项式。式(2.7 - 8)的构造思路是让形函数满足在除边 E_1 的其他边上的函数值为 0,而在边 E_1 上则从 ξ 的第二次多项式(顶点形函数已经完备到一次)开始完备并满足在边 E_1 的两个端点(顶点 V_1, V_2)处为 0。用类似的方式可以得到其他边函数。图 2.7 - 4 所示为六面体单元边 E_1 的前三个形函数。

除顶点函数及边函数之外,还需要完备地表示位移场在六面体各个面上的位移,因而需要在每个面上构造面函数。为保证与前面的形函数线性无关,要求这些面函数在每条边上的函数值为 0,此外,与某一特定的面对应的面函数还满足在其他面上的函数

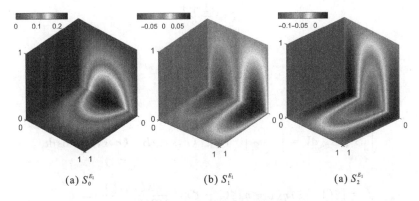

(a) $S_0^{E_1}$　　　　　(b) $S_1^{E_1}$　　　　　(a) $S_2^{E_1}$

图 2.7 - 4　六面体单元边函数

值为 0。根据这些性质则可以得到面函数的一般表达形式。为方便表示,依次将面 $V_1-V_2-V_3-V_4$、$V_1-V_2-V_5-V_6$、$V_2-V_3-V_6-V_7$、$V_3-V_4-V_7-V_8$、$V_1-V_4-V_5-V_8$ 和 $V_5-V_6-V_7-V_8$ 记为 $F_1 \sim F_6$。F_6 上的面函数可以构造为

$$S_{ij}^{F_6} = \xi(1-\xi)\eta(1-\eta)\zeta J_i^{(2,2)}(2\xi-1)J_j^{(2,2)}(2\eta-1), \quad i,j=0,1,2,\cdots$$

类似地,可以构造其他各面所对应的形函数。图 2.7 - 5 所示为六面体单元在面 F_6 上的三个面函数。

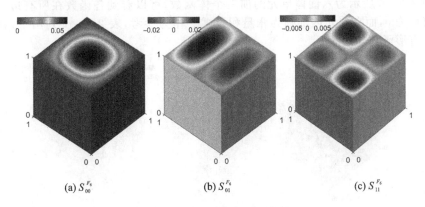

(a) $S_{00}^{F_6}$　　　　　(b) $S_{01}^{F_6}$　　　　　(c) $S_{11}^{F_6}$

图 2.7 - 5　六面体单元面函数

最后一部分形函数为体函数,它们的函数值满足在六面体所有边、面上为 0,因此其一般形式可以构造为

$$S_{ijk}^B = \xi(1-\xi)\eta(1-\eta)\zeta(1-\zeta)B_{ijk}(\xi,\eta,\zeta), \quad i,j,k=0,1,2,\cdots$$

其中,B_{ijk} 为待定多项式,可以通过雅可比多项式的张量积形式构造。为使体函数满足如下正交性

$$\int_V S_{lmn}^B S_{ijk}^B \, \mathrm{d}V = \int_0^1 \int_0^1 \int_0^1 S_{lmn}^B S_{ijk}^B \, \mathrm{d}\xi \mathrm{d}\eta \mathrm{d}\zeta = \delta_{li}\delta_{mj}\delta_{nk}C_{ijk} \qquad (2.7-9)$$

并充分利用雅可比正交多项式的性质,可作以下坐标变换

$$\begin{cases} \xi = \dfrac{1+r}{2} \\[2mm] \eta = \dfrac{1+s}{2} \\[2mm] \zeta = \dfrac{1+t}{2} \end{cases}$$

那么式(2.7-9)变为

$$\int_V S_{lmn}^B S_{ijk}^B \, \mathrm{d}V = \int_{-1}^1 \int_{-1}^1 \int_{-1}^1 \bar{J} B_{lmn}(r,s,t) B_{ijk}(r,s,t) \mathrm{d}r\,\mathrm{d}s\,\mathrm{d}t$$

其中

$$\bar{J} = [\xi(1-\xi)\eta(1-\eta)\zeta(1-\zeta)]^2 \left| \frac{\partial(\xi,\eta,\zeta)}{\partial(r,s,t)} \right| =$$

$$\frac{(1-r)^2(1+r)^2(1-s)^2(1+s)^2(1-t)^2(1+t)^2}{2^{15}}$$

利用雅可比多项式的正交性,可以证明 B_{ijk} 取以下形式可满足正交性要求,即

$$B_{ijk}(r,s,t) = J_i^{(2,2)}(r) J_j^{(2,2)}(s) J_k^{(2,2)}(t)$$

因此体函数的最终表达式为

$$S_{ijk}^B = \xi(1-\xi)\eta(1-\eta)\zeta(1-\zeta) J_i^{(2,2)}(2\xi-1) J_j^{(2,2)}(2\eta-1) J_k^{(2,2)}(2\zeta-1)$$

$$i,j,k = 0,1,2,\cdots$$

图 2.7-6 所示为六面体单元的前三个体函数,可以看到各函数在所有边、面上的函数值均为 0,而在单元内部则为张量积形式。作为参考,表 2.7-1 列出了六面体单元的所有形函数。

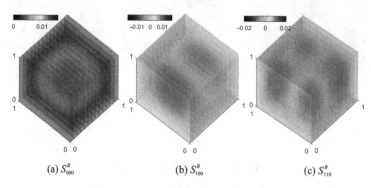

(a) S_{000}^B (b) S_{100}^B (c) S_{110}^B

图 2.7-6   六面体单元体函数

表 2.7-1   六面体单元形函数

名　称	表达式	
顶点形函数	$S^{V_1} = (1-\xi)(1-\eta)(1-\zeta)$　　$S^{V_5} = (1-\xi)(1-\eta)\zeta$ $S^{V_2} = \xi(1-\eta)(1-\zeta)$　　　　$S^{V_6} = \xi(1-\eta)\zeta$, $S^{V_3} = \xi\eta(1-\zeta)$　　　　　　$S^{V_7} = \xi\eta\zeta$ $S^{V_4} = (1-\xi)\eta(1-\zeta)$　　　　$S^{V_8} = (1-\xi)\eta\zeta$	

名　称	表达式	
边形函数	$S_i^{E_1}=\xi(1-\xi)(1-\eta)(1-\zeta)J_i^{(2,2)}(2\xi-1)$	$S_i^{E_2}=\xi\eta(1-\eta)(1-\zeta)J_i^{(2,2)}(2\eta-1)$
	$S_i^{E_3}=\xi(1-\xi)\eta(1-\zeta)J_i^{(2,2)}(2\xi-1)$	$S_i^{E_4}=(1-\xi)\eta(1-\eta)(1-\zeta)J_i^{(2,2)}(2\eta-1)$
	$S_i^{E_5}=(1-\xi)(1-\eta)\zeta(1-\zeta)J_i^{(2,2)}(2\zeta-1)$	$S_i^{E_6}=\xi(1-\eta)\zeta(1-\zeta)J_i^{(2,2)}(2\zeta-1)$
	$S_i^{E_7}=\xi\eta\zeta(1-\zeta)J_i^{(2,2)}(2\zeta-1)$	$S_i^{E_8}=(1-\xi)\eta\zeta(1-\zeta)J_i^{(2,2)}(2\zeta-1)$
	$S_i^{E_9}=\xi(1-\xi)(1-\eta)\zeta J_i^{(2,2)}(2\xi-1)$	$S_i^{E_{10}}=\xi\eta(1-\eta)\zeta J_i^{(2,2)}(2\eta-1)$
	$S_i^{E_{11}}=\xi(1-\xi)\eta\zeta J_i^{(2,2)}(2\xi-1)$	$S_i^{E_{12}}=(1-\xi)(1-\eta)\zeta J_i^{(2,2)}(2\eta-1)\ (i=0,1,\cdots)$
面形函数	$S_{ij}^{F_1}=\xi(1-\xi)\eta(1-\eta)(1-\zeta)J_i^{(2,2)}(2\xi-1)J_j^{(2,2)}(2\eta-1)$	
	$S_{ij}^{F_2}=\xi(1-\xi)(1-\eta)\zeta(1-\zeta)J_i^{(2,2)}(2\xi-1)J_j^{(2,2)}(2\zeta-1)$	
	$S_{ij}^{F_3}=\xi\eta(1-\eta)\zeta(1-\zeta)J_i^{(2,2)}(2\eta-1)J_j^{(2,2)}(2\zeta-1)$	
	$S_{ij}^{F_4}=\xi(1-\xi)\eta\zeta(1-\zeta)J_i^{(2,2)}(2\xi-1)J_j^{(2,2)}(2\zeta-1)$	
	$S_{ij}^{F_5}=(1-\xi)\eta(1-\eta)\zeta(1-\zeta)J_i^{(2,2)}(2\eta-1)J_j^{(2,2)}(2\zeta-1)$	
	$S_{ij}^{F_6}=\xi(1-\xi)\eta(1-\eta)\zeta J_i^{(2,2)}(2\xi-1)J_j^{(2,2)}(2\eta-1),i(j=0,1,\cdots)$	
体形函数	$S_{ijk}^{B}=\xi(1-\xi)\eta(1-\eta)\zeta(1-\zeta)J_i^{(2,2)}(2\xi-1)J_j^{(2,2)}(2\eta-1)J_k^{(2,2)}(2\zeta-1)(i,j,k=0,1,\cdots)$	

2.7.2.2 三棱柱单元

用各类网格生成软件生成三棱柱单元要比生成六面体单元容易,因此三棱柱单元有更强的适应能力。图 2.7-7 所示为一个曲边三棱柱单元的参考域和物理域。$E_1\sim E_9$ 分别表示三棱柱单元各条边(见图 2.7-7(b))。与六面体单元类似,三棱柱单元的顶点函数必须满足在相应顶点处取值为1,而在其他顶点处取值为0,其构造方式可以参考平面三角形单元。

如顶点 V_1 处的形函数为

$$S^{V_1}=(1-\xi-\eta)(1-\zeta)$$

其构造过程为:①先构造三棱柱单元在其 $\xi-\eta$ 面上的投影三角形在对应顶点的形函数,如顶点 V_1 处为$(1-\xi-\eta)$;②根据顶点位于三棱柱单元的顶面或底面选择相应的插值函数,如顶点 V_2 位于三棱柱的底面,其 ζ 方向的插值函数为$(1-\zeta)$。最终的形函数为两者的乘积。用同样的方式可以得到其他各顶点的形函数,图 2.7-8 所示为顶点 V_2、V_4 和 V_5 处对应的顶点形函数。

三棱柱单元在边上的形函数同样需要满足在其他边上的函数值为0,其构造方式也可以借鉴平面三角形单元。如边 E_1 上的边函数可以构造为

$$S_i^{E_1}=\xi(1-\xi-\eta)J_i^{(2,2)}(2\xi-1)(1-\zeta),\quad i=0,1,\cdots$$

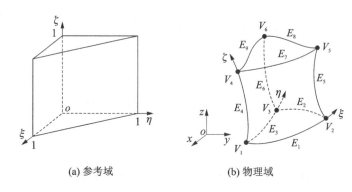

(a) 参考域　　　　　　　　　(b) 物理域

图 2.7-7　曲边三棱柱单元

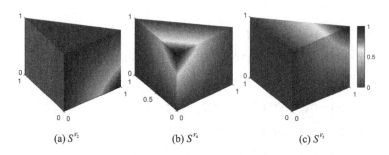

(a) S^{V_2}　　　　　　(b) S^{V_4}　　　　　　(c) S^{V_5}

图 2.7-8　三棱柱单元顶点形函数

其中,$J_i^{(2,2)}$ 为雅可比多项式。易见因式 $\xi(1-\xi-\eta)J_i^{(2,2)}(2\xi-1)$ 实际上为平面三角形单元的边形函数,按照这种思路容易构造其他边上的形函数,图 2.7-9 所示为三棱柱单元边 E_7 所对应的前三个边函数。

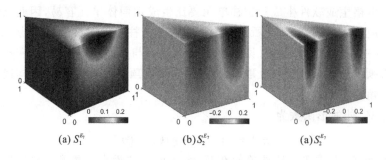

(a) $S_1^{E_7}$　　　　　　(b) $S_2^{E_7}$　　　　　　(a) $S_2^{E_7}$

图 2.7-9　三棱柱单元边形函数

　　下面讨论三棱柱单元面函数的构造。为方便表示三棱柱单元的面函数,记顶点 $V_1-V_2-V_3$、$V_1-V_2-V_4-V_5$、$V_2-V_3-V_5-V_6$,$V_3-V_1-V_6-V_4$ 和 $V_4-V_5-V_6$ 所在的平面分别为 $F_1 \sim F_5$。对于顶面 F_5 上的面函数,需要满足在底面函数值为 0,因此其形函数中包含因式 ζ;还需满足在三个侧面函数值为 0,因此其形函数中包含因式 ξ、η、$1-\xi-\eta$;此外,在顶面 F_5 上函数值不为 0 且固定 $\zeta=1$,该面函数可以退化成 2.3 节中平面三角形单元的面函数。因此,面 F_5 的形函数可以设为

$$S_{ij}^{F_5} = \zeta\xi\eta(1-\xi-\eta)F_{ij}^5(\xi,\eta)$$

其中，F_{ij}^5 为待定多项式，可通过正交性条件来确定。如图 2.7 - 10 所示，三棱柱参考域 A 必须满足

$$\int_A S_{ij}^{F_5} S_{mn}^{F_5} \mathrm{d}A = \int_0^1 \zeta^2 \mathrm{d}\zeta \int_0^1 \int_0^{1-\eta} \xi^2 \eta^2 (1-\xi-\eta)^2 F_{ij}^5 F_{mn}^5 \mathrm{d}\xi\mathrm{d}\eta = C_{ij}\delta_{im}\delta_{jn}$$

$$(2.7-10)$$

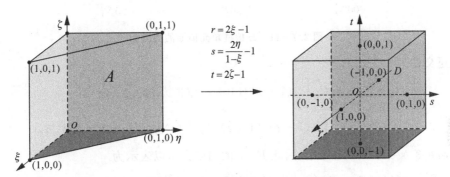

图 2.7 - 10　从三棱柱域映射到立方体域

通过图 2.7 - 10 所示坐标变换，同时注意到 s 将引入有理多项式分母 $1-\xi$，因此设

$$F_{ij}^5 = (1-\xi)^j J_i^{(a,b)}(r) J_j^{(c,d)}(s), \quad i,j = 0,1,\cdots$$

式（2.7 - 10）等价于

$$\int_A S_{ij}^{F_5} S_{mn}^{F_5} \mathrm{d}A = C_{ij} \int_{-1}^1 (1-r)^{5+j+n}(1+r)^2 J_i^{(a,b)}(r) J_m^{(a,b)}(r)\mathrm{d}r \cdot$$

$$\int_{-1}^1 (1-s)^2(1+s)^2 J_j^{(c,d)}(s) J_n^{(c,d)}(s)\mathrm{d}s = C_{ij}\delta_{im}\delta_{jn}$$

根据雅可比正交多项式的性质，可令 $a=5+2j, b=2, c=d=2$，因此面 F_5 的面函数变为

$$S_{ij}^{F_5} = \zeta\xi\eta(1-\xi-\eta)(1-\xi)^j J_i^{(5+2j,2)}(2\xi-1) J_j^{(2,2)}\left(\frac{2\eta+\xi-1}{1-\xi}\right), \quad i,j = 0,1,\cdots$$

类似地，可以得到底面 F_1 的面函数为

$$S_{ij}^{F_1} = (1-\zeta)\xi\eta(1-\xi-\eta)(1-\xi)^j J_i^{(5+2j,2)}(2\xi-1) J_j^{(2,2)}\left(\frac{2\eta+\xi-1}{1-\xi}\right), \quad i,j = 0,1,\cdots$$

图 2.7 - 11 所示为三棱柱单元顶面 F_5 所对应的三个面函数。

对于侧面上的面函数，需要满足在 F_1 和 F_5 上函数值为 0，因此它至少包含因式 ζ 和 $(1-\zeta)$。对于侧面 F_2 上的面函数，还需满足在侧面 F_3 和侧面 F_4 上函数值为 0，因此它包含因式 ξ 和 $(1-\xi-\eta)$，而在矩形面 F_2 内可以采用关于 ξ 和 ζ 张量积形式的多项式函数。因此侧面 F_2 的面函数可以设为

$$S_{ij}^{F_2} = \xi(1-\xi-\eta)\zeta(1-\zeta)F_{ij}^2, \quad i,j = 0,1,\cdots$$

其中，F_{ij}^2 为待定多项式。设

$$F_{ij}^2 = J_i^{(a,b)}(r) J_j^{(c,d)}(t), \quad i,j = 0,1,\cdots$$

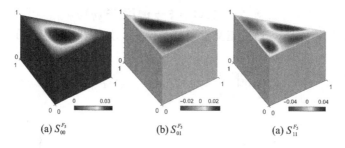

(a) $S_{00}^{F_5}$ (b) $S_{01}^{F_5}$ (a) $S_{11}^{F_5}$

图 2.7 - 11 三棱柱单元顶面的面函数

那么正交性为

$$\int_A S_{ij}^{F_2} S_{mn}^{F_2} \, \mathrm{d}A = C_{ij} \int_{-1}^{1} (1-r)^3 (1+r)^2 J_i^{(a,b)}(r) J_m^{(a,b)}(r) \, \mathrm{d}r \cdot$$

$$\int_{-1}^{1} (1-t)^2 (1+t)^2 J_j^{(c,d)}(t) J_n^{(c,d)}(t) \, \mathrm{d}t = C_{ij} \delta_{im} \delta_{jn}$$

其中,$a=3,b=2,c=2,d=2$。因此 F_2 上的面函数可以表示为

$$S_{ij}^{F_2} = \xi(1-\xi-\eta)\zeta(1-\zeta) J_i^{(3,2)}(2\xi-1) J_j^{(2,2)}(2\zeta-1), \quad i,j=0,1,\cdots$$

同理,侧面 F_4 上的面函数为

$$S_{ij}^{F_4} = \eta(1-\xi-\eta)\zeta(1-\zeta) J_i^{(3,2)}(2\eta-1) J_j^{(2,2)}(2\zeta-1), \quad i,j=0,1,\cdots$$

而侧面 F_3 上的面函数为

$$S_{ij}^{F_3} = \xi\eta\zeta(1-\zeta) J_i^{(3,2)}(2\xi-1) J_j^{(2,2)}(2\zeta-1), i,j=0,1,\cdots$$

图 2.7 - 12 所示为三棱柱单元侧面 F_2 上的三个面函数。

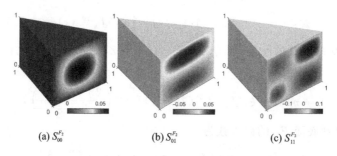

(a) $S_{00}^{F_2}$ (b) $S_{01}^{F_2}$ (c) $S_{11}^{F_2}$

图 2.7 - 12 三棱柱单元侧面的面函数

下面推导三棱柱单元的体函数。由于体函数在各个面上的函数值均为 0,因此其表达式包含因式 ξ、η、$1-\xi-\eta$、ζ 和 $1-\zeta$。其一般形式可以设为

$$S_{ijk}^{B}(\xi,\eta,\zeta) = \xi\eta\zeta(1-\zeta)(1-\xi-\eta) B_{ijk}(\xi,\eta,\zeta)$$

其中,B_{ijk} 为待定多项式。为满足正交性条件

$$\int_A S_{lmn}^{B} S_{ijk}^{B} \, \mathrm{d}V = \int_0^1 \int_0^{1-\xi} \int_0^1 S_{lmn}^{B} S_{ijk}^{B} \, \mathrm{d}\xi \mathrm{d}\eta \mathrm{d}\zeta = \delta_{li}\delta_{mj}\delta_{nk} C_{ijk}$$

或

114

$$\int_A S_{lmn}^B S_{ijk}^B \, \mathrm{d}V = \int_{-1}^1 \int_{-1}^1 \int_{-1}^1 \bar{J} B_{lmn}(r,s,t) B_{ijk}(r,s,t) \, \mathrm{d}r \, \mathrm{d}s \, \mathrm{d}t$$

其中

$$\bar{J} = [\xi\eta\zeta(1-\zeta)(1-\xi-\eta)]^2 \left| \frac{\partial(\xi,\eta,\zeta)}{\partial(r,s,t)} \right|$$

$$= \frac{(1-r)^5(1+r)^2(1-s)^2(1+s)^2(1-t)^2(1+t)^2}{2^{18}}$$

可设

$$B_{ijk}(r,s,t) = (1-r)^j J_i^{(5+2j,2)}(r) J_j^{(2,2)}(s) J_k^{(2,2)}(t)$$

用参数坐标 ξ、η 和 ζ 表示为

$$B_{ijk}(r,s,t) = J_i^{(5+2j,2)}(2\xi-1) \left[(1-\xi)^j J_j^{(2,2)} \left(\frac{\xi+2\eta-1}{1-\xi} \right) \right] J_k^{(2,2)}(2\zeta-1)$$

$$(2.7-11)$$

式(2.7-11)中已将系数归一化处理。最终体函数的表达式为

$$S_{ijk}^B(\xi,\eta,\zeta) = \xi\eta\zeta(1-\zeta)(1-\xi-\eta)(1-\xi)^j \cdot$$

$$J_i^{(5+2j,2)}(2\xi-1) J_j^{(2,2)} \left(\frac{\xi+2\eta-1}{1-\xi} \right) J_k^{(2,2)}(2\zeta-1), \quad i,j,k=0,1,\cdots$$

图 2.7-13 所示为三棱柱单元的三个体函数,可以看到它们在单元边、面上函数值均为 0。为便于参考,表 2.7-2 列出了三棱柱单元的所有形函数,容易发现,它们实际上是三角形升阶谱单元形函数与一维升阶谱单元形函数的张量积。

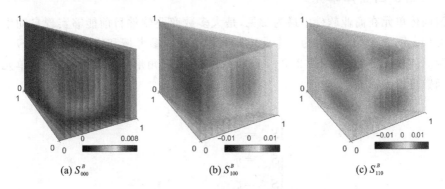

(a) S_{000}^B (b) S_{100}^B (c) S_{110}^B

图 2.7 – 13 三棱柱单元体函数

表 2.7 – 2 三棱柱单元形函数

名 称	表达式
顶点形函数	$S^{V_1} = (1-\xi-\eta)(1-\zeta)$ $S^{V_2} = \xi(1-\zeta)$ $S^{V_3} = \eta(1-\zeta)$ $S^{V_4} = \zeta(1-\xi-\eta)$ $S^{V_5} = \xi\zeta$ $S^{V_6} = \eta\zeta$

名　称	表达式
边形函数	$S_i^{E_1}=\xi(1-\xi-\eta)(1-\zeta)J_i^{(2,2)}(2\xi-1)\qquad S_i^{E_2}=\xi\eta(1-\zeta)J_i^{(2,2)}(2\xi-1)$ $S_i^{E_3}=\eta(1-\xi-\eta)(1-\zeta)J_i^{(2,2)}(2\eta-1)\qquad S_i^{E_4}=(1-\xi-\eta)\zeta(1-\zeta)J_i^{(2,2)}(2\zeta-1)$ $S_i^{E_5}=\xi\zeta(1-\zeta)J_i^{(2,2)}(2\zeta-1)\qquad\qquad S_i^{E_6}=\eta\zeta(1-\zeta)J_i^{(2,2)}(2\zeta-1)$ $S_i^{E_7}=\xi\zeta(1-\xi-\eta)J_i^{(2,2)}(2\xi-1)\qquad\quad S_i^{E_8}=\xi\eta\zeta J_i^{(2,2)}(2\xi-1)$ $S_i^{E_9}=\eta\zeta(1-\xi-\eta)J_i^{(2,2)}(2\eta-1),\qquad\quad (i=0,1,\cdots)$
面形函数	$S_{ij}^{F_1}=(1-\zeta)\xi\eta(1-\xi-\eta)(1-\xi)^jJ_i^{(5+2j,2)}(2\xi-1)J_j^{(2,2)}\left(\dfrac{2\eta+\xi-1}{1-\xi}\right)$ $S_{ij}^{F_2}=\xi(1-\xi-\eta)\zeta(1-\zeta)J_i^{(3,2)}(2\xi-1)J_j^{(2,2)}(2\zeta-1)$ $S_{ij}^{F_3}=\xi\eta\zeta(1-\zeta)J_i^{(3,2)}(2\xi-1)J_j^{(2,2)}(2\zeta-1)$ $S_{ij}^{F_4}=\eta(1-\xi-\eta)\zeta(1-\zeta)J_i^{(3,2)}(2\eta-1)J_j^{(2,2)}(2\zeta-1)$ $S_{ij}^{F_5}=\zeta\xi\eta(1-\xi-\eta)(1-\xi)^jJ_i^{(5+2j,2)}(2\xi-1)J_j^{(2,2)}\left(\dfrac{2\eta+\xi-1}{1-\xi}\right)(i,j=0,1,\cdots)$
体形函数	$S_{ijk}^B(\xi,\eta,\zeta)=\xi\eta\zeta(1-\zeta)(1-\xi-\eta)(1-\xi)^j\cdot$ $J_i^{(5+2j,2)}(2\xi-1)J_j^{(2,2)}\left(\dfrac{\xi+2\eta-1}{1-\xi}\right)J_k^{(2,2)}(2\zeta-1),(i,j,k=0,1,\cdots)$

2.7.2.3 四面体单元

四面体单元在商业软件中最为常见,是大多数商业软件目前能够实现自动生成的单元类型。图 2.7-14 所示为一个曲边四面体单元的参考域和物理域。$E_1\sim E_6$ 分别表示四面体单元各条边(见图 2.7-14(b))。与平面三角形单元类似,四面体单元的顶点形函数可以表示为

$$\begin{cases}S^{V_1}=1-\xi-\eta-\zeta\\S^{V_2}=\xi\\S^{V_3}=\eta\\S^{V_4}=\zeta\end{cases}$$

其中三个顶点形函数如图 2.7-15 所示。

四面体单元边函数的推导同样与平面三角形单元边函数的推导类似。以边 E_1 为例,$S_i^{E_1}$ 必须满足在斜面以及平面 $\xi=0$ 上函数值为 0,在边 $\eta=\zeta=0$ 上及与该边相邻两面上函数值非 0,故它变为关于 ξ 的多项式函数,并且满足在两端取值为 0,因此边函数 $S_i^{E_1}$ 可以设为

$$S_i^{E_1}(\xi,\eta,\zeta)=\xi(1-\xi-\eta-\zeta)J_i^{(2,2)}(2\xi-1),\quad i=0,1,\cdots$$

通过对称性可以得到直角边 E_3 和 E_4 上的边函数。对于斜边 E_2 的边函数,必须满足在面 $\eta=0$ 和 $\zeta=0$ 上函数值为 0,因此其形式可以构造为

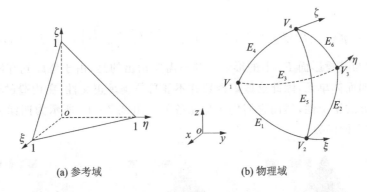

(a) 参考域　　　　　　　　　(b) 物理域

图 2.7－14　曲边四面体单元

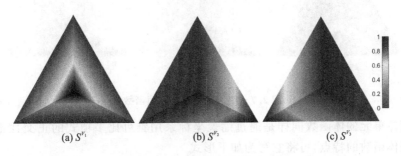

(a) S^{V_1}　　　　　　(b) S^{V_2}　　　　　　(c) S^{V_3}

图 2.7－15　四面体单元顶点形函数

$$S_i^{E_2}(\xi,\eta,\zeta)=\xi\eta J_i^{(2,2)}(2\xi-1),\quad i=0,1,\cdots \qquad (2.7-12)$$

类似地,可以得到其他斜边上的边函数。需要注意的是,由对称性知式(2.7－12)中的雅可比多项式也可以取为 $2\eta-1$ 的函数。图 2.7－16 所示为四面体单元边 E_1 上的前三个边函数。

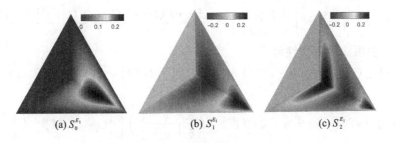

(a) $S_0^{E_1}$　　　　　　(b) $S_1^{E_1}$　　　　　　(c) $S_2^{E_1}$

图 2.7－16　四面体单元边形函数

下面介绍面函数的构造。记平面 $V_1-V_2-V_3$,$V_1-V_2-V_4$,$V_2-V_3-V_4$ 和 $V_1-V_3-V_4$ 分别为 $F_1\sim F_4$,那么面 F_1 上的面函数可以构造为

$$S_{ij}^{F_1}=\xi\eta(1-\xi-\eta-\zeta)(1-\xi)^j J_i^{(5+2j,2)}(2\xi-1)J_j^{(2,2)}\left(\frac{2\eta+\xi-1}{1-\xi}\right),\quad i,j=0,1,\cdots$$

其中,前三项保证了它在其他面上取值为 0,而最后三项与平面三角形单元形函数的构造方式类似。同理,可以得到其他直角面 F_2 和 F_4 上的形函数。斜面 F_3 上的面函数

可以设为

$$S_{ij}^{F_3} = \xi\eta\zeta(1-\xi)^j J_i^{(5+2j,2)}(2\xi-1)J_j^{(2,2)}\left(\frac{2\eta+\xi-1}{1-\xi}\right), \quad i,j=0,1,\cdots$$

其中,后三项与其投影面 F_1 上的形式一样。需要指出的是,由于考虑到在实际应用中常出现曲面四面体单元,因此这些形函数并不能总是满足正交性,在构造过程中并未考虑关于体积分的正交性,然而它们仍然是完备的。图 2.7 - 17 所示为四面体单元底面 F_1 对应的三个面函数。

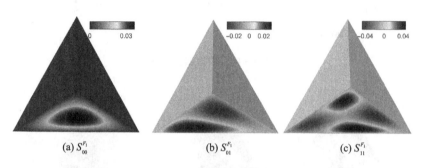

图 2.7 - 17 四面体单元面函数

四面体单元的体函数同样是通过缩聚坐标系用雅可比多项式的正交性推导得到的。根据体函数的特点,可将它写为如下形式

$$S_{ijk}^B = \xi\eta\zeta(1-\xi-\eta-\zeta)B_{ijk}, \quad i,j,k=0,1,\cdots$$

其中,前四项保证了形函数在单元边、面上取值为 0,待定的多项式 B_{ijk} 同样可以通过体正交条件得到。考虑图 2.7 - 18 所示的坐标变换,那么正交性条件为

$$\int_A S_{ijk}^B S_{lmn}^B \mathrm{d}A = \int_{-1}^1\int_{-1}^1\int_{-1}^1 \bar{J}B_{ijk}B_{lmn}\,\mathrm{d}r\,\mathrm{d}s\,\mathrm{d}t = C_{ijk}\delta_{il}\delta_{jm}\delta_{kn}$$

其中

$$\bar{J} = [\xi\eta\zeta(1-\xi-\eta-\zeta)]^2\left|\frac{\partial(\xi,\eta,\zeta)}{\partial(r,s,t)}\right| = \frac{(1-r)^5(1+r)^2(1-s)^2(1+s)^2(1-t)^2(1+t)^8}{2^{24}}$$

利用雅可比多项式的正交性可设

$$B_{ijk}(r,s,t) = (1-r)^j(1+t)^{i+j}J_i^{(5+2j,2)}(r)J_j^{(2,2)}(s)J_k^{(2,8+2i+2j)}(t)$$

或改写为

$$B_{ijk}(\xi,\eta,\zeta) = 2^{i+2j}\left[(\xi+\eta+\zeta)^i J_i^{(5+2j,2)}\left(\frac{\xi-\eta-\zeta}{\xi+\eta+\zeta}\right)\right]\left[(\eta+\zeta)^j J_j^{(2,2)}\left(\frac{\eta-\zeta}{\eta+\zeta}\right)\right]\times$$

$$J_k^{(2,8+2i+2j)}[2(\xi+\eta+\zeta)-1]$$

因此最终可得体函数表达式为

$$S_{ijk}^B = \xi\eta\zeta(1-\xi-\eta-\zeta)(\xi+\eta+\zeta)^i(\eta+\zeta)^j \cdot$$

$$J_i^{(5+2j,2)}\left(\frac{\xi-\eta-\zeta}{\xi+\eta+\zeta}\right)J_j^{(2,2)}\left(\frac{\eta-\zeta}{\eta+\zeta}\right)J_k^{(2,8+2i+2j)}[2(\xi+\eta+\zeta)-1], \quad i,j,k=0,1,\cdots$$

其中,系数作了归一化处理。图 2.7 - 19 所示为其中三个体函数。为便于参考,

表 2.7 - 3 列出了四边形单元所有的形函数。

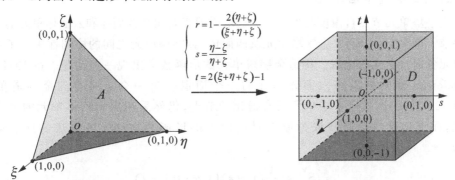

$$r = 1 - \frac{2(\eta+\zeta)}{(\xi+\eta+\zeta)}$$
$$s = \frac{\eta-\zeta}{\eta+\zeta}$$
$$t = 2(\xi+\eta+\zeta) - 1$$

图 2.7 - 18　从四面体域映射到立方体域

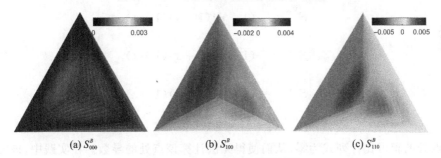

(a) S_{000}^{B}　　　　(b) S_{100}^{B}　　　　(c) S_{110}^{B}

图 2.7 - 19　四面体单元体函数

表 2.7 - 3　四面体单元形函数

名　称	表达式
顶点形函数	$S^{V_1} = 1 - \xi - \eta - \zeta \quad S^{V_2} = \xi \quad S^{V_3} = \eta \quad S^{V_4} = \zeta$
边形函数	$S_i^{E_1} = \xi(1-\xi-\eta-\zeta)J_i^{(2,2)}(2\xi-1) \quad S_i^{E_2} = \xi\eta J_i^{(2,2)}(2\xi-1)$ $S_i^{E_3} = \eta(1-\xi-\eta-\zeta)J_i^{(2,2)}(2\eta-1) \quad S_i^{E_4} = \zeta(1-\xi-\eta-\zeta)J_i^{(2,2)}(2\zeta-1)$ $S_i^{E_5} = \xi\zeta J_i^{(2,2)}(2\xi-1) \qquad\qquad S_i^{E_6} = \eta\zeta J_i^{(2,2)}(2\eta-1)\ (i=0,1,\cdots)$
面形函数	$S_{ij}^{F_1} = \xi\eta(1-\xi-\eta-\zeta)(1-\xi)^j J_i^{(5+2j,2)}(2\xi-1)J_j^{(2,2)}\left(\frac{2\eta+\xi-1}{1-\xi}\right)$ $S_{ij}^{F_2} = \xi\zeta(1-\xi-\eta-\zeta)(1-\xi)^j J_i^{(5+2j,2)}(2\xi-1)J_j^{(2,2)}\left(\frac{2\zeta+\xi-1}{1-\xi}\right)$ $S_{ij}^{F_3} = \xi\eta\zeta(1-\xi)^j J_i^{(5+2j,2)}(2\xi-1)J_j^{(2,2)}\left(\frac{2\eta+\xi-1}{1-\xi}\right)$ $S_{ij}^{F_4} = \zeta\eta(1-\xi-\eta-\zeta)(1-\eta)^j J_i^{(5+2j,2)}(2\eta-1)J_j^{(2,2)}\left(\frac{2\zeta+\eta-1}{1-\eta}\right) \quad (i,j=0,1,\cdots)$
体形函数	$S_{ijk}^{B} = \xi\eta\zeta(1-\xi-\eta-\zeta)(\xi+\eta+\zeta)^i(\eta+\zeta)^j \cdot$ $J_i^{(5+2j,2)}\left(\frac{\xi-\eta-\zeta}{\xi+\eta+\zeta}\right)J_j^{(2,2)}\left(\frac{\eta-\zeta}{\eta+\zeta}\right)J_k^{(2,8+2i+2j)}[2(\xi+\eta+\zeta)-1] \quad (i,j,k=0,1,\cdots)$

2.7.2.4 金字塔单元

金字塔单元节点自由度与形函数的选取受限于与相邻四面体和六面体单元的协调性要求。事实上,六面体-金字塔单元及四面体-金字塔单元之间的协调性决定了金字塔单元各面自由度的选取。构造金字塔单元的形函数会出现一些问题。在1971年,Zienkiewicz首先提出将六面体单元的一个面退化为一个点来得到金字塔单元(见图2.7-20)。该金字塔单元没有退化的节点,仍然采用原六面体单元的节点形函数,而退化点的形函数取为原来对应面上的形函数之和。该方法的顶点形函数为

$$
\begin{cases}
S^{V_1} = \dfrac{1}{4}(1-r)(1-s)(1-t) \\[2mm]
S^{V_2} = \dfrac{1}{4}(1+r)(1-s)(1-t) \\[2mm]
S^{V_3} = \dfrac{1}{4}(1+r)(1+s)(1-t) \\[2mm]
S^{V_4} = \dfrac{1}{4}(1-r)(1+s)(1-t) \\[2mm]
S^{V_5} = t
\end{cases}
\tag{2.7-13}
$$

退化点处的雅可比行列式为零,从而使得无法计算该点处的导数。在实践中,该方法引入的误差是局部的,因此在一些商业软件中仍然有所应用(如 ANSYS 的 SOLID186 单元),尽管它会出现"局部应力不可靠"的警告。在1973年,牛顿指出有必要对退化的等参六面体单元形函数做大改。

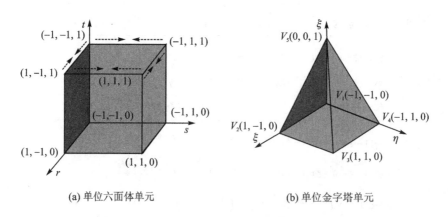

(a) 单位六面体单元   (b) 单位金字塔单元

图 2.7-20 单位六面体单元和单位金字塔单元

Bedrosian 在1992年首先认识到,用多项式构造的金字塔单元的形函数不可能与相邻单元协调,因此他提出了金字塔单元的有理形函数。有理项点形函数为

$$\begin{cases} S^{V_1} = \dfrac{1}{4}\left(1 - \xi - \eta - \zeta + \dfrac{\xi\eta}{1-\zeta}\right) \\[2mm] S^{V_2} = \dfrac{1}{4}\left(1 + \xi - \eta - \zeta - \dfrac{\xi\eta}{1-\zeta}\right) \\[2mm] S^{V_3} = \dfrac{1}{4}\left(1 + \xi + \eta - \zeta + \dfrac{\xi\eta}{1-\zeta}\right) \\[2mm] S^{V_4} = \dfrac{1}{4}\left(1 - \xi + \eta - \zeta - \dfrac{\xi\eta}{1-\zeta}\right) \\[2mm] S^{V_5} = \zeta \end{cases} \tag{2.7-14}$$

研究表明,这些形函数可以实现各个面的 $\mathbf{C}^0$ 连续。可以验证,式(2.7-14)在各个面上退化为对应的二维三角形、四边形单元的形函数,而四面体、三棱柱或六面体单元也具有这样的特点。研究还表明,该金字塔单元的雅可比行列式在各个顶点处都不为 0。

经验证,Bedrosian 提出的金字塔单元有理的形函数的性能一点不比常见类型单元的形函数的性能差。Coulomb 等研究了金字塔单元有理形函数的性能和导数。在金字塔单元的尖点处 $\zeta=1$,对应的有 $\xi=\eta=0$,这使得有理项的分子和分母同时为 0。局部坐标系使得不等式

$$\begin{cases} -(1-\zeta) \leqslant \xi \leqslant (1-\zeta) \\ -(1-\zeta) \leqslant \eta \leqslant (1-\zeta) \\ 0 \leqslant \zeta \leqslant 1 \end{cases} \tag{2.7-15}$$

成立。当 $\zeta \to 1$ 时,有理项 $\xi\eta/(1-\zeta) \to 0$,因此形函数 S^{V_1},S^{V_2},S^{V_3} 和 S^{V_4} 在尖点处的值可直接得到。式(2.7-15)还可以写为

$$\begin{cases} -1 \leqslant \dfrac{\xi}{1-\zeta} \leqslant 1 \\[2mm] -1 \leqslant \dfrac{\eta}{1-\zeta} \leqslant 1 \end{cases}$$

即其导数是不确定的。但 Bravo 等证明,金字塔单元形函数中的有理项及其导数在尖点处都为 0,因此有理项的存在不会给计算带来不便。

2010 年,Bergot 等用金字塔单元的有理顶点形函数及 Dubiner 正交多项式构造得金字塔单元上的 1～6 阶节点形函数,并通过混合网格验证了其性能。

2014 年 Bravo 等构造得金字塔单元上的 1～7 阶升阶谱形函数,并采用了顶点形函数、边函数、面函数及内部形函数的概念。边函数、面函数及内部形函数是用有理顶点形函数和切比雪夫多项式构造得的。

2021 年作者[177]用式(2.7-14)所示的有理顶点形函数构造得金字塔单元上的任意阶的修正的 Dubiner 正交多项式,这里给出推导过程及结果。该方法同样将曲边金字塔单元(见图 2.7-21)上的正交多项式分为内部和边界形函数。将单位六面体单元映射为单位金字塔单元的 Duffy 变换为

$$\begin{cases} \xi = r(1-t) \\ \eta = s(1-t) \\ \zeta = t \end{cases}$$

其逆变换为

$$\begin{cases} r = \dfrac{\xi}{1-\zeta} \\ s = \dfrac{\eta}{1-\zeta} \\ t = \zeta \end{cases} \qquad (2.7-16)$$

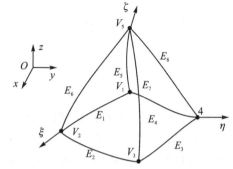

图 2.7-21 曲边金字塔单元

从图 2.7-22 可以看出,式(2.7-16)所给坐标变换将单位六面体单元和单位金字塔单元的参数域联系起来。例如,单位六面体单元 $r=-1$ 面对应于单位金字塔单元 $\xi/(1-\zeta)=-1$ 面。可以验证,把式(2.7-16)代入式(2.7-13)即可得到式(2.7-14)。

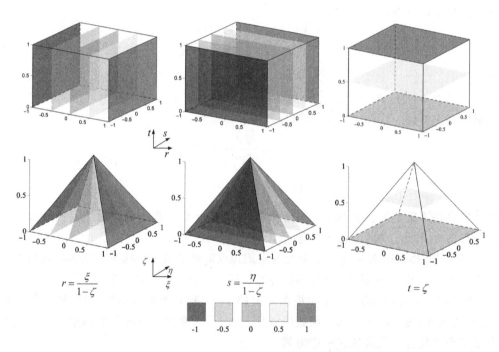

$$r = \frac{\xi}{1-\zeta} \qquad s = \frac{\eta}{1-\zeta} \qquad t = \zeta$$

图 2.7-22 单位六面体单元和单位金字塔单元参数域的联系

采用上述顶点形函数,可以推导得金字塔单元的边函数、面函数和体函数。为了便于推导,把式(2.7-14)改写为

$$\begin{cases} S^{V_1} = \dfrac{1}{4}\dfrac{(1-\xi-\zeta)(1-\eta-\zeta)}{1-\zeta} \\[3mm] S^{V_2} = \dfrac{1}{4}\dfrac{(1+\xi-\zeta)(1-\eta-\zeta)}{1-\zeta} \\[3mm] S^{V_3} = \dfrac{1}{4}\dfrac{(1+\xi-\zeta)(1+\eta-\zeta)}{1-\zeta} \\[3mm] S^{V_4} = \dfrac{1}{4}\dfrac{(1-\xi-\zeta)(1+\eta-\zeta)}{1-\zeta} \\[3mm] S^{V_5} = \zeta \end{cases}$$

容易看出,矩形面的四个顶点函数在相对的三角形面上函数值为 0,尖点处的形函数(即 S^{V_5})在底面函数值为 0。

根据顶点形函数的上述性质,顶点 V_1 和 V_2 对应的边 E_1(见图 2.7 – 23)上的边函数 $S_i^{E_1}$ 可以写为

$$S_i^{E,1} = S^{V_1} S^{V_2} H_i \qquad (2.7-17)$$

其中,H_i 是待定多项式,下标 i 为整数。为了改善基函数的数值性能,希望它们是正交的,即边函数应满足下述条件

$$\int_V S_i^{E_1} S_j^{E_1} \mathrm{d}V = \int_0^1 \int_{\zeta-1}^{1-\zeta} \int_{\zeta-1}^{1-\zeta} S_i^{E_1} S_j^{E_1} \mathrm{d}\xi\mathrm{d}\eta\mathrm{d}\zeta = \delta_i^j C_i \qquad (2.7-18)$$

其中,δ_{ij} 是克罗内克符号。把式(2.7 – 17)代入式(2.7 – 18)可得

$$\int_0^1 \int_{\zeta-1}^{1-\zeta} \int_{\zeta-1}^{1-\zeta} S_i^{E_1} S_j^{E_1} \mathrm{d}\xi\mathrm{d}\eta\mathrm{d}\zeta = \int_0^1 \int_{\zeta-1}^{1-\zeta} \int_{\zeta-1}^{1-\zeta} (S^{V_1} S^{V_2})^2 H_i H_j \mathrm{d}\xi\mathrm{d}\eta\mathrm{d}\zeta \qquad (2.7-19)$$

令

$$\begin{cases} r = \dfrac{\xi}{1-\zeta} \\[3mm] s = \dfrac{\eta}{1-\zeta} \\[3mm] t = 2\zeta - 1 \end{cases} \qquad (2.7-20)$$

对比式(2.7 – 16)可见在式(2.7 – 20)中 t 定义在 $[-1,1]$。于是有

$$\begin{cases} \xi = \dfrac{1}{2}r(1-t) \\[3mm] \eta = \dfrac{1}{2}s(1-t) \\[3mm] \zeta = \dfrac{1}{2}(1+t) \end{cases} \qquad (2.7-21)$$

坐标 (ξ,η,ζ) 关于 (r,s,t) 的雅可比行列式为

$$|\boldsymbol{J}|=\left|\frac{\partial(\xi,\eta,\zeta)}{\partial(r,s,t)}\right|=\begin{vmatrix} \dfrac{1-t}{2} & 0 & -\dfrac{r}{2} \\ 0 & \dfrac{1-t}{2} & -\dfrac{s}{2} \\ 0 & 0 & \dfrac{1}{2} \end{vmatrix}=\frac{1}{2^3}(1-t)^2 \quad (2.7-22)$$

因此,把式(2.7-21)和式(2.7-22)代入式(2.7-19)可得

$$\int_0^1\int_{\zeta-1}^{1-\zeta}\int_{\zeta-1}^{1-\zeta}(S^{V_1}S^{V_2})^2H_iH_j\mathrm{d}\xi\mathrm{d}\eta\mathrm{d}\zeta=\int_{-1}^1\int_{-1}^1\int_{-1}^1\bar{J}H_iH_j\mathrm{d}r\mathrm{d}s\mathrm{d}t \quad (2.7-23)$$

其中

$$\bar{J}=\frac{1}{2^{19}}(1-r)^2(1+r)^2(1-s)^4(1-t)^6 \quad (2.7-24)$$

于是基函数 $H_i(r,s,t)$ 可确定为

$$H_i=(1-r)^a(1+r)^b(1-s)^c(1+s)^d(1-t)^e(1+t)^fP_i^{(2a+2,2b+2)}(r) $$

$$(2.7-25)$$

其中,a、b、c、d、e、f 可根据计算的方便及雅可比多项式的性质确定。为了消去式(2.7-23)r 和 s 分母中的 $(1-\zeta)$,取 $e=i$。对于 $\mathbf{C}^0$ 问题,可以取 $a=b=c=d=f=0$。于是有

$$H_i(r,s,t)=(1-t)^iP_i^{(2,2)}(r) \quad (2.7-26)$$

所以,边函数 $S_i^{E_1}$ 可写为

$$S_i^{E_1}=S^{V_1}S^{V_2}2^i(1-\zeta)^iP_i^{(2,2)}\left(\frac{\xi}{1-\zeta}\right) \quad (2.7-27)$$

式(2.7-27)中的常数系数 2^i 可以忽略。在具体计算中 $(1-\zeta)$ 不会出现在分母中,具体技巧见式(2.7-20)和(2.7-21)。

采用类似的步骤,可以求得其他边函数。下面给出式(2.7-27)及其他边函数:

$$\begin{cases} S_i^{E_1}=S^{V_1}S^{V_2}\widetilde{P}_i^{(2,2)}(\xi,1-\zeta) \\ S_j^{E_2}=S^{V_2}S^{V_3}\widetilde{P}_j^{(2,2)}(\eta,1-\zeta) \\ S_i^{E_3}=S^{V_3}S^{V_4}\widetilde{P}_i^{(2,2)}(\xi,1-\zeta) \\ S_j^{E_4}=S^{V_4}S^{V_1}\widetilde{P}_j^{(2,2)}(\eta,1-\zeta) \\ S_k^{E_5}=S^{V_1}S^{V_5}P_k^{(4,2)}(2\zeta-1) \\ S_k^{E_6}=S^{V_2}S^{V_5}P_k^{(4,2)}(2\zeta-1) \\ S_k^{E_7}=S^{V_3}S^{V_5}P_k^{(4,2)}(2\zeta-1) \\ S_k^{E_8}=S^{V_4}S^{V_5}P_k^{(4,2)}(2\zeta-1) \end{cases} \quad (2.7-28)$$

其中,i、j、k 分别是参数坐标 ξ、η、ζ 对应的指标。观察式(2.7-28)可以发现,边函数可统一表示为 $S_i^{E_k}=S^{V_m}S^{V_n}H_i$,其中顶点 V_m 和 V_n 对应边 E_k,如图2.7-23所示。

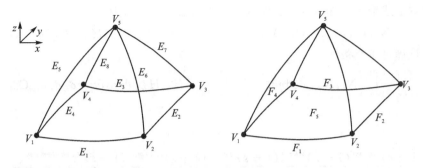

图 2.7 - 23 金字塔单元的边和面

面函数和体函数的推导与边函数的上述推导类似,结果如下:

$$
\begin{cases}
S_{ik}^{F_1} = S^{V_1} S^{V_2} S^{V_5} \widetilde{P}_i^{(2,2)}(\xi, 1-\zeta) P_k^{(2i+6,2)}(2\zeta-1) \\
S_{jk}^{F_2} = S^{V_2} S^{V_3} S^{V_5} \widetilde{P}_j^{(2,2)}(\eta, 1-\zeta) P_k^{(2j+6,2)}(2\zeta-1) \\
S_{ik}^{F_3} = S^{V_3} S^{V_4} S^{V_5} \widetilde{P}_i^{(2,2)}(\xi, 1-\zeta) P_k^{(2i+6,2)}(2\zeta-1) \\
S_{jk}^{F_4} = S^{V_4} S^{V_1} S^{V_5} \widetilde{P}_j^{(2,2)}(\eta, 1-\zeta) P_k^{(2j+6,2)}(2\zeta-1) \\
S_{ij}^{F_5} = S^{V_1} S^{V_3} \widetilde{P}_i^{(2,2)}(\xi, 1-\zeta) \widetilde{P}_j^{(2,2)}(\eta, 1-\zeta) \\
S_{ijk}^{B} = S^{V_1} S^{V_3} S^{V_5} \widetilde{P}_i^{(2,2)}(\xi, 1-\zeta) \widetilde{P}_j^{(2,2)}(\eta, 1-\zeta) P_k^{(2i+2j+6,2)}(2\zeta-1)
\end{cases}
$$

$$(2.7-29)$$

图 2.7 - 24 所示为金字塔单元部分边函数、面函数、体函数,从图中可以看出,边函数、面函数、体函数具有一些对称、反对称面。

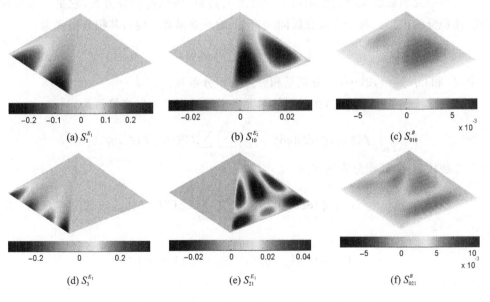

(a) $S_1^{E_1}$ (b) $S_{10}^{E_2}$ (c) S_{010}^{B}

(d) $S_3^{E_1}$ (e) $S_{21}^{E_1}$ (f) S_{021}^{B}

图 2.7 - 24 金字塔单元部分边函数、面函数、体函数

根据上述推导过程,边函数、面函数和体函数可统一写为

$$N_{ijk}(\xi,\eta,\zeta) = (S^{V_1})^g (S^{V_2})^h (S^{V_3})^l (S^{V_4})^m (S^{V_5})^n H_{ijk}(\xi,\eta,\zeta) \quad (2.7-30)$$

它们应该满足正交条件

$$\int_0^1 \int_{\zeta-1}^{1-\zeta} \int_{\zeta-1}^{1-\zeta} N_{ijk} N_{pqw} \, d\xi d\eta d\zeta = \int_{-1}^1 \int_{-1}^1 \int_{-1}^1 \widetilde{J} H_{ijk} H_{pqw} \, dr \, ds \, dt = \delta_{ip} \delta_{jq} \delta_{kw} C_{ijk}$$

$$(2.7-31)$$

其中

$$\widetilde{J} = \frac{(1-r)^{2(g+m)} (1+r)^{2(h+l)} (1-s)^{2(g+h)} (1+s)^{2(l+m)} (1-t)^{2(g+h+l+m)+2} (1+t)^{2n}}{2^{6(g+h+l+m)+2n+3}}$$

H_{ijk} 可通过类似式(2.7-20)~式(2.7-27)的方法确定为

$$H_{ijk}(r,s,t) = \left[P_i^{(2g+2m,2h+2l)}(r) \right] \left[P_j^{(2g+2h,2l+2m)}(s) \right] \left[(1-t)^{i+j} P_k^{(2g+2h+2l+2m+2+2i+2j,2n)}(t) \right]$$

或

$$H_{ijk}(\xi,\eta,\zeta) = 2^{i+j} \widetilde{P}_i^{(2g+2m,2h+2l)}(\xi,1-\zeta) \widetilde{P}_j^{(2g+2h,2l+2m)}(\eta,1-\zeta) \times P_k^{(2g+2h+2l+2m+2+2i+2j,2n)}(2\zeta-1)$$

其中,g、h、l、m、n 等于 0 或 1,常数 2^{i+j} 可以忽略。式(2.7-31)中的系数

$$C_{ijk} = \frac{C_i^{(2g+2m,2h+2l)} C_j^{(2g+2h,2l+2m)} C_k^{(2g+2h+2l+2m+2+2i+2j,2n)}}{2^{6(g+h+l+m)+2n+3}}$$

取式(2.7-30)中的 $g=l=n=1,h=m=0$,即可得到式(2.7-29)中的体函数 S_{ijk}^B。其他边函数、面函数可通过类似的方式得到。

2.7.3　三维高斯-洛巴托积分

三维单元的数值积分仍然采用参考域上的高斯-洛巴托积分方案,它是一维高斯-洛巴托积分的推广。对于定义在区间 $[0,1]$ 上的一维函数 $f(\xi)$,其积分格式为

$$\int_0^1 f(\xi) d\xi = \sum_{j=1}^n C_j f(\xi_j)$$

其中,ξ_j 和 $C_j (j=1,2,\cdots,n)$ 分别是积分点和积分系数。

因此三维函数 $f(\xi,\eta,\zeta)$ 在六面体单元参考域的积分可以直接写为

$$\int_0^1 \int_0^1 \int_0^1 f(\xi,\eta,\zeta) d\xi d\eta d\zeta = \sum_{i=1}^{N_\xi} \sum_{j=1}^{N_\eta} \sum_{k=1}^{N_\zeta} C_i^\xi C_j^\eta C_k^\zeta f(\xi_i,\eta_j,\zeta_k)$$

对于三棱柱单元,其积分表达式为

$$\int_0^1 \int_0^1 \int_0^{1-\eta} f(\xi,\eta,\zeta) d\xi d\eta d\zeta = \sum_{i=1}^{N_\xi} \sum_{j=1}^{N_\eta} \sum_{k=1}^{N_\zeta} \widetilde{C}_{ij}^\xi C_j^\eta C_k^\zeta f(\widetilde{\xi}_{ij},\eta_j,\zeta_k) \quad (2.7-32)$$

其中

$$\widetilde{C}_{ij}^\xi = C_i^\xi (1-\eta_j), \quad \widetilde{\xi}_{ij} = \xi_i (1-\eta_j)$$

对于四面体单元有

$$\int_0^1 \int_0^{1-\zeta} \int_0^{1-\eta-\zeta} f(\xi,\eta,\zeta) d\xi d\eta d\zeta = \sum_{i=1}^{N_\xi} \sum_{j=1}^{N_\eta} \sum_{k=1}^{N_\zeta} \widetilde{C}_{ijk}^\xi \widetilde{C}_{jk}^\eta C_k^\zeta f(\widetilde{\xi}_{ijk},\widetilde{\eta}_{jk},\zeta_k)$$

其中
$$\widetilde{C}_{ijk}^{\xi}=C_i^{\xi}(1-\eta_j)(1-\zeta_k)\,,\quad \widetilde{C}_{jk}^{\eta}=C_j^{\eta}(1-\zeta_k)$$

$$\widetilde{\xi}_{ijk}=\xi_i(1-\eta_j)(1-\zeta_k)\,,\quad \widetilde{\eta}_{jk}=\eta_j(1-\zeta_k)$$

对于金字塔单元有

$$\int_0^1\int_{\zeta-1}^{1-\zeta}\int_{\zeta-1}^{1-\zeta}f(\xi,\eta,\zeta)\mathrm{d}\xi\mathrm{d}\eta\mathrm{d}\zeta=\sum_{i=1}^{N_\xi}\sum_{j=1}^{N_\eta}\sum_{k=1}^{N_\zeta}\widetilde{C}_{ki}^{\xi}\widetilde{C}_{kj}^{\eta}C_k^{\zeta}f(\widetilde{\xi}_{ki},\widetilde{\eta}_{kj},\zeta_k)$$

其中
$$\widetilde{C}_{ki}^{\xi}=(1-\zeta_k)C_i^{\xi}\,,\quad \widetilde{C}_{kj}^{\eta}=(1-\zeta_k)C_j^{\eta}$$

$$\widetilde{\xi}_{ki}=(1-\zeta_k)\xi_i\,,\quad \widetilde{\eta}_{kj}=(1-\zeta_k)\eta_j$$

以上 ξ_i、η_j、ζ_k 与 C_i^{ξ}、C_j^{η}、C_k^{ζ} 分别是沿 ξ、η 和 ζ 方向上的积分点与积分系数。

2.7.4 单元几何映射

在实际应用中单元形函数的参数域必须与单元几何定义的参数域一致,而 NURBS 几何模型的参数域一般为张量积区域,对于三维模型来说,其参数域为 $[0,1]\times[0,1]\times[0,1]$。因此,以上单元中除六面体单元外,其余三种单元的参数域均与 NURBS 体的参数域不一样,因而需要作参数转换,下面以四面体单元为例进行说明。图 2.7-25 所示为一个 NURBS 表示的曲面四面体模型,其参数表示为

$$\boldsymbol{V}(r,s,t)=\begin{bmatrix}x(r,s,t)\\y(r,s,t)\\z(r,s,t)\end{bmatrix}=\sum_{i=0}^{m}\sum_{j=0}^{n}\sum_{k=0}^{p}R_{i,j,k}(r,s,t)\boldsymbol{P}_{i,j,k}\,,\quad 0\leqslant r,s,t\leqslant 1$$

其中,$\boldsymbol{P}_{i,j,k}$ 组成控制点网格,而 r、s 和 t 为参数坐标(见图 2.7-26);$R_{i,j,k}(r,s,t)$ 为有理 B 样条基函数,其表达式为

$$R_{i,j,k}(r,s,t)=\frac{N_{i,u}(r)N_{j,v}(s)N_{k,w}(t)w_{i,j,k}}{\sum\limits_{a=0}^{m}\sum\limits_{b=0}^{n}\sum\limits_{c=0}^{p}N_{a,u}(r)N_{b,v}(s)N_{c,w}(t)w_{a,b,c}}$$

其中,$w_{i,j,k}$ 为权系数,$N_{i,u}(r)$、$N_{j,v}(s)$ 和 $N_{k,w}(t)$ 是 B 样条的基函数,而 u、v 和 w 分别是 B 样条基函数在 r、s 和 t 方向上的阶次。

不止四面体单元,升阶谱求积元方法中三角形单元的参数域也与 NURBS 用张量积形式表示的单元的参数域不同,在此一并加以介绍。对于四边形单元的参数域,可以通过如下变换

$$\begin{cases}\xi=(1-t)s\\\eta=t\end{cases}$$

将它变成三角形域(见图 2.7-27)。其逆变换为

$$\begin{cases}s=\dfrac{\xi}{1-\eta}\\t=\eta\end{cases}\tag{2.7-33}$$

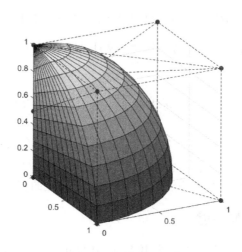

图 2.7 - 25 NURBS 表示的曲面四面体模型

即可以通过式(2.7 - 33)将三角形单元的参数域映射到四边形单元的参数域。图 2.7 - 27 所示是从单位立方体域到单位四面体域的几何映射,其逆映射为

$$\begin{cases} r = \xi \\ s = \dfrac{\eta}{1 - \xi} \\ t = \dfrac{\zeta}{1 - \xi - \eta} \end{cases} \qquad (2.7 - 34)$$

一般来说先知道三角形或四面体域的参数点,因此最常用的是式(2.7 - 33)和 (2.7 - 34)所示逆映射关系。

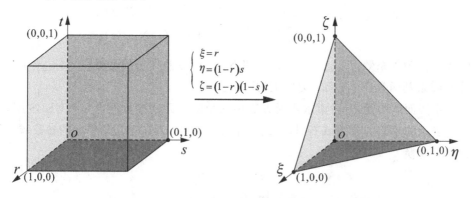

图 2.7 - 26 从单位立方体域映射到单位四面体域

通过伽辽金法进行几何映射计算量较大而且整个曲面上的点都是近似的,因此最佳的选择是拉格朗日插值法,后者可以保证节点处的点是精确的。一维拉格朗日插值的最优节点分布是高斯-洛巴托点,矩形域和六面体域采用高斯-洛巴托点的张量积即可(见图 2.7 - 28)。对于三角形域和四面体域,如果采用均匀分布节点则会出现与四

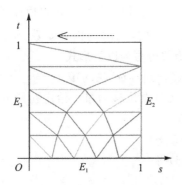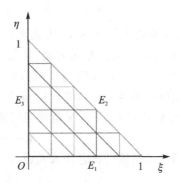

图 2.7 - 27　从单位四边形域映射到单位三角形域

边形域采用均匀分布节点时一样的数值稳定问题,如果采用非均匀分布节点则不能采用高斯-洛巴托点的张量积形式。在三角形和四面体上的高斯-洛巴托点被称为 Fekete 点,类似一维最优节点,需要通过解非线性方程组求得。

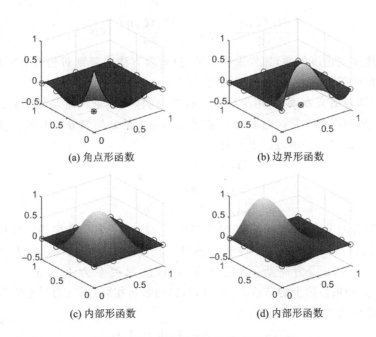

(a) 角点形函数　　　　　　　　　(b) 边界形函数

(c) 内部形函数　　　　　　　　　(d) 内部形函数

图 2.7 - 28　矩形单元上的节点位移函数

为了方便后面的讨论,这里将 C^0 升阶谱有限元方法的位移场统一表示为

$$u\left[x(\xi,\eta,\zeta),y(\xi,\eta,\zeta),z(\xi,\eta,\zeta)\right] = \sum_{i=1}^{6} S^{V_i}(\xi,\eta,\zeta)u_i + \sum_{i=1}^{L_k}\sum_{k=1}^{9} S_i^{E_k}(\xi,\eta,\zeta)a_i^{E_k} +$$

$$\sum_{i=1}^{M_k}\sum_{j=1}^{N_k}\sum_{k=1}^{5} S_{ij}^{F_k}(\xi,\eta,\zeta)a_{ij}^{F_k} + \sum_{i=1}^{L}\sum_{j=1}^{M}\sum_{k=1}^{N} S_{ijk}^{B}(\xi,\eta,\zeta)a_{ijk}^{B}$$

其中,V_1、E_1、F 和 B 分别表示顶点、边、面和体,i、j 和 k 分别为整数指标变量,$S_i^{V_i}(\xi,\eta,\zeta)$ 为顶点形函数,$S_i^{E_k}(\xi,\eta,\zeta)$ 为边形函数,$S_{ij}^{F_k}(\xi,\eta,\zeta)$ 为面形函数,$S_{ijk}^{B}(\xi,\eta,\zeta)$ 为体形函数。首先以三角形单元为例,其允许函数可写为以下形式

$$u[x(\xi,\eta),y(\xi,\eta),z(\xi,\eta)]=\boldsymbol{\psi}^{\mathrm{T}}(\xi,\eta)\tilde{\boldsymbol{u}} \tag{2.7-35}$$

其中,$\boldsymbol{\psi}$ 是由所有形函数组成的向量,$\tilde{\boldsymbol{u}}$ 是广义节点位移向量。给定初始节点向量$(\boldsymbol{\xi},\boldsymbol{\eta})$,将它代入 $\boldsymbol{\psi}$ 中,得以下广义范德蒙德矩阵

$$\boldsymbol{V}=\boldsymbol{\psi}^{\mathrm{T}}(\boldsymbol{\xi},\boldsymbol{\eta}) \tag{2.7-36}$$

对式(2.7-36)求逆然后将它代入式(2.7-35)得

$$u[x(\xi,\eta),y(\xi,\eta),z(\xi,\eta)]=\psi^{\mathrm{T}}(\xi,\eta)\boldsymbol{V}^{-1}u(\boldsymbol{\xi},\boldsymbol{\eta})=\sum_{i=1}^{N_t}L_i(\xi,\eta)u(\xi_i,\eta_i) \tag{2.7-37}$$

其中,N_t 是总的结点数目,$L_i(\xi,\eta)$ 是定义在点(ξ_i,η_i)的拉格朗日函数。为了使插值精度最高,要求

$$|L_i(\xi,\eta)|\leqslant 1,\quad L_i(\xi_i,\eta_i)=1$$

或

$$\frac{\partial L_i(\boldsymbol{\xi},\boldsymbol{\eta})}{\partial \xi_i}=0,\quad \frac{\partial L_i(\boldsymbol{\xi},\boldsymbol{\eta})}{\partial \eta_i}=0 \tag{2.7-38}$$

这是一个二维多自由度问题,如果采用牛顿-拉弗森方法求解则对初值要求很高,如果采用共轭梯度法等方法求解则计算量非常惊人。

作者[112]通过研究发现,利用坐标的对称性,同样可以把一维高斯-洛巴托点映射到三角形上,从而得到非常接近 Fekete 点的三角形上的非均匀分布节点。设一维均匀分布节点$(\xi,\eta,1-\xi-\eta)$通过以下函数

$$\begin{cases}\lambda_1=f(\xi)\\\lambda_2=f(\eta)\\\lambda_3=f(1-\xi-\eta)\end{cases}$$

映射为非均匀分布节点$(\lambda_1,\lambda_2,\lambda_3)$。注意这里 $\lambda_3\neq 1-\lambda_1-\lambda_2$。如把均匀分布节点代入 $\lambda_1=\sin(\pi\xi/2)$,$\lambda_2=\sin(\pi\eta/2)$ 和 $\lambda_3=\sin[\pi(1-\xi-\eta)/2]$ 就得到切比雪夫-洛巴托点。设 $\boldsymbol{\alpha}=[\alpha_1,\alpha_2,\cdots,\alpha_n]$ 为高斯-洛巴托点,则该映射关系为 $\lambda_1=\alpha_i,\lambda_2=\alpha_j$ 以及 $\lambda_3=\alpha_{n+2-i-j}$。如果各边上的节点 $\lambda_i(i=1,2,3)$ 的数目相同,则三角形上的非均匀分布节点可近似表示为

$$\begin{cases}s(\lambda_1,\lambda_2,\lambda_3)=\dfrac{\lambda_1+\alpha\lambda_1\lambda_2\lambda_3}{\lambda_1+\lambda_2+\lambda_3+3\alpha\lambda_1\lambda_2\lambda_3}\\[3mm]t(\lambda_1,\lambda_2,\lambda_3)=\dfrac{\lambda_2+\alpha\lambda_1\lambda_2\lambda_3}{\lambda_1+\lambda_2+\lambda_3+3\alpha\lambda_1\lambda_2\lambda_3}\end{cases} \tag{2.7-39}$$

容易验证

$$\begin{cases}s(\lambda_1,0,\lambda_3)=\lambda_1\\t(0,\lambda_2,\lambda_3)=\lambda_2\end{cases}$$

即在三角形的边上仍为一维高斯-洛巴托点。研究表明三角形边上的 Fekete 点就是一维高斯-洛巴托点。图 2.7 – 29 所示是该映射关系。图 2.7 – 30 所示是用式(2.7 – 38)优化后的点与用式(2.7 – 39)直接映射得到的非均匀分布点的对比,可见二者非常吻合。把该非均匀分布节点代入式(2.7 – 37),可得三角形上的拉格朗日函数,如图 2.7 – 31 所示。

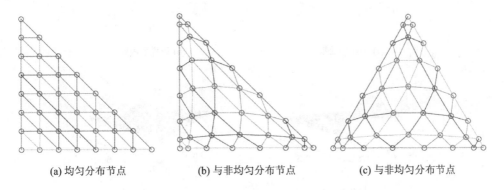

(a) 均匀分布节点　　　　　(b) 与非均匀分布节点　　　　　(c) 与非均匀分布节点

图 2.7 – 29　三角形单元上的均匀分布节点

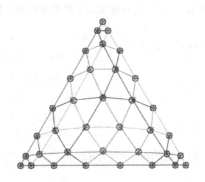

图 2.7 – 30　三角形单元上的 Fekete 点(*)与显式表达式得到的近似点(○)的对比

　　构造四面体单元的插值函数与式(2.7 – 37)类似,四面体单元 Fekete 点的求解方法与式(2.7 – 39)类似。设一维均匀分布节点为 $(\xi, \eta, \zeta, 1-\xi-\eta-\zeta)$,将它映射为非均匀分布节点 $(\lambda_1, \lambda_2, \lambda_3, \lambda_4)$ 的方法为

$$\begin{cases} \lambda_1 = f(\xi) \\ \lambda_2 = f(\eta) \\ \lambda_3 = f(\zeta) \\ \lambda_4 = f(1-\xi-\eta-\zeta) \end{cases}$$

设 $\boldsymbol{\alpha} = [\alpha_1, \alpha_2, \cdots, \alpha_n]$ 为高斯-洛巴托点,则该映射关系为 $\lambda_1 = \alpha_i, \lambda_2 = \alpha_j, \lambda_3 = \alpha_k$ 以及 $\lambda_4 = \alpha_{n+3-i-j-k}$。四面体单元上的非均匀分布节点为

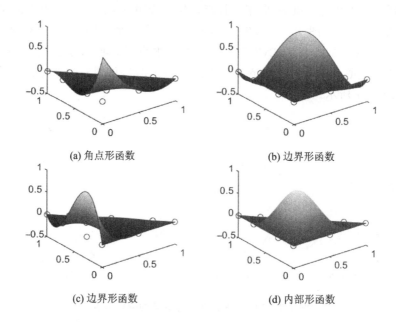

(a) 角点形函数 (b) 边界形函数

(c) 边界形函数 (d) 内部形函数

图 2.7 - 31 三角形单元上的节点位移函数

$$\begin{cases} r(\lambda_1,\lambda_2,\lambda_3,\lambda_4) = \dfrac{\lambda_1 + \alpha\lambda_1\lambda_2\lambda_3\lambda_4}{\lambda_1 + \lambda_2 + \lambda_3 + 4\alpha\lambda_1\lambda_2\lambda_3\lambda_4} \\[3mm] s(\lambda_1,\lambda_2,\lambda_3,\lambda_4) = \dfrac{\lambda_2 + \alpha\lambda_1\lambda_2\lambda_3\lambda_4}{\lambda_1 + \lambda_2 + \lambda_3 + 4\alpha\lambda_1\lambda_2\lambda_3\lambda_4} \\[3mm] t(\lambda_1,\lambda_2,\lambda_3,\lambda_4) = \dfrac{\lambda_3 + \alpha\lambda_1\lambda_2\lambda_3\lambda_4}{\lambda_1 + \lambda_2 + \lambda_3 + 4\alpha\lambda_1\lambda_2\lambda_3\lambda_4} \end{cases}$$

图 2.7 - 32 所示是四面体单元上的非均匀分布节点,图 2.7 - 33 所示是四面体单元边上和面上的节点位移函数。

三棱柱单元的非均匀分布节点通过三角形上的非均匀分布节点与一维非均匀分布节点的张量积形式构造。三棱柱单元与六面体单元形函数如图 2.7 - 34 所示。

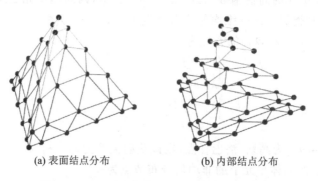

(a) 表面结点分布 (b) 内部结点分布

图 2.7 - 32 四面体单元上的非均匀分布节点

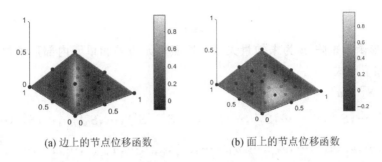

(a) 边上的节点位移函数　　　　　(b) 面上的节点位移函数

图 2.7-33　四面体单元边上和面上的节点位移函数

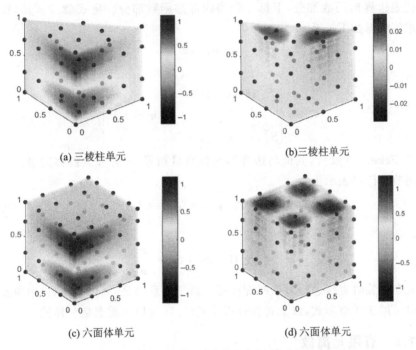

(a) 三棱柱单元　　　　　　　　　(b) 三棱柱单元

(c) 六面体单元　　　　　　　　　(d) 六面体单元

注:"·"点为与对应边、面和体上形函数个数相同的非均匀分布节点。

图 2.7-34　三棱柱单元与六面体单元形函数

2.7.5　单元组装

在 2.7.2 节介绍的升阶谱求积单元中,除顶点函数外,单元的边函数以及面函数并不具有插值特性,这使得单元在组装时变得更加复杂。对于六面体单元来说,单元组装时需要考虑单元的几何参数方向及形函数的奇偶性,在组装过程中常常需要变换正负符号;对于三棱柱、四面体以及金字塔单元来说,情况更加复杂,例如四面体单元的斜面与直角面,虽然它们在几何形式上都是三角形,然而它们的参数化形式却不一样,因此需要用 2.7.4 节介绍的非均匀分布节点将单元边界上的形函数转换为插值形函数以便于组装。下面以三棱柱单元为例介绍自由度转换方法,三棱柱单元的位移场 u 可以表

示为

$$u \approx S^{\mathrm{T}} u \qquad (2.7-40)$$

其中,S 为形函数矩阵,u 为未知量矢量。按照单元边界和单元内部形函数,S 和 u 可以表示成如下形式

$$S^{\mathrm{T}} = [S_1^{\mathrm{T}}, S_2^{\mathrm{T}}] , u^{\mathrm{T}} = [u_1^{\mathrm{T}}, \quad u_2^{\mathrm{T}}]$$

$$S_1^{\mathrm{T}} = [S^{V_1}, \cdots, S^{V_6}, S_1^{E_1}, \cdots, S_{L_1}^{E_1}, \cdots, S_1^{E_9}, \cdots, S_{L_9}^{E_9}, S_{11}^{F_1}, \cdots, S_{M_1 N_1}^{F_1}, \cdots, S_{11}^{F_5}, \cdots, S_{M_5 N_5}^{F_5}]$$

$$u_1^{\mathrm{T}} = [u_1, \cdots, u_6, a_1^{E_1}, \cdots, a_{L_1}^{E_1}, \cdots, a_1^{E_9}, \cdots, a_{L_9}^{E_9}, a_{11}^{F_1}, \cdots, a_{M_1 N_1}^{F_1}, \cdots, a_{11}^{F_5}, \cdots, a_{M_5 N_5}^{F_5}]$$

$$S_2^{\mathrm{T}} = [S_{000}^{B}, \cdots, S_{LMN}^{B}] , \quad u_2^{\mathrm{T}} = [a_{000}^{B}, \cdots, a_{LMN}^{B}]$$

下标 1 代表边界形函数部分,下标 2 代表内部形函数部分。将式(2.7-40)在 Fekete 点进行求值可得如下关系

$$G_1 u_1 = \tilde{u}$$

其中

$$G_1 = \begin{bmatrix} S_1^{\mathrm{T}}(\xi_1, \eta_1, \zeta_1) \\ \vdots \\ S_1^{\mathrm{T}}(\xi_K, \eta_K, \zeta_K) \end{bmatrix}, \quad \tilde{u} = \begin{bmatrix} u_1 \\ \vdots \\ u_K \end{bmatrix}$$

K 为边界 Fekete 点数目,其值与边界形函数数目相等;$\tilde{u}$ 为节点位移向量。因此最终位移场用节点位移表示为

$$u \approx S_1^{\mathrm{T}} G_1^{-1} \tilde{u} + S_2^{\mathrm{T}} u_2 = \tilde{S}^{\mathrm{T}} \bar{u} \qquad (2.7-41)$$

其中

$$\tilde{S}^{\mathrm{T}} = [S_1^{\mathrm{T}} G_1^{-1}, S_2^{\mathrm{T}}] , \bar{u} = \begin{bmatrix} \tilde{u} \\ u_2 \end{bmatrix}$$

这样单元在组装时直接进行节点匹配即可。需要注意的是,式(2.7-41)中单元内部形函数仍然采用非插值形式,以上转换过程与式(2.7-41)本质上是一样的。

2.7.6 有限元离散

有了单元位移场、本构关系、势能泛函,接下来需要推导单元刚度矩阵、质量矩阵和载荷向量,下面以三棱柱单元为例介绍推导过程,另外三种三维单元的推导方法是类似的。根据式(2.7-41),位移场 u 可以表示为

$$u = \tilde{S}^{\mathrm{T}} \bar{u}$$

那么 u 在式(2.7-32)所示积分点上的函数值 $\hat{u}$ 可以表示为

$$\hat{u} = G \bar{u}$$

其中

$$\hat{u} = [u(\tilde{\xi}_{11}, \eta_1, \zeta_1), \cdots, u(\tilde{\xi}_{1N_\xi}, \eta_1, \zeta_1), \cdots, u(\tilde{\xi}_{1N_\eta}, \eta_{N_\eta}, \zeta_{N_\zeta}), \cdots, u(\tilde{\xi}_{N_\xi N_\eta}, \eta_{N_\eta}, \zeta_{N_\zeta})]^{\mathrm{T}}$$

$$G = \begin{bmatrix} \widetilde{S}^{\mathrm{T}}(\widetilde{\xi}_{11}, \eta_1, \zeta_1) \\ \vdots \\ \widetilde{S}^{\mathrm{T}}(\widetilde{\xi}_{N_\xi N_\eta}, \eta_{N_\eta}, \zeta_{N_\zeta}) \end{bmatrix}$$

为求得关于全局坐标的导数,需要引入以下链式法则

$$\begin{bmatrix} \dfrac{\partial u}{\partial x} \\[2mm] \dfrac{\partial u}{\partial y} \\[2mm] \dfrac{\partial u}{\partial z} \end{bmatrix} = \frac{1}{|\boldsymbol{J}|} \begin{bmatrix} \dfrac{\partial y}{\partial \eta}\dfrac{\partial z}{\partial \zeta} - \dfrac{\partial z}{\partial \eta}\dfrac{\partial y}{\partial \zeta} & \dfrac{\partial y}{\partial \zeta}\dfrac{\partial z}{\partial \xi} - \dfrac{\partial z}{\partial \zeta}\dfrac{\partial y}{\partial \xi} & \dfrac{\partial y}{\partial \xi}\dfrac{\partial z}{\partial \eta} - \dfrac{\partial z}{\partial \xi}\dfrac{\partial y}{\partial \eta} \\[3mm] \dfrac{\partial z}{\partial \eta}\dfrac{\partial x}{\partial \zeta} - \dfrac{\partial x}{\partial \eta}\dfrac{\partial z}{\partial \zeta} & \dfrac{\partial z}{\partial \zeta}\dfrac{\partial x}{\partial \xi} - \dfrac{\partial x}{\partial \zeta}\dfrac{\partial z}{\partial \xi} & \dfrac{\partial z}{\partial \xi}\dfrac{\partial x}{\partial \eta} - \dfrac{\partial x}{\partial \xi}\dfrac{\partial z}{\partial \eta} \\[3mm] \dfrac{\partial x}{\partial \eta}\dfrac{\partial y}{\partial \zeta} - \dfrac{\partial y}{\partial \eta}\dfrac{\partial x}{\partial \zeta} & \dfrac{\partial x}{\partial \zeta}\dfrac{\partial y}{\partial \xi} - \dfrac{\partial y}{\partial \zeta}\dfrac{\partial x}{\partial \xi} & \dfrac{\partial x}{\partial \xi}\dfrac{\partial y}{\partial \eta} - \dfrac{\partial y}{\partial \xi}\dfrac{\partial x}{\partial \eta} \end{bmatrix} \begin{bmatrix} \dfrac{\partial u}{\partial \xi} \\[2mm] \dfrac{\partial u}{\partial \eta} \\[2mm] \dfrac{\partial u}{\partial \zeta} \end{bmatrix}$$

其中 $|\boldsymbol{J}|$ 为雅可比行列式

$$|\boldsymbol{J}| = \frac{\partial x}{\partial \xi}\left(\frac{\partial y}{\partial \eta}\frac{\partial z}{\partial \zeta} - \frac{\partial z}{\partial \eta}\frac{\partial y}{\partial \zeta}\right) + \frac{\partial y}{\partial \xi}\left(\frac{\partial z}{\partial \eta}\frac{\partial x}{\partial \zeta} - \frac{\partial x}{\partial \eta}\frac{\partial z}{\partial \zeta}\right) + \frac{\partial z}{\partial \xi}\left(\frac{\partial x}{\partial \eta}\frac{\partial y}{\partial \zeta} - \frac{\partial y}{\partial \eta}\frac{\partial x}{\partial \zeta}\right)$$

那么 u 在积分点处关于全局坐标 x、y 和 z 的导数为

$$\begin{cases} \left(\dfrac{\partial u}{\partial x}\right)_{ijk} = \dfrac{1}{|\boldsymbol{J}|_{ijk}} \begin{bmatrix} \left(\dfrac{\partial y}{\partial \eta}\dfrac{\partial z}{\partial \zeta} - \dfrac{\partial z}{\partial \eta}\dfrac{\partial y}{\partial \zeta}\right)_{ijk} \\[3mm] \left(\dfrac{\partial y}{\partial \zeta}\dfrac{\partial z}{\partial \xi} - \dfrac{\partial z}{\partial \zeta}\dfrac{\partial y}{\partial \xi}\right)_{ijk} \\[3mm] \left(\dfrac{\partial y}{\partial \xi}\dfrac{\partial z}{\partial \eta} - \dfrac{\partial z}{\partial \xi}\dfrac{\partial y}{\partial \eta}\right)_{ijk} \end{bmatrix}^{\mathrm{T}} \begin{bmatrix} \widetilde{S}_\xi^{\mathrm{T}}(\widetilde{\xi}_{ij}, \eta_j, \zeta_k) \\[2mm] \widetilde{S}_\eta^{\mathrm{T}}(\widetilde{\xi}_{ij}, \eta_j, \zeta_k) \\[2mm] \widetilde{S}_\zeta^{\mathrm{T}}(\widetilde{\xi}_{ij}, \eta_j, \zeta_k) \end{bmatrix} \bar{\boldsymbol{u}} \\[18mm] \left(\dfrac{\partial u}{\partial y}\right)_{ijk} = \dfrac{1}{|\boldsymbol{J}|_{ijk}} \begin{bmatrix} \left(\dfrac{\partial z}{\partial \eta}\dfrac{\partial x}{\partial \zeta} - \dfrac{\partial x}{\partial \eta}\dfrac{\partial z}{\partial \zeta}\right)_{ijk} \\[3mm] \left(\dfrac{\partial z}{\partial \zeta}\dfrac{\partial x}{\partial \xi} - \dfrac{\partial x}{\partial \zeta}\dfrac{\partial z}{\partial \xi}\right)_{ijk} \\[3mm] \left(\dfrac{\partial z}{\partial \xi}\dfrac{\partial x}{\partial \eta} - \dfrac{\partial x}{\partial \xi}\dfrac{\partial z}{\partial \eta}\right)_{ijk} \end{bmatrix}^{\mathrm{T}} \begin{bmatrix} \widetilde{S}_\xi^{\mathrm{T}}(\widetilde{\xi}_{ij}, \eta_j, \zeta_k) \\[2mm] \widetilde{S}_\eta^{\mathrm{T}}(\widetilde{\xi}_{ij}, \eta_j, \zeta_k) \\[2mm] \widetilde{S}_\zeta^{\mathrm{T}}(\widetilde{\xi}_{ij}, \eta_j, \zeta_k) \end{bmatrix} \bar{\boldsymbol{u}} \\[18mm] \left(\dfrac{\partial u}{\partial z}\right)_{ijk} = \dfrac{1}{|\boldsymbol{J}|_{ijk}} \begin{bmatrix} \left(\dfrac{\partial x}{\partial \eta}\dfrac{\partial y}{\partial \zeta} - \dfrac{\partial y}{\partial \eta}\dfrac{\partial x}{\partial \zeta}\right)_{ijk} \\[3mm] \left(\dfrac{\partial x}{\partial \zeta}\dfrac{\partial y}{\partial \xi} - \dfrac{\partial y}{\partial \zeta}\dfrac{\partial x}{\partial \xi}\right)_{ijk} \\[3mm] \left(\dfrac{\partial x}{\partial \xi}\dfrac{\partial y}{\partial \eta} - \dfrac{\partial y}{\partial \xi}\dfrac{\partial x}{\partial \eta}\right)_{ijk} \end{bmatrix}^{\mathrm{T}} \begin{bmatrix} \widetilde{S}_\xi^{\mathrm{T}}(\widetilde{\xi}_{ij}, \eta_j, \zeta_k) \\[2mm] \widetilde{S}_\eta^{\mathrm{T}}(\widetilde{\xi}_{ij}, \eta_j, \zeta_k) \\[2mm] \widetilde{S}_\zeta^{\mathrm{T}}(\widetilde{\xi}_{ij}, \eta_j, \zeta_k) \end{bmatrix} \bar{\boldsymbol{u}} \end{cases}$$

$$(2.7-42)$$

其中,下标 ijk 代表在积分点 $\widetilde{\xi}_{ij}$、η_j、ζ_k 进行取值,S_ξ^{T} 代表对每个形函数求关于 ξ 的一阶偏导,其余类似。式(2.7-42)写成矩阵形式为

$$\hat{\boldsymbol{u}}_x = \boldsymbol{G}_x \bar{\boldsymbol{u}}, \quad \hat{\boldsymbol{u}}_y = \boldsymbol{G}_y \bar{\boldsymbol{u}}, \quad \hat{\boldsymbol{u}}_z = \boldsymbol{G}_z \bar{\boldsymbol{u}}$$

其中

$$\hat{u}_x = [u'_x(\xi_{11},\eta_1,\zeta_1),\cdots,u'_x(\xi_{N_\xi 1},\eta_1,\zeta_1),\cdots,u'_x(\xi_{1N_\eta},\eta_{N_\eta},\zeta_{N_\zeta}),\cdots,u'_x(\xi_{N_\xi N_\eta},\eta_{N_\eta},\zeta_{N_\zeta})]^T$$

其余类似。同理可得其他位移分量在积分点的离散值

$$\hat{v} = G\bar{v}, \quad \hat{w} = G\bar{w}$$

其中

$$\hat{v}_x = G_x\hat{v}, \quad \hat{v}_y = G_y\hat{v}, \quad \hat{v}_z = G_z\hat{v}$$

$$\hat{w}_x = G_x\bar{w}, \quad \hat{w}_y = G_y\bar{w}, \quad \hat{w}_z = G_z\bar{w}$$

根据应变-位移关系式(2.7-17),应变分量在积分点的值可以离散为

$$\begin{bmatrix} \varepsilon_x \\ \varepsilon_y \\ \varepsilon_z \\ \gamma_{yz} \\ \gamma_{xz} \\ \gamma_{xy} \end{bmatrix} = \begin{bmatrix} G_x & O & O \\ O & G_y & O \\ O & O & G_z \\ O & G_z & G_y \\ G_z & O & G_x \\ G_y & G_x & O \end{bmatrix} \begin{bmatrix} u \\ v \\ w \end{bmatrix} \quad 或\ \varepsilon = Bd$$

定义如下权系数矩阵

$$C = \mathrm{diag}(|J|_{111}\widetilde{C}^\xi_{11}C^\eta_1 C^\zeta_1,\cdots,|J|_{N_\xi 11}\widetilde{C}^\xi_{N_\xi 1}C^\eta_1 C^\zeta_1,\cdots,|J|_{N_\xi N_\eta N_\zeta}\widetilde{C}^\xi_{N_\xi N_\eta}C^\eta_{N_\eta}C^\zeta_{N_\zeta})$$

以及弹性矩阵

$$D = \frac{E(1-\upsilon)}{(1+\upsilon)(1-2\upsilon)}\begin{bmatrix} C & \frac{\upsilon}{1-\upsilon}C & \frac{\upsilon}{1-\upsilon}C & O & O & O \\ & C & \frac{\upsilon}{1-\upsilon}C & O & O & O \\ & & C & O & O & O \\ & & & \frac{1-2\upsilon}{2(1-\upsilon)}C & O & O \\ & & & & \frac{1-2\upsilon}{2(1-\upsilon)}C & O \\ 对称 & & & & & \frac{1-2\upsilon}{2(1-\upsilon)}C \end{bmatrix}$$

将上述式代入势能泛函式(2.7-6)可得单元矩阵为

$$M = \rho\begin{bmatrix} G^T CG & & \\ & G^T CG & \\ & & G^T CG \end{bmatrix}, \quad F = \begin{bmatrix} G^T Cf_x \\ G^T Cf_y \\ G^T Cf_z \end{bmatrix} + \begin{bmatrix} G_\Gamma^T C_\Gamma t_x \\ G_\Gamma^T C_\Gamma t_y \\ G_\Gamma^T C_\Gamma t_z \end{bmatrix}$$

$$K = B^T DB, \quad \widetilde{D} = c\begin{bmatrix} G^T CG & & \\ & G^T CG & \\ & & G^T CG \end{bmatrix} \tag{2.7-43}$$

其中,K、M、F、$\tilde{D}$ 分别为刚度矩阵、质量矩阵、载荷向量以及阻尼矩阵,密度与阻尼均假设为均匀分布,载荷向量 F 由体力 f 以及面力 t 两部分构成。结合 2.7.3 节,可以得到其他三种单元的单元矩阵。

式(2.7-43)所示刚度矩阵的计算公式虽然形式上简单,但计算量很大,下面针对各向同性材料和各向异性热弹性耦合问题给出效率更高的计算公式。

对于各向同性材料,刚度矩阵的计算式可进一步写为

$$K = \frac{G}{v_2} \begin{bmatrix} K_{11} & & \text{对称} \\ K_{21} & K_{22} & \\ K_{31} & K_{32} & K_{33} \end{bmatrix}$$

其中

$$\begin{bmatrix} K_{11} \\ K_{22} \\ K_{33} \end{bmatrix} = \begin{bmatrix} 2v_1 & v_2 & v_2 \\ v_2 & 2v_1 & v_2 \\ v_2 & v_2 & 2v_1 \end{bmatrix} \begin{bmatrix} G_x^T C G_x \\ G_y^T C G_y \\ G_z^T C G_z \end{bmatrix}$$

$$K_{21} = v G_y^T C G_x + v_2 G_x^T C G_y$$

$$K_{31} = v G_z^T C G_x + v_2 G_x^T C G_z$$

$$K_{32} = v G_z^T C G_y + v_2 G_y^T C G_z$$

而 $v_1 = 1 - v$,$v_2 = 0.5 - v$。

对于热弹性耦合问题,刚度矩阵计算式可进一步写为

$$K = \begin{bmatrix} k_{1x}^1 + k_{5z}^1 + k_{6y}^1 & k_{2y}^1 + k_{4z}^1 + k_{6x}^1 & k_{3z}^1 + k_{4y}^1 + k_{5x}^1 \\ & k_{2y}^2 + k_{4z}^2 + k_{6x}^2 & k_{3z}^2 + k_{4y}^2 + k_{5x}^2 \\ \text{对称} & & k_{3z}^3 + k_{4y}^3 + k_{5x}^3 \end{bmatrix}$$

其中

$$k_{ij}^1 = Q_{i1} G_x C G_j^T + Q_{i5} G_z C G_j^T + Q_{i6} G_y C G_j^T, \quad i = 1, 2, \cdots, 6, j = x, y, z$$

$$k_{ij}^2 = Q_{i2} G_y C G_j^T + Q_{i4} G_z C G_j^T + Q_{i6} G_x C G_j^T, \quad i = 1, 2, \cdots, 6, j = x, y, z$$

$$k_{ij}^3 = Q_{i3} G_z C G_j^T + Q_{i4} G_y C G_j^T + Q_{i5} G_x C G_j^T, \quad i = 1, 2, \cdots, 6, j = x, y, z$$

热弹性耦合问题的载荷向量为

$$R = \begin{bmatrix} \sum_{j=1}^{6} (Q_{1j} \alpha_j G_x^T + Q_{5j} \alpha_j G_z^T + Q_{6j} \alpha_j G_y^T) C \Delta T \\ \sum_{j=1}^{6} (Q_{2j} \alpha_j G_y^T + Q_{4j} \alpha_j G_z^T + Q_{6j} \alpha_j G_x^T) C \Delta T \\ G^T C q_w + \sum_{j=1}^{6} (Q_{3j} \alpha_j G_z^T + Q_{4j} \alpha_j G_y^T + Q_{5j} \alpha_j G_x^T) C \Delta T \end{bmatrix}$$

其中,$\alpha_1 = \alpha_{xx}$,$\alpha_2 = \alpha_{yy}$,$\alpha_3 = \alpha_{zz}$,$\alpha_4 = 0$,$\alpha_5 = 0$,$\alpha_6 = \alpha_{xy}$;ΔT 是稳定增量 ΔT 在单元积分点上的离散值。

2.7.7 小 结

本节首先介绍了三维弹性力学的基本方程,包括各向同性材料和正交各向异性材料的热弹性耦合问题;然后分别介绍了六面体单元、三棱柱单元、四面体单元和金字塔单元的升阶谱形函数,重点是各类单元上正交基函数的构造;接着又介绍了各种单元上的高斯-洛巴托积分。单元的几何映射在有限元分析中起着关键性的作用,用 NURBS等张量积基函数表示的三角形、四面体、三棱柱等单元存在汇聚点,在汇聚点处的微分是存在奇异的,因此需要将它们映射到相似几何形状的区域上。研究表明一维最优节点分布是高斯-洛巴托点,三角形和四面体上的高斯-洛巴托点被称作 Fekete 点。本节利用几何形状的对称性介绍了把一维高斯-洛巴托点映射到三角形和四面体域上的方法,由此得到的非均匀分布节点非常接近 Fekete 点,并以该节点为初始值用各单元上的升阶谱基函数给出了计算精确 Fekete 点的方法。在 Fekete 点的基础上,给出了求得三角形、四边形、四面体、三棱柱、六面体上拉格朗日函数的方法,可用于各种类型单元的几何映射。在这些单元表面上采用 Fekete 点对各类微分求积升阶谱体单元的组装是十分有利的。在升阶谱单元矩阵的计算方面,本节也介绍了高效的计算方法。研究表明,本节介绍的各类体单元的效率和精度高,同时,不存在数值稳定性问题、对各类闭锁问题不敏感,甚至可用于跨尺度分析。特别值得一提的是,采用本节所给三棱柱、六面体单元分析二维结构在达到三维精度的同时,仅需要二维理论的计算量。

在本书 2.3 节升阶谱求积三角形和四边形单元的构造中,单元边界上的插值函数是用混合函数方法和拉格朗日插值函数构造的,研究表明该方法的效率其实不够高。本节的升阶谱求积函数都是在升阶谱函数的基础上,利用单元边界上的非均匀分布节点通过插值构造的,由于正交多项式可以通过递推公式计算,因此其计算效率远远高于拉格朗日多项式并且不存在数值稳定性问题,即使再求一个逆矩阵,其计算效率也要远远高于拉格朗日多项式。因此,2.3 节中的三角形和四边形单元形函数建议采用本节的方法构造。

第3章 基于 VTK 的数据可视化

在编写完所需计算力学程序后,可以通过 OpenGL 来实现数据的可视化。但 OpenGL 仅提供底层的 API 供用户使用,因此学习和使用该工具有一定的难度,通常需要用户深入理解计算机图形学的基础知识。对于工程人员来说,使用底层 API 开发这些算法,既制约了工程开发效率,也不利于代码复用。因此,工程开发与科研人员更需要一种功能强大、方便易用的可视化开发库,VTK(Visualization Toolkit,可视化工具包)即是这样一种工具。VTK 是在 OpenGL 的基础上采用面向对象的设计方法发展起来的。VTK 将可视化开发过程中经常遇到的细节屏蔽起来,并将常用的可视化算法以类的方式进行封装,为从事可视化应用程序开发工作的研究人员提供了一个强大的开发工具。

本章从 VTK 最基础的部分开始介绍,并一步步深入地探讨 VTK 底层的架构,比如智能指针、可视化管线等内容,最后介绍如何基于 VTK 的框架实现自己的算法。同时,对 VTK 的基本概念、数据结构、图形处理、可视化、交互界面以及 VTK 的发展和扩展进行详尽的介绍。本章通过大量的实例来阐释 VTK 的学习和使用方法,在选择实例时,结合作者的开发经历,以实用性实例为主,实例全部采用 C++实现,在 Window 10、Visual Studio 2015 环境下均测试通过。在学习 VTK 之前,读者要有一定的 C/C++编程知识及基本的计算机图形学理论知识,本章将借助一系列的示例程序帮助读者学习并进一步提高 VTK 的开发技术。

3.1 VTK 概述

3.1.1 VTK 简介

VTK 是一个开源的免费软件系统,主要用于三维计算机图形学、图像处理和可视化。VTK 是在面向对象原理的基础上设计和实现的,它的内核是用 C++构建的,包含大约 250 000 行代码、2 000 多个类,还包含几个转换界面,因此也可以自由地通过 Java、Tcl/Tk 和 Python 等各种语言使用 VTK。

3.1.1.1 VTK 的发展历史

VTK 是一个开源、跨平台、可自由获取、支持并行处理的图形应用函数库。

VTK 最早是作为普伦蒂斯·霍尔(Prentice Hall)出版社在 1993 年出版的 *The Visualization Toolkit: An Object-Oriented Approach to 3D Graphics* 的附件出现的。

该书及相应的 VTK 软件是由美国通用电气(GE)公司的三位研究人员 Ken Martin、Will Schroeder 和 Bill Lorensen 用其闲暇时间合作编著与开发的,因此该软件的授权完全由这三位研究人员决定。由于其开放源码式的授权,该书一经上市,很快就建立起 VTK 的使用者及开发者社区交流平台,同时美国通用电气公司(特别是通用电气医疗系统)与其他数家公司也开始提供对 VTK 的支援。

1998 年,Will Schroeder 和 Ken Martin 离开美国通用电气公司创立了 Kitware 公司(http://www.kitware.com)。有了 Kitware 公司的资金支持,VTK 社区快速地成长,它在学术研究及商业应用领域都受到重用,例如 Slicer 生物医学计算软件使用 VTK 作为其核心,许多讨论研究 VTK 的 IEEE 论文出现。VTK 也是许多大型研究机构(如桑迪亚(Sandia)、洛斯阿拉莫斯(Los Alamos)及利弗莫尔(Livermore)国家实验室)与 Kitware 公司的合作基础,这些研究中心使用 VTK 作为数据可视化处理工具。VTK 同时也是美国国立卫生研究院(National Institutes of Health,NIH)创立的美国国家医学影像计算合作联盟(National Alliance for Medical Image Computing,NA-MIC,http://www.na-mic.org)的关键计算工具。

3.1.1.2 VTK 的特点

三维计算机图形、图像处理及可视化是 VTK 主要的应用方向。通过 VTK 可以将科学实验数据如建筑学、气象学、医学、生物学或者航空航天学对体、面、光源等逼真渲染,从而帮助人们理解那些采取错综复杂而又往往规模庞大的数字呈现形式的科学概念或结果。

VTK 包含一个 C++类库、众多的翻译接口层(包括 Tcl/Tk、Java、Python)。VTK 是在三维函数库 OpenGL 的基础上采用面向对象的设计方法发展起来的,它将在可视化开发过程中经常遇到的细节屏蔽起来,并将一些常用的算法封装起来。比如 VTK 将表面重建中比较常见的 Marching Cubes 算法进行封装,以类的形式供用户使用,这样用户在对三维规则点阵数据进行表面重建时就不必再重复编写 Marching Cubes 算法的代码,而直接使用 VTK 中已经提供的 vtkMarchingCubes 类即可。

VTK 是一个给从事可视化应用程序开发工作的研究人员提供直接技术支持的强大的可视化开发工具。它具有如下特点:

(1) VTK 具有强大的三维图形功能。VTK 既支持基于体素的体绘制(voxel-based volume rendering),又保留了传统的面绘制(surface rendering),从而在极大地改善可视化效果的同时又可以充分利用现有的图形库和图形硬件。

(2) VTK 的体系结构使它具有非常好的流(streaming)和高速缓存(caching)的能力,在处理大量的数据时不必考虑内存资源的限制。

(3) VTK 能够更好地支持基于网络的工具,比如 Java 和 VRML。随着万维网(Web)和因特网(Internet)技术的发展,VTK 有着很好的发展前景。

(4) VTK 能够支持多种着色,如 OpenGL 等。

(5) VTK 具有设备无关性,使其代码具有良好的可移植性。

(6) VTK 中定义了许多宏,这些宏极大地简化了编程工作并且加强了一致的对象行为。

(7) VTK 具有更丰富的数据类型,支持对多种数据类型进行处理。

(8) VTK 的跨平台特性方便了各类用户。

3.1.1.3 可视化

与数据可视化和图形处理密切相关的是图像处理,这三个概念容易混淆,这里给出其定义。

- 图像处理研究的是二维图片或图像,包括转换(旋转、缩放、剪切等)、提取信息、分析、增强等。
- 计算机图形学研究用计算机创建图像的过程,包括二维绘画和三维渲染技术。
- 可视化研究数据的分析、转换,并将数据显示为图像,从而加深对数据的理解。

通过定义可以看出,这几个领域是有重叠的。计算机图形的输出是图像,而可视化的输出是通过计算机图形实现的。有时数据可视化是用图像实现的,或者人们希望用计算机图形学的实景渲染技术可视化几何对象。

一般来说,通过以下三个途径来区分可视化与计算机图形和图像处理:

(1) 数据的维度是三维或更高维。针对二维或更低维的可视化有很多著名的方法,但可视化技术的优势在于高维数据。

(2) 可视化专注于数据转换,即通过不断创建和修改数据来强化数据的内涵。

(3) 可视化天然是交互的,人会干预数据的创建、转换和浏览。

换个角度来看,可视化是一个分析和理解数据的活动,包括图像生成、计算机图形、数据处理和过滤、用户界面技术、计算技术以及软件设计。图 3.1-1 展示了这个过程。从图中可见可视化聚焦于数据通过,对不同来源的数据不断转换,实现提取、导出和增强信息的目的,最终的数据映射到图形系统上进行显示。

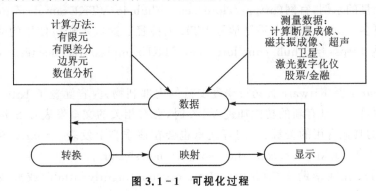

图 3.1-1 可视化过程

3.1.1.4 获取 VTK 源码

VTK 是开放源码,可以从 VTK 网站(http://www.vtk.org)上免费获取。VTK 源码的下载地址为 https://vtk.org/download/。截至 2019 年 4 月,VTK 官方发布的最新稳定版本为 8.2.0。

以 VTK8.2.0 为例,在 Windows 下编译、安装 VTK 需要下载的文件如下:

(1) VTK - 8.2.0.zip(或者是 VTK - 8.2.0.tar.gz)——该文件包含 VTK 所有的核心源码以及相关的示例程序,下载地址为 https://www.vtk.org/files/release/8.2/VTK - 8.2.0.zip,该文件必须下载。

(2) VTKData - 8.2.0.zip(或者是 VTKData - 8.2.0.tar.gz)——该文件包含 VTK 自带的示例或测试程序运行时需要用到的数据,可选下载,下载地址为 https://www.vtk.org/files/release/8.2/VTKData-8.2.0.zip。

(3) vtkDocHtml - 8.2.0.tar.gz——该文件是 VTK 的文档文件,在 Windows 下解压后,打开 index.html 文件即可查看 VTK 各个类以及接口的相关介绍,下载地址为 https://www.vtk.org/files/release/8.2/vtkDocHtml—8.2.0.tar.gz。对 VTK 初学者来说,建议下载该文件。这些 HTML 文档都是由 Doxygen 工具(http://www.doxygen.org/)根据各个类的头文件自动生成的。

除了可以下载 VTK 官方发布的稳定版本,还可以下载最新的开发版本。VTK 的代码管理采用分布式版本控制工具 Git,VTK 开发的 Git 网址是 https://gitlab.kitware.com/vtk/vtk。

3.1.1.5 VTK 学习资源

对于很多 VTK 初学者而言,可能一开始都会抱怨 VTK 的参考资料太少。其实不然,学习 VTK 可以借鉴、参考的资料是非常多的。下面列出一些与 VTK 相关的学习资源:

(1) Kitware 公司出版 *VTK User's Guide* 的最新版本第 11 版以 VTK 5.4 为基础,主要介绍 VTK 类库的应用。

(2) *The Visualization Toolkit*:*An Object-Oriented Approach To 3D Graphics* 是与 *VTK User's Guide* 配套的教科书,深入讲解了许多 VTK 里的算法、数据结构等。该书配有大量的示例,官网(https://lorensen.github.io/VTKExamples/site/Cxx/)上还给出了更多示例,从示例入手是学习 VTK 的捷径。这些示例所使用的数据文件的下载地址为 https://github.com/lorensen/VTKExamples/tree/master/src/Testing/Data。

(3) *Source* 是 Kitware 公司按季度发行的内部刊物,内容涵盖了 Kitware 公司的所有开源项目。一旦有新的功能加进 VTK 时,会有相关的文章发表在 *Source* 上。与 VTK 相关的其他有用的资源、入门等文章也会在该季刊上发表。*Source* 在线访问地址为 https://blog.kitware.com/the—source—newsletter/。

(4) VTK 在线帮助文档(https://vtk.org/doc/nightly/html/)或离线帮助文档(即 3.1.1.4 节里提到的 vtkDocHtml—8.2.0.tar.gz 文件)。VTK 每个类都提供不同的接口以实现不同的功能,通过文档查询能了解到这些类的功能及其使用方法。除在线帮助文档之外,VTK 主页上还有维基(Wiki)、常见问题解答等页面的入口,这些都是学习 VTK 不可多得的资源。

(5) VTK users 邮件列表可以让用户和开发者提问题以及接收别人的解答、发布更新以及提出改进系统的建议等。VTK users 邮件列表的地址为 https://public.kit-ware.com/mailman/listinfo/vtkusers。

（6）Insight Journal(http://insight－journal.org/)是对学习 VTK 非常有参考价值的网站。用户可以通过这个网站向 VTK 社区贡献自己的代码,同样也能下载别人上传的代码,用于学习、研究等。

3.1.2　VTK 的编译与安装

学习 VTK 最好是从下载 VTK 源码、自己编译开始。编译 VTK 是一件很简单的事情,最重要的是把准备工作做好。本节将会详细演示如何编译、安装 VTK。

这里提到的 VTK 开发环境为:Windows 10 教育版 64 位操作系统、Visual Studio 2015 集成开发环境(integrated development environment,IDE)、CMake 3.12.2、Qt 5.9.3 以及 VTK-8.2.0 Release 版本,后续所有程序示例代码都是在这个环境下测试通过的。

3.1.2.1 准备工作

（1）计算机必须安装 Visual Studio 2015。如果采用其他集成开发环境,也必须先安装对应的集成开发环境工具。

（2）**安装 CMake**。CMake 下载地址为 https://cmake.org/download/。Windows 平台下只要下载文件 cmake-3.12.2-win64-x64.msi 即可。安装完 CMake 以后,运行界面如图 3.1－2 所示。

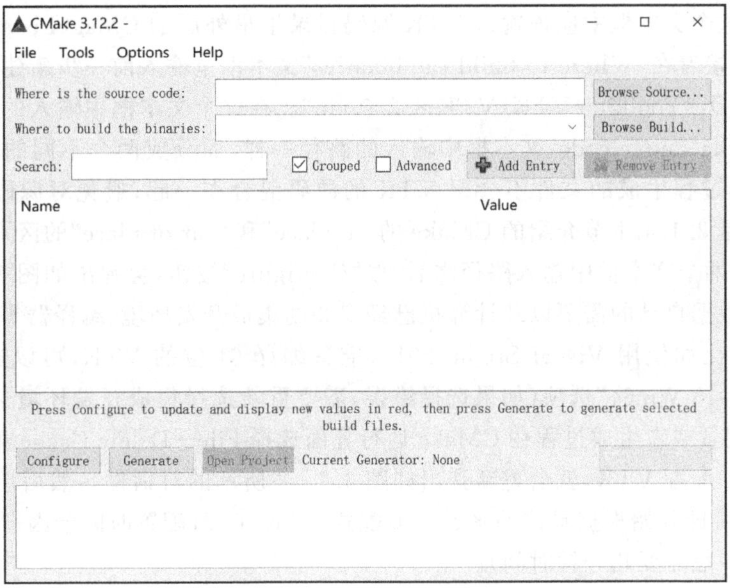

图 3.1－2　CMake 运行界面

(3) 如果想自己编译 VTK 类库的帮助文档,还需要安装 Doxygen 工具。**这一步不是必须的。**

(4) 如果想使用 Tcl、Python 或者 Java 等语言开发,也必须先安装相应的工具。相关的文件可以从以下页面下载:Tcl/Tk 下载地址为 http://www.tcl.tk/software/tcltk/;Python 下载地址为 http://www.python.org/;Java 下载地址为 http://www.java.com/。

(5) **确定使用哪种工具作为界面开发,比如 MFC、Qt、FLTK 等。** 以这个系列教程为例,若采用 Qt 作为 GUI(用户图形界面)开发工具,那么在安装 VTK 之前还必须安装 Qt,Windows 平台下的 Qt Opensource 编译版本可以从页面 https://www.qt.io/download 下载。

换言之,如果想使用 C++作为开发语言,采用 Qt 作为 GUI 开发工具,但不想编译 VTK 的帮助文档(因为已经有现成的,编译帮助文档的时间也会比较长),那么**在编译 VTK 之前,只要安装 Visual Studio 2015、CMake 和 Qt 即可。**

3.1.2.2 详细步骤

将下载的 VTK 源码文件 vtk-8.2.0.zip 解压到某个磁盘下,比如解压到"D:/Toolkits/VTK/VTK-8.2.0"。然后建立一个空的文件夹,文件夹名称只要不含中文即可(为了让文件名看起来规整统一,新建的文件夹命名为 VTK-8.2.0-bin,完整的路径为"D:/Toolkits/VTK/VTK-8.2.0-bin")。接着解压下载的 vtkdata-8.2.0.zip 文件。

打开 CMake,在 CMake 运行界面(见图 3.1-2)上的"Where is the source code"文本框里输入前一步解压 vtk-8.2.0.zip 之后的路径,即"D:/Toolkits/VTK/VTK-8.2.0"。也就是说,这个文本框中应该输入 VTK 源码目录里最外层的 CMakeLists.txt 文件所在的路径。接着在"Where to build the binaries"文本框里输入前一步新建的空文件夹的路径,即"D:/Toolkits/VTK/VTK-8.2.0-bin"。在这个文本框中输入的路径可以跟"Where is the source code"文本框中输入的路径一样,而分成两个不同的路径的好处是后续编译过程生成的文件不会跟 VTK 的源码混合在一起,避免对源码目录的"污染"。这也是 3.1.4.1 节介绍的 CMake 的"in-place"和"out-of-place"的区别。

在以上两个文本框中输入路径之后,按"Configure"按钮,会弹出如图 3.1-3 所示的对话框,根据自己的需要以及计算机已经安装的集成开发环境、编译器等选择适当的选项即可。比如使用 Visual Studio 2015,准备编译 64 位的 VTK,可以选择"Visual Studio 14 2015 Win64"选项(如果选择错误,需要重新选择集成开发环境选项,则停止 CMake 的配置或者生成过程在 CMake 运行界面选择 File→Delete Cache 菜单项,再重新用 CMake 配置 VTK,就会重新弹出如图 3.1-3 所示的对话框),然后单击"Finish"按钮,CMake 即开始根据具体的平台环境配置 VTK 工程(配置时间会因硬件配置的不同而不同,一般需要几分钟时间)。

配置完成后,CMake 界面如图 3.1-4 所示。

关于 VTK 的一些 CMake 配置选项的说明:

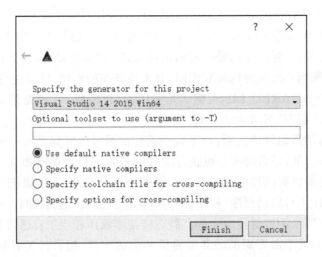

图 3.1 - 3   CMake 选择编译环境的对话框

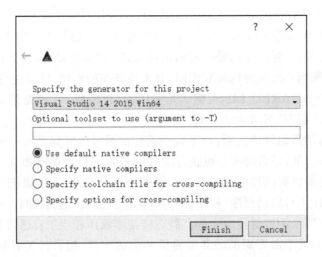

图 3.1 - 4   首次配置 VTK 完成后的 CMake 界面

(1) BUILD_EXAMPLES：默认是关闭的，如果打开这个选项，则会编译 VTK 示例，同时 VTK 编译所需的时间也较长，占用的磁盘空间也较大。对于初学者来说，建议把这个选项打开(需要注意的是一些示例可能用到 Python 等，如果没有做相关配置则可能出错，如果担心出错可以将它关闭，对于感兴趣的示例，可以进行单独编译)。

(2) BUILD_SHARED_LIBS：默认是关闭的，意味着 VTK 是静态编译。如果打开这个选项，则说明 VTK 是动态编译。

静态编译与动态编译的区别：静态编译就是在编译的时候把所有的模块都编译进可执行文件(.exe)里，当启动这个可执行文件时所有的模块都已加载进来。动态编译则是在编译的时候需要的模块都没有被编译进去，一般情况下可以把这些模块都编译成动态链接库(DLL)，启动程序(初始化)的时候这些模块不会被加载，运行的时候用到哪个模块就调用哪个动态链接库文件。静态链接库编译相当于自己带着一个工具包到处跑，有需要的时候不需要周围的环境提供相应的工具，用自己工具包里的工具就可以，所以可以尽可能地无视环境变化；动态链接库编译相当于不带任何东西，走到哪是哪里。这两者的区别显然是前者质量增加了，即程序的体积会比后者大。

所以，究竟是用静态编译还是用动态编译，关键看自己的需要。对于 VTK 初学者而言，所涉及的工程可能都比较小，建议用静态编译，也方便把 VTK 程序移植到其他没有安装 VTK 的计算机上运行。本书的 VTK 类库采用动态编译。

(3) BUILD_TESTING：默认是打开的，表示会编译 VTK 的测试程序。VTK 里每个类都有对应的程序文件对该类进行测试，对于初学者而言，可以关闭这个选项，后续如有需要，可以再打开此选项。

(4) CMAKE_INSTALL_PREFIX：表示 VTK 的安装路径，默认的路径是 C:/Program Files/VTK。该选项的值可不做更改，按默认值即可。

(5) BUILD_DOCUMENTATION：默认是关闭的，如果打开这个选项，则会编译 VTK 帮助文档。对于这个文档，VTK 已提供下载，所以该选项可以不打开。

(6) VTK_WRAP_JAVA、VTK_WRAP_PYTHON：这两个选项是供准备使用 Java 或 Python 语言开发 VTK 工程的用户选择的。VTK 由两个子系统组成，分别是 C++类库和提供给 Java 和 Python 来操作该类库的解释器工具。如果选中这两个选项，则会编译这些解释器工具。

(7) VTK_Group_Qt：是否使用 Qt。在这个系列里使用 Qt 作为 GUI 开发工具，所以选中该选项。

定制每个选项的值以后，按"Configure"按钮，继续配置，直到没有红色的选项出现为止，然后按"Generate"按钮，开始生成 VTK 工程文件。这一步完成以后，打开在"Where to build the binaries"文本框里输入的路径，即 D:/Toolkits/VTK/VTK-8.2.0-bin。

接着双击该目录下的 VTK.sln 文件，打开 VTK 工程，如图 3.1-5 所示。根据 CMake 的选项不同，该项目所包含的工程数目也不相同。图 3.1-5 显示的没有选择编译 Example，而选择编译 Testing，一共有 215 个工程。Visual Studio 2015 默认的编译版本是 Debug,对于初学者来说,最好选择该版本进行编译,以方便后续程序的调试。由于最开始在 CMake 选择编译环境时选择的是"Visual Studio 14 2015 Win64",因此 Visual Studio 2015 上显示的就是"×64"版本,即 64 位。在 Visual Studio 2015 里选择 Build→Build Solution 菜单项或者点击"Ctrl＋Shift＋B"键(不同版本的快捷键会不一样),开始编译 VTK。计算机的配置情况不同,所需的编译时间也不一样,如果计算机配置良好,则图 3.1－5 所示的 215 个工程编译的时间大约需要 0.5 h。

图 3.1－5　打开 VTK. sln 文件后的界面

编译完成后,对应的 Debug 目录生成的文件如图 3.1－6 所示。

如果采用动态编译,在图 3.1－6 所示目录下会生成对应的动态链接库文件。至此,VTK 编译完成。如果还想把 VTK 相关的头文件、lib 文件等提取出来,以便用于其他项目的开发,则可以编译解决方案下的 INSTALL 工程,右击该工程,选择 Project Only→Build Only INSTALL 菜单项,VTK 里所有的头文件以及相关的库文件即会被提取到在 CMAKE_INSTALL_PREFIX 里指定的路径,默认的路径是"C:/Program Files/VTK"。

注意:由于 Windows 10 有管理员权限的问题,如果直接双击 VTK. sln 文件,然后编译 INSTALL 工程,则会提示"不能在 C:/Program Files/下创建目录"等错误。此时可以先关闭 VTK 工程,在"开始"→"搜索程序及文件"一栏输入 Visual Studio 2015,然

图 3.1 - 6　VTK Debug 版本下生成的文件

后右击该程序,选择"管理员权限运行"Visual Studio 2015,接着在 Visual Studio 2015 下通过菜单打开 VTK. sln 文件,再重新编译 INSTALL 工程。

至此,就成功地编译并安装好了 VTK。如果在编译、安装 VTK 的过程中出现问题,则可以在 VTK users 邮件列表上提问。

3.1.3　学习使用 VTK

3.1.3.1　怎样学习 VTK

使用 VTK 的用户可以分为两大类:第一类用户是面向对象开发人员(class developers),这些用户用 C++创建类;第二类用户是应用开发人员,这类用户用 VTK 的 C++类库创建成套的应用程序。面向对象开发人员必须精通 C++,如果想扩展或修改 VTK,则必须熟悉 VTK 的内在结构和设计(参考《VTK 用户指南》的第三部分)。应用开发人员可以使用也可以不使用 C++,因为编译好的 C++类库已经被封装在解释语言 Tcl、Python、Visual Basic 和 Java 中。然而,作为应用开发人员,必须对 VTK 对象的外部接口以及这些对象之间的关系有所了解。

学习怎样使用 VTK 的关键是熟悉 VTK 对象的模板及它们之间的关系。如果读者是 VTK 的新用户,那么应首先学习安装该软件;如果读者是面向对象开发人员,则需要下载并编译源码;应用开发人员可能只需要编译好的二进制文件和可执行文件。对于应用开发人员,建议通过学习示例来学习 VTK 系统;对于面向对象开发人员,建议在此基础上进一步学习源码。首先阅读《VTK 用户指南》的第 3 章(本章的第 2 节),

该章概要介绍了 VTK 系统的主要概念,在此基础上阅读《VTK 用户指南》第二部分中的示例。在 VTK 源码文件夹"VTK/Examples"路径下有大量示例的源码,可以尝试运行。该路径下的 README. txt 文件对该路径下各子路径中的示例有一个简要的介绍。**建议初学者从子路径 Tutorial 中的示例开始学习。**在源码的每个子路径(例如"VTK/Rendering/Image/Testing/Cxx")下有许多测试程序,这些程序并没有归档,但对于学习 VTK 中类的使用方法是有帮助的。

3.1.3.2 VTK 目录结构

要开始 VTK 之旅,即使你只希望安装编译好的 VTK 二进制文件,也需要了解 VTK 的目录结构。了解 VTK 的目录结构,有助于通过代码查找示例、代码、文档。下面对 VTK 的部分目录结构加以介绍:

- InfoVis——信息(information)可视化的类。
- Views——用于显示数据的类,包括算法(或过滤器)、交互和选择。
- VTK/CMake——跨平台构建(编译)的配置文件。
- VTK/Common——核心类。
- VTK/Examples——充分归档的示例,按主题做了分类。
- VTK/Filtering——可视化管线中数据处理的相关类。
- VTK/GeoVis——地形可视化中的显示、数据源及其他对象。
- VTK/GUISupport——用 MFC 和 Qt 用户交互程序包使用 VTK 的类。
- VTK/Imaging——图像处理过滤器(算法)。
- VTK/IO——输入和输出数据的类。
- VTK/Parallel——如 MPI 等并行处理支持。
- VTK/Rendering——用于渲染的类。
- VTK/Utilities——使用支撑软件的脚本及配置程序等,如 Doxygen、Python 等。
- VTK/Wrapping——支持 Python 和 Java 封装。

3.1.3.3 官方教材

VTK 的官方教材 *The Visualization Toolkit: An Object－Oriented Approach To 3D Graphics* 是很好的学习材料,其网页版(https://lorensen. github. io/VTKExamples/site/VTKBook/00Preface/)是最新版本。该书的主要目的是:

(1)详细介绍可视化算法及结构体系。

(2)通过大量案例研究来展示数据可视化的应用。

(3)提供一个针对实际问题的数据可视化工作架构和软件设计。

(4)提供一个打包为 C++类库的高效软件工具,同时提供解释语言 Tcl、Python 和 Java 的接口。

该书的出发点是希望读者可以从中学到基本的可视化概念,然后将书中的代码用于读者自己的应用和数据。该书不是数据可视化方面严谨的学术论文,也没有对可视化技术做全面深入的探讨,但提供了数据可视化学科与实际应用的一个桥梁,读者在阅读过程中要尽可能通过软件来理解实现的细节。

3.1.4 创建一个简单的 VTK 程序

3.1.2 节详细介绍了如何编译、安装 VTK,那么如何测试 VTK 有没有被正确地安装,或者说怎么使用编译出来的 VTK 函数库呢? 首先需要写一个 CMakeLists. txt 文件。在 3.1.2 节已经提到了 CMake,也用 CMake 配置过 VTK 工程,下面先看看 CMake 的介绍。

3.1.4.1 CMake 简介

对于每个使用 VTK 的开发人员来说,必须认识的一个工具就是 CMake,CMake 的产生与发展也与 VTK 息息相关。以下内容摘自维基百科,主要是关于 CMake 的历史:

"CMake 是为了解决美国国家医学图书馆出资的 Visible Human Project 项目下的 Insight Segmentation and Registration Toolkit(ITK)软件的跨平台构建的需求而创造出来的,其设计受到了 Ken Martin 开发的 pcmaker 的影响。pcmaker 当初是为了支持 Visualization Toolkit(VTK)这个开源的三维图形和视觉系统才出现的,现在 VTK 也采用了 CMake。"

从以上关于 CMake 的介绍可以知道,CMake 其实就是一个跨平台的工程构建工具,可以根据不同的平台生成与平台相关的工程配置文件,比如 Windows 平台采用 Visual Studio 可以生成" * . dsw/ * . sln"等项目文件。利用 CMake 可以管理大型的项目,VTK 就是使用了 CMake 作为项目管理工具。同时 CMake 也简化了工程构建过程,只要给工程里的每个目录都写一个 CMakeLists. txt,就可以生成该工程的编译文件。CMake 支持 in-place 构建(也就是生成的二进制文件跟源文件在同一个目录)和 out-of-place 构建(编译链接生成的二进制文件和源文件分别在不同的目录,3.1.2.2 节介绍 VTK 编译过程时就是采用的这种构建方式)两种工程构建方式。

CMake 有自己的语言和语法,用 CMake 对工程进行管理的过程就是编写 CMake-Lists. txt 脚本文件的过程,原则上要求工程里的每一个目录都包含一个同名的文件,而且这个文件的名字只能是 CMakeLists. txt。假如将文件名写成 cmakelists. txt,由于 Windows 不区分文件名字母的大小写,因此可以通过;但如果在别的平台(如 Ubuntu),那么用 CMake 构建工程时就会提示找不到 CMakeLists. txt。所以建议不管在哪个平台下都使用 CMakeLists. txt 这个文件名,并注意字母的大小写。

本书所有示例都使用 CMake 进行工程的构建和管理。

3.1.4.2 CMakeLists.txt 脚本文件

为了测试是否成功安装了 VTK,可以建立一个简单的 VTK 工程进行试验。本书提到的所有示例都用 CMake 进行管理,因此需要先写一个 CMakeLists.txt 文件。同样,要先新建一个文件夹(为便于本教程后续示例工程文件的管理,在前面 VTK 的安装目录里新建一个名为 Examples 的文件夹,Examples 文件夹里存放本教程提到的所有程序示例。每个程序示例的命名风格为 XXX_ProjectName,XXX 表示示例所在的章节编号,ProjectName 为工程的名字,比如将以下测试示例命名为 3.1.4_TestVT-KInstall,它在本教程的完整路径为"../Toolkits/VTK/Examples/3.1.4_TestVT-KInstall"。对于接下来的内容,读者可以暂时不要急着问"为什么",先按照描述步骤试做一遍,3.1.4.3 节会逐行解释代码,所以读者暂时先"知其然",3.1.4.3 节的内容会让读者"知其所以然"),然后在该目录下新建一个名为 CMakeLists.txt 的记事本文件。输入内容为:

```
cmake_minimum_required(VERSION 2.8)
project(sect3.1)

find_package( VTK REQUIRED )
vtk_module_config(VTK
    vtkCommonCore
    vtkFiltersSources
    vtkFiltersSources
    vtkInteractionStyle
    vtkRenderingOpenGL2
)
include( ${VTK_USE_FILE} )

add_executable( 3.1.4_TestVTKInstall MACOSX_BUNDLE 3.1.4_TestVTKInstall.cpp )
target_link_libraries( 3.1.4_TestVTKInstall ${VTK_LIBRARIES} )
```

接着在 3.1.4_TestVTKInstall 目录下新建一个 cpp 文件,文件名为 TestVTKInstall.cpp。输入内容为:

```
#include < vtkRenderWindow.h >
#include < vtkSmartPointer.h >

int main()
{
vtkSmartPointer < vtkRenderWindow > renWin =
    vtkSmartPointer < vtkRenderWindow > ::New();
        renWin->Render();
```

```
        renWin->SetWindowName("TestVTKInstall");

        renWin->SetSize(640, 480);

        renWin->Render();


        std::cin.get();

        return EXIT_SUCCESS;

}
```

也就是说在"D:/Toolkits/VTK/Examples/3.1.4_TestVTKInstall"目录下有两个文件,分别为 CMakeLists.txt 和 TestVTKInstall.cpp。打开 CMake 程序,在 CMake 界面的"Where is the source code"一栏输入路径"D:/Toolkits/VTK/Examples/3.1.4_TestVTKInstall",在"Where to build the binaries"一栏输入路径"D:/Toolkits/VTK/Examples/3.1.4_TestVTKInstall/bin",接着按"Configure"按钮,然后再选择准备采用的编译环境"Visual Studio 2015 Win64",CMake 开始配置工程。这个工程非常小,很快就可以配置完成,接着在 CMake 界面上会出现一些红色的选项,其中VTK_DIR 选项就是指向编译的 VTK 目录,即"C:/Program Files/VTK/lib/cmake/vtk-8.2",这个路径是 VTKConfig.cmake 文件所在的完整路径。一般情况下,在编译完 VTK 以后,用 CMake 配置 VTK 的工程时会自动找到这个路径。CMAKE_INSTALL_PREFIX 选项的默认值是"C:/Program Files/XXX"(XXX 指的是在 CMakeLists.txt 里的 project(XXX)命令里填写的工程名字)。设置完选项的值以后,再次按"Configure"按钮,直到 CMake 界面上没有红色的选项出现为止,如图 3.1-7 所示,最后按"Generate"按钮。完成以后打开在"Where to build the binaries"一栏指定的路径"D:/Toolkits/VTK/Examples/3.1.4_TestVTKInstall/bin",生成的文件如图 3.1-8 所示。

 本书所有程序示例都是按照以上操作步骤建立工程的,以后不再赘述。

打开"*.sln"文件,即"Sect3.1.sln",右击"Solution Explorer"里的 3.1.4_TestVTKInstall 工程,然后选择"Set as StartUp project",按"F5"快捷键运行,此时可能出现如图 3.1-9 所示的错误提示对话框。

对于类似的错误,初学者可能摸不着头脑,其实从对话框的提示信息中可知这是由缺少文件导致的错误。找到提示中缺少的文件,然后将它复制到工程所在目录下,再运行程序就可以了。这种方法比较烦琐,不建议使用。

这里介绍另外一种方法(见图 3.1-10):右击 3.1.4_TestVTKInstall 工程,选择"Properties→Configuration Properties→Debugging"菜单项,找到"Working Directory",再把"D:/Toolkits/VTK/VTK-8.2.0-bin/bin/Debug"路径放在这里,单击"确定"按钮以后再运行程序就不会出现图 3.1-9 所示的错误。

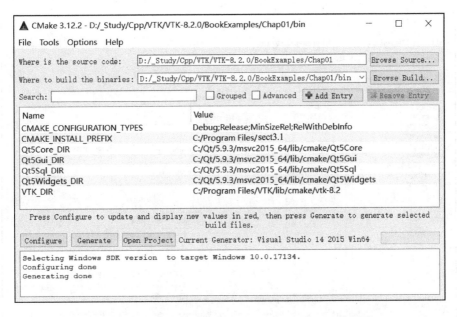

图 3.1-7 用 CMake 配置 3.1.4_TestVTKInstall 的界面

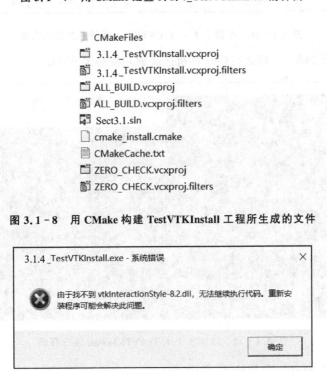

图 3.1-8 用 CMake 构建 TestVTKInstall 工程所生成的文件

图 3.1-9 运行 3.1.4_TestVTKInstall 程序出现的错误提示对话框

运行界面如图 3.1-11 所示,前方为 VTK 窗口,后方为控制台窗口。用 CMake 构建的工程默认都是带控制台窗口的,方便输出调试信息。如果程序的运行结果和

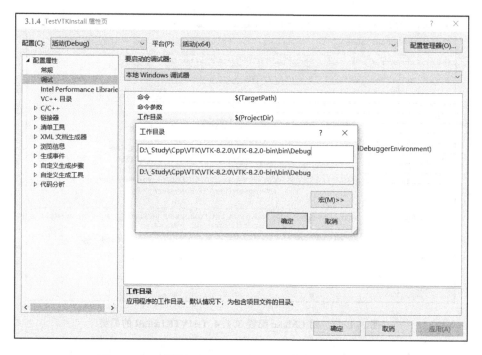

图 3.1-10 配置 3.1.4_TestVTKInstall 程序路径的方法

图 3.1-11 所示的类似,那么说明计算机已经成功安装了 VTK。

图 3.1-11 示例 3.1.4_TestVTKInstall 运行界面

3.1.4.3 CMake 的几个常用命令

为便于描述,本节把 3.1.4.2 节的 CMakeLists.txt 的内容再列出来,并标上行号:

```
1.    cmake_minimum_required(VERSION 2.8)
2.    project( Sect3.1 )
3.    find_package( VTK REQUIRED )
4.    vtk_module_config(VTK
        vtkCommonCore
        vtkFiltersSources
        vtkFiltersSources
        vtkInteractionStyle
        vtkRenderingOpenGL2
        )
5.    include( ${VTK_USE_FILE} )
6.    add_executable(3.1.4_TestVTKInstall MACOSX_BUNDLE 3.1.4_TestVTKInstall.cpp )
7.    target_link_libraries(3.1.4_TestVTKInstall ${VTK_LIBRARIES} )
```

第 1 行用到 CMake 命令 cmake_minimum_required,该命令的完整语法格式为:

```
cmake_minimum_required(VERSION
major[.minor[.patch[.tweak]]]
[FATAL_ERROR])
```

命令说明:用于指定构建工程时所需 CMake 的版本要求。参数 VERSION 是必须的关键字,且为大写(注:CMake 的命令名是不区分字母的大小写的,为了统一描述,本书所有的 CMake 命令都以小写字母形式书写,但是要求 CMake 命令的参数关键字(如 VERSION)必须大写);第二个参数为指定 CMake 的版本号;第三个参数为可选参数,且为内置的关键字"FATAL_ERROR"。如果构建工程所用的 CMake 版本没有达到要求,那么配置过程就会弹出如图 3.1-12 所示的错误提示信息,终止工程构建过程。

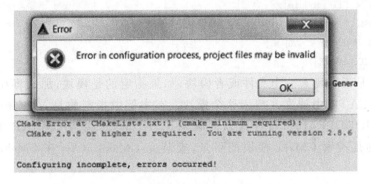

图 3.1-12 CMake 构建工程时的错误提示信息

第 2 行,project 命令,完整语法格式为:

```
project(projectname[CXX] [C] [Java])
```

用该命令指定工程名称,可指定工程支持的语言,支持语言的参数可选,默认支持 C/C++。project 命令的第一个参数还隐含了另外一个变量 PROJECT_NAME,在第

6 行和第 7 行分别引用了这个变量：$\{$PROJECT_NAME$\}$。

注意：CMake 使用"$\{$变量$\}$"的形式来获取该变量的值，也就是说，在这个示例里，$\{$PROJECT_NAME$\}$就相当于工程名"TestVTKInstall"。

第 3 行，find_package 命令，完整语法格式为：

```
find_package( < package >
[version]
[EXACT]
[QUIET]
[[REQUIRED|COMPONENTS][components...]]
[NO_POLICY_SCOPE])
```

find_package 命令用于搜索并加载外部工程，隐含的变量为 < package > _ FOUND，用于标示是否搜索到所需的工程。参数[REQUIRED]表示所要搜索的外部工程对本工程来说是必须的，如果没有搜索到，那么 CMake 会终止整个工程构建过程。以 VTK 为例，find_package 命令搜索的就是 VTK 的配置文件 VTKConfig. cmake。关于 find_package 命令其他参数的意义可以参考 CMake 帮助文件(CMake 安装目录下的 doc 文件夹下有文档文件)。

第 4 行，vtk_module_config 指的是包含的程序包或库，VTK 源码的二级路径下的每个文件夹包含一个 module. cmake 文件，该文件会说明使用某个类所需要链接的模块，找到该文件并将对应的模块名称添加到 vtk_module_config 中的模块列表中。3.1.4.5 节会详细介绍 module. cmake 文件。

第 5 行，include 命令，完整语法格式为：

```
include( < file|module >
[OPTIONAL]
[RESULT_VARIABLE < VAR >]
[NO_POLICY_SCOPE])
```

该命令是指定载入一个文件或者模块，如果指定的是模块，那么将在 CMAKE_MODULE_PATH 中搜索并载入这个模块。在本例中指定的是 VTK 模块，则会在 CMAKE_MODULE_PATH 中搜索并载入 VTK 模块。变量 CMAKE_MODULE_PATH 指的是搜索 CMake 模块的目录，安装完 CMake 以后，在 CMake 的安装目录下。

在 VTK 编译目录"D:/Toolkits/VTK/VTK-8.2.0-bin/"下的 VTKConfig. cmake 文件里可以看到变量 VTK_USE_FILE 被定义为：

```
# The location of the UseVTK.cmake file.
set(VTK_USE_FILE "D:/Toolkits/VTK/VTK-8.2.0-bin/UseVTK.cmake")
```

换言之，include（$\{$VTK_USE_FILE$\}$）命令包含 UseVTK. cmake 文件。

第 6 行，add_executable 命令，完整语法格式为：

```
add_executable( < name >
[WIN32]
[MACOSX_BUNDLE]
[EXCLUDE_FROM_ALL]
source1 source2 ... sourceN)
```

定义这个工程会生成一个文件名为 < name > 的可执行文件(在本例中,使用变量
${PROJECT_NAME}的值来指定即将生成的可执行文件的名字),相关的源文件通
过"source1 source2 … sourceN"列出(如果工程里有多个源文件,那么源文件之间用空
格键或者回车键隔开)。如果有多个源文件,那么也可以先用 set 命令定义一个变量,
然后再用取变量值的操作符"${}"获取源文件列表,比如某工程有 source1. cpp、
source2. cpp 和 source3. cpp 三个文件,可以写成:

```
set (projectname_src source1.cpp source2.cpp source3.cpp)
add_executable(projectname ${projectname_src})
```

与下行是等价的:

```
add_executable(projectname source1.cpp source2.cpp source3.cpp)
```

第 7 行,target_link_libraries 命令,完整语法格式为:

```
target_link_libraries( < target >
[item1[item2 [...]]]
[[debug|optimized|general] < item > ] ...)
```

该命令是指定生成可执行文件时需要链接哪些文件。参数 < target > 的名称必须
与第 6 行指定的 < name > 一致。在本例中,同样采用 ${PROJECT_NAME} 获取需
要的名称,并且指定需要链接的函数库为 vtkRendering,在写这些链接的函数库时不需
要带". lib"的后缀。

那么,该如何得知要链接 vtkRendering. lib 这个文件呢?

在 TestVTKInstall. cpp 文件里使用了 vtkRenderWindow 和 vtkSmartPointer 这
两个类,查找这两个类的头文件所在的路径分别为"D:/Toolkits/VTK/VTK-8.2.0/
Rendering"和"D:/Toolkits/VTK/VTK-8.2.0/Common"。这里可以做一个猜测:因
为 VTK 里所有的类都以"vtk"开头,所以 VTK 生成的函数库也应该以"vtk"开头,而
要用到的两个类 vtkRenderWindow、vtkSmartPointer 的头文件 vtkRenderWindow. h
和 vtkSmartPointer. h 又分别在文件夹 Rendering 与 Common 里,刚好在 VTK 编译的
目录里能找到 vtkRendering. lib 和 vtkCommon. lib 这两个文件,于是是否可以断定要
用到的两个类 vtkRenderWindow 和 vtkSmartPointer 的接口就是分别定义在 vtkRen-
dering. lib 与 vtkCommon. lib 里的? 最后艰难地做出决定:在 CMakeLists. txt 的 tar-
get_link_libraries 里要链接的函数库就是 vtkRendering 和 vtkCommon。随着对 VTK
的深入了解,读者会发现这种猜测是对的!

在 target_link_libraries 的最后,是否可以不用一一列出所要链接的函数库,而直

接引用变量值＄{VTK_LIBRARIES}来代替列出的"vtkRendering、vtkCommon"呢?答案是可以的。

到此为止,读者就应该能知道 CMake 常用的六个命令 cmake_minimum_required、project、find_package、include、add_executable 和 target_link_libraries 的"所以然"了。在 CMakeLists.txt 文件的七行代码里,除了第一行关于 CMake 的版本要求可以省略之外,其他的六行都是必要的。

3.1.4.4 CMake 的基本用法

除了 3.1.4.3 节讲的 6 个 CMake 命令以外,CMake 处理多个目录、多个源文件等功能也比较常用,下面是 CMake 的典型用法:

```
# 指定 CMkae 的最低版本
cmake_minimum_required(VERSION 3.9)
# 指定项目名称
project(Example LANGUAGES C CXX)
# 指定 C++ 版本
set(CMAKE_CXX_STANDARD 11)
set(CMAKE_CXX_STANDARD_REQUIRED TRUE)
# 设置变量及赋值
set(srcs
    Field.cxx
    CellSet.cxx
    CellSetExplicit.cxx
    ImplicitFunctions.cxx)
# 生成链接库
add_library(simplelib ${srcs})


# 指定生成目标。如果源文件很多,更省事的方法是使用 aux_source_directory 命令,
# 该命令会查找指定目录下的所有源文件,然后将结果存进指定变量名。其语法
# 如下:aux_source_directory(< dir > < variable >)
# aux_source_directory(. DIR_SRCS)
# add_executable(example ${DIR_SRCS})
add_executable(example main.cxx)


# 链接库,使用要求有 PUBLIC、PRIVATE、INTERFACE 三种。其中 INTERFACE
# 表示主程序不使用,仅提供接口;PUBLIC 表示所有目标都需要包含;PRIVATE
# 仅对当前目标起作用,可以避免对其他目标的影响
target_link_libraries(example PRIVATE  simplelib)


# 添加子路径,子目录下添加 CMakeLists.txt 文件,用于生成链接库:
# aux_source_directory(. DIR_LIB_SRCS)
# add_library(MathFunctions ${DIR_LIB_SRCS})
add_subdirectory(tests)
```

3.1.4.5 module.cmake 文件

从 VTK 6.0 开始增加了新的模块构建系统(modular build system),使得给 VTK 添加新的模块及描述模块、库之间的依赖关系时更加简单。在 VTK 6.0 之前,各类工具(kits)被放在 Common、Charts、Rendering、Filtering 等单个路径下;在 VTK 6.0 中,随着工具的增加,路径变成了两层:顶层可以是单个单词、区分大小写的 Common、Rendering、Filters 等高层主题,第二层包含着实际的类及相关 CMake 代码。

为了使工具包中源码的添加和删除更灵活,同时也是受到 ITK 和 Boost CMake 构建系统的启发,增加了一个更松散的耦合系统。VTK 是通过两个步骤配置的,首先搜索所有的二级路径找到 module.cmake 文件,该文件必须包含所要使用的模块,一旦找到,CMake 会包含每个 module.cmake 文件并调用其中的宏 vtk_module;然后确定模块之间的依赖关系及调用顺序,在配置过程中依次添加。

一个典型的 module.cmake 文件必须声明模块名称,除此之外其他参数都不是必选的。下面是 vtkCommonDataModel 的典型的 module.cmake 文件:

```
vtk_module(vtkCommonDataModel
    DEPENDS
        vtkCommonSystem
        vtkCommonMath
        vtkCommonMisc
        vtkCommonTransforms
    TEST_DEPENDS
        vtkTestingCore
        vtkCommonExecutionModel
        vtkIOGeometry
        vtkRenderingCore
    )
```

第一个参数是模块名称,这是将要编译的 C++库的名称。接下来是依赖(DEPENDS)参数,该参数允许开发者表达模块之间的依赖关系。构建系统会确保每个库都被添加到这些模块之中,并负责将 C++库与这些依赖模块链接起来。TEST_DEPENDS 参数添加测试需要的额外依赖关系,这些不会与 C++库链接,默认仅当构建这些依赖的模块时激活对应的模块。

3.1.4.6 一个简单的 VTK 工程

让我们再看看 TestVTKInstall.cpp 里的代码,同样标上行号:

```
1.  # include < vtkRenderWindow.h >
2.  # include < vtkSmartPointer.h >

3.  int main()
4.  {
5.      vtkSmartPointer < vtkRenderWindow > renWin =
6.          vtkSmartPointer < vtkRenderWindow > ::New();
```

```
7.      renWin ->Render();

8.      renWin ->SetWindowName("TestVTKInstall");

9.      renWin ->SetSize(640, 480);

10.     renWin ->Render();


11.     std::cin.get();

12.     return EXIT_SUCCESS;

13. }
```

第1、2行,包含头文件,因为要用到 VTK 里的 vtkRenderWindow 和 vtkSmart-Pointer 两个类,所以包含相应的头文件。VTK 对类的命名都是以小写的 vtk 开头,每个类的关键字的首字母大写。

第5行,用智能指针定义了一个类型为 vtkRenderWindow 的对象,这是 VTK 的类实例化对象的基本方法。因为 VTK 里每个类的构造函数都定义为保护成员,所以不能够用以下语句来定义一个 VTK 对象:

vtkClassExampleinstance; //vtkClassExample 这个类当然是不存在的,只是说明问题而已,要不然会提示如下的错误:

errorC2248: vtkClassExample:: vtkClassExample: cannot access protected member declared in class vtkClassExample

所以,要构造 VTK 的对象可以用第5行的方法,或者用以下方法:

vtkRenderWindow * renWin = vtkRenderWindow::New();

至于为什么,后面的内容会让读者再"知其所以然"。

第6行,调用 vtkRenderWindow 里的方法显示并渲染 VTK 窗口。

第11行,没有其他特别的意义,只是让程序暂停下来,等待用户的输入。其目的是想让读者看看 VTK 窗口到底是什么样子的,读者可以把它注释掉,看看它会不会一闪而过。

这个程序非常简单,只有一个 VTK 窗口,其他什么也没有。但它确实是一个 VTK 的工程,至少使用了两个 VTK 类,调用了一个 VTK 的方法。在后面的章节里,读者还会经常与这个窗口打交道。

3.1.5 小 结

本节介绍了安装 VTK 需要做的准备工作,使读者了解了在编译、安装 VTK 之前需要先安装哪些软件。然后,一步一步地演示了如何编译 VTK,这个过程还是非常简单的。最后,安装完 VTK,通过一个非常简单的 VTK 小程序——显示一个 VTK 窗口,来测试 VTK 是否安装成功。通过这个小程序,读者学习了 CMakeLists. txt 脚本的写法,并掌握了 6 个 CMake 命令,分别是 cmake_minimum_required、project、find_package、include、add_executable 和 target_link_libraries。

3.2 VTK 系统概述

本节旨在介绍 VTK 系统结构的概况,并讲解运用 C++、Java、Tcl 和 Python 等语言进行 VTK 应用程序开发时所需掌握的基本知识。首先从 VTK 系统的基本概念和对象模型抽象开始进行介绍,在本节最后通过示例演示这些概念,并介绍在构建 VTK 工程时所需要掌握的知识。

3.2.1 系统结构

3.2.1.1 概 述

VTK 系统由两个子系统组成:一个是编译的 C++ 类库;另一个是解释性语言的封装层,以供 Java、Tcl 和 Python 等语言来操作该 C++ 类库。系统结构如图 3.2-1 所示。

该结构的优点在于保持解释性语言快速开发特性(避免编译、链接流程,工具简单而强大,同时又易于使用的 GUI 工具)的同时,用户可以利用编译的 C++ 语言开发高效的算法(无论是 CPU 的利用还是内存的利用)。当然,对于熟练掌握

图 3.2-1 VTK 系统结构

C++ 语言或者使用相应开发工具的用户来说,VTK 应用程序可以完全采用 C++ 语言进行开发。

由于 VTK 系统采用了面向对象的思想,因此利用 VTK 进行高效开发的关键在于深入理解系统内部的对象模型,以便消除用户在使用大量的 VTK 系统对象时的迷惑,并能更有效地对这些对象进行组合,创建应用程序。此外,还需要了解系统中许多对象的功能,而这只能通过阅读示例代码和在线文档来获得。《VTK 用户指南》中介绍了一些有用的 VTK 对象的组合以便用户可以将它们应用到自己的应用程序中。

3.2.1.7 节和 3.2.1.6 节将介绍 VTK 中的两个重要组件:可视化管线(Visualization Pipeline)和渲染引擎(rendering engine)。可视化管线主要负责数据获取或者创建、数据处理,然后将数据写入文件或者传递至渲染引擎中进行显示。而渲染引擎负责创建传递过来的数据的一个可视表达。注意这里所提到的组件并非 VTK 系统结构中具体的组件,而是一个抽象的概念组件。虽然本节是在比较高的层次上进行阐述,但是当读者将本节的内容和 3.2.2 节中具体的示例或者 VTK 源文件中所提供的大量的示例程序结合在一起时,会对本节所介绍的概念有更深刻的理解。

3.2.1.2 底层对象模型

vtkObject 是 VTK 对象继承关系树的根结点,除了一部分特殊对象继承自 vtkObject 的父类 vtkObjectBase 之外,几乎所有的 VTK 对象都继承自该类。所有的 VTK

对象都必须由对象的 New()方法创建,并由对象的 Delete()方法销毁。由于 VTK 对象中的构造函数被声明为受保护类型,因此 VTK 对象不能够在栈中分配空间。另外,VTK 对象采用了共同基类和统一的创建、销毁方法,可以实现许多基本的面向对象操作,包括引用计数、运行时类型识别等。

3.2.1.3 引用计数

如果很多对象有相同的值,那么将这个值存储多次非常浪费时间,更好的办法是让所有的对象共享这个值的实现。这么做不但节省内存,而且可以使程序运行得更快,因为这不需要构造和析构这个值的拷贝。引用计数就是这样一个技巧,它允许多个有相同值的对象共享这个值的实现。引用计数是个简单的垃圾回收体系,只要其他对象引用某对象(记为对象 O),对象 O 就会存在一个引用计数,当最后引用对象 O 的对象移除,O 对象就会自动析构。VTK 里使用引用计数的好处是,可以实现数据之间的共享而不用复制,从而达到节省内存的目的。

当一个对象通过静态的 New()函数创建时,该对象内部的初始引用计数即为 1,因为所创建的对象会有一个原始指针(Raw Pointer)指向该对象。

```
vtkObjectBase * obj = vtkExampleClass::New();
```

当指向某个对象的其他对象创建或者销毁时,引用计数会通过 Register()和 Unregister()函数进行相应的增加或减少。通常情况下系统会通过对象的 API 函数"Set()"自动完成。

```
otherObject ->SetExample(obj);
```

这时对象 obj 的引用计数值为 2。因为除了原始指针之外,还有另外一个对象 otherObject 内部的指针指向它。当不再需要原始存储对象的指针时,通过 Delete()函数可以删除该引用,即

```
obj ->Delete();
```

这样再利用原始指针去访问该对象时将不再是安全的,因为该指针已经不再拥有对象的引用。因此为了保证对象引用的有效管理,每次调用 New()后都要进行 Delete(),确保没有泄漏引用。

另外一种避免引用泄漏的方法是通过类模板 vtkSmartPointer < > 提供的智能指针来简化对象的管理操作,上述示例可以重写为如下代码:

```
vtkSmartPointer < vtkObjectBase > obj = vtkSmartPointer < vtkObjectBase >::New();
otherOject ->SetExample(obj);
```

在该例中,智能指针会自动管理对象的引用。当智能指针变量超出其作用域并且不再被使用时,例如当它为函数内部局部变量、函数返回时,智能指针会自动通知对象减少引用计数。由于智能指针提供了内部静态 New()函数,因此不需要原始指针来保存对象的引用,也不需要再调用 Delete()函数。

可以看一个简单的示例 3.2.1_ReferenceCounting:

示例 3. 2. 1_ReferenceCounting

```
# include < vtkSmartPointer.h >
# include < vtkBMPReader.h >
# include < vtkImageData.h >
# include < vtkObject.h >

// MyFunction 函数:演示智能指针可以作为函数返回值
vtkSmartPointer < vtkImageData > MyFunction()
{
    vtkSmartPointer < vtkImageData > myObject = vtkSmartPointer < vtkImageData > ::New
();
    std::cout << "MyFunction::myObject reference count = " << myObject ->GetReference-
Count() << std::endl;
    return myObject;
}


//测试文件:data/VTK-logo.bmp
int main(int argc, char * argv[])
{
    //if (argc < 2)
    //{
    //std::cout << argv[0] << " " << "BMP - File( * .bmp)" << std::endl;
    //return EXIT_FAILURE;
    //}
    //演示引用计数:
    vtkSmartPointer < vtkBMPReader > reader = vtkSmartPointer < vtkBMPReader > ::New
();
    //reader ->SetFileName(argv[1]);
    reader ->SetFileName("../data/VTK-logo.bmp");
    reader ->Update();

    std::cout << "Reference Count of reader ->GetOutput (Before Assignment) = "
        << reader ->GetOutput() ->GetReferenceCount() << std::endl;

    vtkSmartPointer < vtkImageData > image1 = reader ->GetOutput();
    std::cout << "Reference Count of reader ->GetOutput (Assign to image1) = "
        << reader ->GetOutput() ->GetReferenceCount() << std::endl;
    std::cout << "Reference Count of image1 = "
        << image1 ->GetReferenceCount() << std::endl;

    vtkSmartPointer < vtkImageData > image2 = reader ->GetOutput();
```

```
    std::cout << "Reference Count of reader ->GetOutput (Assign to image2) = "
        << reader ->GetOutput() ->GetReferenceCount() << std::endl;
    std::cout << "Reference Count of image2 = "
        << image2 ->GetReferenceCount() << std::endl;
    //////////////////////////////////////////////////////////////////////


    //////////////////////////////////////////////////////////////////////
    //演示智能指针可以作为函数返回值
    //由于函数 MyFunction()的返回值是通过复制的方式,
    //将数据赋予调用的变量,因此该数据的引用计数保持不变
    std::cout << "myObject reference count = "
        << MyFunction() ->GetReferenceCount() << std::endl;

    vtkSmartPointer < vtkImageData > MyImageData = MyFunction();
    std::cout << "MyFunction return value reference count = "
        << MyFunction() ->GetReferenceCount() << std::endl;

    std::cout << "MyImageData reference count = "
        << MyImageData ->GetReferenceCount() << std::endl;
    //////////////////////////////////////////////////////////////////////


    //////////////////////////////////////////////////////////////////////
    //如果没有给对象分配内存,仍然可以使用智能指针:
    vtkSmartPointer < vtkBMPReader > Reader = vtkSmartPointer < vtkBMPReader > ::New
();

    vtkImageData * pd = Reader ->GetOutput();
    //////////////////////////////////////////////////////////////////////


    system("pause");
    return EXIT_SUCCESS;
}
```

程序运行结果如图 3.2 - 2 所示。

在 3.2.1_ReferenceCounting 示例里,先用 vtkBMPReader 读入一幅 BMP 图像 data/VTK-logo. bmp,在赋值之前输出了 reader→GetOutput()的引用计数值,其值为 1(使用方法 New()创建对象以后,初始的引用计数值就等于 1);然后创建了一个 vt-kImageData 类型的对象 image1,并把 reader 的输出赋给了 image1,这时 image1 就指向了 reader 的输出,也就是说,reader 的输出多了一个引用,这个时候输出的 reader→ GetOutput()和 image1 的引用计数值都为 2;接着又创建一个类型同样为 vtkImageDa-ta 的对象 image2,同样也是把 reader 的输出赋值给 image2,这时,image2 也指向 read-

```
Reference Count of reader->GetOutput (Before Assignment) = 1
Reference Count of reader->GetOutput (Assign to image1) = 2
Reference Count of image1 = 2
Reference Count of reader->GetOutput (Assign to image2) = 3
Reference Count of image2 = 3
MyFunction::myObject reference count = 1
myObject reference count = 1
MyFunction::myObject reference count = 1
MyFunction::myObject reference count = 1
MyFunction return value reference count = 1
MyImageData reference count = 1
请按任意键继续. . .
```

图 3.2 - 2　3.2.1_ReferenceCounting 运行结果

er 的输出,亦即 reader 的输出又多了一个引用,所以输出的 reader→GetOutput()和 image2 的引用计数值变成了 3。对 image1 和 image2 数据结构的简单描述 如图 3.2 - 3 所示。

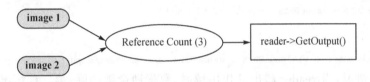

图 3.2 - 3　image1、image2 和 reader→GetOutput()及引用计数之间的结构关系

一旦某个对象的引用计数等于 0 时,就表明没有别的对象再引用它,它的使命也宣 告结束,程序就会自动的析构这个对象。在 3.2.1ReferenceCounting 这个示例里,看 不到引用计数减少的相关代码,这是因为使用了智能指针 vtkSmartPointer。

3.2.1.4 智能指针

智能指针会自动管理引用计数的增加与减少,如果检测到某对象的引用计数值减 少为 0,则会自动地释放该对象的资源,从而达到自动管理内存的目的。

3.2.1.3 节已经介绍过,在 VTK 里要创建一个对象可以用两种方法:一种是使用 vtkObjectBase 里的静态成员变量 New(),用 Delete()方法析构;另一种就是使用示例 里出现多次的智能指针 vtkSmartPointer < T >。

对于第一种方法,用 New()创建的对象,程序最后必须要调用 Delete()方法释放 对应的内存,而且由于 vtkObjectBase 及其子类的构造函数都是声明为受保护的,这意 味着它们不能在栈区(栈区上的内存是由编译器自动分配与释放的,堆区上的内存则是 由程序员分配和手动释放的)上分配内存。比如:

```
vtkBMPReader * reader = vtkBMPReader::New(); //创建 vtkBMPReader 对象
……
// 程序最后要调用 Delete()
reader→Delete(); // 这里并没有直接析构对象,而是使引用计数值减 1
```

用 New()创建的对象,如果没有用 Delete()方法删除的话,程序有可能会出现内 存泄漏,即用户负责对象内存的管理。

如果使用智能指针创建对象,则无须手动调用 Delete()方法让引用计数减少,因为引用计数的增加与减少都是由智能指针自动完成的。使用智能指针时,首先是要包含智能指针的头文件:#include "vtkSmartPointer. h"。vtkSmartPointer 是一个模板类,所需的模板参数就是待创建的对象的类名,如:

```
vtkSmartPointer < vtkImageData > image = vtkSmartPointer < vtkImageData > ::New();
```

注意上面一行代码等号右边的写法,不能写为:

```
vtkSmartPointer < vtkImageData > image = vtkImageData::New();
```

也就是不能把对象的原始指针赋给智能指针,上行代码编译的时候可以通过,但程序退出时会有内存泄漏,就是因为智能指针无法自动释放该对象的内存。

如果没有给对象分配内存,仍然可以使用智能指针,比如:

```
vtkSmartPointer < vtkBMPReader > reader = vtkSmartPointer < vtkBMPReader > ::New();
vtkImageData * imageData = reader ->GetOutput();
```

或者:

```
vtkSmartPointer < vtkImageData > imageData = reader ->GetOutput();
```

第一种情况,当 reader 超出其作用域时,数据即会被删除;第二种情况,因为使用了智能指针,所以数据的引用计数会自动加 1,只有 reader 和 imageData 都超出它们的作用域,数据才会被删除。

智能指针类型同样也可以作为函数的返回值。正确的写法类似:

```
vtkSmartPointer < vtkImageData > MyFunction()
{
    vtkSmartPointer < vtkImageData > myObject = vtkSmartPointer < vtkImageData > ::New
();
    return myObject;
}
```

调用时则是:

```
vtkSmartPointer < vtkImageData > MyImageData = MyFunction();
```

函数 MyFunction()的返回值是通过复制的方式将数据赋予调用的变量,因此该数据的引用计数保持不变,而且函数 MyFunction()里的 myObject 对象也不会被删除。

下面的函数形式和函数调用是错误的,应该引起注意:

```
vtkImageData * MyFunction()
{
    vtkSmartPointer < vtkImageData > MyObject = vtkSmartPointer < vtkImageData > ::New
();
    return MyObject;
}

vtkImageData * MyImageData = MyFunction();
```

在函数 MyFunction()里定义的是智能指针类型,最后返回时转换成原始指针类型,当函数调用结束时,智能指针的引用计数会减为 0,即函数 MyFunction()里的 MyObject 对象会被删除。也就是说,MyFunction()返回的是悬空指针,这时再赋予变量 MyImageData 就会出错。

智能指针类型也可以作为类的成员变量,而且会使得类在析构时更加容易,不用人为去做任何释放内存的事情,把这些工作都交给了智能指针来完成。例如:

```
class MyClass
{
    vtkSmartPointer < vtkFloatArray > Distances;
};
```

然后在类的构造函数里进行初始化:

```
MyClass::MyClass()
{
    Distances = vtkSmartPointer < vtkFloatArray > ::New();
}
```

在类的析构函数里不用调用 Delete()去删除任何东西。

智能指针有一个让人困惑的地方:当创建一个智能指针类型的对象,然后改变它的指向时,引用计数就会出错。例如:

```
vtkSmartPointer < vtkImageData > imageData = vtkSmartPointer < vtkImageData > ::New();
imageData = Reader ->GetOutput();
```

在上面两行代码里,首先创建一个 imageData,并给它分配好了内存;接着又把 imageData 指向 Reader 的输出,而不是一直指向创建的那块内存。对于这种情况,只要简单地调用

```
vtkImageData * imageData = Reader ->GetOutput();
```

这里没有必要使用智能指针,因为没有实际创建任何新的对象。

综上所述,可以看出引用计数和智能指针是息息相关的,它们主要都用于内存管理。使用智能指针可以免去很多手动删除变量的烦恼,所以本教程从一开始就使用智能指针来创建 VTK 对象。如果读者想了解更多关于引用计数和智能指针的内容,可以参考 C++的经典著作 *More Effective C++*。

3.2.1.5 运行时类型识别

在 C++里,对象类型是通过 typeid(需要包含头文件♯include < type_info >)获取的;VTK 里在 vtkObjectBase 定义了获取对象类型的方法:GetClassName()和 IsA()。GetClassName()返回的是该对象类名的字符串(VTK 用类名来识别各个对象),如:

```
vtkSmartPointer < vtkBMPReader > Reader = vtkSmartPointer < vtkBMPReader > ::New();
constchar * type = Reader ->GetClassName(); //返回"vtkBMPReader"字符串
```

IsA()方法用于测试某个对象是否为指定字符串的类型或其子类,比如:

```
if(Reader ->IsA("vtkImageReader") ) {……}; // 这里 IsA()会返回真
```

类比 C++里的操作 RTTI 操作符,除了 typeid 之外,还有 dynamic_cast,主要用于基类向子类的类型转换,称为向下转型。VTK 里同样提供了类似的方法,也就是 vtkObject 里定义的 SafeDownCast(),它是 vtkObject 里的静态成员函数,意味着它是属于类的,而不是属于对象的,即可以用 vtkObject::SafeDownCast()直接调用,比如:

```
vtkSmartPointer < vtkImageReader > ReaderBase = vtkSmartPointer < vtkImageReader >::
New();
vtkBMPReader * bmpReader = vtkBMPReader::SafeDownCast(ReaderBase);
```

与 dynamic_cast 类似,SafeDownCast()也是运行时才转换的,这种转换只有当 bmpReader 的类型确实是 ReaderBase 的派生类时才有效,否则返回空指针。

除了运行时类型识别,vtkObjectBase 还提供了用于调试的状态输出接口 Print()。虽然 vtkObjectBase 里除了 Print()还提供 PrintSelf()、PrintHeader()、PrintTrailer()等公共接口,但在调试 VTK 程序时,如果需要输出某个对象的状态信息时,一般都是调用 Print()函数,如:

```
bmpReader ->Print(std::cout);
```

3.2.1.6 渲染引擎

组成 VTK 渲染引擎的类主要负责接收可视化管线的输出数据并将结果渲染到窗口中。该过程主要涉及下述组件。注意:这些组件只是 VTK 渲染系统中比较常用的组件,并非全部。而每个子标题仅仅代表一个对象类型的最高层 VTK 超类(或父类),在许多情况下,这些超类只是定义了基本 API 函数的抽象类,而真正的实现则由其子类来完成。

(1) vtkProp 。渲染场景中数据的可视表达(visible depictions)由 vtkProp 的子类负责。三维空间中渲染对象最常用的 vtkProp 子类是 vtkActor 和 vtkVolume,其中 vtkActor 用于表示场景中的几何数据(geometry data),vtkVolume 用于表示场景中的体数据(volumetric data)。vtkActor2D 常用来表示二维空间中的数据。vtkProp 的子类负责确定场景中对象的位置、大小和方向信息。控制 Prop 位置信息的参数依赖于对象是否在渲染场景中,比如一个三维物体或者二维注释,它们的位置信息控制方式是有所区别的。三维的 Prop 如 vtkActor 和 vtkVolume(vtkActor 和 vtkVolume 都是 vtkProp3D 的子类,而 vtkProp3D 继承自 vtkProp),既可以直接控制对象的位置、方向和缩放信息,也可以通过一个 4×4 的变换矩阵来实现。而对于二维注释功能的 Props(如 vtkScalarBarActor),其大小和位置有许多的定义方式,其中包括指定相对于视口的位置、宽度和高度。Prop 除了提供对象的位置信息控制之外,Prop 内部通常还有两个对象:一个是 Mapper 对象,负责存放数据和渲染信息;另一个是 Property(属性)对象,负责控制颜色、不透明度等参数。

VTK 中定义了大量功能细化的 Prop 类(超过 50 个),如 vtkImageActor(负责图像显示)和 vtkPieChartActor(用于创建数组数据的饼图可视化表示)。其中有些 Props 内部直接包括了控制显示的参数和待渲染数据的索引,因此并不需要额外的 Property 和 Mapper 对象。vtkActor 的子类 vtkFollower 可以自动地更新方向信息以保持自身始终面向一个特定的相机,这样无论如何旋转渲染场景中的对象,vtkFellower 对象都是可见的,适用于三维场景中的广告板(Billboards)或者是文本。vtkActor 的子类 vtk-LodActor 可以自动改变自身的几何表示来实现所要求的交互帧率,vtkProp3D 的子类 vtkLODProp3D 则是通过从许多 Mapper 中进行选择来实现不同的交互性(可以是 Volumetric Mapper 和 Geometric Mapper 的集合)。vtkAssembly 建立了 Actor 的等级结构以便在整个结构平移、旋转或者放缩时能够更合理地控制变换。

(2) **vtkAbsractMapper**。许多 Props(如 vtkActor 和 vtkVolume)利用 vtkAbstractMapper 的子类来保存输入数据的引用以及提供真正的渲染功能。vtkPolyDataMapper 是渲染多边形几何数据主要的 Mapper 类。而对于体数据,VTK 提供了多种渲染技术。例如,vtkFixedPointVolumeRayCastMapper 用来渲染 vtkImageData 类型的数据,vtkProjectedTetrahedraMapper 用来渲染 vtkUnstructuredGrid 类型的数据。

(3) **vtkProperty 和 vtkVolumeProperty**。某些 Props 采用单独的属性对象来存储控制数据外观显示的参数,这样不同的对象可以轻松地实现外观参数的共享。vtkActor 利用 vtkProperty 对象存储外观(属性)参数,如颜色、不透明度以及材质的环境(ambient)光系数、散射(diffuse)光系数和反射(specular)光系数等。而 vtkVolume 则采用 vtkVolumeProperty 对象来获取体对象的绘制参数,如将标量值映射为颜色和不透明度的传输函数(或传递函数,transfer function)。另外,一些 vtkMapper 提供相应的函数设置裁剪面以便显示对象的内部结构。

(4) **vtkCamera**。vtkCamera 存储了场景中的摄像机参数,换言之,如何来"看"渲染场景里的对象,主要参数是摄像机的位置、焦点和场景中的上方向向量。其他参数可以控制视图变换,如平行投影或者透视投影、图像的尺度或者视角,以及视景体的远近裁剪平面等。

(5) **vtkLight**。vtkLight 对象主要用于场景中的光照计算,其对象中存储了光源的位置和方向,以及颜色和强度等。另外,还需要一个类型来描述光源相对于摄像机的运动。例如,HeadLight 始终位于摄像机处,并照向焦点方向;而 SceneLight 则始终固定在场景中的某个位置。

(6) **vtkRenderer**。组成场景的对象(包括 Prop、Camara 和 Light)都被集中在一个 vtkRenderer 对象中。vtkRenderer 负责管理场景的渲染过程,一个 vtkRenderWindow 中可以有多个 vtkRenderer 对象,而这些 vtkRenderer 可以渲染在窗口中不同的矩形区域(视口),甚至可以是覆盖的区域。

(7) **vtkRenderWindow**。vtkRenderWindow 将操作系统与 VTK 渲染引擎连接到一起。不同平台下的 vtkRenderWindow 子类负责本地计算机系统中窗口创建和渲染过程的管理。当使用 VTK 开发应用程序时,只需要使用平台无关的 vtkRenderWindow 类;当程序运行时,系统会自动替换为平台相关的 vtkRenderWindow 子类。vt-

kRenderWindow 中包含了 vtkRenderer 的集合,以及控制渲染的参数,如立体显示(stereo)、反走样、运动模糊(motion blur)和焦点深度(focal depth)。

(8) **vtkRenderWindowInteractor** 。 vtkRenderWindowInteractor 负责监听鼠标、键盘和时钟消息,并通过 VTK 中的 Command/Observer 设计模式进行相应的处理。vtkInteractorStyle 监听这些消息并进行处理以完成旋转、拉伸和放缩等运动控制。vtkRenderWindowInteractor 自动建立一个默认的 3D 场景交互器样式(interactor style)——vtkInteractorStyleswitch,当然读者也可以选择一个二维图像浏览的交互器样式,或者是创建自定义的交互器样式。

(9) **vtkTransform** 。 场景中的许多对象(如 Prop、光源 Light、照相机 Camera 等)都需要在场景中合理的放置,它们通过 vtkTransform 参数可以方便地控制对象的位置和方向。vtkTransform 能够描述三维空间中的线性坐标变换,其内部表示为一个 4×4 的齐次变换矩阵。vtkTransform 对象初始化为一个单位矩阵,读者可以通过管线连接的方式将变换进行组合来完成复杂的变换。管线方式能够确保当其中任一个变换被修改时,其后续的变换都会相应地进行更新。

(10) **vtkLookupTable** 、**vtkColorTransferFunction** 和 **vtkPiecewiseFunction** 。 标量数据可视化经常需要定义一个标量数据到颜色和不透明度的映射。在几何面绘制中用不透明度定义表面的透明程度,而在体绘制中不透明度表示光线穿透物体时不透明度沿着光线的累积效果,两者都需要定义不透明度的映射。对于几何渲染可以使用 vtkLookupTable 来创建映射,在体绘制中需要使用 vtkColorTransferFunction 和 vtkPiecewiseFunction 来建立映射。

示例 3.2.1_Cylinder(摘自./VTK-8.2.0/Examples/Rendering/CXX/Cylinder.cxx,详见随书 Sect3.2 中的示例 3.2.1_Rendering)演示了怎样利用上述对象来指定和渲染场景。

示例 3.2.1_Gylinder(部分)

```
// This creates a polygonal cylinder model with eight circumferential facets.
//
vtkCylinderSource * cylinder = vtkCylinderSource::New();
cylinder ->SetResolution(8);


// The mapper is responsible for pushing the geometry into the graphics
// library. It may also do color mapping, if scalars or other attributes
// are defined.
//
vtkPolyDataMapper * cylinderMapper = vtkPolyDataMapper::New();
cylinderMapper ->SetInputConnection(cylinder ->GetOutputPort());


// The actor is a grouping mechanism: besides the geometry (mapper), it
// also has a property, transformation matrix, and/or texture map.
// Here we set its color and rotate it-22.5 degrees.
```

```
vtkActor * cylinderActor = vtkActor::New();
cylinderActor ->SetMapper(cylinderMapper);
cylinderActor ->GetProperty() ->SetColor(1.0000, 0.3882, 0.2784);
cylinderActor ->RotateX(30.0);
cylinderActor ->RotateY( - 45.0);

// Create the graphics structure. The renderer renders into the
// render window. The render window interactor captures mouse events
// and will perform appropriate camera or actor manipulation
// depending on the nature of the events.
//
vtkRenderer * ren1 = vtkRenderer::New();
vtkRenderWindow * renWin = vtkRenderWindow::New();
renWin ->AddRenderer(ren1);
vtkRenderWindowInteractor * iren = vtkRenderWindowInteractor::New();
iren ->SetRenderWindow(renWin);

// Add the actors to the renderer, set the background and size
//
ren1 ->AddActor(cylinderActor);
ren1 ->SetBackground(0.1, 0.2, 0.4);
renWin ->SetSize(200, 200);

// We'll zoom in a little by accessing the camera and invoking a "Zoom"
// method on it.
ren1 ->ResetCamera();
ren1 ->GetActiveCamera() ->Zoom(1.5);
renWin ->Render();

// This starts the event loop and as a side effect causes an initial render.
iren ->Start();
```

示例中直接创建了 vtkActor、vtkPolyDataMapper、vtkRenderer、vtkRenderWindow 和 vtkRenderWindowInteractor。注意：vtkProperty 会由 vtkActor 自动创建，而 vtkLight 和 vtkCamera 会由 vtkRenderer 自动创建。

3.2.1.7 可视化管线

VTK 可视化管线主要负责读取或者生成数据、分析或生成数据的衍生版本、写入硬盘文件或者传递数据到渲染引擎进行显示。例如，读者可能从硬盘中读取一个 3D 体数据，经过处理生成体数据中一个等值面的三角面片的表示数据，然后将该几何数据写回到硬盘中;或者读者可能创建了一些球体和圆柱用来表示原子和原子间的联系,然后传递到渲染引擎中显示。

VTK 中采用数据流的方法将信息转换为几何数据,主要涉及两种基本的对象类型:

- vtkDataObject。
- vtkAlgorithm。

数据对象(data object)表示了不同类型的数据。vtkDataObject 可以看作一般的数据集合,而有规则结构的数据称为一个数据集(DataSet,vtkDataSet 类),数据集中包含几何结构和拓扑结构数据(点和 Cell 单元),另外,还有相应的属性数据,如标量或者向量数据。数据集中的属性数据既可以关联到点,也可以关联到单元上。单元是点的拓扑组合,是构成数据集结构的基本单位,常用来进行插值计算。

算法(algorithms)常被称为过滤器(filter),处理输入数据并产生新的数据对象。可视化管线由算法和数据对象连接而成(例如数据流网络),图 3.2-6 描述了一个可视化管线。

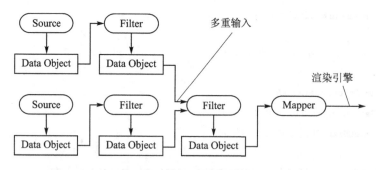

图 3.2-4 数据对象用算法(过滤器)连接形成可视化管线(图中箭头表示数据流动方向)

图 3.2-4 说明了一些重要的可视化概念。源算法通过读取(Reader 对象)或者创建数据对象(程序源对象)两种方式来产生数据。过滤器可以处理一个或多个输入数据对象,并产生一个或多个输出。一个或者多个数据对象传入过滤器后,经过处理产生新的数据对象。Mappers(或者特殊情况下专门的 Actors)接收数据并将它转换为可被渲染引擎绘制的可视化表达,Writer 也可以看做是将数据写入文件或者流的 Mapper 类型。

接下来主要介绍与可视化管线构建相关的几个重要问题。

(1)可视化管线通过如下函数或者其变形来连接构建

```
aFilter ->SetInputConnection(anotherFilter ->GetOutputPort() );
```

该函数将 anotherFilter 的输出作为 aFilter 的输入(有多个输入输出的过滤器也用类似的方法)。

(2)需要一种机制来控制管线的执行。只执行管线中必要的部分来产生最新的输出。VTK 采用了一种"惰性计算策略"(lazy evaluation scheme)——只有需要数据的时候才进行计算,该机制是基于每个对象的内部修改时间(modification time)来实现的。

(3) 管线的装配要求只有相互兼容的对象才能组装,使用的接口是 SetInputConnection()和 GetOutputPort()函数(早期的版本可能是 SetInputData()和 GetOutput(),一般不需要修改,但个别情况需要修改,否则会不起作用)。如果运行时数据对象不兼容,则会产生错误。

(4) 当管线执行后,必须决定是否缓存或者保留数据对象,这对于一个成功的可视化工具应用程序来说十分重要,因此可视化数据集会非常的大。VTK 提供了打开或者关闭缓存的方法,利用引用计数来避免数据复制,以及流数据分片方法来处理内存不能一次性容纳整个数据集的情况。(推荐读者阅读 *The Visualization Toolkit：An Object-Oriented Approach to 3D Graphics* 一书中"Visualization Pipeline"章节来获取更多相关信息)

注意:算法和数据对象都有许多不同的类型。算法随着输入数据类型、输出数据类型的变化而变化,当然还有特定的算法实现。

3.2.1.8 管线的执行

3.2.1.7 节讨论了管线执行控制的必要性,接下来,让我们深入理解一些关于管线执行的重要概念。

如 3.2.1.7 节所讲,VTK 可视化管线只有当计算需要时才会执行(Lazy Evaluation,惰性计算)。思考一下下面的示例,在该示例中初始化一个 reader 对象并且查询对象中点的个数。(示例采用 Tcl 语言编写)

```
vtkPlot3DReader reader
    reader SetXYZFileName $ VTK_DATA_ROOT/Data/combxyz.bin
    [ reader GetOutput ] GetNumberOfPoints
```

即便数据文件中有上千个点,GetNumberOfPoints()函数也返回"0",但是,当添加 Update()方法后,即

```
readerUpdate
[ reader GetOutput ] GetNumberOfPoints
```

函数会返回正确的点个数。在第一个示例中 GetNumberOfPoints()并没有要求计算,因此返回当前的点个数 0。而在第二个示例中,Update()函数驱动管线执行,从而驱动 reader 执行,读取数据文件中的数据。一旦 reader 执行后,点的个数就被正确的赋值。

通常情况下,不必手动调用 Update()函数,因为过滤器在可视化管线中是连接在一起的。当 Actor 接收到渲染自己的请求(即 Render())后,它将向前传递 Update()方法至相应的 Mapper,Update()方法通过管线自动发出。图 3.2-5 显示了一个高层的可视化管线的执行流程,Render()发出数据请求,通过管线向上传递。对于管线中已经过期的环境,过滤器会重新执行,从而得到最新的终端数据,并被 Actor 绘制。

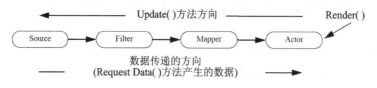

图 3.2 - 5 管线执行的概观

3.2.1.9 图像处理

VTK 支持大量的图像处理和体绘制功能，VTK 中无论是 2D（见图像）还是 3D（volume，体）数据都可以看作 vtkImageData。一个图像数据集是一个沿坐标轴规则排列的数据数组；Volume（二维图像集合）是三维的图像数据集。

图像处理管线中算法的输入和输出通常为图像数据对象。由于图像数据简单而且规则的性质，图像处理管线还有一些其他的重要特征。体绘制算法用来可视化三维 vtkImageData，另外一些专门的图像 Viewer（如 vtkImageViewer2 等类）则用来浏览二维 vtkImageData。图像处理管线中几乎所有的算法都是多线程的，而且采用分片处理流数据以适应用户内存大小限制。运行时，Filter 能够自动获取系统中处理器和核的个数，并创建相应的线程，同时，自动将数据进行分片。（参考"vtkStreamingDemandDrivenPipeline"）。

以上是对 VTK 系统结构的总体概述。更多 VTK 中算法的详细细节请参阅 *The Visualization Toolkit：An Object-Oriented Approach to 3D Graphics* 一书。学习 VTK 中的示例程序也是学习 VTK 的一个好方法，另外，因为 VTK 代码是开源的，读者也可以学习 VTK 源码目录中 VTK/Examples 中的示例。

经过以上简略的介绍之后，下面来看一下如何用 C++创建应用程序。

3.2.2 创建 VTK 应用程序

本节的主要内容是利用 C++语言开发 VTK 应用程序的基本知识。为了指导读者创建和运行一个简单的 VTK 程序，接下来使用 C++编程语言演示怎样使用 Callback。

3.2.2.1 用户事件、观察者以及命令模式

Callback（又称用户方法，User Method）采用 Subject/Observer 和 Command 设计模式进行设计。VTK 中几乎所有的类都可以通过 SetObserver()方法建立 Callback。Observer（观察者）监听对象中的所有激活事件，一旦其中一个事件与其监听事件类型一致，则其相应的 Command 就会执行（如 Callback）。例如，所有 Filter 在执行前都会激活 StartEvent 事件，如果为 Filter 添加一个 Observer 来监听 StartEvent 事件，那么每次 Filter 执行前，该 Observer 都会被调用响应 Callback。下面的 Tcl 脚本中创建了一个 vtkElevation 的实例，并为它添加一个 Observer 来监听 StartEvent 事件，当 Observer 监听到该事件时，则自动响应函数 PrintStatus()。

```
proc PrintStatus {} {
    puts "Startingto execute the elevation filter"
}
vtkElevationFilter foo
foo AddObserver StartEvent PrintStatus
```

VTK 支持的所有语言都可使用这种类型的函数(Callback),接下来每个小节中都会给出一个简单的示例来说明如何使用它。关于用户方法的深入探讨请参阅《VTK 用户指南》421 页"Integrating with The Windowing System"(与窗口系统的整合)(该章中还涉及了用户接口整合问题)。

建议从 VTK 自带的示例开始学习如何创建应用程序,这些示例在 VTK 源文件 VTK/Examples 目录下。目录根据不同的主题进行细分,每个主题目录会根据不同的语言再分为不同的子目录。

3.2.2.2 C++

相对于其他语言,C++应用程序体积更小,运行更快,而且容易部署安装。此外,采用 C++语言开发 VTK 应用程序,不需要编译额外的 Tcl、Java 和 Python 支持。本节主要说明怎么在 PC 机上用 MicrosoftVisual C++或者 Unix 下的编译器来用 C++开发简单的 VTK 应用程序。

这里以 Examples/Tutorial/Step1/Cxx(随书代码 Section3.2/3.2.2Tutorial/Step1)下的 Cone.cxx 为例进行讲解。无论是 Windows 平台还是 Unix,都可以使用源码编译版本或者是发布的可执行版本,两个版本都支持这些示例。

编译 C++程序的第一步是利用 CMake 生成依赖于编译器的 makefile 或者是项目工程文件。Cone.txx 目录下的 CMakeLists.txt 利用 CMake 的 FindVTK 和 UseVTK 模块来定位 VTK 目录并设置包含路径和链接库等,如果没有成功找到 VTK 的话,那么需要手动设置 CMake 的相关参数并重新运行 CMake。

```
cmake_minimum_required(VERSION 3.3...3.12 FATAL_ERROR)
project(Step1)

find_package(VTK REQUIRED)
vtk_module_config(VTK
    vtkCommonCore
    vtkFiltersSources
    vtkFiltersSources
    vtkInteractionStyle
    vtkRenderingOpenGL2
)
include( ${VTK_USE_FILE})

add_executable(Cone MACOSX_BUNDLE Cone.cxx)
target_link_libraries(Cone ${VTK_LIBRARIES})
```

MicrosoftVisual C++：用 CMake 对 Cone. cxx 配置完成后，启动 Microsoft Visual C++并载入生成的解决方案，当前. net 版本下的解决方案名字是 Cone. sln。根据需要选择 Release 或者 Debug 版本编译程序，如果想把 VTK 整合到其他不采用 CMake 的工程中，那么可以直接复制该工程的设置到相应的工程中。

下面看一个 Windows 应用程序示例，其创建过程与上述示例基本相同，除了建立的是一个 Windows 窗口程序而不是控制台程序以外，大部分代码都是 Windows 开发者熟悉的标准 Windows 窗口语言。该示例在 VTK/Examples/GUI/Win32/SimpleCxx/Win32Cone. cxx 目录下。注意 CMakeLists. txt 文件中的一个重要变化是 add _executable 命令的 WIN32 参数。

```
# include "windows. h"

// first include the required header files for the vtk classes we are using
# include "vtkConeSource. h"
# include "vtkPolyDataMapper. h"
# include "vtkRenderWindow. h"
# include "vtkRenderWindowInteractor. h"
# include "vtkRenderer. h"

static HANDLE hinst;
LRESULT CALLBACK WndProc(HWND, UINT, WPARAM, LPARAM);
// define the vtk part as a simple c++ class
class myVTKApp
{
public:
    myVTKApp(HWND parent);
    ~myVTKApp();
private:
    vtkRenderWindow * renWin;
    vtkRenderer * renderer;
    vtkRenderWindowInteractor * iren;
    vtkConeSource * cone;
    vtkPolyDataMapper * coneMapper;
    vtkActor * coneActor;
}
```

程序开始包含必须的 VTK 头文件，然后是两个原型声明，接下来定义了一个 myVTKApp 类。使用 C++开发时，要尽量采用面向对象的编程方法，而不是像 Tcl 示例中的脚本语言样式。这里将 VTK 应用程序的组件封装到一个简单类中。

下面是 myVTKApp 类的构造函数。首先创建每个 VTK 对象并进行相应的设置，然后将各个组件对象连接形成可视化管线。除了 vtkRenderWindow 的代码外，其他都是很简洁的 VTK 代码。构造函数接收一个父窗口的 HWND 的句柄以便使父窗口包含 VTK 渲染窗口，然后利用 vtkRenderWindow 的 SetParentId()函数设置父窗口,并创建自己的窗口作为父窗口的子窗口。

```
myVTKApp::myVTKApp(HWND hwnd)
{
    // Similar to Examples/Tutorial/Step1/Cxx/Cone.cxx
    // We create the basic parts of a pipeline and connect them
    this->renderer = vtkRenderer::New();
    this->renWin = vtkRenderWindow::New();
    this->renWin->AddRenderer(this->renderer);

    // setup the parent window
    this->renWin->SetParentId(hwnd);
    this->iren = vtkRenderWindowInteractor::New();
    this->iren->SetRenderWindow(this->renWin);

    this->cone = vtkConeSource::New();
    this->cone->SetHeight( 3.0 );
    this->cone->SetRadius( 1.0 );
    this->cone->SetResolution( 10 );
    this->coneMapper = vtkPolyDataMapper::New();
    this->coneMapper->SetInputConnection(this->cone->GetOutputPort());
    this->coneActor = vtkActor::New();
    this->coneActor->SetMapper(this->coneMapper);

    this->renderer->AddActor(this->coneActor);
    this->renderer->SetBackground(0.2,0.4,0.3);
    this->renWin->SetSize(400,400);

    // Finally we start the interactor so that event will be handled
    this->renWin->Render();
}
```

析构函数中释放所有构造函数中创建的所有 VTK 对象。

```
myVTKApp::~myVTKApp()
{
    renWin->Delete();
    renderer->Delete();
    iren->Delete();
    cone->Delete();
    coneMapper->Delete();
    coneActor->Delete();
}
```

　　WinMain()函数中都是标准的 Windows 编程语言,没有用到 VTK 引用。该应用程序具有消息循环控制功能,消息处理由下面介绍的 WinProc()函数实现。

```
    int PASCAL WinMain (HINSTANCE hInstance, HINSTANCE hPrevInstance,
                    LPSTR / * lpszCmdParam * /, int nCmdShow)
{
    static char szAppName[] = "Win32Cone";
    HWND            hwnd ;
    MSG             msg ;
    WNDCLASS        wndclass ;

    if (! hPrevInstance)
    {
        wndclass.style          = CS_HREDRAW | CS_VREDRAW | CS_OWNDC;
        wndclass.lpfnWndProc    = WndProc ;
        wndclass.cbClsExtra     = 0 ;
        wndclass.cbWndExtra     = 0 ;
        wndclass.hInstance      = hInstance;
        wndclass.hIcon          = LoadIcon(nullptr,IDI_APPLICATION);
        wndclass.hCursor        = LoadCursor (nullptr, IDC_ARROW);
        wndclass.lpszMenuName   = nullptr;
        wndclass.hbrBackground = (HBRUSH)GetStockObject(BLACK_BRUSH);
        wndclass.lpszClassName = szAppName;
        RegisterClass (&wndclass);
    }


    hinst = hInstance;
    hwnd = CreateWindow (szAppName,
                    "Draw Window",
                    WS_OVERLAPPEDWINDOW,
                    CW_USEDEFAULT,
                    CW_USEDEFAULT,
                    400,
                    480,
                    nullptr,
                    nullptr,
                    hInstance,
                    nullptr);
    ShowWindow (hwnd,nCmdShow);
    UpdateWindow (hwnd);
    while (GetMessage (&msg, nullptr, 0, 0))
    {
        TranslateMessage (&msg);
```

178

```
            DispatchMessage (&msg);
        }
    return msg.wParam;
}
```

WinProc()是一个简单的消息处理函数。对于一个完整的应用程序来说,它可能
要比这个复杂的多,但是关键部分都是相同的。函数开始定义了一个 myVTKApp 实
例的静态引用变量。当处理 WM_CREATE 消息时,创建了一个 Exit 按钮,然后创建
myVTKApp 实例并传入当前窗口的句柄。vtkRenderWindowInteractor 会为 vtkRen-
derWindow 处理所有的消息,因此这里不需要处理消息。读者很可能想添加代码来处
理 resizing 消息,这样窗口的大小就可以随着用户界面的改变而自动调整。如果没有
设置 vtkRenderWindow 的 ParentId 的话,那么 vtkRenderWindow 就作为一个顶层的
独立窗口显示,其他的部分则没有变化。

```
LRESULT CALLBACK WndProc(HWND hwnd, UINT message, WPARAM wParam, LPARAM lParam)
{
    static HWND ewin;
    static myVTKApp * theVTKApp;

    switch (message)
    {
        case WM_CREATE:
        {
            ewin = CreateWindow("button","Exit",
                        WS_CHILD | WS_VISIBLE | SS_CENTER,
                        0,400,400,60,
                        hwnd,(HMENU)2,
                        (HINSTANCE)vtkGetWindowLong(hwnd,vtkGWL_HINSTANCE),
                        nullptr);
            theVTKApp = new myVTKApp(hwnd);
            return 0;
        }

        case WM_COMMAND:
            switch (wParam)
            {
                case 2:
                    PostQuitMessage (0);
                    delete theVTKApp;
                    theVTKApp = nullptr;
                    break;
```

```
            }
            return 0;
        case WM_DESTROY:
            PostQuitMessage (0);
            delete theVTKApp;
            theVTKApp = nullptr;
            return 0;
        }
    return DefWindowProc (hwnd, message, wParam, lParam);
}
```

3.2.2.3 语言间的转换

VTK 核心代码采用 C++语言实现,然后用 Tcl、Java 和 Python 编程语言封装,这样在应用程序开发时,可以选择多种语言。语言选择主要依赖于个人的语言习惯、应用程序的特点、是否需要访问内部数据以及是否对性能有特殊要求。与其他语言相比,C++在访问内部数据结构、应用程序执行效率方面具有更多的优势,但是,采用 C++语言也带来了编译/链接循环的负担,从而降低了软件开发效率。

读者可以使用解释性语言(如 Tcl)来开发应用程序原型,然后再转换为 C++程序。或者搜索示例代码(VTK 目录或者其他用户)然后将它转换为最终的实现语言。

VTK 代码的语言转换比较直接。各个语言中都采用相同的类名和方法名;不同的只是实现细节和 GUI 接口。例如:

C++语言:

```
anActor ->GetProperty() ->SetColor(red, green, blue)
```
Tcl 语言:

```
[anActorGetProperty] Set Color $ red $ green $ blue
```
Java 语言:

```
anActor.GetProperty().SetColor(red, green, blue);
```
Python 语言:

```
anActor ->GetProperty().SetColor(red, green, blue);
```

由于指针操作问题,一些 C++应用程序不能转换为其他三种语言,这也是语言转换时的一个主要限制。封装语言可以方便地获取或者设置对象的值,但是不能直接获取一个指针来快速遍历、检查或者修改大的数据结构。如果读者的应用程序需要类似的操作,那么可以直接采用 C++语言实现,或者利用 C++扩展 VTK 生成需要的类,然后使用自己喜欢的解释性语言来使用新的类。

3.2.3　小　结

本节首先概述了 VTK 系统结构,包括 VTK 的底层对象模型、渲染引擎、可视化管线、管线的执行、图像处理,并给出了具体示例。接着给出了创建 VTK 应用程序的示例,并简单介绍了不同编程语言之间的转换。

需要强调的是,学习如何创建应用程序建议从 VTK 自带的示例开始,这些示例在 VTK 源文件 VTK/Examples 目录下。目录根据不同的主题进行细分,每个主题目录会根据不同的语言再分为不同的子目录。首先学习 Tutorial 中的示例,在此基础上可以学习 Rendering、VisualizationAlgorithms、GUI 等中的示例。

3.3　VTK 基础概念

在 3.1 节里,读者已经接触了一个简单的 VTK 工程,也掌握了使用 CMake 来构建 VTK 工程的步骤,本节的所有示例都采用 3.1 节介绍的步骤来构建 VTK 工程。

本节先在 3.1 节 TestVTKInstall 的基础上做一些更改,演示一个能够交互的 VTK 应用程序。与前面的风格类似,先让读者"知其然",然后再慢慢地让读者"知其所以然"。

3.3.1　一个稍微复杂的 VTK 程序

首先当然是写一个 CMakeLists.txt 文件。在 D:/Toolkits/VTK/Examples/下新建一个文件夹,命名为 3.3.1_RenderCylinder,在该目录下新建 CMakeLists.txt 和 RenderCylinder.cpp 文件。

示例 3.3.1_RenderCylinder 的 CMakeLists.txt

```
cmake_minimum_required(VERSION 3.3...3.12 FATAL_ERROR)
project (RenderCylinder)

find_package(VTK REQUIRED)
vtk_module_config(VTK
    vtkCommonCore
    vtkFiltersSources
    vtkInteractionStyle
    vtkRenderingOpenGL2
)
include( ${VTK_USE_FILE})

add_executable(RenderCylinder MACOSX_BUNDLE RenderCylinder.cxx)
target_link_libraries(RenderCylinder ${VTK_LIBRARIES} )
```

示例 3.3.1_RendenCylinder 的 RenderCylinder. cpp

```cpp
#include < vtkSmartPointer.h >
    #include < vtkRenderWindow.h >
    #include < vtkRenderer.h >
    #include < vtkRenderWindowInteractor.h >
    #include < vtkInteractorStyleTrackballCamera.h >
    #include < vtkCylinderSource.h >
    #include < vtkPolyDataMapper.h >
    #include < vtkActor.h >
    #include < vtkProperty.h >

    int main()
    {
        vtkSmartPointer < vtkCylinderSource > cylinder =
            vtkSmartPointer < vtkCylinderSource > ::New();
        cylinder ->SetHeight( 3.0 );
        cylinder ->SetRadius( 1.5 );
        cylinder ->SetResolution( 30 );

        vtkSmartPointer < vtkPolyDataMapper > cylinderMapper =
            vtkSmartPointer < vtkPolyDataMapper > ::New();
        cylinderMapper ->SetInputConnection( cylinder ->GetOutputPort() );

        vtkSmartPointer < vtkActor > cylinderActor =
            vtkSmartPointer < vtkActor > ::New();
        cylinderActor ->SetMapper( cylinderMapper );
        cylinderActor ->GetProperty() ->SetColor(0.0, 1.0, 0.0);

        vtkSmartPointer < vtkRenderer > renderer =
            vtkSmartPointer < vtkRenderer > ::New();
        renderer ->AddActor( cylinderActor );
        renderer ->SetBackground( 1.0, 0.9, 0.9 );

        vtkSmartPointer < vtkRenderWindow > renWin =
            vtkSmartPointer < vtkRenderWindow > ::New();
        renWin ->AddRenderer( renderer );
        renWin ->SetSize( 640, 480 );
        renWin ->Render();
        renWin ->SetWindowName("RenderCylinder");
```

```
vtkSmartPointer < vtkRenderWindowInteractor > iren =
    vtkSmartPointer < vtkRenderWindowInteractor > ::New();
iren->SetRenderWindow(renWin);

vtkSmartPointer < vtkInteractorStyleTrackballCamera > style =
    vtkSmartPointer < vtkInteractorStyleTrackballCamera > ::New();
iren->SetInteractorStyle(style);

iren->Initialize();
iren->Start();

return EXIT_SUCCESS;
}
```

跟 3.1 节的步骤一样,运行 CMake —> Configure —> Generate,接着打开生成的 RenderCylinder. sln 文件,按"F7"键编译,按"F5"键调试运行(关于这些快捷键,可能不同版本的 Visual Studio 不太一样,也可以用菜单来操作,这个步骤在后续章节不再赘述)。程序运行结果如图 3.3 - 1 所示。

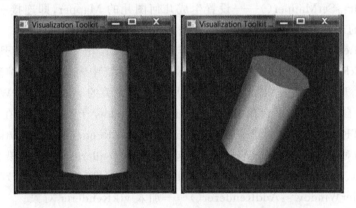

图 3.3 - 1　示例 3.3.1_RenderCylinder 的运行结果

可以使用鼠标与柱体(见图 3.3 - 1)交互。比如用鼠标滚轮可以将柱体放大、缩小;按下鼠标左键不放,然后移动鼠标,可以转动柱体;按下鼠标左键,同时按下"Shift"键,移动鼠标,可以移动整个柱体,等等。读者也可以试着摸索一下其他的功能,比如按下"Ctrl"键的同时按鼠标左键;将鼠标停留在柱体上,然后按下"P"键;试着按一下"E"键。

接下来详细解释一下示例 3.3.1_RenderCylinder 里每行代码的含义以及所用到的 VTK 的类。从包含的头文件可以看出,除了 vtkSmartPointer 和 vtkRenderWindow 在 3.1 节已经介绍过之外,其他 6 个类都是新加入的。

(1) vtkCylinderSource。其派生自 vtkPolyDataAlgorithm。顾名思义,vtkCylinderSource 生成的数据类型就是 vtkPolyData,它主要是生成一个中心在渲染场景原点

的柱体,柱体的长轴沿着 Y 轴,柱体的高度、截面半径等都可以任意指定。

vtkCylinderSource∷SetHeight()——设置柱体的高。

vtkCylinderSource∷SetRadius()——设置柱体横截面的半径。

vtkCylinderSource∷SetResolution()——设置柱体横截面的等边多边形的边数。

转动一下柱体,然后数数柱体横截面有多少条边,应该就能明白这个参数表示什么意思。

(2) vtkPolyDataMapper。其派生自类 vtkMapper,渲染多边形几何数据(vtkPoly-Data),将输入的数据转换为几何图元(点、线、多边形)进行渲染。

vtkPolyDataMapper∷SetInputConnection()——VTK 可视化管线的输入数据接口,对应的可视化管线输出数据的接口为 GetOutputPort()。VTK5.0 之前的版本使用 SetInput()和 GetOutput()作为输入输出接口,VTK 5.0 以后的版本保留了对这两个接口的支持。关于这两者的区别,后续内容会详细介绍。

(3) vtkActor。其派生自 vtkProp 类,渲染场景中数据的可视化表达是由 vtkProp 的子类负责的。比如,本例要渲染一个柱体,柱体的数据类型是 vtkPolyData,数据要在场景中渲染时,不是直接把数据加入渲染场景,待渲染的数据是以 vtkProp 的形式存在于渲染场景中的。

vtkActor∷SetMapper()——设置生成几何图元的 Mapper,即连接一个 Actor 到可视化管线的末端(可视化管线的末端就是 Mapper)。

(4) vtkRenderWindow。其负责将操作系统与 VTK 渲染引擎连接到一起。不同平台下的 vtkRenderWindow 子类负责本地计算机系统中窗口创建和渲染过程管理。当使用 VTK 开发应用程序时,你只需要使用与平台无关的 vtkRendererWindow 类,运行时,系统会自动替换为平台相关的 vtkRendererWindow 子类。比如,在 Windows 下运行上述 VTK 程序,实际创建的是 vtkWin32OpenGLRenderWindow(vtkRenderWindow 的子类)对象。vtkRenderWindow 中包含了 vtkRenderer 集合、渲染参数,如立体显示(Stereo)、反走样、运动模糊(Motion Blur)和焦点深度(Focal Depth)等。

vtkRenderWindow∷AddRenderer()——加入 vtkRenderer 对象。

vtkRenderWindow∷SetSize()——该方法是从 vtkRenderWindow 的父类 vtkWindow 继承过来的,用于设置窗口的大小,以像素为单位。

(5) vtkRenderer。其负责管理场景的渲染过程。组成场景的所有对象包括 Prop、照相机(Camera)和光照(Light)都被集中在一个 vtkRenderer 对象中。一个 vtkRendererWindow 中可以有多个 vtkRenderer 对象,而这些 vtkRenderer 可以在窗口中不同的矩形区域中(即视口)渲染,或者覆盖整个窗口区域。

vtkRenderer∷AddActor()——添加 vtkProp 类型的对象到渲染场景中。

vtkRenderer∷SetBackground()——该方法是从 vtkRenderer 的父类 vtkViewport 继承的,用于设置渲染场景的背景颜色,用 R、G、B 的格式设置,三个分量的取值为 0.0~1.0,(0.0,0.0,0.0)为黑色,(1.0,1.0,1.0)为白色。除了可以设置单一的背景颜色之外,还可以设置渐变的背景颜色。vtkViewport∷SetBackground2()用于设置

渐变的另外一种颜色,但是要使背景颜色渐变生效或者关闭,必须调用以下的方法:

vtkViewport::SetGradientBackground(bool)——参数为 0 时关闭,反之打开。

vtkViewport::GradientBackgroundOn()——打开背景颜色渐变效果,相当于调用方法 SetGradientBackground(1)。

vtkViewport::GradientBackgroundOff()——关闭背景颜色渐变效果,相当于调用方法 SetGradientBackground(0)。

(6) vtkRenderWindowInteractor。其负责提供平台独立的响应鼠标、键盘和时钟事件的交互机制,通过 VTK 的 Command/Observer 设计模式将监听到的特定平台的鼠标、键盘和时钟事件交由 vtkInteractorObserver 或其子类(如 vtkInteractorStyle)进行处理。vtkInteractorStyle 等监听这些消息并进行处理以完成旋转、拉伸和放缩等运动控制。vtkRenderWindowInteractor 自动建立一个默认的 3D 场景交互器样式(Interactor Style)——vtkInteractorStyleSwitch,当然你也可以选择其他的交互器样式,或者是创建自己的交互器样式。在本例中选择了其他的交互器样式来替代默认的 vtkInteractorStyleTrackballCamera。

vtkRenderWindowInteractor::SetRenderWindow()——设置渲染窗口,消息是通过渲染窗口捕获到的,所以必须要给交互器对象设置渲染窗口。

vtkRenderWindowInteractor::SetInteractorStyle()——定义交互器样式,默认的交互器样式为 vtkInteractorStyleSwitch。

vtkRenderWindowInteractor::Initialize()——为处理窗口事件做准备,交互器工作之前必须先调用这个方法进行初始化。

vtkRenderWindowInteractor::Start()——开始进入事件响应循环,交互器处于等待状态,等待用户交互事件的发生,进入事件响应循环之前必须先调用 Initialize() 方法。

(7) vtkInteractorStyleTrackballCamera。其是交互器样式的一种,在该样式下,用户通过控制相机对物体做旋转、放大、缩小等操作。比如做以下类比,在照相的时候如果想让物体看起来显得大一些,可以采取两种做法:第一种做法是相机不动,让物体靠近相机;第二种做法是物体不动,把相机靠近物体。第二种做法就是 vtkInteractorStyleTrackballCamera 的风格,其父类为 vtkInteractorStyle,除了 vtkInteractorStyleTrackballCamera 之外,VTK 还定义了其他多种交互器样式,如 vtkInteractorStyleImage,主要用于显示二维图像时的交互。

以上内容对代码逐行进行了解释,并做了稍微扩展。可能读者看了以后会觉得比较零散,还是不够系统、全面。下面从稍微宏观的角度重新看看这个示例的代码。继续学习下面的内容之前,先来看一个类比,可能不够形象,但它对于读者理解示例的代码还是会有帮助的。

当看舞台剧的时候,观众坐在台下,展现在他们面前的是一个舞台,舞台上有各式的灯光、各样的演员。演员出场的时候肯定是化妆的,有些演员可能会打扮成"高富帅",有些演员可能会化妆成"白富美",观众有时还会与台上的演员有一定的互动。

整个剧院就好比 VTK 程序的渲染窗口(vtkRenderWindow);舞台就相当于渲染场景(vtkRenderer);而那些"高富帅""白富美"就是程序中的 Actor(有些文献翻译成"演员",有些文献翻译成"角色",这里不作翻译);台上演员与台下观众的互动可以看成是程序的交互(vtkRenderWindowInteractor);演员与观众的互动方式有很多种,现场的观众可以直接上台跟演员们握手、拥抱,电视机前的观众可以发短信,计算机、移动终端用户等可以微博关注、加粉等,这就好比程序里的交互器样式(vtkInteractorStyle);能一一分辨出舞台上的演员,不会把"高富帅"弄混淆,是因为他们化的妆、穿的服饰都不一样,这就相当于程序里 vtkActor 的不同属性(vtkProperty);台下观众的眼睛可以看作 vtkCamera,前排的观众因为离舞台近,所以看到的演员会显得比较高大,而后排的观众看到的演员会显得小点,每个观众看到的事物在他的世界里都是唯一的,因此渲染场景 Renderer 里的 vtkCamera 对象也只有一个;因为舞台上的灯光可以有多个,所以渲染场景里的 vtkLight 也存在多个。读者可以参考图 3.3 - 2 以加深理解。

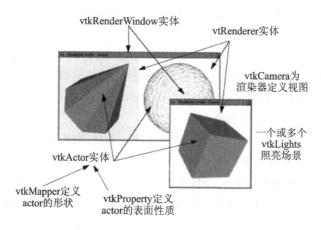

图 3.3 - 2   VTK 渲染场景以及各主要对象

3.3.2   vtkActor 及相关属性

由 3.3.1 节可知,数据渲染时不是直接将数据加入渲染场景,而待渲染的数据是以 vtkProp 的形式存在的,因此有必要再详细讨论一下 vtkProp 及其子类。图 3.3 - 3 所示为类 vtkProp 的继承图。

3.3.2.1 vtkProp 和 vtkProp3D

vtkProp 是任何存在于渲染窗口的对象的父类,包括二维或者三维的对象。换言之,在渲染窗口里能够看得到的对象(这些对象都称作 Prop),都是从 vtkProp 继承过来的。在这个类里定义了用于拾取(Picking)、LOD(Level - Of - Detail)操作的方法,同时也定义了确定 Prop 是否可见、可否被拾取以及可否被拖动等的变量,即

- SetVisibility(int) / GetVisibility () /VisibilityOn () /VisibilityOff ()。
- Pick ()/SetPickable (int)/GetPickable ()/PickableOn()/PickableOff()。

- SetDragable (int) / GetDragable () / DragableOn () /DragableOff()。

vtkProp3D 从 vtkProp 直接派生,是对象在三维渲染场景中的表达形式。当把一个对象放置在三维场景时,首先要考虑的是到底要将这个对象放在场景中的哪个位置、摆放的方向如何等,这些信息在 vtkProp3D 内部用一个 4×4 的矩阵来表示。默认构造的 vtkProp3D 对象的原点为(0,0,0),放置的位置为(0,0,0),放置的方向为(0,0,0),用户

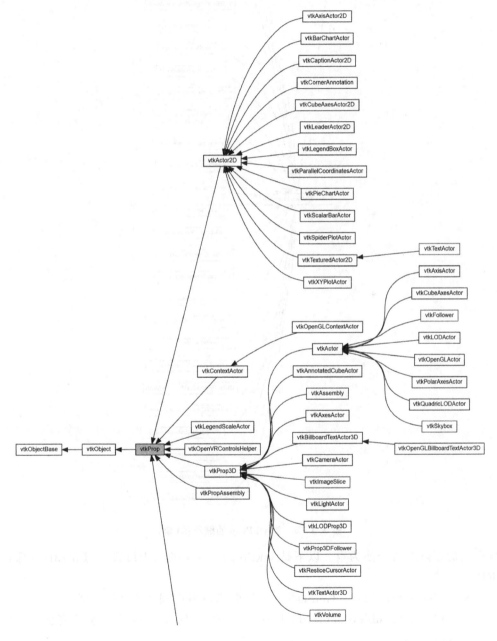

图 3.3 - 3   类 **vtkProp** 的继承图

187

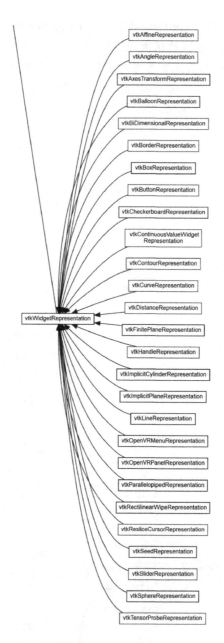

图 3.3 - 3 类 vtkProp 的继承图(续)

自定义的矩阵或者变换为空。以下是 vtkProp3D 定义的用于放置 vtkProp3D 对象的
方法：

- SetScale (double) / GetScale ():设置/获取各向同性的缩放比例。
- SetScale (double,double,double) / GetScale (double):设置/获取各同异性的
  缩放比例。
- RotateX (double) / RotateY (double) / RotateZ (double):分别绕 X、Y、Z 轴

旋转指定角度。

- RotateWXYZ（double，double，double，double）：绕指定的方向旋转指定的角度，第一个参数表示旋转角度，后三个参数确定一个方向。GetOrientation-WXYZ()用于获取对应的数据。

- SetOrientation（double，double，double）/ GetOrientation（）：设置 vtkProp3D 对象的方向。先绕 Z 轴旋转，然后绕 X 轴旋转，最后绕 Y 轴旋转，从而确定 vt-kProp3D 对象的方向。

- AddOrientation（double，double，double）：在 vtkProp3D 对象的当前方向增加一个给定的偏移。

- SetPosition（double，double，double）/ GetPosition（）：在世界坐标系下，指定/获取 vtkProp3D 对象的位置。

- AddPosition（double，double，double）：在 vtkProp3D 对象的当前位置增加一个偏移。

- SetOrigin（double，double，double ）/ GetOrigin（）：设置/获取 vtkProp3D 对象的原点。

3.3.2.2 vtkActor 及其属性

3.2.1.6 节已经提到，Prop 依赖于两个对象：一个是映射(vtkMapper)对象，负责存放数据和渲染信息；另一个是属性(vtkProperty)对象，负责控制颜色、不透明度等参数。对应的这两个方法就是在类 vtkActor 里定义的：

（1）SetMapper（vtkMapper ＊）：设置定义 Actor 几何形状的映射。

（2）SetProperty（vtkProperty ＊）：设置 Actor 的属性，包括表面属性(如环境光、散射光、镜面光、颜色、透明度等)、纹理映射、点的大小、线的宽度等。每一个 Actor 都有一个属性对象(vtkProperty 的实例)与之相关联，如果没有给 Actor 指定相应的属性(3.3.1 的示例就没有指定)，那么 VTK 会指定默认的属性对象，多个 Actor 可以共享一个属性对象。请看以下代码：

```
//控制 Actor 属性方法一：先获取 Actor 的 Property 对象，然后设置对应的参数
//调用以下方法时，应该先包括头文件：＃include "vtkProperty.h"
//改变 cylinderActor 颜色为红色，可以直接调用 SetColor()，也可调用 SetDiffuseColor()。
cylinderActor ->GetProperty() ->SetColor(1.0,0.0,0.0);
//cylinderActor ->GetProperty() ->SetDiffuseColor(1.0,0.0,0.0);

//控制 Actor 属性方法二：先实例化 vtkProperty 对象，然后加入到 Actor 里
vtkSmartPointer < vtkProperty > cylinderProperty = vtkSmartPointer < vtkProperty > ::
New();
cylinderProperty ->SetColor(1.0,0.0,0.0);
cylinderActor ->SetProperty(cylinderProperty);
```

以上两种方法都可以改变一个 Actor 的属性：第一种方法相对来说比较简单，直接

设置即可;第二种方法则需要先实例化一个 vtkProperty 对象,但这种方法比较灵活,而且如果想把多个 Actor 设置成同一属性时,所需的代码是最少的。

接下来看看怎么使用 vtkProperty 给 Actor 贴纹理图(与纹理图相关的类:vtkTexture),在以上示例的基础上做一下修改(示例 3.3.2_RenderCylinderTexture),在柱体上贴一个图。

示例 3.3.2_RenderCylinderTexture(部分)

```cpp
// 在 3.3.1_RenderCylinder 程序的最开始加入下列的代码
vtkSmartPointer < vtkJPEGReader > reader =
    vtkSmartPointer < vtkJPEGReader >::New();
//reader ->SetFileName(argv[1]);
reader ->SetFileName("../data/vtk_logo.jpg");

vtkSmartPointer < vtkTexture > texture =
    vtkSmartPointer < vtkTexture >::New();
texture ->SetInputConnection(reader ->GetOutputPort());
texture ->InterpolateOn();

// 实例化 cylinderActor 对象以后,调用以下代码
cylinderActor ->SetTexture(texture);
```

程序运行结果如图 3.3-4 所示。在附件程序 3.3.2_TextureExample 中还给出了对平面创建纹理映射的示例。

图 3.3-4　使用 vtkProperty 和 vtkTexture 给 Actor 贴纹理图

3.3.3　光　照

剧场里有各式各样的灯光,三维渲染场景中也一样,可以有多个光照存在。光照和相机是三维渲染场景必备的因素,如果没有指定(像示例 3.3.1_RenderCylinder,没有给 Renderer 指定相机和光照),那么 vtkRenderer 会自动地创建默认的光照和相机。VTK 里用类 vtkLight 来表示渲染场景中的光照。与现实中的灯光类似,VTK 中的vtkLight 实例也可以打开、关闭,设置光照的颜色、照射位置(即焦点)、光照所在的位置和强度等。

vtkLight 可以分为位置光照(positional light,即聚光灯)和方向光照(direction light)。位置光照是光源位置在渲染场景中的某个位置,可以指定光照的衰减值、锥角等;方向光照即光源位置在无穷远,可以认为光线是平行的,比如自然界中的太阳光。光源的位置和焦点的连线定义光线的方向,默认的 vtkLight 即为方向光照。

vtkLight 常用的方法有:

- SetColor ():设置光照的颜色,以 RGB 的形式指定颜色。
- SetPosition ():设置光照位置。
- SetFocalPoint ():设置光照焦点。
- SetIntensity ():设置光照的强度。
- SetSwitch()/SwitchOn()/SwitchOff():打开或关闭对应的光照。

在讲 vtkProp 的时候,该类用方法 SetVisibility (int) / GetVisibility ()/ VisibilityOn ()/ VisibilityOff ()等来控制 vtkProp 对象的可见与不可见的属性。同样,vtkLight 里也有类似命名风格的方法:SetSwitch ()/ GetSwitch ()/ SwitchOn ()/SwitchOff ()。不难发现,在 VTK 里某个属性的设置都采取这一类方法。以 vtkLight 为例,SwitchOn()跟 SetSwitch(1)实现的效果是一样,SwitchOff()与 SetSwitch(0)是一样的,GetSwitch()则是用于获取 vtkLight 对象关闭或打开这个属性的值。如果某个类有提供 SetXXX()方法,那么一般也会提供 GetXXX()方法来获取相应的值,读者在 3.3.1 节已经有了一些了解。再比如,vtkLight 还提供 SetPositional ()/ GetPositional ()/ PositionalOn ()/ PositionalOff ()一类方法来设置位置光照。

在类 vtkLight 的头文件 vtkLight.h 里,找不到类似 SetSwitch()/GetSwitch()等方法的原型,但是可以看到以下几行:

```
vtkSetMacro(Switch,int);
vtkGetMacro(Switch,int);
vtkBooleanMacro(Switch,int);
```

顾名思义,vtkSetMacro/ vtkGetMacro/ vtkBooleanMacro 都是宏,展开这几个宏以后就是以上函数的原型。为了保证代码的整洁与复用性,VTK 在文件 vtkSetGet.h 里定义了大量的宏。当找不到某个函数的原型时,可能这些函数就是由宏展开以后所定义的,所以在阅读 VTK 源码的时候,不妨多右击一下某个函数或者关键字,然后单击弹出菜单中的"Go to Definition…",也就一目了然了。

光照 vtkLight 的使用方法(见示例 3.3.1_RenderCylinder,程序运行结果如图 3.3 - 5 所示):

示例 3.3.1_RenderCylinder(部分)

```
vtkSmartPointer < vtkLight > myLight =
    vtkSmartPointer < vtkLight > ::New();
myLight ->SetColor(0,1,0);
myLight ->SetPosition(0,0,1);
myLight ->SetFocalPoint(
    renderer ->GetActiveCamera() ->GetFocalPoint());
renderer ->AddLight(myLight);

vtkSmartPointer < vtkLight > myLight2 =
    vtkSmartPointer < vtkLight > ::New();
myLight2 ->SetColor(0,0,1);
myLight2 ->SetPosition(0,0,-1);
myLight2 ->SetFocalPoint(
    renderer ->GetActiveCamera() ->GetFocalPoint());
renderer ->AddLight(myLight2);
```

上述代码定义了两个 vtkLight 对象:一个为绿色光,位置在(0,0,1),焦点对着相机的焦点;另一个为蓝色光,位置在(0,0,-1),焦点也对着相机的焦点。最后两个光照调用 vtkRenderer 的方法 AddLight()加入渲染场景中,因为 Renderer 里可以有多个灯照,所以 VTK 提供的接口是 AddLight()而不是 SetLight()。

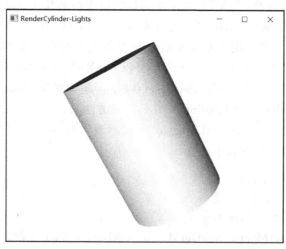

图 3.3 - 5 示例 3.3.1_RenderCylinder 加入绿色和蓝色光照的效果

光线在空间传播的过程中会与演示对象(actor)相交,光线与演示对象表面的相互作用会产生颜色,其中部分颜色不是由直射光线直接产生,而是由反射或散射自其他对象的环境或背景光产生。散射光模型考虑了这个因素,这是实际世界发生的复杂散射的一种简单近似。

对象最终显示的颜色的两个成分由直射光线决定。其一是漫射(diffuse)光照,也称作朗伯(Lambertian)反射,考虑了对象上光线的入射角。不同的着色方法可以显著改善用多边形表示的对象的外观。如图 3.3 - 6 所示,上半部分采用平面着色,各多边形的法向量是常量;下半部分采用高洛(Gouraud)着色,通过多边形顶点对法向量做了插值,使得对象看起来比较光滑。图 3.3 - 6 所示圆柱本身的颜色是常量,值为常量的光线照射上去,由于角度的不同,使得不同区域接受的光线多少不同,因此其亮度也不同。

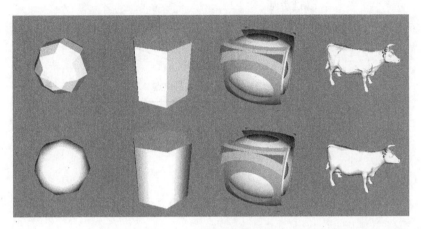

图 3.3 - 6　平面和高洛着色

其二是镜面(specular)光照,指对光源的直接反射。图 3.3 - 7 展示了一个漫射光照下的球受镜面光照的影响。镜面系数控制着对象的"反光度(shininess)",上面一行的镜面亮度(specular intensity)值为 0.5,下面一行的镜面亮度值为 1。在水平方向,镜面反射强度(specular power)从左到右依次为 5,10,20 和 40。

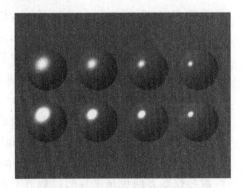

图 3.3 - 7　镜面系数的效果

镜面亮度值(上下两行不同)控制着镜面光照的亮度(intensity)。镜面反射强度(specular power)反映镜面反射随反射角的变化而减小的速度,该值越大,镜面反射减小得越快,表面越闪亮。随书示例 3.3.3_ SpecularSpheres 演示了光照参数的设置方法。

3.3.4　相　机

观众的眼睛就好比三维渲染场景中的相机,VTK 则用类 vtkCamera 来表示三维渲染场景中的相机。vtkCamera 负责把三维场景投影到二维平面,如屏幕、图像等。

图 3.3－8 所示为相机投影示意,从图中可以看出与相机投影相关的因素主要有:

- 相机位置(position):相机所在的位置,用方法 vtkCamera∷SetPosition()设置。
- 相机焦点(focal point):用方法 vtkCamera∷SetFocalPoint()设置,默认的焦点位置在世界坐标系的原点。
- 朝上方向(view up):相机朝上的方向。就好比人们直立看东西,方向为头朝上,看到的东西也是直立的;如果人们倒立看某个东西,这时方向为头朝下,那么看到的东西当然就是倒立的。

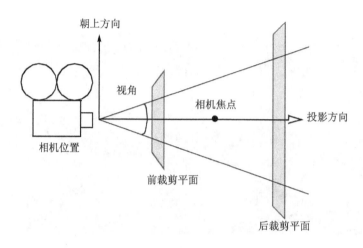

图 3.3－8 相机 vtkCamera 投影示意图

- 投影方向(direction of projection):相机位置到相机焦点的向量方向。
- 投影方法(the method of projection):确定 Actor 是如何映射到像平面的。vtk-Camera 定义了两种投影方法:一种是正交投影(orthographic projection),也叫平行投影(parallel projection),即进入相机的光线与投影方向是平行的;另一种是透视投影(perspective projection),即所有的光线相交于一点。
- 视角(view angle):透视投影时需要指定相机的视角,默认的视角大小为 30°,可以用方法 vtkCamera∷SetViewAngle()设置。
- 前后裁剪平面(front and back clipping planes):裁剪平面与投影方向相交,一般与投影方向也是垂直的。裁剪平面主要用于评估 Actor 与相机距离的远近,只有在前后裁剪平面之间的 Actor 才是可见的。裁剪平面的位置可以用方法 vtkCamera∷SetClippingRange()设置。

相机位置、相机焦点和朝上方向三个因素确定了相机的实际方向,即确定相机的视图。

如果想获取 vtkRenderer 里默认的相机,那么可以用方法 vtkRenderer∷GetActiveCamera()。相机 vtkCamera 的使用方法:

```
vtkSmartPointer < vtkCamera > myCamera = vtkSmartPointer < vtkCamera > ::New();
myCamera ->SetClippingRange(0.0475,2.3786);//这些值是随便设置的,为了演示用法而已
myCamera ->SetFocalPoint(0.0573, - 0.2134, - 0.0523);
myCamera ->SetPosition(0.3245, - 0.1139, - 0.2932);
myCamera ->ComputeViewPlaneNormal();
myCamera ->SetViewUp( - 0.2234,0.9983, 0.0345);
renderer ->SetActiveCamera(myCamera);
```

上述代码用 SetClippingRange()、SetFocalPoint()、SetPosition()分别设置相机的前后裁剪平面、焦点和位置。ComputeViewPlaneNormal()方法是根据设置的相机位置、焦点等信息,重新计算视平面(view plane)的法向量。一般该法向量与视平面是垂直的,如果不是垂直的话,则 Actor 等看起来会有一些特殊的效果,如错切。SetView-Up()方法用于设置相机朝上方向,最后用方法 vtkRenderer::SetActiveCamera()把相机设置到渲染场景中。

vtkCamera 除了提供设置与相机投影因素相关的方法之外,还提供了大量的控制相机运动的方法,如 vtkCamera::Dolly()、vtkCamera::Roll()、vtkCamera::Azimuth()、vtkCamera::Yaw()、vtkCamera::Elevation()、vtkCamera::Pitch()、vtkCamera::Zoom()。这些方法具体表示相机是怎么运动的,以及相对哪个位置或者方向运动,读者可以参考图 3.3－9 或者关于类 vtkCamera 的文档说明。随书示例 3.3.4_Camera-Model1 和3.3.4_CameraModel2 分别演示了图 3.3－9 左右两侧图的创建及相机和光照的使用。

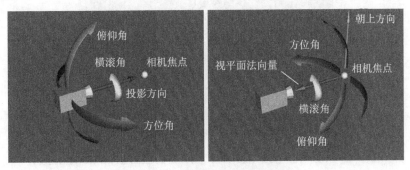

图 3.3－9　相机运动方向示意图

3.3.5　颜　色

3.3.2.2 节提到 Actor 的属性,颜色是 Actor 比较重要的属性之一。VTK 采用 RGB 和 HSV 两种颜色系统来描述颜色。

RGB 颜色系统由三个颜色分量——红色(R)、绿色(G)和蓝色(B)的组合表示,在 VTK 里这三个分量的取值都是 0~1,(0,0,0)表示黑色,(1,1,1)表示白色。vtkProperty::SetColor(r,g,b)就是采用 RGB 颜色系统设置颜色属性值的。

HSV 颜色系统同样也由三个分量来决定颜色:色相(hue)是颜色的基本属性,就是

平常所说的颜色名称,如红色、黄色等;饱和度(saturation)是指颜色的纯度,其值越高则越纯;值(value,也就是强度 intensity 或者亮度 bright),值为 0 通常表示的是黑色,值为 1 表示的是最亮的颜色。这三个分量的取值范围也是 0～1。类 vtkLookupTable 提供了 HSV 颜色系统设置的方法。

与颜色设置相关的 VTK 类除了 vtkProperty、vtkLookupTable 之外,还有 vtkColorTransferFunction、vtkLookupTable 和 vtkColorTransferFunction,它们都派生自 vtkScalarsToColors。

生成查找表(lookup table)条目的过程是定义 HSVA 颜色组。颜色组由色相、饱和度、值和不透明度(opacity)线性组合而成。调用 Build()方法之后,这些线性组合会生成一个所需条目数的表格,vtkLookupTable 也可以直接将颜色加载到表格中,因此,可以自定义非 HSVA 线性组合的表格。为了演示这个过程,这里给定 HSVA 每个元素的起止值,然后使用 C++创建一个由蓝到红的彩虹(rainbow)查找表(见图 3.3 - 10)。

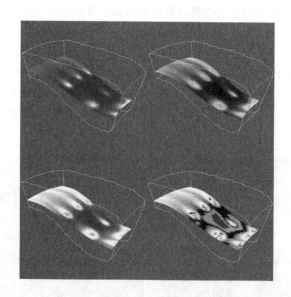

注:左上—灰度;右上—彩虹(蓝到红);左下—彩虹(红到蓝);右下—高对比度。

图 3.3 - 10　用不同查找表着色的流动密度

(1) 创建一个彩虹查找表:

```
vtkNew < vtkLookupTable > lut;
lut ->SetHueRange(0.6667, 0.0);
lut ->SetSaturationRange(1.0, 1.0);
lut ->SetValueRange(1.0, 1.0);
lut ->SetAlphaRange(1.0, 1.0);
lut ->SetNumberOfColors (256);
lut ->Build();
```

由于 SaturationRange、ValueRange、AlphaRange 以及查找表颜色数目的默认值分别是(1,1)、(1,1)、(1,1)、256,因此上面的过程可以简化为:

```
vtkNew < vtkLookupTable > lut;
lut ->SetHueRange(0.6667, 0.0);
lut ->Build();
```

HueRange 的默认值是(0,0.6667)——由红到蓝的颜色表格。

(2) 创建有 256 个条目的由黑到白的查找表的方法为:

```
vtkNew < vtkLookupTable > lut;
lut ->SetHueRange(0.0, 0.0);
lut ->SetSaturationRange(0.0, 0.0);
lut ->SetValueRange(0.0, 1.0);
```

如果读者希望直接指定颜色,可以直接指定颜色数目、创建表格,然后插入新的颜色。插入颜色时使用的是 RGBA 颜色描述系统。例如,创建一个由红、绿、蓝三色组成的查找表的 C++代码为:

```
vtkNew < vtkLookupTable > lut;
lut ->SetNumberOfColors(3);
lut ->Build();
lut ->SetTableValue(0, 1.0, 0.0, 0.0, 1.0);
lut ->SetTableValue(0, 0.0, 1.0, 0.0, 1.0);
lut ->SetTableValue(0, 0.0, 0.0, 1.0, 1.0);
```

VTK 中的查找表与图形映射器(graphics mappers)相伴随。如果没有给定查找表,那么映射器(mapper)会自动创建一个由红到蓝的查找表;如果读者想创建自己的查找表,那么可以使用方法 mapper—>SetLookupTable(lut),其中 mapper 是 vtkMapper 的实例或子类。

下面是使用查找表的一些注意事项:

(1) 映射器使用其查找表将标量值映射为颜色。如果没有给定标量值,那么映射器及其查找表不会控制对象的颜色。不建议使用类 vtkActor 伴随的 vtkProperty 对象,使用 vtkProperty 的方法 actor—>GetProperty()—>SetColor(r,g,b),其中 r、g、b 是指定颜色的浮点数。

(2) 如果想避免标量值对对象着色,那么使用 vtkMapper 的方法 mapper—>ScalarVisibilityOff()来关闭颜色映射。这时演示器(actor)的颜色会控制对象的颜色。

(3) 标量范围(用来映射颜色的范围)由映射器来指定,所用方法为 mapper—>SetScalarRange(min, max)。

读者可以派生出自己的查找表类型,可以参考 vtkLogLookupTable,这个查找表继承自 vtkLookupTable,可以将标量值对数映射为表格条目。如果标量值跨越几个数量级,那么这个功能十分有用。

3.3.6 坐标系统

计算机图形学里常用的坐标系统主要有四种：Model 坐标系统、World 坐标系统、View 坐标系统和 Display 坐标系统，它们之间的关系如图 3.3–11 所示。两种表示坐标点的方式为：以屏幕像素值为单位和归一化坐标值(各坐标轴取值都为[−1,1])。

Model 坐标系统是定义模型时所采用的坐标系统，通常是局部的笛卡尔坐标系。例如，要定义一个表示球体的 Actor，一般的做法是将该球体定义在一个柱坐标系统里。

World 坐标系统是放置 Actor 的三维空间坐标系，Actor 其中的一个功能就是负责将模型从 Model 坐标系统变换到 World 坐标系统。每一个模型可以定义有自己的 Model 坐标系统，但 World 坐标系统只有一个，每一个 Actor 必须通过放缩、旋转、平移等操作将 Model 坐标系统变换到 World 坐标系统。World 坐标系统同时也是相机和光照所在的坐标系统。

View 坐标系统表示的是相机所看见的坐标系统。X、Y、Z 轴取值为[−1,1]，X、Y 值表示像平面上的位置，Z 值表示到相机的距离。相机负责将 World 坐标系统变换到 View 坐标系统。

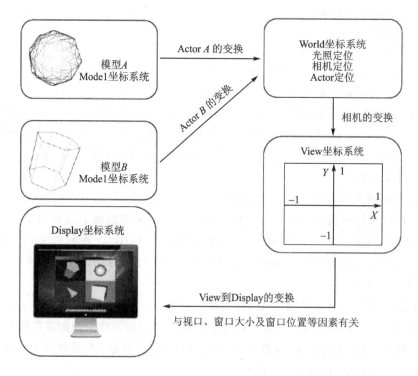

图 3.3–11 Model、World、View 和 Display 坐标系统

Display 坐标系统跟 View 坐标系统类似，但是各坐标轴的取值不是[−1,1]，而是使用屏幕像素值。屏幕上显示的不同窗口的大小会影响 View 坐标系统的坐标值

[−1,1]到 Display 坐标系统的映射。可以把不同的渲染场景放在同一个窗口进行显示,例如,在一个窗口里,分为左右两个渲染场景,这左右的渲染场景(vtkRenderer)就是不同的视口(Viewport)。示例 3.3.6_Viewport 演示了把一个窗口分为四个视口,用 vtkRenderer::SetViewport()来设置视口的范围(取值为[0,1]):

```
renderer1 ->SetViewport(0.0,0.0,0.5,0.5);
renderer2 ->SetViewport(0.5,0.0,1.0,0.5);
renderer3 ->SetViewport(0.0,0.5,0.5,1.0);
renderer4 ->SetViewport(0.5,0.5,1.0,1.0);
```

程序执行结果如图 3.3 − 12 所示。

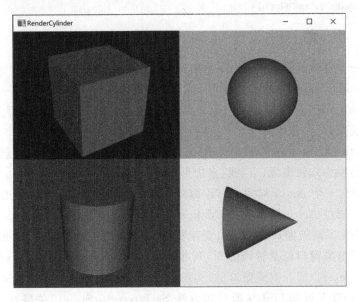

图 3.3 − 12 示例 3.3.6_Viewport 执行结果

在 VTK 里,Model 坐标系统用得比较少,其他三种坐标系统经常被使用。它们之间的变换则是由类 vtkCoordinate 进行管理的。根据坐标点单位、取值范围等不同,可以将坐标系统分为:

- DISPLAY:X、Y 轴的坐标取值为渲染窗口的像素值。坐标原点位于渲染窗口的左下角,这对于 VTK 里所有的二维坐标系统都是一样的,且 VTK 里的坐标系统都是采用右手坐标系。
- NORMALIZEDDISPLAY:X、Y 轴坐标取值范围为[0,1],跟 DISPLAY 一样,也是定义在渲染窗口里的。
- VIEWPORT:X、Y 的坐标值定义在视口或者渲染器(Renderer)里。
- NORMALIZEDVIEWPORT:X、Y 坐标值定义在视口或渲染器里,取值范围为[0,1]。
- VIEW:X、Y、Z 坐标值定义在相机所在的坐标系统里,取值范围为[−1,1],Z

值表示深度信息。

- WORLD：X、Y、Z坐标值定义在世界坐标系统，参考图3.3－11。
- USERDEFINED：用户自定义坐标系统。

类vtkCoordinate提供的设置以上坐标系统的方法是：

```
SetCoordinateSystemToDisplay ()
SetCoordinateSystemToNormalizedDisplay ()
SetCoordinateSystemToViewport ()
SetCoordinateSystemToNormalizedViewport ()
SetCoordinateSystemToView ()
SetCoordinateSystemToWorld ()
```

3.3.7 小 结

本节从一个稍微复杂的VTK程序出发，深入介绍VTK的一些基本概念。

(1) 由vtkCylinderSource介绍了一组VTK类：vtkXXXSource。这一组类派生自vtkPolyDataAlgorithm，它们输出的数据类型都是vtkPolyData，这些类都是VTK预定义好的图形模型。

(2) 把vtkXXXSource的输出作为vtkPolyDataMapper的输入，映射的作用是将输入的数据转换为几何图元(点、线、多边形)进行渲染。

(3) 实例化一个Actor对象，VTK渲染场景中数据的可视化表达是由vtkProp的子类负责的。通过Actor的方法SetMapper()可以设置对应的映射。

(4) 实例化了渲染窗口、渲染器、交互器、交互网格等对象，并逐个地加以介绍。于是读者明白了渲染窗口就是看到的VTK窗口；渲染器Renderer可以通过渲染窗口的方法AddRenderer()加入渲染窗口里；交互器则是用方法SetRenderWindow()给它指定交互的窗口；交互风格与交互器是用方法SetInteractorStyle()关联在一起；若干个Actor对象可以用方法AddActor()加入渲染器里渲染。综合起来可以用图3.3－13来厘清它们之间简单而复杂的关系。可以发现：这些对象之间头尾相接，可以连成一条线结构，这就是VTK里非常重要的概念_VTK管线结构。

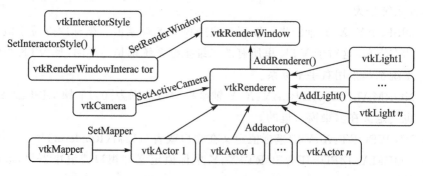

图3.3－13 示例3.3.1_RenderCylinder各对象之间的关系

（5）介绍了渲染场景里的光照和相机等对象,渲染场景里可以有多个光照,但只能有一个相机;同时,介绍了设置光照和相机的方法。

（6）在介绍 vtkActor 时,由于通过 vtkProperty 对象来改变 Actor 的颜色,因此介绍了 VTK 所用到的颜色模型,分别是 RGB 颜色模型和 HSV 颜色模型。

（7）介绍了坐标系统,包括 Model、World、View 和 Display 坐标系统,它们之间可以通过类 vtkCoordinate 实现变换。这部分内容跟前面介绍的内容看似无关,实际上是息息相关的。比如,渲染场景里的 Actor 通过相机投影到像平面时,就用到了这部分内容。

本节是 VTK 最基础的内容,后续三维方面的示例基本都会用到本节所介绍的概念,所以掌握本节内容的重要性可想而知。

3.4　VTK 可视化管线

本书 3.2～3.3 节使用光照、相机和几何的简单数学模型创建了图形图像,光照模型包括环境、漫射和镜面效果;相机包括透视(perspective)和投影(projection)效果;几何由点和多边形等基本图元所定义。为了描述可视化的过程,需要进一步扩展对几何的理解,可视化过程将数据转换为图元,本节主要研究可视化系统的数据转换过程,并建立可视化系统的数据流模型。

3.4.1　概　览

可视化将数据转换为图像,从而高效、精确地传递数据包含的信息。因此,可视化主要处理**转换**和**显示**问题。

转换是指将数据从原始形式转化为图元的过程,并最终转化为计算机图像。这是对可视化过程的工作定义。例如,提取股票价格并创建股票价格随时间变化的 $x-y$ 坐标图的过程。

显示包含用于描述数据的内部数据结构及用于显示数据的图元。例如,股票价格数组和时间数组是数据的计算显示,而 $x-y$ 坐标图是图形显示,可视化将计算形式转换为图形形式。

从面向对象的角度来看,转换是功能模型中的过程,而显示是对象模型中的对象。因此,同时用功能模型和对象模型来表征可视化模型。

3.4.1.1　一个数据可视化的例子

一个二次曲面的简单数学函数可以阐明这些概念。函数

$$F(x,y,z)=a_0x^2+a_1y^2+a_2z^2+a_3xy+a_4yz+a_5xz+a_6x+a_7y+a_8z+a_9$$

$$(3.4-1)$$

是二次曲面的数学表示。图 3.4-1(a)展示了式(3.4-1)在区域 $-1\leqslant x,y,z\leqslant1$ 上的

一个可视化结果。可视化过程如下:首先在分辨率为 $50 \times 50 \times 50$ 的规则网格上采样数据,然后使用三种不同的可视化技术。在左侧生成对应于函数 $F(x,y,z)=c$ 的三维曲面,其中 c 是一个任意常数(等值面值);在中间展示了三个不同的切割数据的平面,并根据函数值对它们着色;在右侧用常值线在同样的三个平面上绘制了等高线图。

3.4.1.2 功能模型

如图 3.4-1(b)所示,功能模型说明了创建可视化的步骤。其中,椭圆块是指对数据的操作(过程);矩形块是指表示和提供对数据访问的数据存储(对象);箭头指数据流动的方向。箭头所指向的块是输入,数据流出一个块指输出,这些块可能有作为额外输入的局部参数。没有输入但创建数据的进程称作**源**(source)对象,或直接称作源;没有输出但使用数据的进程称为**汇**(sinks,它们也被称作**映射器**,因为这些进程最终会将数据映射为图像输出);既有输入也有输出的进程称作**过滤器**。

功能模型展示了数据如何在系统中流动,同时也展示了不同部分之间的独立性。为了保证所有进程正确执行,所有的输入必须是最新的,这说明功能模型需要一个同步机制,从而保证生成正确的输出。

3.4.1.3 可视化模型

在随后的例子中会经常使用功能模型的简化表示来描述可视化过程(见图 3.4-1(c)),不会明确区分源、汇、数据存储和进程对象。源和汇由输入和输出的数目所隐含:源是没有输入的进程对象;汇是没有输出的进程对象;过滤器是至少有一个输入和一个输出的进程对象。中间数据存储将不会显示:为了支持数据流动,假定它们会在必要时存在。因此,如图 3.4-1(c)所示,轮廓对象生成的线数据(见图 3.4-1(b))被合并到了单个轮廓对象中。在可视化模型中,使用椭圆形表示对象。

3.4.1.4 对象模型

功能模型用于描述可视化中的数据流,对象模型用于描述哪些模块操作它,但是,系统中的对象是什么?乍看之下,有两个选择(见图 3.4-2)。

第一个选择将数据存储(对象属性)与进程(对象方法)合并为一个对象;第二个选择数据存储与进程使用独立的对象;实际上还有第三种选择——这两种选择的混合。

传统的面向对象方法(第一个选择)将数据存储与进程合并为一个对象。从这个角度来看它是对象的标准定义方法,对象包含着数据表示及对数据进行操作的程序。这种方法的优点是,数据可视化算法(即进程)可以完全访问数据结构,因此有良好的计算性能。这种选择有如下三个缺点:

(1) 从用户的角度来看,进程常常看起来独立于数据表示。换句话说,进程很自然地被看作系统中的对象。例如,人们经常说希望画数据的等高线,这意味着创建对应于数据值为常量的曲线或曲面。对于用户来说,使用一个等高线对象来操作不同的数据表示更为方便。

(2) 必须重复实现算法。就像前面画等高线的例子一样,如果将数据存储和进程绑定为一个对象,那么必须对每个数据类型重复等高线操作。尽管算法的功能和结构

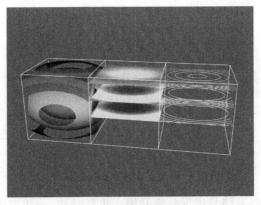

(a) 二次曲面可视化

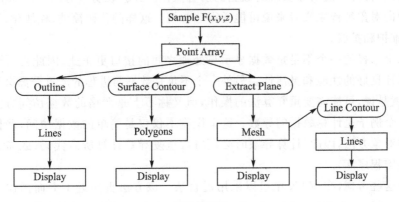

(b) 功能模型

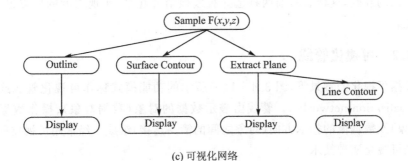

(c) 可视化网络

图 3.4 - 1 可视化二次函数 $F(x,y,z) = c$

是相似的,但实现算法时仍然不得不重复代码。由于算法需要针对许多对象实现,因此修改这样的算法同时也意味着修改大量的代码。

(3)将数据存储和算法结合起来,导致代码复杂且依赖于数据。一些算法可能远比它们所操作的数据复杂,需要大量的实例变量和复杂的数据结构。将许多这样的算法与一个数据存储结合起来,会使对象的复杂性大大增加,从而使得对象的含义不再简单。

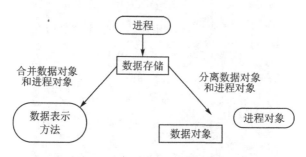

图 3.4-2 对象模型设计选择

第二个选择将数据存储与进程分割开来。也就是说,一组对象显示数据并提供对数据的访问,另外一组对象实现对数据的所有操作。经验表明这对用户来说很自然,尽管对于面向对象纯粹主义者来说可能觉得非常规。这样的代码简洁、模块化,开发者易于理解、维护和扩展。

第二个选择的一个不足是数据显示与处理之间的接口更正式,因此必须精心设计接口以保证良好的性能和灵活性。另外一个不足是数据与进程的严重分离会导致代码重复,也就是说,可能需要重复算法的操作,但又称不上是严格的数据访问方法。这种情形的一个例子是计算数据的导数。这个操作不仅仅是简单的数据访问,严格说来不属于数据对象方法,因此,计算导数时必须每次重复导数计算所需代码(或需要创建一个函数或宏程序库)。

基于这些考虑,在 VTK 中可以采用混合法。该方法更接近于上面描述的第二种方法,但选择了一小部分关键操作,将它在数据对象内部实现。识别这些操作基于实现可视化算法的经验,这样就将前两种选择有效地结合起来,实现二者的优点最大化、弊端最小化。

3.4.2 可视化管线

在数据可视化的背景下,图 3.4-1(c)所示的功能模式称作可视化管线或可视化网络(visualization networks)。**管线由表示数据的对象(数据对象)、操作数据的对象(进程对象)及数据流的指示方向(对象之间的箭头连接)组成**。经常用可视化网络来描述具体的可视化实现技术。

3.4.2.1 数据对象

数据对象用于表示信息,还可以提供创建、访问和删除这些信息的方法。直接修改数据对象表示的数据是不允许的,只能使用正式的对象方法。进程对象保留着这个功能。还有其他一些获取数据典型特征的方法,包括获取数据的最大值和最小值,或确定对象中数据值的数目或尺寸。

数据对象是通过其内部表示来区分的。内部表示对数据的访问方法有重要影响,对与数据对象交互的进程对象的存储效率和计算性能也有重要影响,因此,根据对效率和进程通用性的要求,表示相同的数据可能会使用不同的数据对象。

3.4.2.2 进程对象

进程对象对输入数据进行操作,产生输出数据,它或者输入导出新的数据,或者将输入数据转换为新的形式。例如,一个进程对象可能从一个压力场导出压力梯度数据,或者将该压力场转换为压力等值线。一个进程对象的输入包括一个或多个数据对象,以及控制其操作的局部参数。局部参数包括实例变量或关联参数,以及指向其他对象的引用。例如,圆心和半径是控制生成圆形图元的局部参数。

进程对象可进一步分为源对象(source objects)、过滤器对象(filter objects)和映射器对象(mapper objects)。这个分类的标准是对象是否初始化、维持或终止可视化数据流。

源对象与外部数据源对接或通过局部参数产生数据,通过局部参数产生数据的源对象称作程序对象(procedural objects)。图 3.4 - 1 的例子就是使用程序对象生成式(3.4 - 1)定义的二次函数的函数值。与外部数据对接的源对象称作读取器(reader)对象,这是因为外部数据必须被读取并转换为内部形式。源对象还可能与外部数据通信端口或设备对接,可能的例子包括仿真或建模程序,或测量温度、压强等类似物理属性的数据采集系统。

过滤器对象需要一个或多个输入数据对象,并产生一个或多个输出数据对象。局部参数控制着进程对象的操作。计算每周股票市场的平均值、将数据值表示为按比例缩放的图标、对两个输入数据源执行并集操作是过滤器对象进程的典型例子。

映射器对象对应于功能模型中的汇。映射器对象需要一个或多个输入数据对象,并终止可视化管线数据流。通常映射器对象用于将数据转换为图元,但它们也可能会将数据写入文件,或者与其他软件系统或设备对接。将数据写进计算机文件的映射器对象称作写入器(writer)对象。

3.4.3 管线拓扑

本节将描述怎样连接数据和进程对象,从而形成可视化网络。

3.4.3.1 管线连接

管线的元素(源、过滤器及映射器)可以通过许多方式来连接,从而创建可视化网络。然而,当试图组装这些网络时会出现两个重要的问题:类型和多重性。

类型指数据的格式或类型,被进程对象用作输入或输出。例如,一个球面源对象产生的输出可能是一个多边形或多面片表示、一个隐式表示(即一个二次方程的系数)或三维空间离散表示中的一组坐标值。映射器对象可能将几何的多边形、三角形带、线或点表示作为输入。为了保证操作成功,必须正确指定进程对象的输入。

有两种方法可以保持恰当的输入类型:

方法一是设计单类型或少类型系统,也就是说,创建一个单类型数据对象以及仅对这一个类型进行操作的过滤器(见图 3.4 - 3(a))。例如,可以设计一个通用数据集

DataSet 表示任意形式的数据,进程对象仅输入 DataSet 并输出 DataSet。这一方式简单优雅,但不够灵活。一些特别有用的算法(即进程对象)常常仅作用于特定的数据类型,但推广它们时会在数据表示或访问方面非常低效。一个典型的例子是表示位图(pixmap)或三维体等结构数据的数据对象。由于该数据是结构化的,因此很容易以面或线的形式访问。然而,一般性的表示不会包含这个功能,因为这时数据不是结构化的。

另外一个保持恰当输入类型的方法是设计类型化的系统。在类型化的系统中,仅允许兼容类型的对象连接在一起,也就是说,设计了多个类型,但为了保证恰当连接需要对输入进行类型检查(见图 3.4 - 3(b))。根据特定的计算机语言,类型检查可以在编译、连接或运行时进行。尽管类型检查可以保证正确的输入类型,但这一方法经常会出现类型爆炸。如果设计者不够谨慎,那么可能会给可视化系统创建太多的类型,从而使得系统出现碎片化,难以理解和使用。此外,系统可能需要许多类型转换过滤器(类型转换过滤器仅负责将一种数据转换为另一种数据)。在极端情况下,过多的类型转换会导致系统的计算和内存资源浪费。

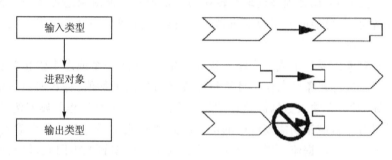

(a) 单类型系统(输入类型=输出类型)　　　　　　(b) 强制类型检查

注: 单类型系统不需要检查类型。在多类型系统中, 仅兼容的类型可以连接在一起。

图 3.4 - 3　保持兼容的数据类型

多重性问题针对的是允许的输入数据对象数目,以及进程对象运行过程中创建的输出数据对象数目(见图 3.4 - 4)。所有的过滤器和映射器对象至少需要一个输入数据对象,但一般来说,这些过滤器可以依次对一系列输入进行操作。一些过滤器可能本身就需要特定数量的输入,例如实现布尔运算的过滤器就是一个例子。对于相加、相交等布尔运算,每次运算需要在两个数据值上实现,然而,即使对于该例子,有时可能会定义多个输入,以便对每个输入依次应用布尔运算。

读者需要区分多重输出的含义。大多数源或过滤器产生一个输出。多扇输出(multiple fan—out)出现的情况是,一个对象产生一个输出但被多个对象用作输入。这种情况是会发生的,例如一个源对象用于读取一个数据文件,所读数据用于生成数据的轮廓及等值线(见图 3.4 - 1(a))。多重输出指一个对象产生两个或更多输出数据对象,例如将一个梯度函数的 x、y 和 z 分量生成为不同的数据对象。多扇输出和多重输出是可以结合起来的。

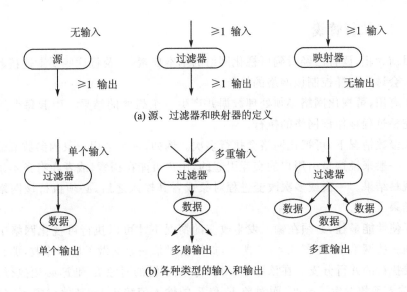

(a) 源、过滤器和映射器的定义

(b) 各种类型的输入和输出

图 3.4 - 4　多重输入和输出

3.4.3.2 循　环

到目前为止,已给出的可视化网络的例子还没有出现循环。在图论中,这些称作有向非循环图。然而,在一些情况下,最好给可视化网络引入反馈循环。可视化网络中的反馈循环允许将进程对象的输出指向上游,从而影响其输入。

图 3.4 - 5 展示了可视化网络中反馈循环的一个例子。首先用一组随机的初始点对速度场进行采样,一个探测过滤器用于确定每一点的速度(可能是其他数据);然后用每一点的向量值对它重定位,其中可能使用一个比例因子来控制运动的数量级。过程一直执行到遍历完数据集中的点,或者达到最大循环次数。这个例子用于实现线性积分,创建的样点用于初始化循环过程。一旦流程开始,积分过滤器的输出将替代样点。

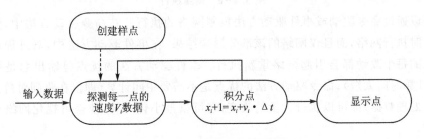

图 3.4 - 5　可视化网络中的循环

3.4.4 节将讨论可视化网络的控制和执行,如果执行模式设计不恰当,那么循环可能会给可视化网络带来特殊的问题。因此,该设计必须保证不会出现无限循环或不终止的递归状态。一般来说,为了看到中间结果,会限制循环执行的次数。然而,根据需要也可以反复执行循环来处理数据。

3.4.4 执行管线

到目前为止,读者已经看到可视化网络的基本要素,以及将这些要素连接起来的方法。本节会讨论怎样控制该网络的执行。

为了有用,可视化网络必须处理数据并产生一个想要的结果。引起每个进程对象运行的完整过程称作该网络的执行。

在大多数情况下,可视化网络会执行多次。例如,一个进程对象的参数或输出可能会改变。一般来说这是由用户的交互引起的,用户可能在探索,或者在有条不紊地改变输入以观察结果。一次或多次改变进程对象或者其输入之后,必须执行该网络以生成最新的结果。

为了使性能最佳,必须在输入发生改变的情况下才可以执行可视化网络中的进程对象。在一些网络中,如图 3.4 - 6 所示,如果仅对某一分支做了局部修改,那么可能存在不需要执行的并行分支。在该图中,对象 D 及下游的对象 E 和 F 必须执行,因为对象 D 的输入参数发生了改变,而对象 E 和 F 的输入依赖于 D;其他对象不需要执行,因为它们的输入没有发生改变。

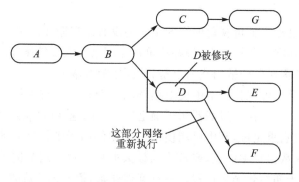

图 3.4 - 6 网络执行

可以通过命令驱动或事件驱动方法控制网络的执行。在命令驱动方法中,仅在请求输出时执行网络,而且仅网络的该部分影响结果;在事件驱动方法中,对进程对象或其输入的每个改动都会引起网络重新执行。事件驱动方法的优点是输出总是最新的(除非计算时间太短);命令驱动方法的优点是不需要中间计算(即仅在收到对数据的请求时才处理数据)即可以执行大量的改变,它可以最小化计算,使得可视化网络更具有交互性。

网络执行需要进程对象之间同步,仅在进程对象的所有输入都是最新的时候才会执行它。一般来说有两种网络同步执行方法,即显式和隐式执行,和一种可选择执行方法,即条件执行。

3.4.4.1 显式执行

显式执行意味着直接跟踪对网络的改变,然后根据显式依赖关系分析直接控制进程对象的执行。这个方法的最大特色是使用一个集中执行器(centralized executive)来协调网络的执行,该执行器必须跟踪每个对象的参数和输入的改变,包括对网络拓扑的后续更改(见图 3.4 - 7(a))。

该方法的优点是,对于单个执行对象,同步分析和更新方法是局部的。此外,当每次请求输出时,可以创建依赖关系图并对数据流进行分析。如果希望分解网络以便并行计算,或者希望在计算机网络上分布执行,那么这个功能会特别有用。

该方法的不足是,由于任何更改都必须通知执行器,这使得每个进程对象都依赖于执行器。而且,由于是否执行依赖于一个或多个进程对象的局部结果,如果网络执行是有条件的,那么执行器不容易控制执行。此外,在并行计算环境下,集中执行器会产生非扩展性瓶颈。

显式执行可以命令驱动,也可以事件驱动。在事件驱动方法中,对一个对象的任何改变(特别是对用户界面事件的响应)都会通知执行器,随即会执行网络。在命令驱动方法中,执行器积累对对象输入的改变,根据显式的用户指令执行网络。

带集中执行器的显式执行被许多商业可视化系统所采用,例如 AVS、Iris Explorer 以及 IBM Data Explorer。一般来说,这些系统采用可视化编程接口构造可视化网络,它们常常应用于并行计算机,其分布计算能力很强。

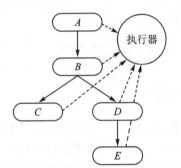 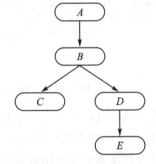

注:1.A参数被修改;
　　2.执行器执行依赖性分析;
　　3.执行器按A—B—D—E的
　　　顺序执行必要模块。

注:1.A参数被修改;
　　2.E请求输出;
　　3.网络E—D—B—A反向传递Vpdate()方法;
　　4.网络A—B—D—E通过RequestData()方法执行。

(a) 显示执行　　　　　　　　　　(b) 隐式执行

图 3.4 - 7　显式与隐式执行

3.4.4.2 隐式执行

隐式执行意味着仅在局部输入或参数发生改变时才执行进程对象(见图 3.4 - 7(b))。隐式执行是通过双轨过程控制的,当某个对象请求输出时,该对象通过其输入对象请求输入。这个过程是递归重复的,直到遇到源对象为止,如果源对象或其外部输入已经改变,那么源对象便会执行。当每个进程对象检查其输入时,递归会展开并确定是否需要执行。这个过程会不断重复,直到初始请求对象已经执行并终止进程。这两个步骤分别称作更新和执行过程。

隐式执行很自然地由命令驱动控制所实现。在这里,仅在请求输出数据时才执行网络。如果每次遇到适当的事件(例如对对象参数的改变)都请求输出,那么隐式执行也可以是事件驱动的。

隐式执行的主要优点是其简单性。每个对象只需要保持跟踪其内部修改时间。当请求输出时,对象将其修改时间与输入对比,如果过时了就执行。此外,进程对象只需要知道其直接输入,因此不需要知道其他对象的全局信息(例如网络执行)。

隐式执行的不足是,跨计算机分配网络执行或实现复杂的执行策略较为困难。一个简单的方法是,创建一个按网络执行顺序执行进程对象的队列(可能是分布式风格)。当然,一旦一个中心对象被引入到系统中,就模糊了隐式执行与显式执行之间的界线。

3.4.4.3 条件执行

可视化网络的另外一个重要功能是条件执行(见图 3.4 - 8)。例如,根据数据范围的变化,通过不同的颜色查找表映射数据。小的变化可以通过在数据范围内分配更多的颜色来放大,也可以通过在数据范围内分配较少的颜色来压缩颜色显示。

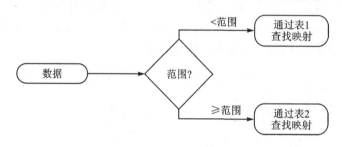

图 3.4 - 8 条件执行的例子

可视化模型的条件执行可以在管线中实现。然而,在实际情况中必须用条件语言来补充可视化网络,以便表示网络执行的规则。因此,可视化网络的条件执行是实现语言的一种功能。许多可视化系统都使用可视化编程风格进行编程,这种方法基本上是一个可视化编辑器,可以直接构造数据流图,但使用该方法难以表示网络的条件执行。然而,在过程性编程语言中,网络的条件执行非常简单。关于这个问题的讨论将在3.4.9节"融会贯通"中进行。

3.4.5 内存和计算平衡(trade-off)

从计算机内存和计算量要求两个方面来看,可视化应用的要求都很高,1~1 000 MB 的数据流并不少见。许多可视化算法的计算量很大,部分是由输入数据的尺寸造成的,但算法本身的复杂性也是其原因。为了创建性能合理的应用程序,大多数可视化系统有多种机制来平衡内存和计算量成本。

3.4.5.1 静态和动态内存模型

在执行可视化网络时,内存和计算量平衡是重要的性能问题。在目前介绍的网络中,假设进程对象的输出始终对下游进程对象可用,从而实现了网络计算量的最小化。然而,保存过滤器输出所需的计算机内存可能很大,只有几个对象的网络即可以占用大量的计算机内存资源。

　　另一种方法是只保存其他对象需要的中间结果,一旦这些对象完成进程,就可以丢弃中间结果。这种方法在每次请求输出时都会导致额外的计算量;以增加计算量为代价,大大减少了所需内存资源。像所有的交易(trade-off)一样,正确的解决方案取决于特定的应用程序,以及执行可视化网络的计算机系统的性能。

　　将这两种方法分别称作静态和动态内存模型。静态内存模型保存着中间数据,以便减少整体计算量;动态内存模型在不需要的时候会丢弃中间数据。对于小的、可变的网络执行部分,或者计算机可以管理当前数据的大小时,静态内存模型是最好的;当数据流非常大时,或者网络的同一部分每次都要执行时,动态内存模型是最好的。一般来说,最好将静态和动态内存模型结合在同一个网络中:一方面,如果网络的某个分支每次都必须全部执行,从来都不会使用中间结果,那么保存它们毫无意义;另一方面,希望保存网络中某个分支点的中间结果,因为该数据很可能会被重用。

　　图 3.4 – 9 所示是一个特定网络的静态和动态内存模型对比,如该图所示,在静态内存模型中,每个进程对象只执行一次,并且会保存中间结果;在动态内存模型中,在下游对象完成执行之后,每个进程对象会释放内存。根据动态内存模型的实现,进程对象 B 可能会执行一次或两次。如果执行了彻底的依赖关系分析,那么进程 B 会在进程 C 和 D 都执行完之后释放内存。在一个简化的实现中,对象 B 会在 C 之后释放内存,然后执行 D。

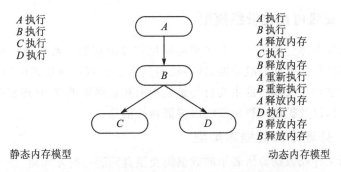

静态内存模型　　　　　　　　　　　　　　　　　　　　动态内存模型

注:当对象 C 和 D 发出执行请求时开始执行。对于更复杂的动态内存模型,
可以通过更全面的依赖关系分析图来避免 B 执行两次。

图 3.4 – 9　典型网络的静态和动态内存模型对比

3.4.5.2 引用计数及垃圾回收

　　另外一个最小化内存开销的有用的方法是使用引用计数来共享存储。为了使用引用计数,允许多个进程对象引用同一个数据对象,并将引用数目记录下来。例如,假设有三个过滤器 A、B 和 C,它们形成了可视化网络的一部分,如图 3.4 – 10 所示。并且假定这些对象只修改它们的部分输入数据,而不会改变给定 $x-y-z$ 坐标位置的数据对象。然后,为了节省内存资源,可以允许每个进程对象的输出仅引用表示这些点的单个数据对象。每个过滤器被改变的数据保持局部性,并且不用来共享,直到引用计数为零才删除对象。

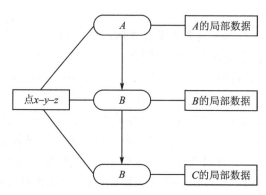

注:过滤器 A、B 和 C 共享着点的同一个表示,每个对象的其他数据是局部的。

图 3.4 - 10　使用引用计数保存内存资源

垃圾回收是另一种内存管理策略,但不太适合于可视化应用程序。垃圾回收过程是自动的,试图回收应用程序不再访问的对象所使用的内存。其自动化特性使得该方法较为方便。在一般情况下,垃圾回收会带来新的开销,这可能会在软件执行过程中在不合时宜的时刻无意中引入暂停(例如在交互过程中)。然而,人们最关心的问题是,直到删除了对内存的最后引用之后,系统才会回收已释放、不再使用的内存;对可视化管线而言,这个内存可能太大,无法在任何时间内保留。也就是说,在一些应用程序中,如果过滤器的内存不能及时释放,下游过滤器可能没有足够的内存资源让它们正常执行。

3.4.6　高级可视化管线模型

本节前面几个部分提供了一个实现可视化管线模型的一般框架。然而,还有一些复杂应用程序经常需要的高级功能,这些功能是为了克服前面描述的简单设计中的一些缺陷。开发这些高级模块的主要目的是处理未知数据集类型、管理复杂执行策略(处理数据片段等),以及扩展可视化管线以传播新的信息。

3.4.6.1　处理未知数据集类型

有的数据文件或数据源所表示的数据集类型直到运行时才知道。一个可以读取任意类型 VTK 数据文件的通用 VTK 读取器,就是这样的一个例子。这样的类很方便,因为用户不需要关注数据集的类型,用户可能希望设置一个可以处理任意类型的单个管线。如图 3.4 - 3(a)所示,如果系统只有一个数据集类型,这种方法很有效;然而,在实践中由于要考虑性能/效率等,在可视化系统中一般会存在很多不同类型的数据。图 3.4 - 3(b)所示的是另外一种方法,即强制类型检查;然而,像前面描述的读取器例子这种情形,在编译时无法强制类型检查,因为类型是由数据决定的。这时,类型检查必须在运行时进行。

多数据集类型(multiple dataset type)可视化系统的运行时类型检查,要求过滤器之间传递的数据是一个泛型数据集容器(也就是说,看起来是单个类型,但包含着实际的数据和方法,可用于确定数据的类型)。运行时类型检查有灵活的优势,但代价是,管线可能直到程序执行时才能正确执行。例如,一个设计来处理结构化数据的泛型管线,可能读入包含非结构数据的数据文件。在这种情况下,管线不能在运行时执行,会产生空输出。因此,用于处理任意类型数据的管线必须仔细装配,以便保证应用程序的鲁棒性。

3.4.6.2 扩展数据对象的表示

如本节前文所述,管线由进程对象操作的数据对象组成。而且,由于进程对象与它们所操作的数据对象是分开的,因此必然有一个预期的接口用于这些对象交互信息。定义这个接口的副作用是对数据表示进行了绑定,这意味着不修改对应的接口及依赖于接口的所有类(一般来说会很多),很难扩展数据表示。幸运的是,倾向于改变的不是基本的数据表示(这些都是公认的),而是与数据集本身关联的元数据(metadata)会发生改变(在可视化中,元数据指描述数据集的数据)。通过创建新类来表示新数据集是可行的(添加新数据集类型并不频繁发生);元数据的多样性阻止了创建新类,否则会导致数据类型爆炸,程序接口也可能改变,从而影响到可视化系统的稳定性。因此,需要一个支持元数据的通用机制。将元数据打包在包含着数据集和元数据的泛型容器中,是一种显而易见的设计,并且与前面描述的设计是兼容的。

元数据的例子包括时间步信息、数据范围或其他数据特性、采集协议、病人名称、标注等。在一个可扩展管线中,一个特定的读取器(或其他数据源)可能读取这些信息,并将它们与生成的输出数据关联起来。虽然许多过滤器可能忽略元数据,但可以通过配置将这些信息沿管线进行传递。或者,一个管线的汇(或者映射器)可能要求通过管线传递特定的元数据,以便做适当处理。例如,一个映射器可能需要标注信息,如果存在,那么就会将它们放到最终的图像中。

3.4.6.3 管理复杂执行策略

在真实的应用程序中,到目前为止描述的管线设计可能不足以支持复杂的执行策略,或者在数据尺寸较大时可能会执行失败。下面通过考虑其他设计可能性来解决这些问题。

1. 海量数据计算

在前文关于可视化管线的讨论中,假定数据集的尺寸不会超过计算机系统总的内存资源。然而,随着现代数据集的大小达到兆字节(terabyte)甚至拍字节(petabyte)的范围,典型的台式计算机系统已不足以处理这样的数据集。因此,在处理海量数据时,必须采用其他策略。其中一种方法是将数据分解成小块,然后通过可视化管线传输(streaming)各个部分。图 3.4 - 11 展示了如何将一个数据集分割为多块。

通过可视化管线传输数据带来两个主要益处:①可以处理适合内存的可视化数据;②用更小的内存占用来运行可视化,使得缓存命中更高,从而很少或不需要磁盘交换。要实现这些好处,可视化软件必须支持数据集分割,并正确处理分割后的数据块。这要求数据集和操作数据集的算法具有如下所述的可分割、可变换以及结果不变性:

(1)**可分割性**。数据必须是可分割的,也就是说,数据可以分割为多个数据块。在理想情况下,每个数据块在几何、拓扑或数据结构上是一致的。数据分割应该简单、高效。此外,这个架构中的算法必须能够正确处理各数据块。

(2)**可变换性**。为了控制数据在管线中的传输,必须能够确定输入数据的哪部分用于生成输出数据的哪部分。这使得人们可以通过管线控制数据的尺寸,并配置算法。

(3)**结果不变性**。结果应该与数据块的数目无关,与执行模式(即单线程或多线程)无关。也就是说,要恰当处理边界,开发块的边界有重叠情况下的多线程安全的算法。

图 3.4-11 将一个球面分割为带幽灵层单元和点(蓝和绿)的块(红)

如果数据是结构化的(即拓扑是规则的),那么将数据分割成块相对较简单。这样的数据从拓扑上可以描述为一个矩形范围,位于一个规则的 $x-y-z$ 分割的立方域内。然而,如果数据是非结构化的(例如三角形或多边形网格),那么指定数据块就比较困难。一般来说,一个非结构区域是由一组临近数据(例如单元)定义的,由该区域形成块,然后用 M 个标记中的一个 N 来处理一个块,其中 N 指 M 个块中的第 n 块。这里不给出块的精确组织结构,这依赖于对数据进行分组的具体应用程序和算法。

为了满足结果不变性要求,处理数据块时要求生成边界数据,这称作**幽灵层**。当计算过程中需要数据块的相邻关系信息时,边界信息就是必要的了。例如,梯度计算或边界分析(例如单元是否有邻居)时需要一层单元信息;在很少的情况下,需要两层或多层信息。图 3.4-11 展示了球面的中心红色块的边界单元和点。

需要注意的是,将数据分割为块用于传输的能力,正是数据并行处理所需要的能力。在这些方法中,数据被分割并分配到不同的处理器中用于并行处理,其中一些计算可能需要边界信息。并行处理增加了复杂性,处理器之间的数据必须通信(在分布式计算中),或者必须采用互斥以避免同时发生写操作。因此,传输和并行处理是海量数据计算的互补技术。

2. 复杂执行策略

在许多情况下,图 3.4-7(b)所示的简单执行模型并不适合复杂数据处理任务。例如,如前面讨论的那样,传输数据是一个复杂的执行策略,在数据集太大、内存不够用或需要并行计算时使用。在一些情况下,可能需要选择事件驱动或管线"推送"(即通过管线接收和推送数据用于处理)。最后,存在着阶层式的数据结构,例如多块或自适应细化网格。在管线中处理这样的数据集需要分层遍历,就像过滤器在网格中处理每个块一样(这是可视化领域的最新研究主题,本书并不涵盖)。

解决这些需求意味着必须扩展执行模型,因此,接下来再重温一下面向对象设计。

3. 重温面向对象设计

图 3.4-2 说明了可视化对象模型的两个设计选择。舍弃了第一个选择,即将数据和对数据的操作合并为一个对象的模型,这是典型的面向对象设计模式。主张采用第二个选择,即创建一个由两个对象——数据对象和进程对象——组成的设计,然后将二者合并在可视化管线中。虽然第二个策略对于简单的管线很有效,但是如果引入复杂的执行策略,那么这个设计就开始出问题了。这是因为执行策略必须隐式地分布在数据对象和进程对象之间,没有显式机制可以实现一个特定的策略。因此,设计的问题很多,因为无法不修改数据和进程对象的接口就引入新策略。好的设计要求执行策略与数据对象和进程对象是分离的。这种设计的好处是可以减少数据和进程对象的复杂性、可以封装执行策略、可以运行时检查类型,甚至可以管理元数据。

随着执行模型越来越复杂,执行策略从数据和进程对象中逐渐分离出来,成为独立的类。

高级设计重新引入了执行器的概念,然而,该设计不同于图 3.4-7。如该图所示,单个集中执行器给管线引入依赖性,这不会随着管线复杂性的增加或在并行处理应用程序中而扩展。在高级设计中,假定有多个执行器,一般来说每个过滤器有一个。在一些情况下,一个执行器可能控制着多个执行器。一些情况下这会特别有用,例如过滤器之间存在相互依赖,或者需要复杂的执行策略。执行器的不同的类可以实现不同的执行策略,例如命令驱动的传输管线(streaming pipeline)就是这样的策略。其他主要的类包括协调复合数据集上过滤器执行的执行器等。

图 3.4-12 所示是执行器的高层视图及与数据和进程对象的关系。在 3.4.9.2 节"管线设计与实现"会对设计进行更详细的探讨。

3.4.7　编程模型

可视化系统本质上是为人机交互而设计的,因此其使用必须简便。可视化系统必须随时适应新的数据,必须足够灵活以允许快速的数据探索。为了满足这些需求,各种编程模型被提出。

3.4.7.1 可视化模型

可视化模型的最高层是应用程序。可视化应用程序具有精心定制的用户界面,可用于特定的应用领域,例如流体流动可视化。应用程序用起来最容易,但最不灵活。对

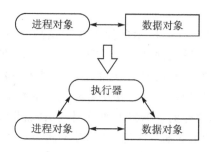

图 3.4 - 12　执行器的高层视图及与数据和进程对象的关系

用户来说,很难或无法将应用程序扩展到新的应用领域,这是由固有的逻辑(logistical)问题造成的。商业套装可视化软件一般被看作应用软件。

在事谱(spectrum)的另一端是编程库(programming library)。传统的编程库是一个针对特定数据结构的程序集(a collection of procedures),这些编程库经常是用 C 或 FORTRAN 等传统编程语言编写的,这提供了很大的灵活性,使它很容易与其他的编程工具或技术结合起来,用户可以用自己写的代码来扩展或修改编程库。但不幸的是,编程库的有效使用需要熟练的程序员。而且,如果不是图形学或可视化方面的专家,则难以使用编程库,因为他们对如何(按何顺序)将这些程序正确放在一起没有概念。这些库还需要广泛的同步方案来控制执行,因为输入参数是变化的。

许多可视化系统在这两个极端之间,一般使用可视化编程(visual programming)方法构造可视化网络,其基本思想是提供图形化工具以及模块或流程对象库,可能会使用简单的图形布局工具,根据输入类型约束将模块连接起来。此外,用户界面工具允许将界面小部件与对象输入参数关联起来。使用一个内部执行的执行器,一般来说会使得系统执行对用户是透明的。

3.4.7.2 其他可视化编程模型

还有另外两个图形和可视化编程模型值得一提,它们是场景图(scene graphs)和电子表格(spreadsheet)模型。

场景图一般用于三维图形系统,例如 Open Inventor。场景图是用树布局定义的顺序表示对象或结点的非循环数结构,其中的结点可以是定义一个完整场景的几何(称作形状结点)、图形属性、转换、操纵器、灯光、相机等。父/子关系控制着属性和转换在渲染时是怎样应用于结点的,以及场景中的对象是怎样与其他对象关联的(例如光照作用在哪些对象上)。场景图不用于控制可视化关系的执行,而是用于控制渲染过程。在同一个应用程序中,场景图和可视化管线可以同时使用。在这种情况下,可视化管线是形状结点的生成器,场景控制着包括形状在内的场景渲染。

场景图在图形界有广泛的应用,因为它们可以简洁而形象地表示一个场景。此外,场景图因其近期在 VRML 和 Java3D 等网络(Web)工具中的应用而得到普及。

另一种近期引入的可视化编程技术是 Levoy 的电子表格技术。在电子表格模型中,将操作安排在一个规则的网格上,类似于常见的电子会计表格。网格由单元的行和列组成,其中每个单元被表示为其他单元的计算组合。通过使用简单的编程语言来实现相加、相减或其他更复杂的运算,并以此来表示每个单元的组合。计算的结果(即可视化输出)显示在单元中。VisTrails 最近对电子表格方法进行了扩展,这是一个支持交互式多视图可视化的系统,通过简化可视化管线的创建和维护、优化管线的执行实现的。VisTrials 还有一个优点,它可以跟踪管线的更改,这使得创建广泛的设计研究变得很简单。

尽管可视化编程系统获得了广泛的成功,但它们还是有两个缺点:①它们不像应用程序那样是量身定制的,还需要大量编程,不止直观上是这样的,实际上也是如此;②可视化编程在细节控制方面局限性很大,所以构造复杂的底层算法或用户界面不太可行。人们需要这样一个可视化系统:提供视觉系统的模块化和自动执行控制(execution control),提供一个具有底层编程功能的编程库。面向对象系统具有提供这些功能的潜力。精心设计的对象库可以提供易于使用的视觉系统,并且带有编程库控制的功能。

3.4.8 数据接口问题

行文至此,读者可能会思考怎样将可视化管线用于自己的数据。答案取决于读者的数据的类型、编程风格偏好以及问题的复杂程度。尽管还没有描述具体的数据类型,但在将数据连接到可视化系统时,读者可能希望考虑如下两种通用方法:编程界面和应用软件界面。

3.4.8.1 编程界面

最强大和灵活的方法是直接编写读者读取、写入和操作数据的应用程序。使用这个方法能达到的境界没有极限。然而不幸的是,对于像 VTK 这样的复杂系统,需要一定程度的专业知识,获取这些知识可能会超出读者的时间预算。(如果读者对以这种方式使用 VTK 感兴趣,那么必须熟悉系统中的对象。读者可能还需要参考用 Doxygen 生成的手册页面 https://www.vtk.org/doc/nightly/html/index.html。官网提供的用户指南(*VTK User's Guide*)也很有帮助。)

需要编程界面的典型情景是,遇到系统目前不支持的数据文件,或者遇到没有数据文件的综合数据(例如来自数学关系的数据)。有的时候,直接将数据编写成程序更方便,然后执行程序并可视化结果(大多数 VTK 例子正是这样做的)。

一般来说,编写像 VTK 这样的复杂系统是一项困难的工作,因为初始的学习曲线太长。当然也有简单的对接数据的方法。熟练的开发人员可能需要创建复杂的应用程序,像 VTK 这样的面向对象工具包的要点是,它提供了许多用于对接常见数据形式的模块。对于这些对象,从导入和导出数据出发,是对接数据的一个好的出发点。在 VTK 中,这些对象称作读取器、写入器、导入器(importer)、导出器(exporter)。

3.4.8.2 应用软件界面

大多数用户使用已有的应用软件来对接他们的数据。用户可以不编写自己的管线或写自己的读取器或写入器,而是获取一个适合他们可视化需要的应用软件,然后对接他们的数据,这时用户只需要识别用于处理数据的读取器、写入器、导入器或导出器。在一些情况下,用户可能需要修改程序,这样生成的数据可以导出为标准的数据格式。使用现成的应用软件的好处是用户界面和管线已经编写好了,这样用户可以关注于他们的数据,不需要花费编写可视化程序所需的大量资源。使用现成的应用软件的不足是,应用软件常常缺失一些必要的功能,经常缺乏灵活性,只能提供一些通用的工具。

3.4.9 融会贯通

本节前面几部分讨论了关于可视化模型的许多话题。这一部分将介绍一些已经在 VTK 中采用了的实现细节。

3.4.9.1 程序语言实现

VTK 是用程序语言 C++实现的。自动封装技术创建了对解释性编程语言 Python 和 Java 的绑定。类库中包含数据对象、过滤器(即进程对象)以及执行器,用于辅助创建可视化应用。为了派生出数据对象和过滤器等新类,VTK 提供了许多支撑性的抽象超类,并且设计了可视化管线,用于直接连接图形子系统。这里的连接是通过 VTK 的映射器实现的,映射器是管线的汇、VTK 演示对象(actor)的接口。

可视化编程接口是通过 VTK 提供的类库实现的。然而,对于真实世界的应用,程序语言实现提供了一些优势。这些优势有:条件网络执行及循环的直接实现、易于与其他系统对接、可以创建带复杂的图形用户界面的自定义应用。VTK 社区已经基于该工具创建了一些可视化编程和可视化应用程序,这些大多是开源软件(例如在 https://www.paraview.org/的 ParaView),也有商业软件(例如在 https://www.kitware.com/volview/的 VolView)。

3.4.9.2 管线设计与实现

VTK 实现了一个通用的管线机制,过滤器被分为两个基本部分:算法对象和执行对象。算法对象的类从 vtkAlgorithm 派生出,负责处理信息和数据;执行对象的类从 vtkExecutive 派生出,负责告诉算法何时执行、应该处理什么信息和数据。过滤器的执行组件可以与算法组件独立,这样不修改 VTK 的核心类就可以自定义管线执行机制。

过滤器产生的信息或数据存储在一个或多个输出端口(output ports)中,一个输出端口对应过滤器的一个逻辑输出。例如,一个生成一张彩色图像和一个二进制掩码图像(binary mask image)的过滤器会定义两个输出端口,每个输出端口含有其中一张图像,管线相关信息存储在每个端口的一个 vtkInformation 之中,输出端口的数据存储在从 vtkDataObject 派生出的类的一个实例之中。

过滤器使用的信息和数据提取自一个或多个输入端口,一个输入端口对应过滤器的一个逻辑输入。例如,一个符号(glyph)过滤器会定义符号自身的一个输入端口,以及一个定义符号位置的输入端口。输入端口存储着输入连接,这些连接是指向其他过滤器输出的引用,这些输出最终给该过滤器提供信息和数据。每个输入连接提供一个数据对象,它对应的信息获取自该连接对应的输出端口。由于连接是通过逻辑端口存

基于 VTK 的数据可视化 ◂ 第 3 章

储的,而不是存储在流经这些端口的数据之中,因此连接时不需要知道数据类型。如果创建管线时源是一个读取器,并且直到读取文件时才知道它输出的数据类型,那么不知道数据类型就可以连接这个功能。

为了理解 VTK 管线的执行,有必要从几个不同的有利角度观察这个过程。注意:下面的每个图并不完全准确,这些图只是为了描述过程的一些重要特征。

图 3.4 - 13 展示了 VTK 执行过程的一个简化描述。一般来说,管线执行是在调用映射器的 Render() 方法时触发的,通常响应对 Render() 方法调用的是伴随的 vt-kActor(同时从渲染窗口接收该响应);接下来,Update() 方法被映射器的输入所调用(这导致请求信息和数据的级联调用);最终,必须计算数据并返回给发起请求的对象,在这里是映射器。RequestData() 方法实际上是在管线中执行过滤器并产生输出数据。注意数据流动的方向,这里我们将数据流动的方向定义为向下方向,而将 Update() 调用的方向定义为向上方向。

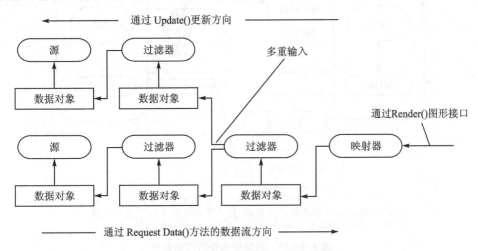

注:Update() 方法由演示对象的 Render() 方法启动。数据通过 RequestData() 方法流回映射器。
连接过滤器和数据对象的箭头表示 Update() 的方向

图 3.4 - 13　VTK 中实现的隐式执行过程描述

图 3.4 - 14 展示了执行器和算法之间的关系,二者共同形成一个过滤器。过滤器的该示图与管线是独立的,包含着关于算法接口的所有信息,也就是输入和输出的数量及可用性;执行器负责管理算法的执行,并协调通过管线传递的信息请求;端口对应着不同的逻辑输入和输出。

图 3.4 - 15 展示了过滤器之间的连接。注意:输出数据对象没有直接与输入连接相连,而是下游过滤器的输入连接与上游过滤器的输出端口相伴随着。数据对象与输入端口的分离意味着,当数据接收过滤器从生成器请求数据时,数据类型检查可以延迟到运行时。因此,数据生成器可以产生不同类型的数据(例如产生不同数据类型的读取器),只要接收器支持这些不同的数据类型,管线执行就不会出错。

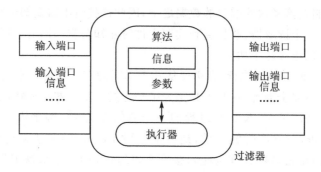

图 3.4 - 14　构成一个过滤器的算法、执行器和端口的逻辑关系

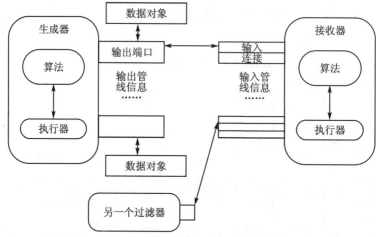

注：一个输入端口可能伴随着多个连接,一些过滤器可能有多个连接,
例如附加(append)过滤器就是如此,其单个逻辑输入端口代表所有
附加在一起的数据,每个输入都被表示为一个不同的连接。

图 3.4 - 15　端口和连接的逻辑关系

3.4.9.3 连接管线对象

连接管线对象也就是建立过滤器对象与数据对象之间的连接,从而形成可视化管线。从图 3.4 - 13 中可以看出,VTK 的管线架构设计支持多输入和多输出。在实践中发现,大多数过滤器和源实际上只产生一个输出,大多数过滤器只接受一个输入。这是因为大多数算法本质上倾向于单输入/输出,会有一些例外,在这里简短介绍一下。首先回顾一下 VTK 管线架构的发展历史,这样做是有意义的,因为这会揭示在响应新的需求过程中 VTK 管线设计的演变。

在 VTK 5.0 之前的版本中,图 3.4 - 13 准确地描述了 VTK 可视化管线架构。该图展示了过滤器和数据对象怎样连接起来并形成一个可视化网络,输入数据用输入(Input)实例变量表示、用 SetInput()方法设置;输出数据用输出(Output)实例变量表示、用 GetOutput()方法访问。将管线连接起来使用如下的 C++语句:

```
filter2 ->SetInput(filter1 ->GetOutput());//Prior to VTK5.0
```

只要过滤器对象 filter1 和 filter2 的类型兼容即可。在该设计中,编译时需要做类型检查(也就是说,C++编译器将强制要求正确的类型)。显然,这意味着同时纠正产生未知类型输出的过滤器是有问题的。这个设计还存在着一些其他问题,其中大多数问题前面已经提到过,这里将这些问题总结如下,以鼓励使用新的管线架构。

(1) 旧的设计不支持数据集类型延迟检查,因此难以支持任意读取器类型,也不支持产生不同类型输出的过滤器。

(2) 更新和管理管线执行的策略隐式嵌入在进程对象和数据对象之中。随着策略变得越来越复杂,或者需要修改,就需要修改数据与进程对象。

(3) 在旧的设计的更新过程中难以中止管线执行,而且无法集中检查错误,每个过滤器都需要做一些检查,从而会出现重复代码。

(4) 给管线引入元数据需要改变数据和进程对象的 API。因此,最好是不修改 API,这样就可以支持读取器向数据流添加元数据的功能,并让管线中的过滤器提取它们。

鉴于以上原因,以及并行处理的一些相关因素,对原有的 VTK 管线进行了重新设计。虽然过渡起来比较困难,但这种改变往往是必要的,因为软件系统需要随着技术的发展而改变和成长。

虽然 VTK 5.0 仍然支持 SetInput()/GetOutput() 的使用,但舍弃了图 3.4-14 和图 3.4-15 所示的使用方式,而使用了新的管线架构。参考图 3.4-15,配置 VTK 可视化管线连接和端口的方法如下:

```
filter2 ->SetInputConnection(filter1 ->GetOutputPort());
```

读者可能已经猜测到怎样将这个方法推广到多输入和多输出情况,这里看一些具体例子。vtkGlyph3D 是一个接受多个输入、产生单个输出的例子,其输入用 Input 和 Source 实例变量来表示。vtkGlyph3D 的功能是将 Source 中数据定义的几何复制到 Input 定义的每个点中,几何可根据 Source 数据值(即标量和向量)进行修改。在 C++代码中使用 vtkGlyph3D 对象的方法如下:

```
vtkNew < vtkGlyph3D > glyph;
glyph ->SetInputConnection(foo ->GetOutputPort());
glyph ->SetSourceConnection(bar ->GetOutputPort());
...
```

其中 foo 和 bar 是返回恰当类型输出的过滤器。类 vtkExtractVectorComponents 是一个单输入、多输出的过滤器的例子,该过滤器从一个三维向量中提取其三个标量分量,其三个输出在输出端口 0,1 和 2 之中。使用该过滤器的方法如下:

```
vtkNew < vtkExtractVectorComponents > vz;
vtkNew < vtkDataSetMapper > foo;
foo ->SetInputConnection(vz ->GetOutputPort (2));
...
```

还有其他一些有多个输入或输出的特殊对象，一些值得关注的类是 vtkMergeFilter、vtkAppendFilter 和 vtkAppendPolyData，这些过滤器将多个管线流组合起来，产生单个输出。然而，需要注意的是，虽然 vtkMergeFilter 有多个输入端口（即不同的逻辑输入），但 vtkAppendFilter 仅有一个逻辑输入，并假定该输入可对应多个连接。这是因为 vtkMergeFilter 的每个输入的目的不同且是独立的，而 vtkAppendFilter 中所有输入的含义相同（即将列表中的一个或多个输入附加在一起）。下面是一些代码片段：

```
vtkNew < vtkMergeFilter > merge;

merge ->SetGeometryConnection(foo ->GetOutputPort());

merge ->SetScalarsConnection(bar ->GetOutputPort());
```

以及

```
vtkNew < vtkAppendFilter > append;

append ->AddInputConnection(foo ->GetOutputPort());

append ->AddInputConnection(bar ->GetOutputPort());
```

这里需要注意 AddInputConnection() 的使用方法，该方法给链接列表添加数据，而 SetInputConnection() 会清空列表并给端口指定单个连接。

另外一个重要的过滤器是类 vtkProbeFilter。该过滤器有两个输入：第一个输入是希望探测的数据，第二个输入提供一组用于探测的点。一些进程对象可以接受一个输入数据列表。还有一个有趣的过滤器是类 vtkBooleanStructuredPoints，用于对体数据集做集合运算。列表中的第一个数据项用于初始化集合运算；列表中随后的数据项，依次按用户指定的布尔运算与前面的运算结果结合。

3.4.9.4 管线执行及信息对象

到目前为止，本书使用的术语——元数据和信息对象都很不正式。如前面描述的那样，在 VTK 中，这些术语指描述数据集的数据。在这一部分，读者会看到这些对象是 vtkInformation 的子类，用于辅助 VTK 管线的执行。

1. 信息对象

信息对象是 VTK 管线中使用的基本容器，用于保存各种元数据。它们是各种各样的索引-值（key-to-value）映射，其中索引的类型决定值的类型。下面是信息对象使用位置的枚举：

（1）**管线信息**对象包含着管线执行的信息。这些信息存储在 vtkExecutive 或其子类的实例中，可以通过方法 vtkExecutive::GetOutputInformation() 访问。每个输出端口有一个管线信息对象，在对应的端口（如果被创建了）包含一个指向输出 vtk-DataObject 的条目（entry）。vtkDataObject 包含一个指向对应信息对象的指针，可通过 vtkDataObject::GetPipelineInformation() 访问。当过滤器执行并产生输出时，管线信息对象还包含数据对象填充内容的信息。实际包含的信息取决于输出数据类型及所使用的执行模型。输入连接的管线信息对象可通过方法 vtkExecutive::GetInputInformation() 访问，输入端口连接的是输出端口的管线信息对象。

（2）**端口信息**对象包含着输出端口产生的数据类型及输入端口接收的数据类型，这些信息被存储在 vtkAlgorithm 的实例中。每个输入端口有一个输入端口信息对象，每个输出端口有一个输出端口信息对象。它们可以通过 vtkAlgorithm∷GetInput-PortInformation()和 vtkAlgorithm∷GetOutputPortInformation()访问。为了指定过滤器的接口，端口信息对象一般使用 vtkAlgorithm 的子类来创建和填充。

（3）**请求信息**对象包含着发送给执行器或算法的具体请求信息。其中有一个条目指示发送的是什么请求，可能还有其他条目给出该请求的额外细节。这些信息对象不能通过任何公有方法访问，但是传递给了实现请求的 ProcessRequest()方法。

（4）**数据信息**对象包含着 vtkDataObject 中当前存储的是什么信息。每个数据对象有一个数据信息对象，可以通过 vtkDataObject∷GetInformation()访问，实际包含的信息由数据对象类型所决定。

（5）**算法信息**对象包含一个 vtkAlgorithm 实例的信息。每个算法对象有一个算法信息对象，可以通过 vtkAlgorithm∷GetInformation()访问，实际包含的信息由算法对象类型所决定。

VTK 中信息对象的重要性是它们的灵活性（即很容易添加新的索引-值对）和可扩展性，也就是说，读取器、过滤器和映射器不需要改变管线相关类的 API，就可以给容器添加新的信息。

2. 管线执行模型

在 VTK 中，基本的管线更新机制基于请求（request）。请求是基本的管线操作或管线传递（pipeline pass），其作用一般是请求某些信息通过管线传递。执行模型（execution model）是某个执行器定义的一组请求，图 3.4 - 16 描述了管线执行过程。

请求由过滤器的执行对象产生，由于用户的调用，该过滤器已被其算法显式要求更新。例如，当写入器（writer）的方法 Write()被调用，算法对象会通过 this→GetExecutive()→Update()要求其执行器更新管线并执行该写入器。为了将它更新到当前，可能会通过管线发送多个请求。

请求被实现为一个信息对象。有一个 vtkInformationRequestKey 类型索引指定请求自身，该索引通常由执行器的类定义，请求的其余信息可能被存储在请求信息对象中。

请求是在每个过滤器的执行器驱动下通过管线传递的。vtkExecutive∷ProcessRequest()方法被执行器调用，并被给予请求信息对象。那么该方法会被每个执行器实现，并根据情况负责实现请求。如果给一个过滤器提供输入的过滤器被实现了，那么该过滤器的许多请求可能会被实现；对于这些请求，执行器会首先将请求传递给上游过滤器的执行器，然后处理该请求自身。

为了实现一个请求，执行器常常会向其算法对象寻求帮助。执行器会通过调用方法 vtkAlgorithm∷ProcessRequest()向算法对象发送请求，该方法可以被所有的算法实现，其职责是处理请求。输入和输出管线信息对象被提供为该方法的参数，该方法必须仅使用其自身的过滤器参数设置和给定的管线信息对象来处理请求，不允许算法向其执行器寻求任何额外信息,这样可以保证算法与执行器的独立性。

图 3.4 - 16 展示了请求通过管线传递的一个典型路径。一般来说,请求起始于管线一端的接收器,并根据执行器通过管线返回,每个执行器会要求其算法帮助处理请求。例如,假设接收器(在最右端)仅需要一小片数据(例如 1~4 片),并假设生成器(在最左端)是一个可以对数据进行分割的读取器。接收器将请求向上游传递,并一直(通过执行器)向上游传递直至到达可以实现请求的生成器。当读取器算法请求一片数据时,生产者会提供它,并将新的数据通过管线向下返回(携带着这些数据是 1~4 片的信息)。数据传递到提出请求的接收器即停止。

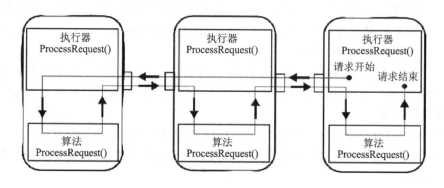

图 3.4 - 16   管线中传递请求的路径

3.4.9.5 灵活的计算/内存平衡

默认情况下,VTK 构造的网络会存储中间计算结果(即计算友好)。然而,在不需要的时候,单个的类变量可以设置为舍弃中间计算结果(即内存友好)。此外,在每个进程对象内可以设置一个局部参数,用于在对象一层控制计算/内存平衡。

该全局变量的设置方法如下:给定数据对象 O(或使用"O=filter→GetOutput()"获得的过滤器输出),调用"O→SetGlobalReleaseDataFlagOn()"激活数据释放,同时,可以使用方法"O→SetReleaseDataFlagOn()"激活一个特定对象的数据释放。这里还存在禁止内存释放的方法。

3.4.9.6 高级对象设计

行文至此,是时候介绍构成可视化管线的各种对象的设计细节了。有两个重要的类影响着 VTK 中的许多对象,这两个类是 vtkObjectBase 和 vtkObject。

vtkObjectBase 是 VTK 中几乎所有继承层次结构的基类,它实现了数据对象引用计数。vtkObjectBase 的子类可以被其他对象共享,但不用复制内存。它还定义了一个对象打印自身信息的 API。

vtkObject 是 vtkObjectBase 的一个子类。它提供了用于控制运行时调试的方法和实例变量,维护着内部的对象修改时间。比较特别地,方法 Modified() 用于更新修改时间,方法 GetMTime() 用于获取修改时间。vtkObject 还提供了一个事件回调框架,这在 3.2.1 节已经介绍了。

注意:为了节省空间,在对象图中一般不会包含 vtkObject 和 vtkObjectBase。

3.4.9.7 例 子

至此,通过五个例子来展示可视化管线的一些特征。对于其中一些对象,读者可能不熟悉,我们会在后面章节中介绍,这里的目的只是提供一个概貌,让大家熟悉一下软件的架构及使用。

1. 简单的球面

这是展示简单的可视化管线的第一个例子。使用源对象 vtkSphereSource 创建一个用多边形表示的球面;该球面被传递给过滤器 vtkElevationFilter,用于计算球面上每个点离一个平面的距离;该平面垂直于 z 轴,过点$(0,0,-1)$;该数据最终被一个查找表映射(vtkDataSetMapper 的例子),将高度值转换为颜色,并将球面几何与渲染库对接;映射器被分配给一个演示对象(actor),然后将演示对象显示出来。可视化网络及输出的图片如图 3.4-17 所示。下面是部分代码,随书 3.4.9_ColoredSphere 中给出了详细代码及 CMakeLists.txt 文件。

示例 3.4.9_ColoredSphere(部分)

```
vtkSmartPointer < vtkSphereSource > sphere =
    vtkSmartPointer < vtkSphereSource > ::New();
sphere ->SetPhiResolution(12);
sphere ->SetThetaResolution(12);


vtkSmartPointer < vtkElevationFilter > colorIt =
    vtkSmartPointer < vtkElevationFilter > ::New();
colorIt ->SetInputConnection(sphere ->GetOutputPort());
colorIt ->SetLowPoint(0,0, - 1);
colorIt ->SetHighPoint(0,0,1);


vtkSmartPointer < vtkDataSetMapper > mapper =
    vtkSmartPointer < vtkDataSetMapper > ::New();
mapper ->SetInputConnection(colorIt ->GetOutputPort());


vtkSmartPointer < vtkActor > actor =
    vtkSmartPointer < vtkActor > ::New();
actor ->SetMapper(mapper);
```

渲染演示对象时管线执行是隐式发生的。每个演示对象询问自己的演示器来更新自己,然后演示器询问其输入来更新自己。这个过程不断继续,直到遇到源对象。如果上一次渲染之后源被更改,那么便会执行源。

如果其输入或实例变量过时了,那么系统便会在网络中行走并执行每个对象。完成之后,演示对象的映射器成了最新的,并且会产生一种图像。

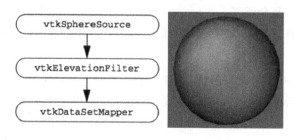

图 3.4 - 17　一个简单球面的例子

现在跟随方法调用过程,再研究一遍该管线执行的同一个过程。当演示对象从渲染器(renderer)接收到一个 Render()消息,该过程便开始了。接着演示对象会给其映射器发送一个 Render()消息,映射器通过 Update()操作让输入更新自身,并开始执行网络。每个过滤器都会要求其输入更新自己,从而引起 Update()方法的级联,如果管线存在分支,那么更新方法也会分支。当遇到一个源对象时,级联会终止,如果源对象过时了,它会给自己发一个 RequestData()命令,为了让自己最新,每个过滤器都会给自己发一个 RequestData()命令。最后,映射器会进行操作将输入转换为渲染图元。

在 VTK 中,Update()方法是公有的,而 RequestData()方法是受保护的,因此,可以通过调用 Update()方法人为地让网络开始执行。当希望基于上游执行结果设置网络中的实例变量,但不希望整个网络都更新时,这会比较有用。RequestData()方法是受保护的,因为它需要某种对象状态才能存在,而 Update()方法可以保证这种状态的存在。

最后需要注意的是,代码的缩进用于指示对象被实例化和修改的位置。第一行(即New()运算符)是对象被创建的位置,随后缩进的各行表示对该对象的各种操作。我们鼓励读者在工作中使用类似的缩进方案。

2. 扭曲的球面

这个例子扩展了前面例子中的管线,并展示了类型检查对进程对象连接的影响,例子中增加了一个转换过滤器(vtkTransformFilter),用于在 $x - y - z$ 方向非均匀缩放球面。

转换过滤器仅作用于用显式点的坐标表示的对象(即 vtkPointSet 的子类),然而,海拔(elevation)过滤器产生的输出是更一般的 vtkDataSet 形式,因此,无法将转换过滤器与海拔过滤器连接起来。但是,可以将转换过滤器与球面源连接起来,然后连接海拔过滤器与转换过滤器,结果如图 3.4 - 18 所示(注意:另外一个方法是使用 vtkCast-ToConcrete 来进行运行时转换)。

C++编译器会强制源、过滤器与映射器的恰当连接。为了确定哪个对象是兼容的,需要检查 SetInput()方法指定的类型。如果输入对象返回一个输出对象或一个该类型的子类,那么两个对象就是兼容的,可以连接起来。下面是部分代码,随书 3.4.9_TransformSphere 中给出了详细代码及 CMakeLists. txt 文件。

示例 3.4.9_TransformSphere(部分)

```
vtkSmartPointer < vtkSphereSource > sphere =
    vtkSmartPointer < vtkSphereSource > ::New();
sphere ->SetThetaResolution(12); sphere ->SetPhiResolution(12);

vtkSmartPointer < vtkTransform > aTransform =
    vtkSmartPointer < vtkTransform > ::New();
aTransform ->Scale(1,1.5,2);

vtkSmartPointer < vtkTransformFilter > transFilter =
    vtkSmartPointer < vtkTransformFilter > ::New();
transFilter ->SetInputConnection(sphere ->GetOutputPort());
transFilter ->SetTransform(aTransform);

vtkSmartPointer < vtkElevationFilter > colorIt =
    vtkSmartPointer < vtkElevationFilter > ::New();
colorIt ->SetInputConnection(transFilter ->GetOutputPort());
colorIt ->SetLowPoint(0,0,-1);
colorIt ->SetHighPoint(0,0,1);

vtkSmartPointer < vtkLookupTable > lut =
    vtkSmartPointer < vtkLookupTable > ::New();
lut ->SetHueRange(0.667, 0);
lut ->SetSaturationRange(1,1);
lut ->SetValueRange(1,1);

vtkSmartPointer < vtkDataSetMapper > mapper =
    vtkSmartPointer < vtkDataSetMapper > ::New();
mapper ->SetLookupTable(lut);
mapper ->SetInputConnection(colorIt ->GetOutputPort());

vtkSmartPointer < vtkActor > actor =
    vtkSmartPointer < vtkActor > ::New();
actor ->SetMapper(mapper);
```

3. 生成有向符号

这个例子演示带多个输入的对象的使用。vtkGlyph3D 将三维图标(icons)或符号(glyphs)(也就是任意的多边形几何)放置在每个输入点处,图标几何是通过实例变量 Source 指定的,而输入点是通过输入实例变量获得的。根据输入和实例变量,每个符号可以是有向的,并且可以用多种方法缩放。在这个例子中,将图标放在点的法线方

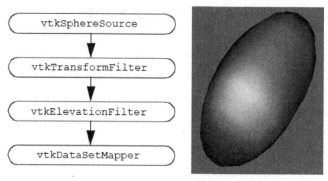

图 3.4-18   给前一个例子增加一个转换过滤器

向,如图 3.4-19 所示。

vtkGlyph3D 的可视化网络有分支,如果任意一个分支被修改了,该过滤器就会重新执行。网络更新必须向两个方向分支,并且当 vtkGlyph3D 执行时两个分支必须是最新的。这些要求由 Update()方法强制执行,对隐式执行方法没有影响。下面是部分代码,随书 3.4.9_Mace 中给出了详细代码及 CMakeLists. txt 文件。

示例 3.4.9_Mace(部分)

```
vtkSmartPointer < vtkSphereSource > sphere =
    vtkSmartPointer < vtkSphereSource > ::New();
sphere ->SetThetaResolution(8);
sphere ->SetPhiResolution(8);


vtkSmartPointer < vtkPolyDataMapper > sphereMapper =
    vtkSmartPointer < vtkPolyDataMapper > ::New();
sphereMapper ->SetInputConnection(sphere ->GetOutputPort());


vtkSmartPointer < vtkActor > sphereActor =
    vtkSmartPointer < vtkActor > ::New();
sphereActor ->SetMapper(sphereMapper);


vtkSmartPointer < vtkConeSource > cone =
    vtkSmartPointer < vtkConeSource > ::New();
cone ->SetResolution(6);


vtkSmartPointer < vtkGlyph3D > glyph =
    vtkSmartPointer < vtkGlyph3D > ::New();
glyph ->SetInputConnection(sphere ->GetOutputPort());
glyph ->SetSourceConnection(cone ->GetOutputPort());
glyph ->SetVectorModeToUseNormal();
glyph ->SetScaleModeToScaleByVector();
glyph ->SetScaleFactor(0.25);
```

```
vtkSmartPointer < vtkPolyDataMapper > spikeMapper =
    vtkSmartPointer < vtkPolyDataMapper > ::New();
spikeMapper ->SetInputConnection(glyph ->GetOutputPort());

vtkSmartPointer < vtkActor > spikeActor =
    vtkSmartPointer < vtkActor > ::New();
spikeActor ->SetMapper(spikeMapper);
```

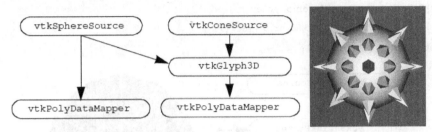

图 3.4 - 19　一个多输入和多输出的例子

4. 逐渐消失的球面

在这个例子中构造一个带反馈循环的可视化网络,并展示怎样使用过程程序设计改变网络的拓扑。该网络由四个对象组成:用于创建初始多边形几何的 vtkSphere-Source、用于缩小多边形并创建相邻之间的间隔或空间的 vtkShrinkFilter、用于根据距离 $x-y$ 平面的高度给几何着色的 vtkElevationFilter,以及用于通过查找表映射数据及与渲染库对接的 vtkDataSetMapper。网络拓扑及输出结果如图 3.4 - 20 所示。

在使用 vtkSphereSource 生成初始几何(对渲染请求的响应)之后,vtkShrinkFilter 的输入变成 vtkElevationFilter 的输出。由于存在反馈循环,vtkShrinkFilter 会一直重新执行,因此,网络的行为是每次渲染之后重新执行。由于反复对同一个数据使用缩小过滤器,多边形会逐渐变小并最终消失。下面是部分代码,随书 3.4.9_LoopShrink 中给出了详细代码及 CMakeLists. txt 文件。

示例 3.4.9_LoopShrink(部分)

```
vtkSmartPointer < vtkSphereSource > sphere =
    vtkSmartPointer < vtkSphereSource > ::New();
sphere ->SetThetaResolution(12);
sphere ->SetPhiResolution(12);

vtkSmartPointer < vtkShrinkFilter > shrink =
    vtkSmartPointer < vtkShrinkFilter > ::New();
shrink ->SetInputConnection(sphere ->GetOutputPort());
shrink ->SetShrinkFactor(0.9);

vtkSmartPointer < vtkElevationFilter > colorIt =
    vtkSmartPointer < vtkElevationFilter > ::New();
colorIt ->SetInputConnection(shrink ->GetOutputPort());
```

```
colorIt ->SetLowPoint(0,0,-.5);
colorIt ->SetHighPoint(0,0,.5);


vtkSmartPointer < vtkDataSetMapper > mapper =
    vtkSmartPointer < vtkDataSetMapper > ::New();
mapper ->SetInputConnection(colorIt ->GetOutputPort());


vtkSmartPointer < vtkActor > actor =
    vtkSmartPointer < vtkActor > ::New();
actor ->SetMapper(mapper);
```

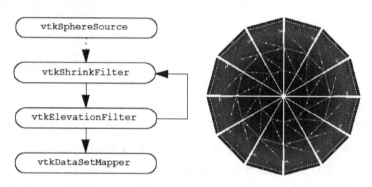

注:VTK 5.0 及之后的版本不支持循环的可视化网络,在此之前的版本可能可以。

图 3.4 - 20   带循环的可视化网络

5. 渲染引擎

再看看示例 3.3.1_RenderCylinder,在这个例子及后续的扩展内容里可以找到以下列出的类或其子类:

vtkProp; vtkAbstractMapper; vtkProperty; vtkCamera; vtkLight; vtkRenderer; vtkRenderWindow; vtkRenderWindowInteractor; vtkTransform; vtkLookupTable ……

这些类都是与数据显示或者渲染相关的。用一个专业的词汇来说,它们构成了 VTK 的渲染引擎。渲染引擎主要负责数据的可视化表达,它是 VTK 里的两个重要模块之一,另外一个重要的模块就是本节介绍的可视化管线。

可视化管线是指用于获取或创建数据、处理数据,以及把数据写入文件或者把数据传递给渲染引擎进行显示的一种结构。数据对象、进程对象(process object)和数据流方向(direction of data flow)是可视化管线的三个基本要素。每个 VTK 程序都会有可视化管线存在,比如示例 3.3.1_RenderCylinder,其可视化管线可以简单地表示成图 3.4 - 21。

示例 3.3.1_RenderCylinder 的可视化管线非常简单,首先是创建一个锥体数据,接着将经 Mapper 后生成的多边形数据(vtkPolyData)直接送入渲染引擎渲染,创建的数据没有经过任何处理。

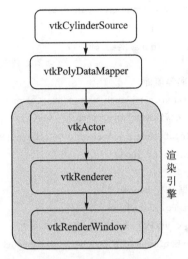

图 3.4 - 21 示例 3.3.1_RenderCylinder 的可视化管线

再看一个稍微复杂点的可视化管线——示例 3.4.9_PipelineDemo。在这个示例里,先读入后缀为 vtk 的文件(head.vtk),然后用移动立方体法(vtkMarchingCubes)提取等值面,最后把等值面数据经 Mapper 送往渲染引擎进行显示。运行结果如图 3.4 - 22(a)所示,图 3.4 - 22(b)是其可视化管线。示例 3.4.9_PipelineDemo 完整代码如下:

示例 3.4.9_PipelineDemo

```
# include < vtkSmartPointer.h >
# include < vtkStructuredPointsReader.h >
# include < vtkRenderer.h >
# include < vtkRenderWindow.h >
# include < vtkRenderWindowInteractor.h >
# include < vtkMarchingCubes.h >
# include < vtkPolyDataMapper.h >
# include < vtkActor.h >


//测试文件:data/head.vtk
int main(int argc, char * argv[])
{
    //if (argc < 2)
    //{
    //    std::cout << argv[0] << " " << "VTK-File( * .vtk)" << std::endl;
    //    getchar();
    //    return EXIT_FAILURE;
    //}
    //读入 Structured_Points 类型的 vtk 文件。
    vtkSmartPointer < vtkStructuredPointsReader > reader =
```

```
                    vtkSmartPointer < vtkStructuredPointsReader > ::New();
    //reader ->SetFileName(argv[1]);
    reader ->SetFileName("../data/head.vtk");

    //用移动立方体法提取等值面
    vtkSmartPointer < vtkMarchingCubes > marchingCubes =
        vtkSmartPointer < vtkMarchingCubes > ::New();
    marchingCubes ->SetInputConnection(reader ->GetOutputPort());
    marchingCubes ->SetValue(0, 500);

    //将生成的等值面数据进行 Mapper
    vtkSmartPointer < vtkPolyDataMapper > mapper =
        vtkSmartPointer < vtkPolyDataMapper > ::New();
    mapper ->SetInputConnection(marchingCubes ->GetOutputPort());

    //把 Mapper 的输出送入渲染引擎进行显示
    ///////////////////渲染引擎部分///////////////////////
    vtkSmartPointer < vtkActor > actor = vtkSmartPointer < vtkActor > ::New();
    actor ->SetMapper(mapper);

    vtkSmartPointer < vtkRenderer > renderer =
        vtkSmartPointer < vtkRenderer > ::New();
    renderer ->AddActor(actor);
    renderer ->SetBackground(1.0, 1.0, 1.0);

    vtkSmartPointer < vtkRenderWindow > renWin =
        vtkSmartPointer < vtkRenderWindow > ::New();
    renWin ->AddRenderer(renderer);
    renWin ->SetSize( 640, 480 );
    renWin ->Render();
    renWin ->SetWindowName("vtkPipelineDemo");

    vtkSmartPointer < vtkRenderWindowInteractor > interactor =
    vtkSmartPointer < vtkRenderWindowInteractor > ::New();
    interactor ->SetRenderWindow(renWin);

    interactor ->Initialize();
    interactor ->Start();
    ////////////////////////////////////////////////////////////

    return EXIT_SUCCESS;
}
```

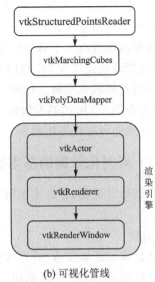

渲
染
引
擎

(a) 运行结果 (b) 可视化管线

图 3.4 – 22 示例 3.4.9_PipelineDemo 运行结果及其可视化管线

比较图 3.4 – 21 和 3.4 – 22(b)可以知道,图 3.4 – 22(b)多了一个 vtkMarch-ingCubes 用于处理读入的数据。在 VTK 里把与 vtkMarchingCubes 类似的对数据做处理的类称为 Filter。

3.4.10 小 结

可视化过程是使用功能模型和对象模型的组合自然构建的:功能模型可以简化并用于描述可视化网络;对象模型会指定可视化网络的组件。可视化网络由进程对象和数据对象组成;数据对象表示信息;进程对象将数据从一种形式转换为另外一种形式。有三种类型的进程对象:源——没有输入但至少有一个输出;过滤器——至少有一个输入和输出;汇或映射器——终止可视化网络。网络执行可以隐式或显式执行;隐式执行意味着每个对象必须保证其输入最新,然后分配控制机制;显式执行意味着有一个中心控制器来协调每个对象的执行。编写可视化网络程序的方法很多,商业系统最常用的是直接可视化编程方法。从高层来看,应用程序提供了定制的但更严格的接口来可视化信息;从底层来看,子程序或对象库提供最大的灵活性。VTK 包含着用 C++实现的构造可视化网络的对象库。

3.5 VTK 基本数据结构

读者已经学习了 VTK 的一个重要概念——可视化管线,了解了 VTK 数据的流动过程。这好比做一道菜,在做菜之前要掌握这道菜的做法,什么时候放盐、什么时候放酱油等调料;除了要弄清楚做每一道菜的流程之外,还要了解所做的每一道菜的原料,比如有些原料要蒸出来才比较好吃,有些原料则可能要用炖的方法做出来才比较可口。只有掌握做菜的流程以及了解菜的原料的特点,最后做出来的菜才可口美味。如果说VTK可视化管线是完成VTK应用程序这道菜的基本步骤,那么VTK的数据结构就好比做每一道菜的基本原料。针对可视化领域的特点,VTK定义了种类丰富的数据结构,本节重点介绍VTK的基本数据结构,了解这些数据结构,有助于读者写出更有针对性的、更高效的可视化应用程序。

3.5.1　可视化数据的基本特点

对数据进行可视化,有必要了解可视化数据的特点。归纳起来,可视化数据具有如下特点:

1. 离散性

为了让计算机能够获取、处理和分析数据,必须对无限、连续的空间体进行采样,生成有限的采样数据点,这些数据以离散点的形式存储,采样的过程是一个离散化的过程。

由于可视化数据的离散性特点,在某些离散点上有精确的值存在,但点与点之间的值则是不可知的,要得到采样点之外的其他点的值,只有通过插值(interpolation)的方法获取。常用的插值方法是线性插值,要得到更精确的数值可以采用非线性插值,如B样条插值方法。

2. 数据具有规则或不规则的结构(结构化与非结构化)

可视化数据可以分为规则(regular)结构数据和不规则(irregular)结构数据,也称为结构化(structured)数据和非结构化(unstructured)数据。规则结构数据点之间有固定的关联关系,可以通过这些关联确定每个点的坐标;不规则结构数据之间没有固定的关联关系。

对于规则结构数据,存储时不必存储所有的数据点,只须存储起始点、相邻两点之间的间隔以及点的总数就可以保存完整的数据信息;对于不规则结构数据,虽然不可以像规则结构数据那样存储,但它也有自身的优势,即在数据变化频繁的区域可以密集表示,而在数据变化不频繁的区域则稀疏表示。规则结构数据可以在存储及计算时占优势;不规则结构数据虽然在存储和计算时不能像规则结构数据那样高效,但它在数据表达方面相对而言则更加自由,能更加细致、灵活的表现数据。

3. 数据具有维度

可视化数据的第三个特点是拓扑维度(topological dimension)。可视化数据具有零维、一维、二维、三维等任意维度。如零维的数据表现为点,一维数据表现为曲线,二维数据表现为曲面,三维数据表现为体等。数据的维度决定了数据可视化的方法,如对于二维数据,可以将数据存储到一个矩阵,然后再采用针对二维数据的可视化方法进行可视化(如等高图)。

3.5.2　vtkDataObject 和 vtkDataSet

3.5.2.1 vtkDataObject

在 VTK 中,数据一般以数据对象(data object,对应 VTK 里的类 vtkDataObject)的形式表现,它是 VTK 里可视化数据最一般的表达形式。数据对象是数据的集合,数据对象表现的数据是可以被可视化管线处理的数据。只有当数据对象被组织成一种结构(structure)后,它才能被 VTK 提供的可视化算法处理。

图 3.5－1 所示是类 vtkDataObject 的继承关系,VTK 里所有的数据结构形式都是从这个类派生出来的。在实际的 VTK 应用程序中,没有直接使用 vtkDataObject 来实例化数据对象,而是根据具体的可视化数据选用其具体的子类实现可视化的。

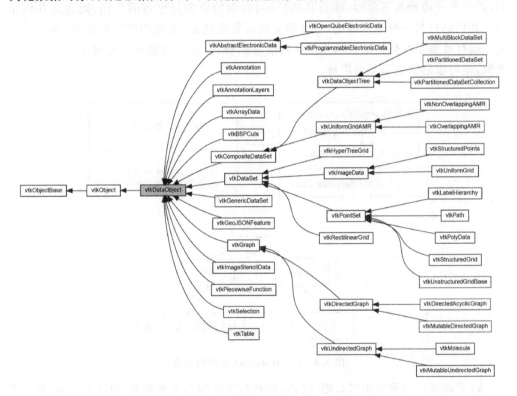

图 3.5－1　类 vtkDataObject 的继承关系

3.5.2.2 vtkDataSet

数据对象被组织成一种结构并且被赋予相应的属性值时就形成数据集(data set)。VTK 里与数据集对应的类是 vtkDataSet,该类从 vtkDataObject 直接派生。vtkDataSet 由两个部分组成,即组织结构(organizing structure)以及与组织结构相关联的属性数据(attribute data)。图 3.5－2 描述了 vtkDataSet 各结构的详细构成。vtkDataSet 是一个抽象基类,结构的实现及表达由其具体的子类来完成。

vtkDataSet 的组织结构由拓扑结构(topology)和几何结构(geometry)两部分组成:拓扑结构描述了物体的构成形式,几何结构描述了物体的空间位置关系。换言之,点数据(point data)所定义的一系列坐标点构成了 vtkDataSet(数据集)的几何结构;点数据的连接(点的连接先形成单元数据(cell data),由单元数据再形成拓扑)就形成了数据集的拓扑结构。比如,要想在屏幕上显示一个三角形,首先必须定义三角形三个点的坐标(即 point data,记三个点为 P_1、P_2 和 P_3),然后将这三个点按照一定的顺序连接起来($P_1-P_2-P_3$ 或者是 $P_3-P_2-P_1$ 的顺序),这三个点定义了数据集的几何结构,它们的连接就构成了数据集的拓扑结构。亦即点数据定义数据集的几何结构,单元数据定义数据集的拓扑结构,要形成完整的数据集,必须有几何和拓扑两种结构。

关于拓扑、几何结构以及属性数据的更多解释:拓扑结构具有几何变换不变性。例如,说一个多边形是三角形,即指其拓扑结构,而给定的每个点的坐标,则为其几何结构。几何结构是一种空间描述,与空间变换有紧密联系,常见的变换有旋转、平移和缩放。属性数据是对拓扑结构和几何结构信息的补充,属性数据可以是某个空间点的温度值,也可以是某个单元的质量。

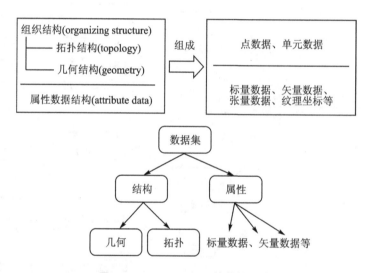

图 3.5 - 2　vtkDataSet 的结构组成

接下来通过示例说明怎么把几何结构和拓扑结构加入数据集(vtkDataSet)中。先看一下只有几何结构、没有拓扑结构的 vtkDataSet。

示例 3.5.2_TrianglePoints

```
# include < vtkSmartPointer.h >

# include < vtkPoints.h >

# include < vtkPolyData.h >

# include < vtkPolyDataWriter.h >


int main(int argc, char * argv[])
```

```
{
    //创建点数据
    vtkSmartPointer < vtkPoints > points = vtkSmartPointer < vtkPoints > ::New();
    points ->InsertNextPoint ( 1.0, 0.0, 0.0 );
    points ->InsertNextPoint ( 0.0, 0.0, 0.0 );
    points ->InsertNextPoint ( 0.0, 1.0, 0.0 );

    //创建 vtkPolyData 类型的数据,vtkPolyData 派生自 vtkPointSet
    //vtkPointSet 是 vtkDataSet 的子类
    vtkSmartPointer < vtkPolyData > polydata = vtkSmartPointer < vtkPolyData > ::New();

    //将创建的点数据加入 vtkPolyData 数据里
    polydata ->SetPoints ( points );

    //将 vtkPolyData 类型的数据写入一个 vtk 文件,保存位置是工程当前目录
    vtkSmartPointer < vtkPolyDataWriter > writer = vtkSmartPointer < vtkPolyDataWriter > ::New();
    writer ->SetFileName("../bin/Debug/triangle.vtk");
    writer ->SetInputData(polydata);
    writer ->Write();

    return EXIT_SUCCESS;
}
```

在示例 3.5.2_TrianglePoints 中,首先创建了一个点数据(vtkPoints),里面含有三个点;紧接着创建了一个类型为 vtkPolyData 的数据,vtkPolyData 派生自类 vtkPointSet,而 vtkPointSet 又派生自 vtkDataSet,因此 vtkPolyData 是一种具体的数据集;然后将创建的点数据加入数据集,于是点数据就定义了该数据集的几何结构;最后把 vtkPolyData 的数据用类 vtkPolyDataWriter 写入 triangle. vtk 文件。

可以利用 ParaView 软件(http://www. paraview. org,ParaView 是使用 VTK 和 Qt 编写的开源软件)打开示例中保存的 triangle. vtk 文件。使用 ParaView 软件打开该文件以后,在渲染窗口中看不到任何东西,这是因为在数据集 vtkPolyData 的实例里只定义了数据的几何结构,没有定义拓扑结构。

如果想看一下生成的 triangle. vtk 数据是怎样一种形式,可以调用 ParaView 的菜单,选择 Filters→Common→Glyph 菜单项(在点数据的空间位置生成符号),则可以看到在三角形的三个顶点位置生成了三个同向的箭头(见图 3.5-3)。这也说明了示例中生成的文件 triangle. vtk 里面确实存在数据,只不过它少了某种结构,导致它无法正常显示而已。

图 3.5 - 3 示例 3.5.2_TrianglePoints 生成的数据在 ParaView 软件经 Glyph(符号化)处理后的结果

接下来再看一个例子——在示例 3.5.2_TrianglePoints 的基础上给数据集定义拓扑结构。

示例 3.5.2_TriangleVertices

```cpp
# include < vtkCellArray.h >
# include < vtkSmartPointer.h >
# include < vtkPoints.h >
# include < vtkPolyDataWriter.h >
# include < vtkPolyData.h >

int main( int argc, char * argv[])
{
    //创建点的坐标
    double X[3] = {1.0, 0.0, 0.0};
    double Y[3] = {0.0, 0.0, 1.0};
    double Z[3] = {0.0, 0.0, 0.0};

    //创建点数据以及在每个点坐标上加入(顶点)Vertex 这种 Cell
    vtkSmartPointer < vtkPoints > points = vtkSmartPointer < vtkPoints > ::New();
    vtkSmartPointer < vtkCellArray > vertices = vtkSmartPointer < vtkCellArray > ::New();

    for ( unsigned int i = 0; i < 3; ++i)
    {
        //定义用于存储点索引的中间变量,vtkIdType 就相当于 int 或 long 型
        vtkIdType pid[1];

        //把每个点坐标加入 vtkPoints 中,InsertNextPoint()返回加入点的索引号
        //下面需要使用这个索引号来创建 Vertex 类型的 Cell
        pid[0] = points ->InsertNextPoint ( X[i], Y[i], Z[i] );
```

```
        //在每个坐标点上分别创建一个 Vertex,Vertex 是 Cell 里的一种
        vertices ->InsertNextCell ( 1,pid );
    }


    //创建 vtkPolyData 对象
    vtkSmartPointer < vtkPolyData > polydata = vtkSmartPointer < vtkPolyData > ::New();

    //指定数据集的几何结构(由 points 指定),以及数据集的拓扑结构(由 vertices 指定)
    polydata ->SetPoints ( points );
    polydata ->SetVerts ( vertices );

    //将生成的数据集写到 TriangleVerts.vtk 文件里,保存在工程当前目录下
    vtkSmartPointer < vtkPolyDataWriter > writer = vtkSmartPointer < vtkPolyDataWriter
> ::New();
    writer ->SetFileName ( "../bin/Debug/TriangleVerts.vtk" );
    writer ->SetInputData( polydata );
    writer ->Write();

    return EXIT_SUCCESS;
}
```

　　示例 3.5.2_TriangleVertices 中实例化了一个 vtkCellArray 的对象。已知"点数
据定义数据集的几何结构,单元数据定义数据集的拓扑结构",由此可知,vtkCellArray
类型的对象 vertices 就是用来指定数据集 polydata 的拓扑结构的,而 polydata 的几何
结构则是由 points 来定义的。

　　示例 3.5.2_TriangleVertices 中定义的数据集的拓扑结构是零维的点,即单元类
型是 Vertex。保存的 VTK 文件 TriangleVerts. vtk 在 ParaView 里的显示结果如
图 3.5 - 4 所示(为了便于观察三角形的三个顶点,图 3.5 - 4 在显示的时候把点的大小

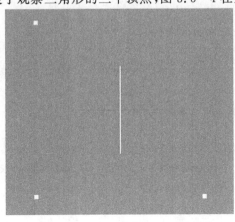

图 3.5 - 4　示例 3.5.2_TriangleVertices 生成的 VTK 文件在 ParaView 的显示结果

设置成 5 个像素)。

　　接下来继续在示例 3.5.2_TriangleVertices 的基础上做一些更改,将零维的点拓扑结构改成一维的线拓扑结构,示例(3.5.2_TriangleGeometryLines.cpp)的完整代码如下:

示例 3.5.2_TriangleGeometryLines

```cpp
# include < vtkPoints.h >
# include < vtkLine.h >
# include < vtkCellArray.h >
# include < vtkSmartPointer.h >
# include < vtkPolyDataWriter.h >
# include < vtkPolyData.h >

int main(int argc, char * argv[])
{
    //创建三个坐标点
    vtkSmartPointer < vtkPoints > points = vtkSmartPointer < vtkPoints > ::New();
    points ->InsertNextPoint ( 1.0, 0.0, 0.0 ); //返回第一个点的 ID:0
    points ->InsertNextPoint ( 0.0, 0.0, 1.0 ); //返回第二个点的 ID:1
    points ->InsertNextPoint ( 0.0, 0.0, 0.0 ); //返回第三个点的 ID:2

    //每两个坐标点之间分别创建一条线
    //SetId()的第一个参数是线段的端点 ID,第二个参数是连接的点的 ID
    vtkSmartPointer < vtkLine > line0 = vtkSmartPointer < vtkLine > ::New();
    line0 ->GetPointIds() ->SetId ( 0,0 );
    line0 ->GetPointIds() ->SetId ( 1,1 );

    vtkSmartPointer < vtkLine > line1 = vtkSmartPointer < vtkLine > ::New();
    line1 ->GetPointIds() ->SetId ( 0,1 );
    line1 ->GetPointIds() ->SetId ( 1,2 );

    vtkSmartPointer < vtkLine > line2 = vtkSmartPointer < vtkLine > ::New();
    line2 ->GetPointIds() ->SetId ( 0,2 );
    line2 ->GetPointIds() ->SetId ( 1,0 );

    //创建 Cell 数组,用于存储以上创建的线段
    vtkSmartPointer < vtkCellArray > lines = vtkSmartPointer < vtkCellArray > ::New();
    lines ->InsertNextCell ( line0 );
    lines ->InsertNextCell ( line1 );
    lines ->InsertNextCell ( line2 );
```

```
        vtkSmartPointer < vtkPolyData > polydata = vtkSmartPointer < vtkPolyData > ::New
();

        //将点和线加入数据集中,前者指定数据集的几何结构,后者指定其拓扑结构
        polydata ->SetPoints ( points );
        polydata ->SetLines ( lines );

        vtkSmartPointer < vtkPolyDataWriter > writer = vtkSmartPointer < vtkPolyDataWriter
> ::New();
        writer ->SetFileName ( "../bin/Debug/TriangleLines.vtk" );
        writer ->SetInputData( polydata );
        writer ->Write();

        return EXIT_SUCCESS;
}
```

示例 3.5.2_TriangleGeometryLines 生成的 VTK 文件在 ParaView 的显示结果如图 3.5-5 所示。

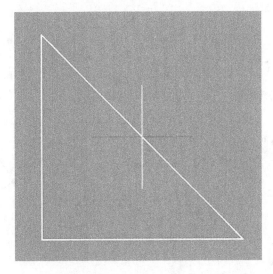

图 3.5 - 5 示例 3.5.2_TriangleGeometryLines 生成的 VTK 文件在 ParaView 的显示结果

对于 VTK 的数据集而言,数据集的几何结构和拓扑结构是其必不可少的两个部分。示例 3.5.2_TrianglePoints 因为只定义了数据集的几何结构,没有定义该数据集的拓扑结构,所以该数据集不能直接显示。示例 3.5.2_TriangleVertices 和示例 3.5.2_TriangleGeometryLines 除了定义数据集的几何结构(由 points 定义)之外,还定义了相应的拓扑结构。其中示例 3.5.2_TriangleVertices 定义的是零维的点拓扑结构,示例 3.5.2_TriangleGeometryLines 定义的是一维的线拓扑结构,它们都保存在由类 vtkCellArray 所实例化的对象里。除了零维的点、一维的线等类型的单元以外,

VTK 还定义了其他类型的单元。

3.5.3 单元类型

数据集由一个或多个单元组成,图 3.5-6 和图 3.5-7 所示为 VTK 支持的线性和非线性单元类型。一系列有序的点按指定类型连接所定义的结构就是单元(cell),单元

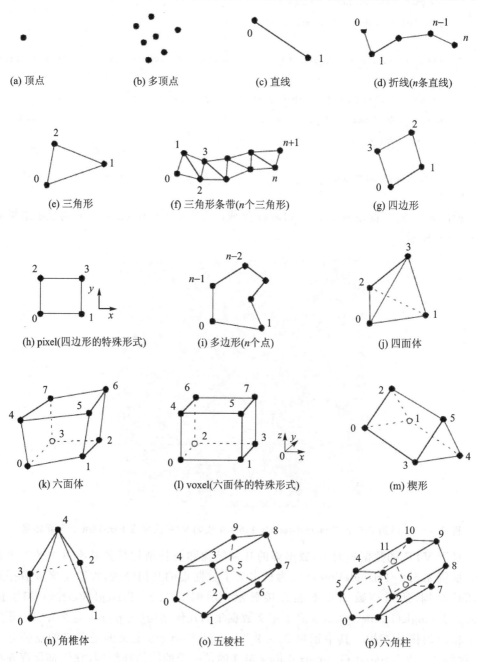

图 3.5-6 VTK 里定义的线性单元类型

是可视化系统的基础,这些点的连接顺序通常也称为关联列表(connectivity list),所指定的类型定义了单元的拓扑结构,而点的坐标定义了单元的几何结构。

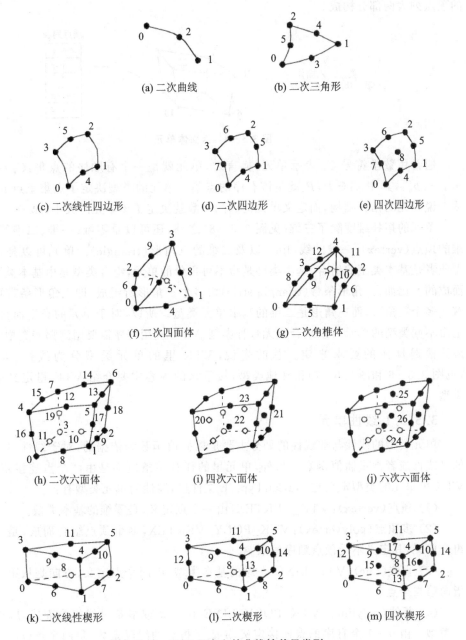

图 3.5－7　VTK 里定义的非线性单元类型

例如,图 3.5－8 所示的类型为六面体(hexahedron)单元,顶点列表(由点的索引号表示,即 8－10－1－6－21－22－5－7,通过索引号可在顶点列表中检索到每个点的实际坐标值)定义了六面体单元的拓扑结构,从图中可以看出,将索引为 8 和 10 的点连接就构成了六面体十二条边中的其中一条,而 8 - 10 - 1 - 6 这四个点连接就构成了六面体其中的一个面。在这个示例中,可以看出单元由单元的类型(如六面体)和构成单元的顶点列表两部分构成。

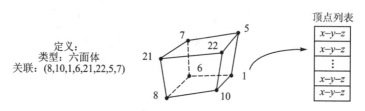

定义:
类型:六面体
关联:(8,10,1,6,21,22,5,7)

顶点列表

图 3.5 - 8 六面体单元

通常用数学符号 C_i 表示单元,换言之,单元就是一个有顺序的点集:$C_i = \{p_1, p_2, \cdots, p_n\}$,其中 $p_i \in P$,P 就是该有序的点集。单元的类型决定了点集里点的顺序,或者说单元的拓扑结构,而定义单元的点的个数就决定了该单元的大小(size)。

单元的拓扑维度除了三维(见图 3.5 - 8)之外,还可以是零维、一维、二维等,如零维的顶点(vertex)、一维的线(line)以及二维的三角形(triangle)。单元可以是基本类型或者是基本类型的组合,基本类型是指不可再分的单元,组合类型是由基本类型组合而成的。比如,三角形条带(triangle strip)由多个三角形所组成,即三角形条带可以分解成多个三角形,而三角形是二维的基本单元类型。所以,对于单元的类型而言,理论上由不同类型的单元可以组合成无数种类型,VTK 应用程序需要用到哪些类型的单元应该根据具体的要求来定。总的来说,VTK 里的单元类型分为线性、非线性(见图 3.5 - 6 和图 3.5 - 7)和其他类型,接下来的内容主要介绍 VTK 里定义的单元类型。

3.5.3.1 线性单元

单元类型的线性与非线性的划分主要是以插值函数为依据的,对于线性单元采用的是线性或者常量插值函数。另外,单元里的任意一条边都是由两个点连接定义的。VTK 里单元的类型定义在 vtkCellType.h 文件里,线性的单元类型有:

(1) **顶点(vertex)**:VTK_VERTEX,由一个点定义,是零维的基本类型。

(2) **多顶点(polyvertex)**:VTK_POLY_VERTEX,多个顶点组合而成,是零维的组合单元,其定义不受顶点顺序的限制。

(3) **直线(line)**:VTK_LINE,一维的基本类型,由两个点定义,方向是从第一个点指向第二个点。

(4) **折线(polyline)**:VTK_POLY_LINE,由一条或多条直线组合而成,属于一维的类型。由 $n+1$ 个有序的点连接定义,n 表示折线的线段条数,每两个点 $(i, i+1)$ 定义一条线段。

(5) **三角形(triangle)**:VTK_TRIANGLE,二维的基本类型。由三个点按逆时针方向连接定义,点的连接方向和表面法向量符合右手法则,即除大拇指外的手指沿着点的连接方向弯曲,大拇指所指指向的方向就是表面法向量的方向。

(6) 三角形条带(triangle strip)：VTK_TRIANGLE_STRIP，由一个或多个三角形组合而成，二维的类型。由 $n+2$ 个有序的点连接定义，n 表示三角形条带里三角形的个数，定义三角形条带的点不需要共面。定义每个三角形的顶点顺序为 $(i,i+1,i+2)$，$0 \leqslant i \leqslant n$。

(7) **四边形(quadrilateral)**：VTK_QUAD，二维的基本类型，由共面的四个点按逆时针方向连接定义。要求四边形是凸多边形，且它的边不能相交。利用右手法则可以得到该四边形的表面法向量。

(8) **pixel**：VTK_PIXEL，二维的基本类型，由共面的四个点按一定的顺序连接定义。**该类型的单元与四边形单元的区别在拓扑结构上**，要求 pixel 相邻的两条边必须垂直，而且相对的两条边要与坐标轴平行，因此 Pixel 的表面法向量也与其中的一条坐标轴平行。

定义 pixel 的四个顶点的顺序与四边形的不同，如图 3.5 - 6(h)所示，pixel 顶点的计数是先沿着 X 轴的，然后是 Y 轴方向。pixel 是四边形的特殊形式，但要注意这里的pixel 是一种单元类型，与图像像素(pixel)的概念是不同的。pixel 具体表达什么意思，需要根据上下文来做判断。

(9) **多边形(polygon)**：VTK_POLYGON，二维的基本类型，由共面的三个或三个以上的点按逆时针方向的顺序连接定义。多边形表面法向量的方向通过右手法则确定。

多边形可以是凹多边形，也可以是凸多边形，但是不能含有内部循环或者出现相交的边。多边形有 n 条边，n 就是组成多边形的点的个数。

(10) **四面体(tetrahedron)**：VTK_TETRA，三维的基本类型，由不共面的四个点两两连接定义。如图 3.5 - 6(j)所示，四面体有六条边和四个面。

(11) **六面体(hexahedron)**：VTK_HEXAHEDRON，三维的基本类型，包含六个四边形面、十二条边和八个顶点。其中八个顶点的连接顺序如图 3.5 - 6(k)所示，要求六面体必须是凸的。

(12) **voxel**：VTK_VOXEL，三维的基本类型，与六面体的拓扑结构一样，但几何结构上有所区别。要求 Voxel 相邻的两个面必须垂直，点的连接顺序如图 3.5 - 6(l)所示。voxel 是六面体的特殊形式，与 pixel 类似，voxel 与三维图像体素(voxel)的概念是不同的。

(13) **楔形(wedge)**：VTK_WEDGE，三维的基本类型，由三个四边形面、两个三角形面、九条边和六个顶点构成。六个点的连接顺序如图 3.5 - 6(m)所示。要求面和边不能与其他的相交，且楔形必须是凸的。

(14) **角椎体(pyramid)**：VTK_PYRAMID，三维的基本类型，由一个四边形面、四个三角形面、八条边和五个顶点构成。构成角椎体的点的连接顺序如图 3.5 - 6(n)所示。要求定义四边形的四个点是共面的，且四个点构成的四边形必须是凸的，第五个点与其他四个点不在一个面上。

(15) **五棱柱(pentagonal prism)**：VTK_PENTAGONAL_PRISM，三维的基本类

型,由五个四边形面、两个五边形面、十五条边和十个顶点构成。点的连接顺序如图 3.5 - 6(o)所示。要求五棱柱的面和边不能与其他的相交,且五棱柱必须是凸的。

(16) **六角柱**(hexagonal prism):VTK_HEXAGONAL_PRISM,三维的基本类型,由六个四边形面、两个六边形面、十八条边和十二个顶点构成。点的连接顺序如图 3.5 - 6(p)所示。要求六角柱的面和边不能与其他的相交,且六角柱必须是凸的。

3.5.3.2 非线性单元

在数值分析领域里,为了更准确、精确地表达数据,采用非线性单元作为数据的基本表达结构。线性单元和非线性单元的不同点是在绘制和数据处理方法方面,线性单元可以很容易地转换成线性图元被图形库处理,而非线性单元不被图形库直接支持,因此非线性单元必须先转换成线性单元以后,才能被图形库所支持。

VTK 除了提供一套复杂的非线性单元接口框架之外,另一种做法就是在非线性单元的每一条曲线上增加一个关键点(见图 3.5 - 7),或者增加一个曲面来近似模拟非线性单元。可视化系统在处理非线性单元时,一种比较流行的做法就是**细化**(tessellation)非线性单元,充分利用线性单元的可视化算法。但是细化的过程必须谨慎处理,否则会导致过分细分,造成过多的线性单元。

VTK 在细化非线性单元时,采取如图 3.5 - 9 所示的固定细化方式。一条二次曲线通过加入一个关键点被细化成两条直线;一个二次三角形分别在三条边上各增加一个点被细化成四个线性三角形;一个二次四边形分别在四条边上各增加一个点被细化成四个线性四边形。也就是说,在 VTK 里,**二次曲线**(quadratic edge)是一维的基本单元,由三个点定义,前两个点定义了曲线的起点和终点,第三个点位于起点与终点的中间位置(见图 3.5 - 7(a));**二次三角形**(quadratic triangle)是二维的基本单元,由六个点定义,前三个点位于三角形的顶点,后三个点位于每条曲线的中点位置(见图 3.5 - 7(b));**二次四边形**(quadratic quadrilateral)也是二维的基本单元,由八个点定义,前两个点位于四边形的四个顶点处,后四个点位于每条边的中点位置(见图 3.5 - 7(d))。其他类型的非线性单元可参考图 3.5 - 7。

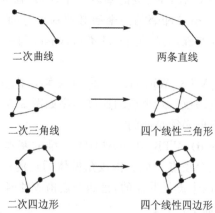

图 3.5 - 9　VTK 细化非线性单元示意图

3.5.4 属性数据

属性数据是与数据集的组织结构相关联的信息。由 3.5.2 节可知,**组织结构包括几何结构及拓扑结构,几何结构由点数据定义,拓扑结构由单元数据定义**。因此,属性数据通常是与数据集的点数据或者单元数据相关联的,但有时属性数据也可能与组成单元的某些成分相关联,例如单元数据的某条边或者某个面等。此外,也可以给整个数据集指定某个属性数据,或者给数据集里的某一组单元数据或点数据指定相应的属性数据。

属性数据主要用于描述数据集的属性特征,对数据集的可视化实质上是对属性数据的可视化。例如,根据压力监测数据构建一个压力场可视化数据集后,数据集中的每个数据点(几何数据)或单元都必须有对应的属性数据,VTK 根据属性数据设置颜色表,用不同的颜色表示不同的压力,通过颜色的变化情况可以直观地分析出压力的变化趋势。

依据数据的性质,属性数据可分为标量数据、矢量数据、张量数据等几大类(见图 3.5 - 10)。属性数据可以抽象为 n 维的数组,比如像温度、压力等单值函数可以看作 1×1 的数组,速度等矢量数据可以看作 3×1 的数组(沿 X、Y 和 Z 三个方向的分量)。相对而言,属性数据中的标量数据和矢量数据应用比较广泛。

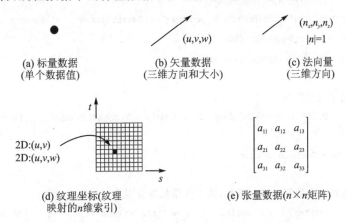

(a) 标量数据 (单个数据值) (b) 矢量数据 (三维方向和大小) (c) 法向量 (三维方向)

(d) 纹理坐标(纹理映射的 n 维索引) (e) 张量数据($n \times n$ 矩阵)

图 3.5 - 10 属性数据

在 VTK 中用 vtkPointData 类和 vtkCellData 类表达数据集属性,它们是类 vtkDataSetAttributes(vtkDataSetAttributes 派生自 vtkFieldData)的子类。构成数据集的每个点(或单元)和属性数据之间存在一对一的关系,如一个数据集由 N 个点(或单元)构成,那么必须有 N 个属性数据和这 N 个点(或单元)一一对应,通过点的索引号就可以对该点的属性数据进行访问。例如在数据集 aDataSet 中访问索引号为 129 的点的标量值时(假设标量数据已被定义且不为空)使用如下方法:

```
aDataSet ->GetPointData() ->GetScalars() ->GetScalar(129);
```

1. 标量数据(scalar)

标量数据是数据集里的每个位置具有单值的数据,它只表示数据的大小,例如温度、压力、密度、高度等。标量数据是最简单也是最普遍的可视化数据。

示例 3.5.4_VTKConceptScalars 演示了 VTK 里是如何给点数据或者单元数据指定标量数据的。从示例 3.5.4_VTKConceptScalars 可以看出,要给数据集里的点数据或者单元数据设置标量数据,只要先获取该数据集对应的点数据或者单元数据,然后设置相应的标量数据即可,即 GetPointData()→SetScalars()。

示例 3.5.4_VTKConceptScalars

```
# include < vtkSmartPointer.h >
# include < vtkPoints.h >
# include < vtkPolyData.h >
# include < vtkPointData.h >
# include < vtkDoubleArray.h >
# include < vtkFloatArray.h >


int main(int, char * [])
{
    //创建点数据:包含两个坐标点
    vtkSmartPointer < vtkPoints > points = vtkSmartPointer < vtkPoints > ::New();
    points ->InsertNextPoint(0,0,0);
    points ->InsertNextPoint(1,0,0);


    //创建多边形数据
    vtkSmartPointer < vtkPolyData > polydata = vtkSmartPointer < vtkPolyData > ::New
();

    polydata ->SetPoints(points);


    //准备加入点数据的标量数据,两个标量数据分别为 1 和 2。
    vtkSmartPointer < vtkDoubleArray > weights = vtkSmartPointer < vtkDoubleArray > ::
New();

    weights ->SetNumberOfValues(2);
    weights ->SetValue(0, 1);
    weights ->SetValue(1, 2);


    //先获取多边形数据的点数据指针,然后设置该点数据的标量数据
    polydata ->GetPointData() ->SetScalars(weights);


    //输出索引号为 0 的点的标量数据
```

```
    double weight =
vtkDoubleArray::SafeDownCast(polydata ->GetPointData() ->GetScalars()) ->GetValue(0);
    std::cout << "double weight：" << weight << std::endl;

    getchar();
    return EXIT_SUCCESS;
}
```

2. 矢量数据（vector）

与物理上的矢量概念一样，VTK 的矢量数据也是指既有大小又有方向的量，在三维方向上用三元组（triple）表示为(u,v,w)，如速度、应力、位移等。

除了矢量数据用三元组表示之外，颜色等标量数据也会用类似三元组的结构表示。比如，由 3.3.5 节可知，颜色可以用 RGB 三个分量表示，RGB 分量是构成颜色标量数据的三个组分（component），尽管颜色 vtkColor 也使用 vtkVector 容器，但它与矢量数据是有本质区别的。

标量数据之所以称之为标量数据，是因为它在数据集的几何变换过程的不变性。比如，假设有一个矢量数据存储在某个 vtkDataSet 数据集里，当使用 vtkTransformFilter 对该数据集做变换时，人们希望的结果是该矢量数据也随着数据集的变换而变换；而对于 RGB 系统的颜色，假如把该颜色的 RGB 三个分量当成矢量方向的三个方向，当对该数据集做变换时，颜色值也会随着变化，对于某一点的颜色，显然人们需要的结果是变换前后它的值应该保持不变才对。

3. 法向量（normal）

法向量是指大小恒为 1 的方向向量，通常用于计算投影、光照等。

4. 纹理坐标（texture coordinate）

为了使物体看起来更加真实、逼真，计算机图形学通常采用纹理映射使得显示的三维物体更具有真实感。纹理坐标可以将点从笛卡尔坐标空间映射到一维、二维或三维的纹理空间中。

5. 张量数据（tensor）

张量是矢量和矩阵通过复杂的数学算法得到的，一个 k 阶张量可当作一个 k 维的表格。零阶的张量是标量，一阶的张量是矢量，二阶的张量是纹理坐标，三阶的张量是一个三维阵列，VTK 只支持 3×3 的对称张量，如图 3.5-10 所示。

3.5.5　不同类型的数据集

数据集由组织结构和与之关联的属性数据构成，组织结构包括拓扑结构和几何结构。数据集的类型是由它的组织结构决定的，同时数据集的类型决定了点和单元之间的相互关系。图 3.5-11 所示为 VTK 常见的数据集类型，图 3.5-12 所示是对应的类的继承关系。

依据数据集的结构特征可分为规则结构和不规则结构的数据。如果组成数据集的

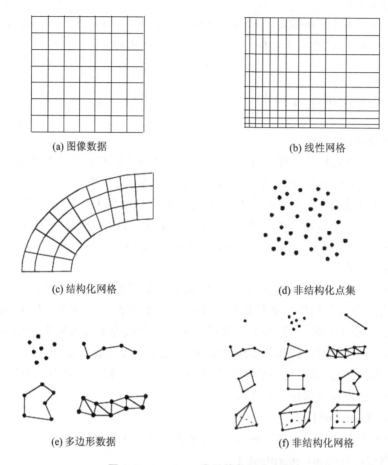

(a) 图像数据　　　　　　　　　　　(b) 线性网格

(c) 结构化网格　　　　　　　　　　(d) 非结构化点集

(e) 多边形数据　　　　　　　　　　(f) 非结构化网格

图 3.5-11　VTK 常见的数据集类型

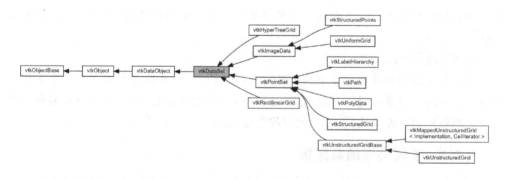

图 3.5-12　VTK 常见数据集的类的继承关系

点是规则的,则称该数据集的几何结构是规则的;如果组成数据集的单元之间的拓扑是规则的,则称该数据集的拓扑结构是规则的(简单地说,就是点决定几何结构,单元决定拓扑结构)。规则结构数据集的点和单元都是规则排列的,每个点的位置都可以依据相互之间的关系得到；不规则结构数据集没有固定的模式，不能用简单的方式描述，在存储和计算时需要更多的内存和资源，但它在数据表达方面则更加自由，能更加细致、灵活的表达。

3.5.5.1 vtkImageData

vtkImageData 类型的数据是按规则排列在矩形方格中的点和单元的集合，如图 3.5-11(a)所示，如果数据集的点和单元排列在平面（二维）上，则称此数据集为像素映射(pixmap)、位图或图像，由 vtkPixel 单元组成；如果数据集的点和单元排列在层叠面（三维）上，则称此数据集为体(volume)，由 vtkVoxel 单元组成。vtkImageData 由一维的线、二维的像素或三维的体素组成，vtkImageData 的几何结构及拓扑结构都是规则的，因此每个点的位置可隐式地表达，只需要知道 vtkImageData 数据的维数、起始点的位置和相邻点之间的间隔，就可以计算出每个点的空间位置。数据维数用一个三元组 (n_x, n_y, n_z) 来表示，分别表示在 X、Y 和 Z 方向上点的个数。vtkImageData 数据集的点的个数一共是 $n_x \times n_y \times n_z$，单元的个数一共是 $(n_x-1) \times (n_y-1) \times (n_z-1)$。

vtkImageData 类型的数据集在图像处理和计算机图形学领域的应用都非常广泛，而医学图像则会频繁产生体素数据，如 CT(computed tomography) 和 MRI(magnetic resonance imaging)。

3.5.5.2 vtkPolyData

多边形数据集 vtkPolyData 由顶点、多顶点、线、折线和三角条带等单元构成，多边形数据是不规则结构的，并且多边形数据集的单元在拓扑维度上有多种类型，如图 3.5-11(e)所示。多边形数据是数据、算法和高速计算机图像学的桥梁。

顶点、线和多边形构成了用来表达零维、一维和二维几何图形的基本要素的最小集合，同时用多顶点、折线和三角形条带单元来提高效率和性能，特别是三角形条带，用一个三角形条带表达 N 个三角形只需要用 $N+2$ 个点，但是用传统的表达方法需要用 $3N$ 个点，而且大多数图形库渲染三角形条带的速度比直接渲染三角形要快很多。

3.5.5.3 vtkRectilinearGrid

vtkRectilinearGrid 类型（线性网格）的数据是排列在矩形方格中的点和单元的集合，如图 3.5-11(b)所示。线性网格的拓扑结构是规则的，但其几何结构只是部分规则的，也就是说，它的点是沿着坐标轴排列的，但是两点间的间隔可能不同。与 vtkImageData 类型的数据相似，线性网格是由像素或体素等单元组成的，它的拓扑结构通过指定网格的维数来隐式表达，几何结构则通过一系列的 x、y、z 坐标来表达。

3.5.5.4 vtkStructuredGrid

vtkStructuredGrid 是结构化网格数据，具有规则的拓扑结构和不规则的几何结构，但是单元之间没有重叠或交叉，如图 3.5-11(c)所示。结构化网格的单元由四边形或六面体组成，结构化网格通常用于有限差分分析。典型的应用包括流体流动、热量传输和燃烧学等。

3.5.5.5 vtkUnstructuredGrid

vtkUnstructuredGrid(非结构化网格)是最常见的数据集类型,它的拓扑结构和几何结构都是不规则的,在此数据集中所有单元类型都可以组成任意组合,所以单元的拓扑结构从零维延伸至三维,如图 3.5 – 11(f)所示。

VTK 中任一类型的数据集都可用非结构化网格来表达,vtkUnstructuredGrid 类型数据的存储需要大量的空间,计算时需要消耗大量的资源,除非迫不得已,一般较少使用此种类型的数据集。非结构化网格主要用于有限元分析、计算几何和几何建模等领域。

3.5.5.6 vtkUnstructuredPoints

vtkUnstructuredPoints(非结构化点集)是指不规则地分布在空间的点集。非结构化点集具有不规则的几何结构,不具有拓扑结构,它用离散点来表达,如图 3.5 – 11(d)所示。

通常,这类数据没有固定的结构,由一些可视化程序识别和创建,非结构化点集适合表现非结构化数据,为了实现数据的可视化,可将这种数据形式转换成其他一些结构化的数据形式。

3.5.6 数据集的存储与表达

可视化数据自身的特点决定了它必须谨慎处理数据对象内存的分配与管理才有可能创建出高效的可视化系统。VTK 中对绝大多数数据对象的内存分配采用连续内存,连续内存的结构可被快速地创建、删除和遍历,称为数据数组(data array),用类 vtk-DataArray 实现。

3.5.6.1 vtkDataArray

数据数组的访问是基于索引的,从零开始计数。以类 vtkFloatArray 来说明如何在 VTK 中实现连续内存的数据数组。如图 3.5 – 13 所示,变量 Array 是一个指向浮点型数组的指针,数组的长度由变量 Size 指定,由于数组的长度是动态增加的,因此当存储数据的数组长度超出指定的长度时,会自动触发 Resize()操作来调整数组的长度,使数组的长度变成原来的两倍。MaxId 是一个整型的偏移量,用来定义最后一个插入的数据的索引。如果没有数据插入,则 MaxId 等于 -1;否则,MaxId 的值介于 $0 \sim$ Size,即 $0 \leqslant \text{MaxId} < \text{Size}$。

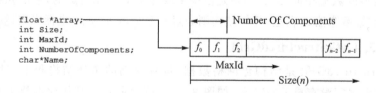

图 3.5 – 13　连续数组的实现

3.5.6.2 元组的概念

许多可视化数据是由多个数据分量组成的,如 RGB 颜色数据由红、绿、蓝三个分量组成。为了在连续数组中表达这一类数据,VTK 引入了元组(tuple)的概念。元组是数据数组的子数组,用于存储数据类型相同的分量数据,图 3.5 – 13 所示的"Number-OfComponents"表示的就是数据数组里元组的个数。元组的大小在给定后不会改变,图 3.5 – 14 所示的数据数组由 n 个元组组成,每个元组存储三个分量数据。

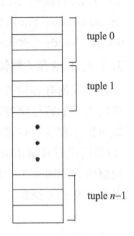

图 3.5 – 14　数据数组结构

vtkDataArray 存储的是数值数据,如属性数据和点数据等。有些属性数据(如点数据、矢量数据、法向量和张量数据等),在定义时就需要指定元组的大小。例如,点数据、矢量数据和法向量等属性数据,元组的大小是 3;而张量数据的元组大小是 9(即 3×3 的矩阵);标量数据对于元组的大小则没有任何要求,对于处理标量数据的算法,通常都是只处理标量数据每一个元组的第一个分量。VTK 提供了将多分量的数据数组分离成单一分量的数据数组,以及将单一分量的数据数组合并成多分量的数据数组的类,即 vtkSplitField 和 vtkMergeFields。

下列代码演示了如何创建固定长度及动态长度的数据数组,以加深对数据数组及元组概念的理解:

```
/ * * * * * * * * * * * * * * * * * * * * * * * * * * * * * * * * * * * * * * * * * * * * * *
固定长度的数据数组。下列代码创建了容量为 20 个元组的
数据数组,每个元组的分量个数为 1,通过方法 SetComponent()和 GetComponent()
设置及获取相应的元组的值
  * * * * * * * * * * * * * * * * * * * * * * * * * * * * * * * * * * * * * * * * * * * * * */

vtkSmartPointer < vtkFloatArray > arr = vtkSmartPointer < vtkFloatArray > ::New();

arr ->SetNumberOfComponents(1); //设置元组的分量个数为 1

arr ->SetNumberOfTuples(20); //指定数据数组的长度为 20 个元组

arr ->SetComponent(10, 0, 10.0); //指定第 10 个元组的第 0 个分量的值为 10.0

arr ->SetTuple1(11, 9.0); //指定第 11 个元组的值为 9.0

double b = arr ->GetComponent(10, 0); //获取第 10 个元组的第 0 个分量的值
/ * * * * * * * * * * * * * * * * * * * * * * * * * * * * * * * * * * * * * * * * * * * * * *
动态长度的数据数组。下列代码创建了一个具有动态长度的数据数组,每个元组
的分量个数为 1,通过方法 InsertNextTuple1()插入一个单分量的元组。与
InsertNextTuple1()类似的还有 InsertNextTuple2()/InsertNextTuple3()
/InsertNextTuple4()/InsertNextTuple9()等
  * * * * * * * * * * * * * * * * * * * * * * * * * * * * * * * * * * * * * * * * * * * * * */
```

```
vtkSmartPointer < vtkFloatArray > arr = vtkSmartPointer < vtkFloatArray > ::New();
arr ->SetNumberOfComponents(1); //设置元组的分量个数为 1
arr ->InsertNextTuple1(5); //插入一个单分量的元组,其值为 5
arr ->InsertNextTuple1(10);
double b = arr ->GetComponent(1, 0);
```

3.5.6.3 抽象/具体数据数组对象

可视化数据有各种各样的类型,如简单的浮点型、整型、字节型和双精度型等,再复杂一点的类型如特征字符串和多维标识符等。既然有这么多种数据类型,那么数据数组是如何操作和表达这些数据的呢? VTK 是通过对数据对象的抽象(Abstract Data Object)提供运行时解决方案以及使用 C++编译时动态绑定的方法(模板类)来解决这个问题的。如图 3.5-15 所示,vtkDataArray 是一个抽象基类,其子类实现特定类型的数据数组及相关操作。

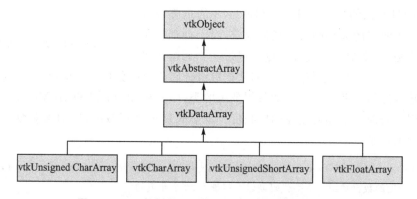

图 3.5-15　数据数组对象(只列出部分数据数组类)

抽象数据对象通过动态绑定的方式使用统一的接口来创建、操作和删除数据,在 C++中用 virtual 关键字来声明动态绑定方法。动态绑定允许通过操作抽象父类的方法来调用具体子类对象的实现。以 vtkDataArray 为例,可以调用该抽象父类的方法 GetTuple1(129)来获取 ID 为 129 的点数据值。因为 GetTuple1()方法是在抽象父类 vtkDataArray 中定义的虚函数,且返回的数据类型是 double,所以每一个从 vtkDataArray 派生的子类都必须实现该方法,返回一个 double 型的数据。

虚函数的使用有其特定的优势之处,例如不用考虑具体的数据类型而写出更加通用的可视化算法。但大量虚函数的使用会导致程序性能下降。为了处理各种各样的数据类型,vtkDataArray 还采用了模板类的方法。

3.5.6.4 数据对象和数据集的表达

vtkDataArray 及其子类是建立 VTK 数据对象的基础。以 vtkPolyData 为例,该类含有存储几何结构的数据数组(在 vtkPoints 类内),拓扑结构(存储在 vtkCellArray 内)和属性数据(vtkField、vtkPointData 和 vtkCellData 类内)等同样有数据数组。vtkDataObject 是一种通用的可视化数据的表达形式(见图 3.5-16),其内部封装了与可视化管线的执行相关的变量和方法,在 vtkDataObject 内部有一个 **vtkFieldData(场数据)** 的实例,负责对数据的表达。如图 3.5 - 17 所示,场数据(field data)可以看作数组的数组,数组里的每一个元素都有一个数组,数组的类型、长度、元组的大小和名称等都可以各不相同。VTK 里的可视化算法很少有直接对 vtkDataObject 做处理的,大多数的算法更关心的是待处理数据的组织结构(organizing structure)等信息。

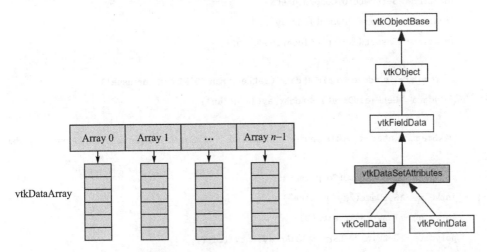

图 3.5 - 16　vtkDataObject 数据对象的表达　　图 3.5 - 17　类 vtkFieldData 的继承关系

关于 vtkFieldData 的使用,请参考下列代码:

```
# include < vtkSmartPointer.h >
# include < vtkSphereSource.h >
# include < vtkPoints.h >
# include < vtkPolyData.h >
# include < vtkPointData.h >
# include < vtkDoubleArray.h >
# include < vtkFloatArray.h >

int main(int, char * [])
{
    vtkSmartPointer < vtkSphereSource > source = vtkSmartPointer < vtkSphereSource
> ::New();

    source ->Update();

    // Extract the polydata
    vtkSmartPointer < vtkPolyData > polydata = vtkSmartPointer < vtkPolyData > ::New
();

    polydata ->ShallowCopy(source ->GetOutput());
```

```
        vtkSmartPointer < vtkDoubleArray > location = vtkSmartPointer < vtkDoubleArray
> ::New();

        // Create the data tostore (here we just use (0,0,0))
        double locationValue[3] = { 0,0,0 };
        location ->SetNumberOfComponents(3);
        location ->SetName("MyDoubleArray");
        location ->InsertNextTuple(locationValue);

        // The data is added to FIELD data (rather than POINT data as usual)
        polydata ->GetFieldData() ->AddArray(location);

        vtkSmartPointer < vtkIntArray >  intValue = vtkSmartPointer < vtkIntArray > ::New
();
        intValue ->SetNumberOfComponents(1);
        intValue ->SetName("MyIntValue");
        intValue ->InsertNextValue(5);
        polydata ->GetFieldData() ->AddArray(intValue);

        getchar();
        return EXIT_SUCCESS;
    }
```

3.5.7 小 结

本节有几个概念比较容易混淆,包括数据对象(vtkDataObject)、数据集(vtkData-Set)、数据数组(vtkDataArray)等,理解它们之间的关系,能使读者更容易看懂 VTK 的代码,写出高效的 VTK 可视化程序。简单地理解,数据集与数据数组两个概念的区别为:数据集是 VTK 可视化管线所处理的对象;而数据数组是用于表达数值数据的内存组织形式,比如用数据数组来表示数据集里的标量数据。

3.6 VTK 图形处理

图形数据的应用非常广泛,最贴近日常生活的应该是 3D 游戏,其中每个角色的模型、场景等都是图形数据。当然,3D 游戏仅仅是图形数据的一个应用点,图形数据在CAD、影视、医学、地质、气象数据建模等领域中均有着广泛的应用。vtkPolyData 是VTK 中常用的数据结构之一,小到一个点、一条线,大到一个模型、一个场景等都可以用其表示。本节将着重介绍 vtkPolyData 图形数据及其相关操作。

3.6.1　vtkPolyData 数据生成与显示

由 3.5 节可知 vtkPolyData 主要由几何结构数据、拓扑结构数据和属性数据组成。几何结构数据主要是组成模型的点集;拓扑结构数据则是由这些点根据一定的连接关系组成的单元数据,表明了几何点集之间的拓扑关系;而属性数据与几何结构数据和拓扑结构数据相关联,可以是标量、向量或者张量。比如可以为 vtkPolyData 中的每个点定义曲率属性数据,也可以为其中的每个单元定义一个法向量属性数据。在 vtkPolyData 可视化中会利用这些属性数据直接或者间接计算单元或点的颜色。

下面通过示例 3.6.1_PolyDataSource(详见随书代码 3.6.1_PolyDataSource.cpp)来了解 vtkPolyData:

示例 3.6.1_PolyDataSource

```cpp
# include < vtkConeSource.h >
# include < vtkPolyData.h >
# include < vtkSmartPointer.h >
# include < vtkPolyDataMapper.h >
# include < vtkActor.h >
# include < vtkRenderWindow.h >
# include < vtkRenderer.h >
# include < vtkRenderWindowInteractor.h >
# include < vtkProperty.h >
# include < iostream >

int main(int argc, char * argv[])
{
    vtkSmartPointer < vtkConeSource > coneSource =
        vtkSmartPointer < vtkConeSource > ::New();
    coneSource ->SetResolution(50);
    coneSource ->Update();

    vtkSmartPointer < vtkPolyData > cone = coneSource ->GetOutput();
    int nPoints = cone ->GetNumberOfPoints();
    int nCells  = cone ->GetNumberOfCells();

    std::cout << "Points number:" << nPoints << std::endl;
    std::cout << "Cells number:" << nCells << std::endl;

    vtkSmartPointer < vtkPolyDataMapper > mapper =
        vtkSmartPointer < vtkPolyDataMapper > ::New();
    mapper ->SetInputData(cone);
```

```
vtkSmartPointer < vtkActor > actor =
    vtkSmartPointer < vtkActor > ::New();
actor ->GetProperty()->SetColor(0.0, 1.0, 1.0);
actor ->SetMapper(mapper);

vtkSmartPointer < vtkRenderer > renderer =
    vtkSmartPointer < vtkRenderer > ::New();
renderer ->AddActor(actor);
renderer ->SetBackground(1.0,0.8,0.8);

vtkSmartPointer < vtkRenderWindow > renderWindow =
    vtkSmartPointer < vtkRenderWindow > ::New();
renderWindow ->AddRenderer(renderer);
renderWindow ->SetSize( 640, 480 );
renderWindow ->Render();
renderWindow ->SetWindowName("PolyDataSource");

vtkSmartPointer < vtkRenderWindowInteractor > renderWindowInteractor =
    vtkSmartPointer < vtkRenderWindowInteractor > ::New();
renderWindowInteractor ->SetRenderWindow(renderWindow);

renderWindow ->Render();
renderWindowInteractor ->Start();

return EXIT_SUCCESS;
}
```

上述代码中的 vtkConeSource 类定义了一个锥体的图形数据,其输出为 vtkPoly-
Data 类型数据。vtkPolyData 的成员函数 GetNumberOfPoints()和 GetNumberOf-
Cells()分别用来获取图形数据的点数和单元数目。这里调用这两个函数获取并显示
锥体的点数和单元数目。

接下来定义了一个图形数据的渲染管线,包括 vtkPolyDataMapper、vtkActor、vt-
kRenderer、vtkRenderWindow 和 vtkRenderWindowInteractor,与渲染管线基本一致。
需要注意的是,对于 vtkPolyData 类型数据的渲染管线,需要定义 vtkPolyDataMapper
对象,用于接收 vtkPolyData 图形数据以实现图形数据到渲染图元的转换。图 3.6 - 1
显示了本示例的运行结果,从结果可以看出,该锥体是由 51 个空间点构成了 51 个单元
的数据组成。这里只是定义了一个空间的锥体,并未给点或者单元数据设置属性信息。

3.6.1.1 vtkPolyData 数据源

从示例 3.6.1_PolyDataSource 可以看出,VTK 内部提供了一些数据源类来快速

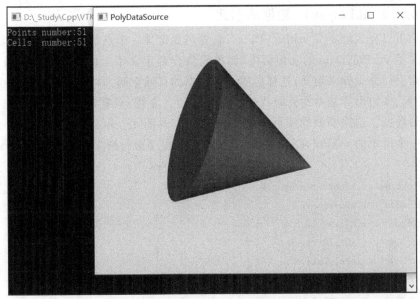

图 3.6 - 1 示例 3.6.1_PolyDataSource 的运行结果

获取简单的图形数据。图 3.6 - 2 所示为常见的几种 vtkPolyData 数据源类。

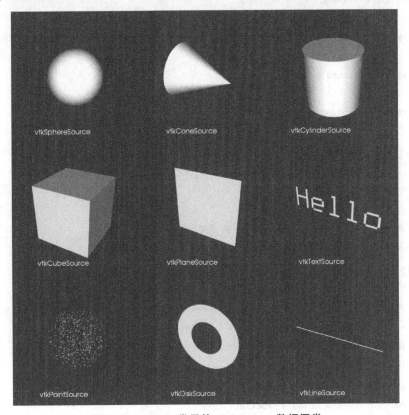

图 3.6 - 2 VTK 常见的 vtkPolyData 数据源类

259

3.6.1.2 vtkPolyData 数据的创建

用户可以显式地定义 vtkPolyData。首先需要定义一个点集合和一个单元集合,点集合定义了 vtkPolyData 的几何结构,而单元集合则定义了点的拓扑结构。每个单元由点的索引而非坐标来定义,这样能够减少数据的存储空间。单元的类型可以由点、三角形、矩形、多边形等基本图元组成(参考 3.5 节)。注意:只有定义了单元数据才能显示该图形数据。这需要根据实际情况来定义相应的图元。示例 3.6.1_PolyDataNew 演示了一个简单的 vtkPolyData 数据的创建过程(程序运行结果如图 3.6-3 所示):

示例 3.6.1_PolyDataNew

```cpp
# include < vtkSmartPointer.h >
# include < vtkPolygon.h >
# include < vtkTriangle.h >
# include < vtkCellArray.h >
# include < vtkPolyData.h >
# include < vtkPolyDataMapper.h >
# include < vtkActor.h >
# include < vtkRenderWindow.h >
# include < vtkRenderer.h >
# include < vtkRenderWindowInteractor.h >
# include < vtkProperty.h >

# include < iostream >

int main(int argc, char * argv[])
{
    vtkSmartPointer < vtkPoints > points =
        vtkSmartPointer < vtkPoints > ::New();
    points ->InsertNextPoint(0.0, 0.0, 0.0);
    points ->InsertNextPoint(1.0, 0.0, 0.0);
    points ->InsertNextPoint(1.0, 1.0, 0.0);
    points ->InsertNextPoint(0.0, 1.0, 0.0);
    points ->InsertNextPoint(2.0, 0.0, 0.0);

    vtkSmartPointer < vtkPolygon > polygon =
        vtkSmartPointer < vtkPolygon > ::New();
    polygon ->GetPointIds() ->SetNumberOfIds(4);
    polygon ->GetPointIds() ->SetId(0, 0);
    polygon ->GetPointIds() ->SetId(1, 1);
    polygon ->GetPointIds() ->SetId(2, 2);
    polygon ->GetPointIds() ->SetId(3, 3);
```

```
vtkSmartPointer < vtkTriangle > trianle =
    vtkSmartPointer < vtkTriangle > ::New();
trianle ->GetPointIds() ->SetId(0, 1);
trianle ->GetPointIds() ->SetId(1, 2);
trianle ->GetPointIds() ->SetId(2, 4);

vtkSmartPointer < vtkCellArray > cells =
    vtkSmartPointer < vtkCellArray > ::New();
cells ->InsertNextCell(polygon);
cells ->InsertNextCell(trianle);

vtkSmartPointer < vtkPolyData > polygonPolyData =
    vtkSmartPointer < vtkPolyData > ::New();
polygonPolyData ->SetPoints(points);
polygonPolyData ->SetPolys(cells);

vtkSmartPointer < vtkPolyDataMapper > mapper =
    vtkSmartPointer < vtkPolyDataMapper > ::New();
mapper ->SetInputData(polygonPolyData);

vtkSmartPointer < vtkActor > actor =
    vtkSmartPointer < vtkActor > ::New();
actor ->SetMapper(mapper);

vtkSmartPointer < vtkRenderer > renderer =
    vtkSmartPointer < vtkRenderer > ::New();
renderer ->AddActor(actor);
renderer ->SetBackground(0.5, 0.5, 0.5);

vtkSmartPointer < vtkRenderWindow > renderWindow =
    vtkSmartPointer < vtkRenderWindow > ::New();
renderWindow ->AddRenderer(renderer);
renderWindow ->SetSize( 640, 480 );
renderWindow ->Render();
renderWindow ->SetWindowName("PolyDataNew");

vtkSmartPointer < vtkRenderWindowInteractor > renderWindowInteractor =
    vtkSmartPointer < vtkRenderWindowInteractor > ::New();
renderWindowInteractor ->SetRenderWindow(renderWindow);
```

```
        renderWindow ->Render();

        renderWindowInteractor ->Start();


        return EXIT_SUCCESS;
    }
```

图 3.6 - 3   示例 3.6.1_PolyDataNew 的运行结果

vtkPoints 用于存储点集合,通过 InsertNextPoint()函数可以顺序地为它添加点,并返回点的索引,索引从 0 开始。另外,还可以通过函数 SetNumberOfPoints()来指定其点的个数,然后调用 SetPoint()函数为对应索引的点设置坐标。

在代码中定义了五个坐标点,利用定义的五个坐标点的索引定义一个 vtkPolygon 多边形单元。vtkPolygon 继承自 vtkCell 类,表示一个多边形单元,定义 vtkPolygon 单元时,需要指定组成该单元的点数。若给定 3,则表示一个三角形;若给定 6,则表示一个六边形,以此类推。vtkPolygon 内部定义了一个 vtkIdList 对象,该对象存储了点索引集合。通过调用 vtkIdList 类的 SetNumberOfIds()函数可以设置点数,SetId()则可以为指定的点设置索引,注意该索引必须是 vtkPoints 中的点索引。这里利用其中的前四个点来定义一个四边形。而 vtkTriangle 则是定义了一个三角形,与 vtkPolygon 不同,三角形的点数是固定的,不需要设置点数,直接设置三个点的索引即可。

VTK 中定义了大量的单元类,这些类都继承自 vtkCell,需要根据实际情况选择使用。本节主要针对单元类型为三角形或者多边形的图形(通常称为网格(Mesh))进行分析。在一个多边形网格模型中,连接网格点的线称为边,每个单元由一系列的边顺序链接而成,也称为面片。

vtkCellArray 用于存储所有单元数据,InsertNextCell()函数依次插入定义的单元。点数据和单元数据都定义完毕后,通过以下函数将它们添加至 vtkPolyData 中。

```
void SetPoints(vtkPoints * );
void SetPolys (vtkCellArray * p);
```

需要注意的是,SetPolys()接收的是多边形单元数组,如果单元类型为顶点、线段或者三角形条带,则调用如下函数:

```
void SetVerts (vtkCellArray * v);
void SetLines (vtkCellArray * l);
void SetStrips (vtkCellArray * s);
```

3.6.1.3 vtkPolyData 属性数据

示例 3.6.1_PolyDataNew 显示结果中的图形是白色的,而图形的颜色与 vtkPoly-Data 的属性数据息息相关。由于并未指定任何颜色或者属性数据,因此示例 3.6.1_PolyDataNew 在显示时默认以白色显示。属性数据包括点属性数据和单元属性数据,可为 vtkPolyData 的点数据和单元数据分别指定属性数据。而属性数据可以是标量,如点的曲率;也可以是矢量,如点或者单元的法向量;还可以是张量,主要在流场中较为常见。颜色可以直接作为一种标量属性数据设置到相应的点或者单元数据中,这也是最直接的一种图形着色方式。示例 3.6.1_PolyDataColor 演示了如何设置 vtkPolyDa-ta 点集的颜色数据。

示例 3.6.1_PolyDataColor

```
# include < vtkSmartPointer. h >
# include < vtkPolygon. h >
# include < vtkTriangle. h >
# include < vtkCellArray. h >
# include < vtkPolyData. h >
# include < vtkPointData. h >
# include < vtkCellData. h >
# include < vtkPolyDataMapper. h >
# include < vtkActor. h >
# include < vtkRenderWindow. h >
# include < vtkRenderer. h >
# include < vtkRenderWindowInteractor. h >
# include < vtkLookupTable. h >
# include < vtkTransformTextureCoords. h >
# include < iostream >

int main(int argc, char * argv[])
{
    vtkSmartPointer < vtkPoints > points =
        vtkSmartPointer < vtkPoints > ::New();
    points ->InsertNextPoint(0.0, 0.0, 0.0);
```

```
points ->InsertNextPoint(1.0, 0.0, 0.0);
points ->InsertNextPoint(1.0, 1.0, 0.0);
points ->InsertNextPoint(0.0, 1.0, 0.0);
points ->InsertNextPoint(2.0, 0.0, 0.0);

vtkSmartPointer < vtkPolygon > polygon =
    vtkSmartPointer < vtkPolygon > ::New();
polygon ->GetPointIds() ->SetNumberOfIds(4);
polygon ->GetPointIds() ->SetId(0, 0);
polygon ->GetPointIds() ->SetId(1, 1);
polygon ->GetPointIds() ->SetId(2, 2);
polygon ->GetPointIds() ->SetId(3, 3);

vtkSmartPointer < vtkTriangle > trianle =
    vtkSmartPointer < vtkTriangle > ::New();
trianle ->GetPointIds() ->SetId(0, 1);
trianle ->GetPointIds() ->SetId(1, 2);
trianle ->GetPointIds() ->SetId(2, 4);

vtkSmartPointer < vtkCellArray > cells =
    vtkSmartPointer < vtkCellArray > ::New();
cells ->InsertNextCell(polygon);
cells ->InsertNextCell(trianle);

vtkSmartPointer < vtkPolyData > polygonPolyData =
    vtkSmartPointer < vtkPolyData > ::New();
polygonPolyData ->SetPoints(points);
polygonPolyData ->SetPolys(cells);

unsigned char red[3]   = {255, 0, 0};
unsigned char green[3] = {0, 255, 0};
unsigned char blue[3]  = {0, 0, 255};

vtkSmartPointer < vtkUnsignedCharArray > pointColors =
    vtkSmartPointer < vtkUnsignedCharArray > ::New();
pointColors ->SetNumberOfComponents(3);
pointColors ->InsertNextTypedTuple(red);
pointColors ->InsertNextTypedTuple(green);
pointColors ->InsertNextTypedTuple(blue);
```

```
pointColors ->InsertNextTypedTuple(green);
pointColors ->InsertNextTypedTuple(red);
polygonPolyData ->GetPointData() ->SetScalars(pointColors);

//vtkSmartPointer < vtkUnsignedCharArray > cellColors =
//vtkSmartPointer < vtkUnsignedCharArray > ::New();
//cellColors ->SetNumberOfComponents(3);
//cellColors ->InsertNextTypedTuple(red);
//cellColors ->InsertNextTypedTuple(green);
//polygonPolyData ->GetCellData() ->SetScalars(cellColors);

//vtkSmartPointer < vtkIntArray > pointfield =
//vtkSmartPointer < vtkIntArray > ::New();
//pointfield ->SetName("Field");
//pointfield ->SetNumberOfComponents(3);
//pointfield ->InsertNextTuple3(1,0,0);
//pointfield ->InsertNextTuple3(2,0,0);
//pointfield ->InsertNextTuple3(3,0,0);
//pointfield ->InsertNextTuple3(4,0,0);
//pointfield ->InsertNextTuple3(5,0,0);
//polygonPolyData ->GetPointData() ->AddArray(pointfield);

//vtkSmartPointer < vtkLookupTable > lut =
//vtkSmartPointer < vtkLookupTable > ::New();
//lut ->SetNumberOfTableValues(10);
//lut ->Build();
//lut ->SetTableValue(0      , 0      , 0      , 0, 1);
//lut ->SetTableValue(1, 0.8900, 0.8100, 0.3400, 1);
//lut ->SetTableValue(2, 1.0000, 0.3882, 0.2784, 1);
//lut ->SetTableValue(3, 0.9608, 0.8706, 0.7020, 1);
//lut ->SetTableValue(4, 0.9020, 0.9020, 0.9804, 1);
//lut ->SetTableValue(5, 1.0000, 0.4900, 0.2500, 1);
//lut ->SetTableValue(6, 0.5300, 0.1500, 0.3400, 1);
//lut ->SetTableValue(7, 0.9804, 0.5020, 0.4471, 1);
//lut ->SetTableValue(8, 0.7400, 0.9900, 0.7900, 1);
//lut ->SetTableValue(9, 0.2000, 0.6300, 0.7900, 1);

vtkSmartPointer < vtkPolyDataMapper > mapper =
```

```
                vtkSmartPointer < vtkPolyDataMapper > ::New();
        mapper ->SetInputData(polygonPolyData);
        //mapper ->SetScalarModeToUseCellData();
        //mapper ->SetScalarModeToUsePointFieldData();
        //mapper ->ColorByArrayComponent("Field", 0);
        //mapper ->SelectColorArray("Field");
        //mapper ->SetScalarRange(1,5);
        //mapper ->SetLookupTable(lut);

        vtkSmartPointer < vtkActor > actor =
            vtkSmartPointer < vtkActor > ::New();
        actor ->SetMapper(mapper);

        vtkSmartPointer < vtkRenderer > renderer =
            vtkSmartPointer < vtkRenderer > ::New();
        renderer ->AddActor(actor);
        renderer ->SetBackground(1.0,1.0,1.0);

        vtkSmartPointer < vtkRenderWindow > renderWindow =
            vtkSmartPointer < vtkRenderWindow > ::New();
        renderWindow ->AddRenderer(renderer);
        renderWindow ->SetSize( 640, 480 );
        renderWindow ->Render();
        renderWindow ->SetWindowName("PolyDataColor");

        vtkSmartPointer < vtkRenderWindowInteractor > renderWindowInteractor =
            vtkSmartPointer < vtkRenderWindowInteractor > ::New();
        renderWindowInteractor ->SetRenderWindow(renderWindow);

        renderWindow ->Render();
        renderWindowInteractor ->Start();

        return EXIT_SUCCESS;
    }
```

该示例的代码仍然使用 3.6.1.2 节中生成的 vtkPolyData 数据。定义了两个 vtkUnsignedCharArray 对象 pointColors 和 cellColors，分别为点和单元设置颜色数据。vtkUnsignedCharArray 对象实际上为一个 unsigned char 类型的数组（参考 3.5 节），SetNumberOfComponents()函数指定了该数组中每个元组的大小。由于每个颜色由 RGB 三个分量组成，因此设置元组大小为 3。InsertNextTupleValue()函数可以顺序插入元组数据。由于要为点集设置颜色,因此颜色数目要与点数保持一致。对于单元的颜色数据设置同样需要注意,有多少个单元,就要设置多少个颜色。设置点的颜色时,需要通过 GetPointData() 函数获取 vtkPointData 类型的点数据指针,然后通过 SetScalars() 函数设置颜色数据;同样,调用 GetCellData() 函数获取一个 vtkCellData 类型的单元数据指针,通过 SetScalars() 函数设置颜色数据。对设置点和单元颜色数据的 vtkPolyData 数据,利用 VTK 渲染管线显示结果如图 3.6 - 4 所示。从图中可以看出,在进行颜色渲染时,使用的是点的颜色,而不是单元的颜色。

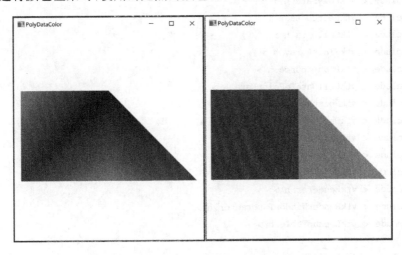

图 3.6 - 4 示例 3.6.1_PolyDataColor 的运行结果

由 3.5 节可知,点和单元的属性数据是分别存储在 vtkPointData 和 vtkCellData 中的。这里需要对标量数据和矢量数据的区别做一下分析。与通常理解的不同,这两种数据本质的区别是矢量数据具有方向和模值,而标量数据不具有。如果一个数据(可以是单组分,也可以是多组分)经过一个几何变换后保持不变,那么该数据为一个标量数据。例如本示例中用到的颜色数据,虽然一个颜色包含红、绿、蓝三个组分,但颜色是不会根据几何变换而发生变化的,因此颜色(RGB)数据是一个标量数据;又如点的法向量,该数据同样有三个组分,却是一个矢量数据,因为法向量经过几何变换后(如旋转)会发生改变。因此,不能简单地通过组分的个数来区别标量数据和矢量数据。在对属性数据赋值时,也要分清它是标量数据还是矢量数据,不能将两者混淆,例如如果将颜色数据设置为矢量数据,那么在对图形数据进行几何变换后,颜色数据会发生改变。

在默认情况下,vtkPolyDataMapper 会使用一个 unsigned char 类型的三元组数组作为颜色值进行渲染。但是在很多情况下,模型颜色是通过属性数据获取的,比如根据标量数据在颜色查找表中获取相应的颜色。因此,这里对应两种颜色模式:一种是 Set-ColorModeToDefault(),该模式下使用一个 unsigned char 类型的三元组数组进行着色,若没有该类型数据,则使用其他类型标量数据进行颜色映射来生成颜色;另一种是 SetColorModeToMapScalars(),该模式下不需要考虑数据的类型,利用标量数据进行颜色映射来设置颜色,当数据元组组分大于 1 时使用元组第一组分数据来做颜色映射。

下面通过示例 3.6.1_PolyDataAttribute 来分析如何为 vtkPolyData 设置其他属性数据(程序运行结果如图 3.6 – 5 所示)。

示例 3.6.1_PolyDataAttribute

```cpp
#include < vtkSmartPointer.h >
#include < vtkPolygon.h >
#include < vtkTriangle.h >
#include < vtkCellArray.h >
#include < vtkPolyData.h >
#include < vtkPointData.h >
#include < vtkCellData.h >
#include < vtkFloatArray.h >
#include < vtkPlaneSource.h >
#include < vtkCellDataToPointData.h >
#include < vtkPointDataToCellData.h >
#include < vtkDataSet.h >
#include < vtkPolyDataMapper.h >
#include < vtkActor.h >
#include < vtkRenderWindow.h >
#include < vtkRenderer.h >
#include < vtkRenderWindowInteractor.h >
#include < vtkLookupTable.h >

#include < iostream >

int main(int argc, char * argv[])
{
    vtkSmartPointer < vtkPlaneSource > gridSource =
        vtkSmartPointer < vtkPlaneSource > ::New();
    gridSource ->SetXResolution(3);
    gridSource ->SetYResolution(3);
    gridSource ->Update();
    vtkSmartPointer < vtkPolyData > grid = gridSource ->GetOutput();

    vtkSmartPointer < vtkFloatArray > cellScalars =
        vtkSmartPointer < vtkFloatArray > ::New();
    vtkSmartPointer < vtkFloatArray > cellVectors =
        vtkSmartPointer < vtkFloatArray > ::New();
    cellVectors ->SetNumberOfComponents(3);

    for (int i = 0; i < 9; i++)
    {
        cellScalars ->InsertNextValue(i + 1);
        cellVectors ->InsertNextTuple3(0.0, 0.0, 1.0);
```

```
}
grid ->GetCellData() ->SetScalars(cellScalars);
grid ->GetCellData() ->SetVectors(cellVectors);

vtkSmartPointer < vtkLookupTable > lut =
    vtkSmartPointer < vtkLookupTable > ::New();
lut ->SetNumberOfTableValues(10);
lut ->Build();
lut ->SetTableValue(0, 0, 0, 0, 1);
lut ->SetTableValue(1, 0.8900, 0.8100, 0.3400, 1);
lut ->SetTableValue(2, 1.0000, 0.3882, 0.2784, 1);
lut ->SetTableValue(3, 0.9608, 0.8706, 0.7020, 1);
lut ->SetTableValue(4, 0.9020, 0.9020, 0.9804, 1);
lut ->SetTableValue(5, 1.0000, 0.4900, 0.2500, 1);
lut ->SetTableValue(6, 0.5300, 0.1500, 0.3400, 1);
lut ->SetTableValue(7, 0.9804, 0.5020, 0.4471, 1);
lut ->SetTableValue(8, 0.7400, 0.9900, 0.7900, 1);
lut ->SetTableValue(9, 0.2000, 0.6300, 0.7900, 1);

vtkSmartPointer < vtkPolyDataMapper > mapper =
    vtkSmartPointer < vtkPolyDataMapper > ::New();
mapper ->SetInputData(grid);//使用网格单元属性数据

////测试单元属性数据转点属性数据
//vtkSmartPointer < vtkCellDataToPointData > convert =
//vtkSmartPointer < vtkCellDataToPointData > ::New();
//convert ->SetInputData(grid);
//convert ->SetPassCellData(true);
//convert ->Update();
//mapper ->SetInputData((vtkPolyData * )convert ->GetOutput());

mapper ->SetScalarRange(0, 9);
mapper ->SetLookupTable(lut);

vtkSmartPointer < vtkActor > actor =
    vtkSmartPointer < vtkActor > ::New();
actor ->SetMapper(mapper);

vtkSmartPointer < vtkRenderer > renderer =
```

```
                    vtkSmartPointer < vtkRenderer > ::New();
        renderer ->AddActor(actor);
        renderer ->SetBackground(1.0,1.0,1.0);

        vtkSmartPointer < vtkRenderWindow > renderWindow =
            vtkSmartPointer < vtkRenderWindow > ::New();
        renderWindow ->AddRenderer(renderer);
        renderWindow ->SetSize( 640, 480 );
        renderWindow ->Render();
        renderWindow ->SetWindowName("PolyDataAttribute");

        vtkSmartPointer < vtkRenderWindowInteractor > renderWindowInteractor =
            vtkSmartPointer < vtkRenderWindowInteractor > ::New();
        renderWindowInteractor ->SetRenderWindow(renderWindow);

        renderWindow ->Render();
        renderWindowInteractor ->Start();

        return EXIT_SUCCESS;
    }
```

(a)   (b)

图 3.6 - 5   示例 3.6.1_PolyDataAttribute 的运行结果

这里并没有显式地调用 mapper→SetColorModeToMapScalars(),这是因为这里并没有为数据定义一个合适的颜色数据,因此它会使用标量数据通过颜色映射来着色;也没有调用 mapper→SetScalarModeToUseCellData()使用单元数据进行映射,因为在默认情况下,mapper 会优先使用点标量数据进行颜色映射,当没有可用的点标量数据时,会使用可用的单元标量数据。

　　由于可以同时为点和单元设置属性,那么怎样用点或单元控制颜色呢? 这就需要使用 vtkPolyDataMapper 类的方法。

- SetScalarModeToDefault():默认设置。该设置下首先使用点标量数据控制颜色。当点标量数据不可用时,如果存在可用的单元数据,则以单元数据为准。
- SetScalarModeToUsePointData():该设置下使用点标量数据着色。如果点标量数据不可用,也不会使用其他标量数据着色。
- SetScalarModeToUseCellData():该设置下使用单元标量数据着色。如果单元标量数据不可用,也不会使用其他标量数据着色。
- SetScalarModeToUsePointFieldData()/SetScalarModeToUseCellFieldData():该设置下点标量数据和单元标量数据都不会被用来着色,而是使用点属性数据中的场数据数组。该模式下通常会结合 ColorByArrayComponent() 或者 SelectColorArray() 设置相应的数据数组,例如:

```
vtkSmartPointer < vtkIntArray > pointfield =
    vtkSmartPointer < vtkIntArray > ::New();
pointfield ->SetName("Field");
pointfield ->SetNumberOfComponents(3);
pointfield ->InsertNextTuple3(1, 0, 0);
pointfield ->InsertNextTuple3(2, 0, 0);
pointfield ->InsertNextTuple3(3, 0, 0);
pointfield ->InsertNextTuple3(4, 0, 0);
pointfield ->InsertNextTuple3(5, 0, 0);
polygonPolyData ->GetPointData() ->AddArray(pointfield);
mapper ->SetScalarModeToUsePointFieldData();
mapper ->SelectColorArray("Field");
```

　　这里定义了一个 vtkIntArray 类型的数据数组,并通过 SetName() 函数设置数组的名字。这样便可以通过该名字指定进行颜色渲染使用的数据,即"mapper—>SelectColorArray('Field');"或者"mapper—>ColorByArrayComponent ("Field",0);"。ColorByArrayComponent() 可以指定使用哪个组分进行颜色映射。

　　VTK 中不同的过滤器对属性数据的需求不同。有的过滤器会过滤掉属性数据而不进行处理,输出结果中也不会有属性数据;有的过滤器会使用特定的属性数据,比如只使用点属性数据或者单元属性数据。因此,在某些情况下,需要对点属性数据和单元属性数据进行转换。这需要用到两个类 vtkCellDataToPointData 和 vtkPointDataToCellData。转换的基本原理是:当由点属性数据向单元属性数据转换时,每个单元的属性数据即为组成该单元的点对应的属性数据的平均值;而当由单元属性数据向点属性数据转换时,点属性数据为所有使用该点的单元的属性数据的平均值。将示例 3.6.1_

PolyDataAttribute 中的单元属性数据转换为点属性数据的代码如下：

```
vtkSmartPointer < vtkCellDataToPointData > convert =
    vtkSmartPointer < vtkCellDataToPointData > ::New();
convert ->SetInputData(grid);
convert ->SetPassCellData(true);
convert ->Update();
mapper ->SetInputData((vtkPolyData * )convert ->GetOutput());
```

SetPassCellData()用于设置是否在输出数据中保存单元属性数据。转换后的运行结果如图 3.6 - 5(b)所示。由于此时存在点属性数据，因此在未显式地指定使用单元属性数据时，通过点属性数据进行颜色映射。

3.6.2 基本的图形操作

图形处理，如图形平滑、多分辨率分析、特征提取等都离不开一些基本的图形操作。读者掌握这些基本操作有助于理解和深入学习图形处理和分析方法。

VTK 中提供了对多种图形的基本操作，其中最简单的是点的欧式距离计算，可以使用 vtkMath 进行计算，也可以直接计算向量的模。一些图元类提供了许多可以方便使用的静态函数，如 vtkLine 提供了点与线间的距离计算、线与线间的距离计算等；vtkTriangle 提供了面积、外接圆、法向量的计算，点与三角形位置关系的判断等；vtkPolygen 中提供了法向量、重心、面积的计算，点与多边形位置判断，点与多边形距离判断，多边形与多边形相交判断等；vtkTetra 中实现了四面体体积、重心计算等。有了这些函数，便可实现很多其他功能，如计算一个三角网格模型的表面积，只需要遍历每个三角形单元并计算其面积即可。

另外，还有一个方法是 vtkMassProperties。这个类可以实现三角形网格的表面积和体积的计算，但是要求网格必须是封闭的三角形网格。网格的封闭性检测在 3.6.4 节会有所介绍。对于非三角形网格，需要先将网格转换为三角形网格。vtkTriangleFilter 可以实现多边形网格数据向三角形网格数据的转换。该类的使用非常简单，只要将需要转换的 vtkPolyData 网格数据设置为输入即可，转换效果如图 3.6 - 6 所示。为了便于观察，将网格模型的边采用红色进行显示，图 3.6 - 6(a)所示为输入图形，可以看出该模型为四边形网格，图 3.6 - 6(b)所示为转换后的三角形网格。

利用 vtkMassProperties 计算三角形网格模型的面积、体积的代码(详见随书代码 3.6.2_PolyDataMassProperty.cpp，其中计算了整个网格的体积、表面积、最大单元面积和最小单元面积)如下：

示例 3.6.2_PolyDataMassProperty(部分)

```
vtkSmartPointer < vtkMassProperties > massProp =
    vtkSmartPointer < vtkMassProperties > ::New();
massProp ->SetInputData(triFilter ->GetOutput());
float vol = massProp ->GetVolume();
```

```
float area = massProp ->GetSurfaceArea();

float maxArea = massProp ->GetMaxCellArea();

float minArea = massProp ->GetMinCellArea();
```

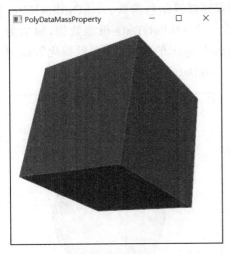
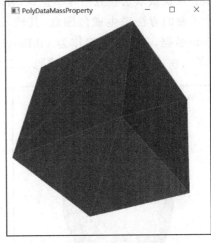

(a) 四边形网格　　　　　　　　　(b) 转换后的三角形网格

图 3.6－6　用 vtkTriangleFilter 实现多边形网格数据向三角形网格数据的转换

对于三维网格模型来说，测地距离也是一种重要的距离度量。与欧式距离不同，一个三维网格模型上两个点的测地距离是指沿着模型表面两者之间的最短距离。测地距离通常采用 Dijkstra 算法来近似求解，VTK 中的 vtkDijkstraGraphGeodesicPath 类可实现测地距离的求解。该类的使用（详见随书代码 3.6.2_PolyDataGeodesic.cpp）演示如下：

示例 3.6.2_PolyDataGeodesic（部分）

```
vtkSmartPointer < vtkDijkstraGraphGeodesicPath > dijkstra =
    vtkSmartPointer < vtkDijkstraGraphGeodesicPath > ::New();

dijkstra ->SetInputData(sphereSource ->GetOutput());

dijkstra ->SetStartVertex(0);

dijkstra ->SetEndVertex(10);

dijkstra ->Update();


vtkSmartPointer < vtkPolyDataMapper > pathMapper =
    vtkSmartPointer < vtkPolyDataMapper > ::New();

pathMapper ->SetInputData(dijkstra ->GetOutput());
```

该示例定义了一个球面模型。在计算测地距离时，必须指定球面上两个点的索引号。SetStartVertex()设置开始点，SetEndVertex()设置结束点。计算完毕后，通过 GetOutput()函数可以得到一个 vtkPolyData 数据（即最短路径数据）为一个折线段集合。如图 3.6－7 所示，球面上两个点之间的最短路径为红色线段。通过 GetGeodesic-

Length()函数可以获取当前计算的两点的测地距离的数值。

包围盒是指能够包围模型的最小立方体,常常用于模型的碰撞检测中。vtkPoly-Data 中定义了函数 GetBounds()来获取包围盒的参数,即三个坐标轴方向上的最大、最小值。仅仅获取这些数据并不直观,有时候还需显示包围盒。vtkOutlineFilter 提供了一个方便的方法来生成包围盒,其输入为一个 vtkPolyData 模型数据,输出为 vtk-PolyData 数据,只需要将它作为 vtkPolyDataMapper 的输入,建立可视化管线即可显示,如图 3.6 - 8 所示(详见随书代码 3.6.2_PolyDataBoundingBox.cpp)。

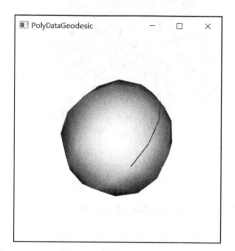

图 3.6 - 7 使用 **vtkDijkstraGraphGeodesicPath**
计算测地距离

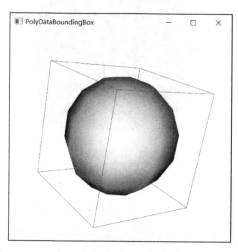

图 3.6 - 8 使用 **vtkOutlineFilter**
生成包围盒

3.6.2.1 法向量计算

三维平面的法向量是指垂直于该平面的三维向量。曲面在某点 P 处的法向量为垂直于该点切平面的向量。对于一个网格模型,它的每一个点和单元都可以计算一个法向量,在三维计算机图形学中法向量的一个重要应用是光照和阴影计算。网格模型是由一定数量的面片(单元)来逼近的,面片越多,则模型越精细;反之,则越粗糙。在计算网格模型的法向量时,单元法向量的计算比较简单,可以通过组成每个单元的任意两条边的叉乘向量并归一化来表示。而点的法向量则由所有使用该点的单元法向量的平均值来表示。

图 3.6 - 9 所示的立方体中平面 $V_1 - V_2 - V_3 - V_4$ 的法向量 N_1 可以由其任意两条非平行的边的叉乘表示;同样,可以计算得到面 $V_1 - V_4 - V_6 - V_5$ 的法向量 N_2 以及面 $V_3 - V_7 - V_6 - V_4$ 的法向量 N_3。而点 V_2 的法向量由于被面 $V_1 - V_2 - V_3 - V_4$、面 $V_2 - V_8 - V_7 - V_3$ 和面 $V_2 - V_1 - V_5 - V_8$ 公用,因此其法向量为三个面的法向量的平均向量。

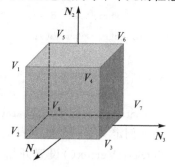

图 3.6 - 9 法向量的计算

　　VTK 中计算法向量的过滤器为 vtkPolyDataNomals。该类针对单元为三角形或者多边形类型的 vtkPolyData 数据进行计算,法向量分为点法向量和单元法向量,可以通过函数 SetComputeCellNomals() 和 SetComputePointNomals() 设置需要计算的法向量类型。在默认情况下计算点法向量,关闭单元法向量计算。示例 3.6.2_PolyData-Nomal 演示了如何计算一个 vtkPolyData 模型的点法向量和单元法向量:

示例 3.6.2_PolyDataNomal(部分)

```
vtkSmartPointer < vtkPolyDataReader > reader =
    vtkSmartPointer < vtkPolyDataReader > ::New();
reader ->SetFileName("../data/fran_cut.vtk");
reader ->Update();

vtkSmartPointer < vtkPolyDataNormals > normFilter =
    vtkSmartPointer < vtkPolyDataNormals > ::New();
normFilter ->SetInputData(reader ->GetOutput());
normFilter ->SetComputePointNormals(1);
normFilter ->SetComputeCellNormals(0);
normFilter ->SetAutoOrientNormals(1);
normFilter ->SetSplitting(0);
normFilter ->Update();

vtkSmartPointer < vtkPolyDataMapper > normedMapper =
    vtkSmartPointer < vtkPolyDataMapper > ::New();
normedMapper ->SetInputData(normFilter ->GetOutput());
```

　　该示例首先读取了一个模型文件并作为 vtkPolyDataNormals 对象的输入,设置需要计算的法向量类型,这里计算点法向量和单元法向量。调用 Update() 后即可生成一个 vtkPolyData 数据,生成的法向量数据存储在它内部的 vtkPointData 和 vtkCellData 中。可以通过以下函数获取生成的法向量数据:

```
vtkFloatArray:: SafeDownCast(normFilter ->GetOutput() ->GetPointData() ->GetNormals());
vtkFloatArray:: SafeDownCast(normFilter ->GetOutput() ->GetCellData() ->GetNormals());
```

　　图 3.6 - 10 所示是计算法向量前后的模型显示效果。从图中可以看出,加入法向量后,模型显示得更加平滑,而未计算法向量的模型看起来比较粗糙。

　　在计算法向量时需要注意一个问题,即法向量的方向。因为对于同一个平面来讲,可以有两个方向完全相反的法向量。一般是根据单元的点顺序,采用右手法则定义一个平面的法向量方向,图 3.6 - 9 中面 $V_1 - V_2 - V_3 - V_4$ 的法向量方向为垂直平面向外。在计算一个模型的法向量时,法向量方向会与单元的点顺序相关,必须保持单元的点顺序一致,才能得到合理的法向量。SetConsistency() 可以设置自动调整模型的单元点顺序,而 SetAutoOrientNomals() 可以设置自动调整法线方向,而不需要用户通过

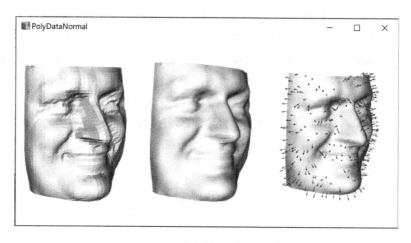

图 3.6 - 10　计算法向量前后的模型显示效果

SetFlipNormals()实现,因为在许多情况下并不确定是否需要进行反向。

　　另外,vtkPolyDataNormals 默认开启对锐边缘(sharp edge)的处理,如果检测到存在锐边缘,会将其分裂,因此模型的数据可能会发生变化。可以通过 vtkPolyDataNormals∷SetSplitting()函数关闭该功能。

3.6.2.2 符号化

　　模型的法向量数据是矢量数据,因此法向量不能像 3.6.1 节讲到的那样通过颜色映射来显示,但是可以通过符号化(glyphing)技术将法向量图形化显示。符号化是一种基于图形的可视化技术,这些图像可以是简单的基本图形(如具有方向的锥体),也可以是更加复杂的图像。VTK 中使用 vtkGlyph3D 类可以实现该功能,并且可以支持Glyph 图形的缩放、着色、空间姿态设置等。在使用该类时,需要接收两个输入:一个是需要显示的几何数据点集合;另一个是 Glyph 图形数据,为 vtkPolyData 数据。下面通过示例 3.6.2_PolyDataNormal 演示通过符号化技术显示模型的法向量数据:

示例 3.6.2_PolyDataNormal(部分)

```
vtkSmartPointer < vtkMaskPoints > mask =
    vtkSmartPointer < vtkMaskPoints > ::New();
mask ->SetInputData(normFilter ->GetOutput());
mask ->SetMaximumNumberOfPoints(300);
mask ->RandomModeOn();


vtkSmartPointer < vtkArrowSource > arrow =
    vtkSmartPointer < vtkArrowSource > ::New();
vtkSmartPointer < vtkGlyph3D > glyph =
    vtkSmartPointer < vtkGlyph3D > ::New();
glyph ->SetSourceData(arrow ->GetOutput());
glyph ->SetInputData(mask ->GetOutput());
glyph ->SetVectorModeToUseNormal();
```

```
glyph ->SetScaleFactor(1);

vtkSmartPointer < vtkPolyDataMapper > glyphMapper =
    vtkSmartPointer < vtkPolyDataMapper > ::New();
glyphMapper ->SetInputData(glyph ->GetOutput());

vtkSmartPointer < vtkActor > glyphActor =
    vtkSmartPointer < vtkActor > ::New();
glyphActor ->SetMapper(glyphMapper);
glyphActor ->GetProperty() ->SetColor(1., 0.,0.);
```

本例承接自 3.6.2.1 节中的示例,由于读入的模型数据比较大,点比较多,因此使用 vtkMaskPoints 类采样部分数据,该类仅保留输入数据中的点数据及其属性,并支持点数据的采样。为了减小计算量,随机采样了 300 个点做符号化显示:将其输出作为 vtkGlyph3D 的输入数据,SetSource()设置一个 vtkArrowSource 数据作为源数据,这样的效果是在输入数据的每个点处会显示一个 Glyph 图形,如本例中的箭头模型;vtkGlyph3D:: SetVectorModeToUseNormal ()指定要使用法向量数据来控制 Glyph 图形的方向;vtkGlyph3D::SetScaleFactor() 则控制 Glyph 图形的大小。定义完毕,为符号化结果定义相应的 vtkPolyDataMapper 和 vtkActor 对象,然后同原始数据一起输入 vtkRenderer 进行显示,即可得到如图 3.6 - 11 所示的效果。

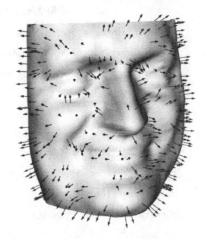

图 3.6 - 11   符号化

3.6.2.3 曲率计算

曲率是曲面弯曲程度的一种度量,是几何体的一种重要的局部特征。如图 3.6 - 12 所示,要计算曲面上给定点的曲率,考虑经过该点的法线的一个平面与曲面相交得到一条二维曲线,称之为曲面在该点的一条法截线。经过该点法向量的曲面可以任意旋转,即可得到任意多条法截线,每条法截线会对应一个曲率,取具有最大曲率和最小曲率的两条法截线为主法截线,其对应的曲率为 k_1 和 k_2,称为主曲率;高斯曲率等于主曲率的乘积,即 $k_1 \times k_2$;平均曲率等于主曲率 k_1 和 k_2 的平均值,即 $(k_1 + k_2)/2$。以上只是曲率直观的几何解释,并没有给出具体的计算公式。感兴趣的读者可以查阅相关文献资料。

VTK 中的 vtkCurvatures 类实现了四种计算网格模型点曲率的计算方法。该类接收一个 vtkPolyData 数据,将计算得到的曲率数据作为网格模型的点的属性数据存入返回的 vtkPolyData 中。示例 3.6.2_PolyDataCurvature 实现了一个网格模型的曲率计算,并通过颜色映射表显示模型表面的曲率(运行结果如图 3.6 - 13 所示):

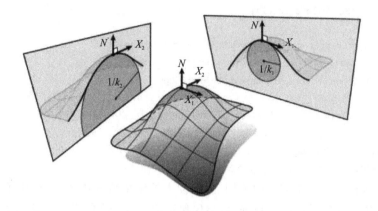

图 3.6 - 12　曲率计算

示例 3.6.2_PolyDataCurvature(部分)

```cpp
vtkSmartPointer < vtkPolyDataReader > reader =
    vtkSmartPointer < vtkPolyDataReader > ::New();
reader ->SetFileName("../data/fran_cut.vtk");
reader ->Update();


vtkSmartPointer < vtkCurvatures > curvaturesFilter =
    vtkSmartPointer < vtkCurvatures > ::New();
curvaturesFilter ->SetInputConnection(reader ->GetOutputPort());
curvaturesFilter ->SetCurvatureTypeToMaximum();
curvaturesFilter ->Update();


double scalarRange[2];
curvaturesFilter ->GetOutput() ->GetScalarRange(scalarRange);


vtkSmartPointer < vtkLookupTable > lut =
    vtkSmartPointer < vtkLookupTable > ::New();
lut ->SetHueRange(0.0,0.6);
lut ->SetAlphaRange(1.0,1.0);
lut ->SetValueRange(1.0,1.0);
lut ->SetSaturationRange(1.0,1.0);
lut ->SetNumberOfTableValues(256);
lut ->SetRange(scalarRange);
lut ->Build();


vtkSmartPointer < vtkPolyDataMapper > mapper =
```

```
                    vtkSmartPointer < vtkPolyDataMapper > ::New();
          mapper ->SetInputData(curvaturesFilter ->GetOutput());
          mapper ->SetLookupTable(lut);
          mapper ->SetScalarRange(scalarRange);

          vtkSmartPointer < vtkActor > actor =
                    vtkSmartPointer < vtkActor > ::New();
          actor ->SetMapper(mapper);

          vtkSmartPointer < vtkScalarBarActor > scalarBar =
                    vtkSmartPointer < vtkScalarBarActor > ::New();
          scalarBar ->SetLookupTable(mapper ->GetLookupTable());
          scalarBar ->SetTitle(
          curvaturesFilter ->GetOutput() ->GetPointData() ->GetScalars() ->GetName());
          scalarBar ->SetNumberOfLabels(5);

          vtkSmartPointer < vtkRenderer > renderer =
                    vtkSmartPointer < vtkRenderer > ::New();
          renderer ->AddActor(actor);
          renderer ->AddActor2D(scalarBar);
```

首先读入一个 vtkPolyData 人脸模型数据,将它作为 vtkCurvatures 的输入,并调用 SetCurvatureTypeToMaximurn()函数来计算最大主曲率。其他三种曲率计算函数的调用如下:

```
curvaturesFilter ->SetCurvatureTypeToMinimum();
curvaturesFilter ->SetCurvatureTypeToGaussian();
curvaturesFilter ->SetCurvatureTypeToMean();
```

vtkCurvatures 支持四种曲率同时计算。在该类内部计算完曲率数据后,将它作为输出的 vtkPolyData 点的属性数据。在保存属性数据时,四种曲率属性数据分别对应属性名字 Minimum_Curvature、Maximum_Curvature、Gauss_Curvature 和 Mean_Curvature,因此可以通过属性名字获取相应的曲率数据。例如要获取高斯曲率数据,可调用:

```
vtkDoubleArray * gauss = static_cast < vtkDoubleArray * >(
curvaturesFilter ->GetOutput() ->GetPointData() ->GetArray("Gauss Curvature"));
```

这里通过颜色映射表在模型上显示曲率属性数据。定义一个 256 色的 vtkLookupTable 对象,并设置曲率数据的范围。将该颜色映射表添加至 vtkPolyDataMapper 中。另外,这里用到了一个新的 vtkScalarBarActor 类,该类支持将一个颜色映射表转换为一个 Actor 对象,将颜色映射表以图形的形式显示,并支持设置图形相应的名字和

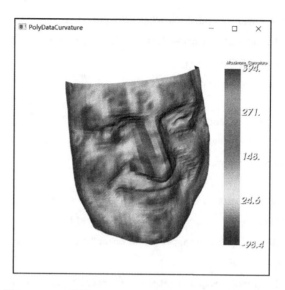

图 3.6 – 13   示例 3.6.2_PolyDataCurvatare 的运行结果

显示的数据 Label 个数,这里显示了 5 个数据 Label。设置完毕,将模型数据的 Actor 和颜色映射表 Actor 对象添加至 Renderer 中即可。

3.6.3   网格平滑

现代扫描技术的发展使得获取点云数据不再困难,通过曲面重建技术可以获取表面网格来表示各种复杂的实体,但是点云数据中往往存在噪声,这样得到的重建网格通常都需要进行平滑处理。

拉普拉斯平滑是一种常用的网格平滑算法。该方法的原理比较简单,将每个点用其邻域点的中心来代替,通过不断地迭代,可以得到较为光滑的网格。

VTK 中的 vtkSmoothPolyDataFilter 类实现了网格的拉普拉斯平滑算法,其使用方法(详见随书代码 3.6.3_PolyDataLapLasianSmooth.cpp)如下:

```
vtkSmartPointer < vtkSmoothPolyDataFilter > smoothFilter =
    vtkSmartPointer < vtkSmoothPolyDataFilter >::New();
smoothFilter ->SetInputConnection(reader ->GetOutputPort());
smoothFilter ->SetNumberOfIterations(200);
smoothFilter ->Update();
```

smoothFilter→SetNumberOfIterations(200)控制平滑次数,次数越大,平滑越厉害。平滑结果如图 3.6 – 14 所示,左图为原始模型,右图为平滑后的模型。从图中可以看出,在经过 200 次拉普拉斯平滑后,模型变得非常平滑,但是在平滑的同时也损失了一些细节信息,例如眼窝处的细节已经被平滑掉,在使用该方法时需要注意这点。

在该类中还有多个变量控制平滑过程,利用这些变量可以在一定程度上控制细节的损失。BoundarySmoothing 控制是否对边界点平滑。这里需要理解边界点的概念:

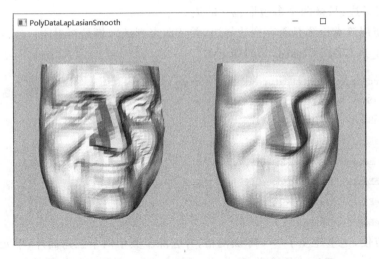

图 3.6 - 14 示例 3.6.3_PolyDataLapLasianSmooth 的运行结果

如果在一个网格模型中,一条边只被一个单元包含,那么这条边就是边界边,而边界边上的点则为边界点。如果一个模型中含有边界边,则说明该模型不是封闭的,如本例中的模型。FeatureEdgeSmoothing 控制是否对特征边上的点平滑。如果一条边被两个邻近的多边形共用,且这两个多边形法向量的夹角(特征角)大于定义的阈值,则说明该边为一条特征边。因此,在 FeatureEdgeSmoothing 设置开始时,需要调用 SetFeature-Angle()函数设置特征角的阈值。特征边的两个相邻面片的特征角的值越大,说明该边越尖锐。特征边/角往往表示模型的细节,在平滑过程中不进行处理,以保待细节。

虽然通过特征边平滑设置可以降低一部分细节损失,但并不能完全避免,且随着拉普拉斯平滑的不断迭代,模型会逐渐向网格的中心收缩。所以,vtkWindowedSincPoly-DataFlter 是一个更好的选择,该算法使用窗口 Sine 函数实现网格平滑,能够最小程度地避免收缩,其使用方法与 vtkSmoothPolyDataFilter 相同。

3.6.4 封闭性检测

由于受原始数据、重建方法的限制,得到的网格模型并不是封闭的。有时为了显示或者处理某些要求,需要网格必须是封闭的。封闭性网格应该比较好理解,比如一个球面网格。3.6.3 节提到了边界边的概念:如果一条边只被一个多边形包含,那么这条边就是边界边。是否存在边界边是检测一个网格模型是否封闭的重要特征。

vtkFeatureEdges 是一个非常重要的类,该类能够提取多边形网格模型中四种类型的边:

(1) 边界边:只被一个多边形或者一条边包含的边。

(2) 非流形边:被三个或者三个以上的多边形包含的边。

(3) 特征边:需要设置一个特征角的阈值,当包含同一条边的两个三角形的法向量的夹角大于该阈值时,该边即为一个特征边。

(4) 流形边:只被两个多边形包含的边。

可以使用该类检测是否存在边界边,并依此来判断网格是否封闭。代码(详见随书代码 3.6.4_PolyDataClosed.cpp)如下:

```
vtkSmartPointer < vtkFeatureEdges > featureEdges =
    vtkSmartPointer < vtkFeatureEdges > ::New();
featureEdges ->SetInputData(input);
featureEdges ->BoundaryEdgesOn();
featureEdges ->FeatureEdgesOff();
featureEdges ->ManifoldEdgesOff();
featureEdges ->NonManifoldEdgesOff();
featureEdges ->Update();
```

为了方便,这里建立了一个球面网格,并去除了其中两个三角面片(单元)。将该数据作为 vtkFeatureEdges 的输入,BoundaryEdgesOn()函数设置提取边界边,而其他三种类型的边则不予考虑。执行完毕,其输出 GetOutput()为一个包含边信息的 vtk-PolyData 数据。可以通过判断边界边的数目确定网格是否封闭:

```
int numberOfOpenEdges = featureEdges ->GetOutput() ->GetNumberOfCells();
```

当网格为非封闭时,可以为检测结果建立相应的 vtkPolyDataMapper 和 vtkActor 对象,将边界边与原网格同时显示,以观察检测结果是否正确。

仅仅检测出网格是否封闭是不够的,在很多情况下,还需将这些漏洞填补起来。VTK 中有现成的类来完成这个功能——vtkFillHolesFilter。其内部执行过程是,首先检测出网格中的所有边界边,然后找出这些边界边中的每一个闭合回路,最后将这些闭合回路进行三角化(即生成三角形网格)以实现填补的目的。该类的使用非常简单,只需要设置需要填补的网格数据即可:

```
vtkSmartPointer < vtkFillHolesFilter > fillHolesFilter =
    vtkSmartPointer < vtkFillHolesFilter > ::New();
fillHolesFilter ->SetInputData(input);
fillHolesFilter ->Update();

vtkSmartPointer < vtkPolyDataNormals > normals =
vtkSmartPointer < vtkPolyDataNormals > ::New();
normals ->SetInputConnection(fillHolesFilter ->GetOutputPort());
normals ->ConsistencyOn();
normals ->SplittingOff();
normals ->Update();
```

需要注意的是,有些边界边的闭合回路是不需要三角化的,例如一个平面网格,若填补其四周的边界边,则会与原网格产生覆盖。vtkFillHolesFilter 中的 SetHoleSize()函数可用于控制需要修补的漏洞面积的最大值,大于该值的漏洞则不需要填补处理。

另外,读者可能会有疑问:这里为何使用 vtkPolyDataNomals? 这个类前面分析过,主要是用来计算法向量的,而法向量则与光照和阴影计算相关。单元的法向量方向与单元的点顺序相关,只有保持所有单元的点顺序一致才能得到正确的法向量,否则在网格模型显示时会得到意外的结果。由于经过漏洞填充,模型的所有单元的点顺序并不一致,因此使用 vtkPolyDataNonnal::ConsistencyOn() 进行调整。图 3.6 – 15 所示为示例 3.6.4_PolyDataClosed 的运行结果,左图为原始模型,并将检测的边界边用蓝色显示,右图为漏洞填补后的结果。

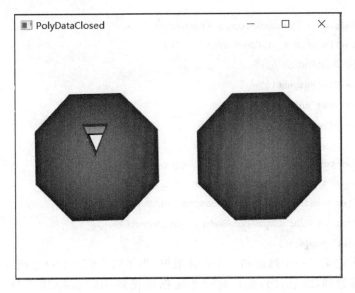

图 3.6 – 15　示例 3.6.4_PolyDataClosed 的运行结果

3.6.5　连通区域分析

在许多图形数据中,并非只包含一个对象(连通区域),而在处理这些图形数据时,有时需要对每一个对象进行单独处理或者让它们单独显示。比如利用 MarchingCube 方法提取三维图像中的等值面,得到的结果往往是存在多个连通的对象区域,这时就需要对图形数据做连通区域分析,提取每个连通区域并计算其属性信息,以此来得到需要的连通区域。这里用一个简单的示例(详见随书代码 3.6.5_PolyDataConnectedCompExtract.cpp,运行结果如图 3.6 – 16 所示)来分析 VTK 中如何对图形数据做连通区域分析。

示例 3.6.5_PolyDataConnectedCompExtract 构造一个含有多个连通区域的模型数据。vtkAppendPolyData 可以实现 vtkPolyData 的合并,使用该类可以方便地构造含有多个连通区域的数据,该类接收两个或者多个 vtkPolyData 数据输入,合并结果包含输入数据的所有几何和拓扑数据。若输入的两个或者多个数据都含有点属性数据,则将它们存储至输出结果中;对于单元属性数据也是如此。

示例 3.6.5_PolyDataConnectedCompExtract(部分)

```
vtkSmartPointer < vtkSphereSource > sphereSource =
    vtkSmartPointer < vtkSphereSource > ::New();
sphereSource ->SetRadius(10);
sphereSource ->SetThetaResolution(10);
sphereSource ->SetPhiResolution(10);
sphereSource ->Update();

vtkSmartPointer < vtkConeSource > coneSource =
    vtkSmartPointer < vtkConeSource > ::New();
coneSource ->SetRadius(5);
coneSource ->SetHeight(10);
coneSource ->SetCenter(25,0,0);
coneSource ->Update();

vtkSmartPointer < vtkAppendPolyData > appendFilter =
    vtkSmartPointer < vtkAppendPolyData > ::New();
appendFilter ->AddInputData(sphereSource ->GetOutput());
appendFilter ->AddInputData(coneSource ->GetOutput());
appendFilter ->Update();
```

该示例先定义了一个球面和一个锥体数据,为了防止两个数据之间存在覆盖,这里将锥体中心设置到(25,0,0);然后将两个数据设置到 vtkAppendPolyData 的输入,即可生成一个包含两个对象的 vtkPolyData 数据,每个输入模型为一个连通区域。VTK中的 vtkPolyDataConnectivityFilter 类可用于实现连通区域分析,该类接收 vtkPolyData 数据作为输入,其使用如下:

```
vtkSmartPointer < vtkPolyDataConnectivityFilter > connectivityFilter =
    vtkSmartPointer < vtkPolyDataConnectivityFilter > ::New();
connectivityFilter ->SetInputData(appendFilter ->GetOutput());
connectivityFilter ->SetExtractionModeToLargestRegion()
connectivityFilter ->AddSeed(100);
connectivityFilter ->Update();
```

SetExtractionModeToLargestRegion()函数用于提取具有最多点的连通区域,因此在该例中得到的结果为球面数据(见图 3.6-16)。

除了能够提取最大连通区域,vtkPolyDataConnectivityFilter 类还支持以下 5 种模式:

(1) SetExtractionModeToAllRegions():该模式主要用于连通区域标记,配合函数 ColorRegionsOn()使用,在连通区域检测的同时,生成一个名为 RegionId 的点属性数据。

(2) SetExtractionModeToSpecifiedRegions():该模式用于提取一个或者多个连通

图 3.6 - 16　示例 3.6.5_PolyDataConnectedCompExtract 的运行结果

区域。在该模式下,需要通过 AddSpecifiedRegion()添加需要提取的区域号,区域号从 0
开始。

　　在许多情况下,事先并不知道整个数据中存在多少个区域,因此需要先获取连通区
域的数目。这个应用比较广泛,通过以下示例 3.6.5_PolyDataConnectedAllCom-
pExtract(详见随书代码 3.6.5_PolyDataConnectedAllCompExtract.cpp)来详细分析:

示例 3.6.5_PolyDataConnectedAllCompExtract(部分)

```
vtkSmartPointer < vtkPolyDataConnectivityFilter > connectivityFilter =
    vtkSmartPointer < vtkPolyDataConnectivityFilter > ::New();
connectivityFilter ->SetInputData(appendFilter ->GetOutput());
connectivityFilter ->SetExtractionModeToAllRegions();
connectivityFilter ->Update();

int regionNum = connectivityFilter ->GetNumberOfExtractedRegions();
for (int i = 0; i < regionNum; i ++ )
{
    vtkSmartPointer < vtkPolyDataConnectivityFilter > connectivityFilter2 =
        vtkSmartPointer < vtkPolyDataConnectivityFilter > ::New();
    connectivityFilter2 ->SetInputData(appendFilter ->GetOutput());
    connectivityFilter2 ->InitializeSpecifiedRegionList();
    connectivityFilter2 ->SetExtractionModeToSpecifiedRegions();
    connectivityFilter2 ->AddSpecifiedRegion(i);
    connectivityFilter2 ->Update();

    char str[256];
```

```
itoa(i, str, 10);
strcat(str, ".vtk");

vtkSmartPointer < vtkPolyDataWriter > writer =
    vtkSmartPointer < vtkPolyDataWriter > ::New();
writer ->SetFileName(str);
writer ->SetInputData(connectivityFilter2 ->GetOutput());
writer ->Update();
}
```

该示例在 SetExtractionModeToAllRegions()模式下进行连通区域分析,并通过GetNumberOfExtractedRegions()函数获取连通区域的数目;然后通过一个循环,在SetExtractionModeToSpecifiedRegions()模式下,每次循环通过 AddSpecifiedRegion()函数设置提取的连通区域号,并单独保存为一个.vtk 文件。InitializeSpecifiedRegion-List()函数用于清空要提取的连通区域号的列表。

(3) SetExtractionModeToClosestPointRegion():该模式下需要使用 SetClosest-Point()函数设置一个空间点坐标,其执行结果为离该点最近的连通区域。

(4) SetExtractionModeToPointSeededRegions():该模式下需要使用 AddSeed()函数添加种子点,提取种子点所在的区域。

(5) SetExtractionModeToCellSeededRegions():该模式下需要使用 AddSeed()函数添加种子单元,提取种子单元所在的区域。

3.6.6 多分辨率处理

模型的抽取(decimation)和细化(subdivision)是两个相反的操作,是三角形网格模型多分辨率处理中的两个重要操作。使用这两个操作可以在保持模型拓扑结构的同时,得到不同分辨率的网格模型。网格抽取的作用是减少模型数据中的点数据和单元数据,便于模型的后续处理与交互渲染,这类似于图像数据的降采样。而网格细化则是利用一定的细化规则,在给定的初始网格中插入新的点,从而不断细化出新的网格单元,在极限细化情况下,该网格能够收敛于一个光滑曲面。

3.6.6.1 网格抽取

VTK 中主要有三种网格抽取类:vtkDecimatePro、vtkQuadricDecimation 和 vt-kQuadricClustering。vtkDecimatePro 是最常用的,该方法的原理是用一种边塌陷的方法删除点和单元,处理速度比较快,而且可以方便地控制网格抽取的幅度,得到不同级别的模型数据。该类的使用方法(详见随书代码 3.6.6_PolyDataDecimation. cpp)如下:

示例 3.6.6_PolyDataDecimation(部分)

```
vtkSmartPointer < vtkDecimatePro > decimate =
    vtkSmartPointer < vtkDecimatePro > ::New();
decimate ->SetInputData(original);
```

```
decimate ->SetTargetReduction(.80);

decimate ->Update();
```

vtkDecimatePro 接收一个单元为三角形网格的 vtkPolyData 数据,其中函数 Set-TargetReduction()用于设置变量 TargetReduction 的大小,将网格面片抽取的比例控制在0~1。这里设置为0.8,说明有80%的三角面片单元将被移除。使用这个函数可以得到不同程度的简化网格模型,不过,为确保实现函数效果,需要满足以下四个条件:

(1) vtkDecimatePro 需要支持模型拓扑的改变,即将 PreserveTopology 变量的值设置为 FALSE。

(2) 支持网格分裂,即将 Splitting 变址的值设置为 TRUE。

(3) 支持修改模型的边界,即将变量 BoundaryVertexDeletion 的值设置为 TRUE。

(4) 设置最大误差变量 MaximumError 的值为 VTK_DOUBLE_MAX。

在满足这四个条件的情况下,可以得到不同简化程度的模型。如果上述四个条件不满足,那么最终得到的模型简化率并非所期望的简化率(TargetReduction)。图3.6-17所示是对模型(fran_cut.vtk)进行简化的效果,左图为原始图像,右图为简化后的效果(TargetReduction 为0.8)。从图中可以看出,简化后的模型面片数量减少,模型变得非常粗糙。

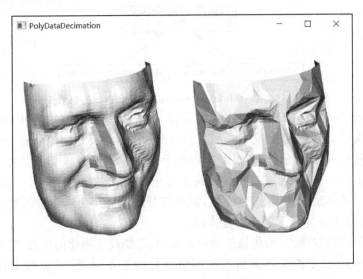

图3.6-17　网格抽取效果

vtkQuadricDecimation 也可以实现三角形网格的简化,并能较好地逼近原模型。该类虽然提供了 SetTargetReduction()函数用于设置模型简化程度,但是最终简化率并非严格等于程序中设置的简化率。可以通过 GetActualReduction()函数获取最终模型简化率。

vtkQuadricClustering 是三种网格抽取类中最快的一种,能够处理大数据模型。通过 StartAppend()、Append()和 EndAppend()函数可以将整个模型分为多个网格片处理,从而避免一次性处理整个模型,减少内存开支,提高处理效率。

最后需要说明的是,三个网格抽取类都接收的是 vtkPolyData 的三角形网格数据。如果 vtkPolyData 数据为多边形网格数据,则需要先通过 vtkTriangleFilter 将多边形网络数据转换为三角形网格数据。

3.6.6.2 网格细化

VTK 中实现网格细化的类有 vtkLinearSubdivisionFilter 和 vtkButtertlySubdivisionFilter。这两个类都继承自 vtkInterpolatingSubdivisionFilter(类的继承关系如图 3.6 - 18 所示)。

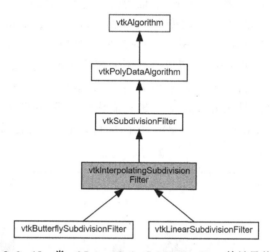

图 3.6 - 18　类 vtkInterpolatingSubdivisionfilter 的继承关系

vtkInterpolatingSubdivisionFilter 内部提供了 SetNumberOfSubdivisions ( ) 函数设置细化的次数,其中每次细化后模型的三角面片的个数将是细化前的 4 倍。因此,在对网格模型进行 n 次细分后,该模型的面片个数将成为原始模型面片数目的 $4n$ 倍。vtkLinearSubdivisionFilter 实现了一种线性细分算法,每次细分将每个三角面片生成 4 个新的面片。该算法比较简单,速度快,但是细分后不能产生光滑的模型。vtkButterflySubdivisionFilter 实现了蝶形细分算法。

相对于网格抽取操作,细化操作比较简单,只需要设置细化的次数,即 SetNumberOfSubdivisions()。下面简要分析三种网格细化的基本过程(详见随书代码 3.6.6_PolyDataSubdivision. cpp),代码如下:

示例 3.6.6_PolyDataSubdivision(部分)

```
vtkSmartPointer < vtkPolyDataAlgorithm > subdivisionFilter;
switch(i)
{
case 0:
    subdivisionFilter = vtkSmartPointer < vtkLinearSubdivisionFilter > ::New();
    dynamic_cast < vtkLinearSubdivisionFilter * > (subdivisionFilter.GetPointer())
->SetNumberOfSubdivisions(numberOfSubdivisions);
```

```
          break;
    case 1:
          subdivisionFilter =  vtkSmartPointer < vtkLoopSubdivisionFilter > ::New();
          dynamic_cast < vtkLoopSubdivisionFilter * > (subdivisionFilter.GetPointer()) ->
SetNumberOfSubdivisions(numberOfSubdivisions);
          break;
    case 2:
          subdivisionFilter = vtkSmartPointer < vtkButterflySubdivisionFilter > ::New();
          dynamic_cast < vtkButterflySubdivisionFilter * > (subdivisionFilter.GetPointer
()) ->SetNumberOfSubdivisions(numberOfSubdivisions);
          break;
    default:
          break;
    }
```

三个网格细化类均继承自 vtkPolyDataAlgorithm，因此定义了一个基类指针 sub-divisionFilter。这样可以将任意一个子类的指针赋值给该变量。代码中根据 i 值的不同定义不同的细化算子。细化算子的使用非常简单，只需要设置细化的次数，即 Set-NumberOfSubdivisions()。需要注意的是，由于这里定义细化算子指针为 vtkPolyDataAlgorithm 类型，因此需要通过 dynamic_cast 进行强制类型转换，如 dynamic_cast <vtkLoopSubdivisionFilter * >(subdivisionFilterGetPointer())。该示例的运行效果如图 3.6 - 19 所示，即对一个球面网格数据进行细化操作，可以看出 vtkLoopSubdivisionFilter(中)和 vtkButterflySubdivisionFilter(右)能够得到较为平滑的模型，其效果优于 vtkLinearSubdivisionFilter(左)。

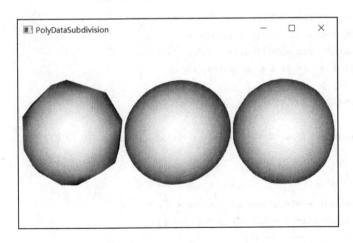

图 3.6 - 19　网格细化效果

另外，由于模型细化算子仅对三角形网格数据有效，因此在处理多边形数据时，需要通过 vtkTriangleFilter 将多边形网格数据转换为三角形网格数据。

3.6.7 表面重建

通过三维扫描仪所获取的实际物体的空间点云数据仅仅表示物体的几何形状,而无法表达其内部的拓扑结构。拓扑结构对于实际图形处理以及可视化具有更重要的意义。因此,这就需要利用表面重建技术将点云数据转换为面模型(通常为三角形网格模型)。除此之外,基于图像数据的面绘制技术也是一种应用非常广泛的表面重建技术。本节将着重介绍 VTK 中的表面重建技术。

3.6.7.1 三角剖分

三角剖分是一种应用非常广泛的表面重建技术。三角剖分将一些散乱的点云数据剖分为一系列的三角形网格数据,最常用的三角剖分技术是 Delaunay 三角剖分。Delaunay 三角剖分具有许多优良的性质,如最大化最小角特性,即在所有可能的三角剖分中,它所生成的三角形的最小角的角度最大。所以,Delaunay 三角剖分无论从哪个区域开始构建,最终生成的三角形网格是唯一的。

VTK 的 vtkDelaunay2D 类实现了二维三角剖分。该类的输入数据为一个 vtkPointSet 或其子类表示的三维空间点集,其输出为一个三角形网格 vtkPolyData 数据。虽然输入的是三维数据,但是算法仅使用 XY 平面数据进行平面三角剖分,而忽略 Z 方向数据。当然,也可以为 vtkDelaunay2D 设置一个投影变换从而在新的投影平面上进行三角剖分。需要注意的是,在不加任何限制的条件下,该类生成的平面三角形网格为一个凸包。下面通过示例 3.6.7_PolyDataDelaunay2D 来演示使用 vtkDelaunay2D,将它生成的数据用于模型地形数据(程序运行结果如图 3.6-20 所示):

示例 3.6.7_PolyDataDelaunay2D

```
unsigned int gridSize = 10;
vtkSmartPointer < vtkPoints > points =
    vtkSmartPointer < vtkPoints > ::New();
for(unsigned int x = 0; x < gridSize; x++)
{
    for(unsigned int y = 0; y < gridSize; y++)
    {
        points ->InsertNextPoint(x, y, vtkMath::Random(0.0, 3.0));
    }
}

vtkSmartPointer < vtkPolyData > polydata =
    vtkSmartPointer < vtkPolyData > ::New();
polydata ->SetPoints(points);

vtkSmartPointer < vtkDelaunay2D > delaunay =
    vtkSmartPointer < vtkDelaunay2D > ::New();
delaunay ->SetInputData(polydata);
delaunay ->Update();
```

该示例先定义了一个 vtkPolyData 数据,并为它生成一个 10 ×10 的地面网格点集 points,每个点生成了一个随机数,表示每个点的海拔值;然后将该数据作为 vtkDelaunay2D 对象的输入实现三角剖分,即可得到一个地面的网格数据。

图 3.6 - 20   示例 3.6.7_PolyDataDelaunay2D 的运行结果

vtkDelaunay2D 还支持加入边界限制。用户需要设置另外一个 vtkPolyData 数据,其内部的线段、闭合或者非闭合的线段集合将作为边界条件控制三角剖分的过程。其中组成这些边界的点的索引必须与原始点集数据一致。加入边界条件后,最后的剖分结果可能不再满足 Delaunay 准则。在示例 3.6.7__PolyDataDelaunay2D 的基础上,加入一个多边形边界来限制三角剖分,代码详见随书代码 3.6.7_PolyDataConstrainedDelaunay2D. cpp(运行结果如图 3.6 - 21 所示):

示例 3.6.7_PolyDataConstrainedDelaunay2D(部分)

```cpp
vtkSmartPointer < vtkPolygon > poly =
    vtkSmartPointer < vtkPolygon > ::New();
poly ->GetPointIds() ->InsertNextId(22);
poly ->GetPointIds() ->InsertNextId(23);
poly ->GetPointIds() ->InsertNextId(24);
poly ->GetPointIds() ->InsertNextId(25);
poly ->GetPointIds() ->InsertNextId(35);
poly ->GetPointIds() ->InsertNextId(45);
poly ->GetPointIds() ->InsertNextId(44);
poly ->GetPointIds() ->InsertNextId(43);
poly ->GetPointIds() ->InsertNextId(42);
poly ->GetPointIds() ->InsertNextId(32);
```

```
vtkSmartPointer < vtkCellArray > cell =
    vtkSmartPointer < vtkCellArray > ::New();
cell ->InsertNextCell(poly);

vtkSmartPointer < vtkPolyData > boundary =
    vtkSmartPointer < vtkPolyData > ::New();
boundary ->SetPoints(points);
boundary ->SetPolys(cell);

vtkSmartPointer < vtkDelaunay2D > delaunay =
    vtkSmartPointer < vtkDelaunay2D > ::New();
delaunay ->SetInputData(polydata);
delaunay ->SetSourceData(boundary);
delaunay ->Update();
```

这里定义了一个 vtkPolyData 类型的数据 boundary,其点数据与示例 3.6.7_Poly-DataDelaunay2D 中的 points 一致,其单元数据为一个多边形。通过 vtkDelaunay2D 的 SetSource()函数设置边界数据,运行结果如图 3.6-21(a)所示,该边界多边形内部的数据并未进行三角剖分。边界多边形限制数据的内部或者外部与多边形的点的顺序有关。这里采用右手坐标系,从 Z 轴向下看去,如果多边形的点的顺序为逆时针方向,则仅对多边形内部数据进行剖分;而如果多边形的点的顺序为顺时针方向,则对多边形外部数据进行剖分,此时该边界多边形可以看作一个孔洞。若将示例 3.6.7_PolyData-Delaunay2D 中的点数据反向,则剖分结果如图 3.6-21(b)所示。

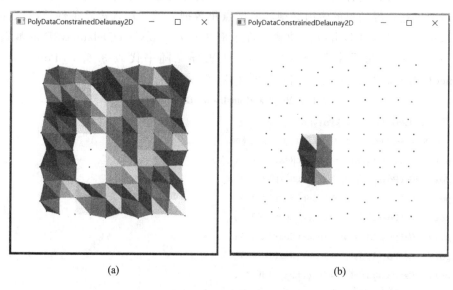

(a)   (b)

图 3.6-21 示例 3.6.7_PolyDataConstrainedDelaunay2D 的运行结果

另外,VTK 的 vtkDelaunay3D 类可实现三维三角剖分。该类的使用方法与 vtk-

Delaunay2D 基本一致,不同的是,三维三角剖分得到的结果并非三角形网格,而是四面体网格。因此,其输出数据的类型为 vtkUnstructuredGrid,在未加入边界条件下的三维三角剖分通常也为一个凸包。

3.6.7.2 等值面提取

等值面(线)提取是一种常用的可视化技术,常应用于医学、地质、气象等领域。例如在医学图像处理中,CT、MRI 等图像分辨率越来越高,虽然体绘制技术可以清晰地对数据内部结构进行可视化,但是计算量和效率却制约了其使用。此时可通过等值面提取技术,仅提取感兴趣的一个或者几个组织轮廓,并生成网格模型以供后续的处理和显示。

根据数据类型的不同,VTK 中提供了多个等值面提取类,如图 3.6 - 22 所示。

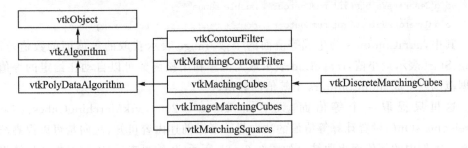

图 3.6 - 22　VTK 常用的等值面提取类

VTK 中的等值面提取算法多基于 Marching Cubes 算法来实现。Marching Cubes 是经典的移动立方体等值面提取算法,由 W. E. Lorenson 和 H. E. Cline 在 1987 年提出。这一方法原理简单,易于实现,目前已经得到了较为广泛的应用,成为三维数据等值面生成的经典算法。等值面提取类根据数据类型的不同而有所侧重。vtkImageMarchingCubes 主要处理三维图像数据,vtkMarchingCubes 主要针对规则体数据生成等值面,vtkMarchingSquares 则针对二维规则网格数据生成等值线。

vtkDiscreteMarchingCubes 继承自 vtkMarchingCubes,主要针对 Label 图像。比如利用图像分割算法对医学图像进行分割后得到含有不同 Label 值的数据,每个 Label 对应一个组织。如果想要得到其中一个或者几个组织的轮廓模型,则可以使用该类。

vtkMarchingContourFilter 可以接收任意类型的数据,其内部根据数据不同生成不同的算法对象实现等值面/线提取,具有较高的效率。

vtkContourFilter 则是一个更加通用的等值面提取类,它可以接收任意的数据类型生成等值线或者等值面。

这些类的使用方法基本一致,下面以 vtkMarchingCubes 为例来演示提取图像数据的等值面(详见随书代码 3.6.7_PolyDataMarchingCubes.cpp,运行结果如图 3.6 - 23 所示):

示例 3.6.7_PolyDataMarchingCubes(部分)

```
vtkSmartPointer < vtkMarchingCubes > surface =
    vtkSmartPointer < vtkMarchingCubes > ::New();
surface ->SetInputData(reader ->GetOutput());
surface ->ComputeNormalsOn();
surface ->SetValue(0, isoValue);
```

首先通过一个 reader 对象来读取一幅图像(HeadMRVolume.rnhd),并将它输入 vtkMarchingCubes 中。在提取等值面时,最重要的操作是要设置等值面的数值, SetValue()函数用于设置等值面的值,其第一个参数表示等值面的序号,因此可以通过 此函数设置多个等值面数值来提取多个等值面。另外,还有一个方式设置多个等值面:

```
void GenerateValues(int numContours, double range[2]);
void GenerateValues(int numContours, double rangeStart, double rangeEnd);
```

其中,numContours 为生成等值面的个数,range 表示获取的等值面的数值范围, rangeStart 表示最小值,rangeEnd 表示最大值。利用该函数可以自动在给定的等值面 数据范围内生成 numContours 个等值面数值。

这里只提取一个等值面,设置 isoValue = 200。vtkMarchingCubes::Com-puteNomalsOn()设置计算等值面的法向量。通过前述内容可知,法向量可以提高渲染 质量。本例中的等值面提取结果如图 3.6-23 所示,从结果来看,等值面提取的结果中 可能存在大量的噪声,表面比较粗糙。另外,对于比较大的图像而言,初始的等值面可 能包含大量的三角面片,因此常需要搭配图形平滑、抽取等操作对等值面数据进行后 处理。

图 3.6-23　示例 3.6.7_PolyDataMarchingCubes 的运行结果

3.6.7.3 点云重建

虽然 Delaunay 三角剖分算法可以实现网格曲面重建,但是其应用主要在二维剖分,它在三维空间网格生成中遇到了问题。因为在三维点云曲面重建中,Delaunay 条件不再满足,不仅基于最大化最小角判断的对角线交换准则不再成立,而且基于外接圆判据的 Delaunay 三角化也不能保证网格质量。

vtkSurfaceReconstructionFilter 则实现了一种隐式曲面重建的方法,即将曲面看作一个符号距离函数的等值面,曲面内外的距离值的符号相反,而零等值面即为所求的曲面。该方法需要对点云数据进行网格划分,然后估算每个点的切平面和方向,并以每个点与最近的切平面的距离来近似表面距离。这样即可得到一个符号距离的体数据,使用 vtkContourFilter 提取零等值面即可得到相应的网格。示例 3.6.7_PolyDataSurfaceReconstruction 以一个人脸网格的点云数据为例进行人脸网格曲面重建:

示例 3.6.7_PolyDataSurfaceReconstruction(部分)

```
vtkSmartPointer < vtkPolyData > points =
    vtkSmartPointer < vtkPolyData > ::New();
points ->SetPoints(reader ->GetOutput() ->GetPoints());

vtkSmartPointer < vtkSurfaceReconstructionFilter > surf =
    vtkSmartPointer < vtkSurfaceReconstructionFilter > ::New();
surf ->SetInputData(points);
surf ->SetNeighborhoodSize(20);
surf ->SetSampleSpacing(0.005);

vtkSmartPointer < vtkContourFilter > contour =
    vtkSmartPointer < vtkContourFilter > ::New();
contour ->SetInputConnection(surf ->GetOutputPort());
contour ->SetValue(0, 0.0);
contour ->Update();
```

该示例读取一个人脸模型,并提取其点数据进行人脸表面重建。在使用 vtkSurfaceReconstructionFilter 时,主要涉及两个参数,分别使用函数 SetNeighborhoodSize()和

SetSampleSpacing()进行设置。SetNeighborhoodSize()函数用于设置邻域点的个数,而这些领域点则用于估计每个点的局部切平面。邻域点的个数默认为 20,能够处理大多数重建问题。个数设置得越大,计算消耗的时间则会越长,当点的分布不均匀时,可以适当增加该值。SetSampleSpacing()函数用于设置划分网格的网格间距,间距越小,网格越密集,一般采用默认值即可。图 3.6－24 所示为该执行程序的运行结

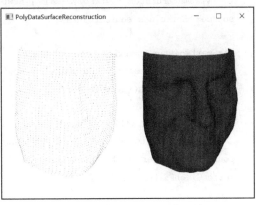

图 3.6－24　示例 3.6.7_PolyDataSurface
Reconstruction 的运行结果

果,其中左侧为点云数据,右侧为表面重建的结果。

3.6.8　点云配准

在计算机逆向工程中,通过三维扫描等实物数字化技术可以获取各种点云数据。但是受测量环境和设备的影响,在一次测量的情况下,难以获取实物整体的点云数据,因此需要多次从不同角度进行测量。但不同的测量数据之间可能会存在平移错误和旋转错位等问题,这就需要使用点云配准技术对测量点云数据进行局部配准和整合以得到完整的模型数据。另外,在外科手术导航技术中,图像标记点数据与人体表面标记点数据的配准是一个关键步骤,对于手术定位的精度有着重要的影响。这通常需要使用基于标记点的配准技术(也属于点云配准的一种)。因此,点云配准即是对一组源点云数据应用一个空间变换,使得变换后的数据与目标点云数据能够一一映射,使两组数据之间的平均距离误差最小。

vtkLandmarkTransform 实现了标记点配准算法,使得两个点集在配准后的平均距离最小。通过 SetSourceLandmarks() 和 SetTargetLandmarks() 函数分别设置源标记点集和目标标记点集。需要注意的是,源标记点集和目标标记点集序号要对应,如 1 号源点要映射到 1 号目标点。示例 3.6.8_PolyDataLandmarkReg 定义了两组点集并使用基于标记点的配准算法进行配准:

示例 3.6.8_PolyDataLandmarkReg(部分)

```
vtkSmartPointer < vtkLandmarkTransform > landmarkTransform =
    vtkSmartPointer < vtkLandmarkTransform > ::New();
landmarkTransform ->SetSourceLandmarks(sourcePoints);
landmarkTransform ->SetTargetLandmarks(targetPoints);
landmarkTransform ->SetModeToRigidBody();
landmarkTransform ->Update();

vtkSmartPointer < vtkPolyData > source =
    vtkSmartPointer < vtkPolyData > ::New();
source ->SetPoints(sourcePoints);

vtkSmartPointer < vtkPolyData > target =
    vtkSmartPointer < vtkPolyData > ::New();
target ->SetPoints(targetPoints);

vtkSmartPointer < vtkVertexGlyphFilter > sourceGlyphFilter =
    vtkSmartPointer < vtkVertexGlyphFilter > ::New();
sourceGlyphFilter ->SetInputData(source);
sourceGlyphFilter ->Update();

vtkSmartPointer < vtkVertexGlyphFilter > targetGlyphFilter =
    vtkSmartPointer < vtkVertexGlyphFilter > ::New();
```

```
targetGlyphFilter ->SetInputData(target);
targetGlyphFilter ->Update();

vtkSmartPointer < vtkTransformPolyDataFilter > transformFilter =
    vtkSmartPointer < vtkTransformPolyDataFilter > ::New();
transformFilter ->SetInputData(sourceGlyphFilter ->GetOutput());
transformFilter ->SetTransform(landmarkTransform);
transformFilter ->Update();
```

vtkLandmarkTransfonn 的使用比较简单,只须设置源标记点和目标标记点。另外,SetModeToRigidBody()函数用于设置其配准变换的类型为刚体变换,即只有平移和旋转;SetModeToSimilarity()函数用于设置相似变换,即平移、旋转和放缩变换;Set-ModeToAffine()函数用于设置放射变换。在默认情况下使用相似变换。

这里 vtkVertexGlyphFilter 类显示点集,vtkTransformPolyDataFilter 用来对源标记点进行变换以显示配准后的点集,SetTransform()直接设置为 vtkLandmarkTrans-form 的变换结果。图 3.6 – 25 所示为本例的运行结果,其中黄色的三个点为源标记点,红色点为目标标记点,而蓝色的点为配准后的点集。从结果来看,配准后的点集与目标标记点集是非常接近的。

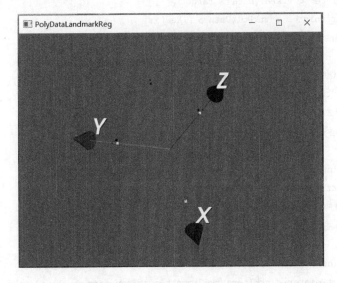

图 3.6 – 25　示例 3.6.8_PolyDataLandmarkTransform 的运行结果

最经典的点云数据配准方法是迭代最近点(iterative closest points,ICP)算法。ICP 算法是一个迭代的过程,每次迭代中对于源数据点 P 找到目标点集 Q 中的最近点,然后基于最小二乘原理求解当前的变换 T。通过不断迭代直至收敛,即完成了点集的配准。下面通过示例 3.6.8_PolyDataICP 演示如何对点集做 ICP 配准:

示例 3.6.8_PolyDataICP（部分）

```
vtkSmartPointer < vtkPolyData > original    =    reader ->GetOutput();
vtkSmartPointer < vtkTransform > translation =
    vtkSmartPointer < vtkTransform > ::New();
translation ->Translate(0.2, 0.0, 0.0);
translation ->RotateX(30);


vtkSmartPointer < vtkTransformPolyDataFilter > transformFilter1 =
    vtkSmartPointer < vtkTransformPolyDataFilter > ::New();
transformFilter1 ->SetInputData(reader ->GetOutput());
transformFilter1 ->SetTransform(translation);
transformFilter1 ->Update();


vtkSmartPointer < vtkPolyData > source =
    vtkSmartPointer < vtkPolyData > ::New();
source ->SetPoints(original ->GetPoints());


vtkSmartPointer < vtkPolyData > target =
    vtkSmartPointer < vtkPolyData > ::New();
target ->SetPoints(transformFilter1 ->GetOutput() ->GetPoints());


vtkSmartPointer < vtkVertexGlyphFilter > sourceGlyphFilter =
    vtkSmartPointer < vtkVertexGlyphFilter > ::New();
sourceGlyphFilter ->SetInputData(source);
sourceGlyphFilter ->Update();


vtkSmartPointer < vtkVertexGlyphFilter > targetGlyphFilter =
    vtkSmartPointer < vtkVertexGlyphFilter > ::New();
targetGlyphFilter ->SetInputData(target);
targetGlyphFilter ->Update();


vtkSmartPointer < vtkIterativeClosestPointTransform > icpTransform =
    vtkSmartPointer < vtkIterativeClosestPointTransform > ::New();
icpTransform ->SetSource(sourceGlyphFilter ->GetOutput());
icpTransform ->SetTarget(targetGlyphFilter ->GetOutput());
icpTransform ->GetLandmarkTransform() ->SetModeToRigidBody();
icpTransform ->SetMaximumNumberOfIterations(20);
icpTransform ->StartByMatchingCentroidsOn();
icpTransform ->Modified();
icpTransform ->Update();
```

```
vtkSmartPointer < vtkTransformPolyDataFilter > transformFilter2 =
    vtkSmartPointer < vtkTransformPolyDataFilter > ::New();
transformFilter2 ->SetInputData(sourceGlyphFilter ->GetOutput());
    transformFilter2 ->SetTransform(icpTransform);
    transformFilter2 ->Update();
```

该示例读取了一个人脸模型(fran_cut.vtk)。为了方便测试,这里对原始模型做了一个平移和旋转变换。vtkTransfonnPolyDataFilter 类在示例 3.6.8_PolyDataLandmarkReg 中也用到过,可以实现 vtkPolyData 的空间变换,其输入为一个 vtkTransfrom,即变换矩阵。这里设置在 X 方向的平移量为 0.2,旋转量为绕 X 轴旋转 30°。vtkIterativeClosestPointTransform 类中设置源点集和目标点集的函数为 SetSource()和 SetTarget(),其输入数据的类型为 vtkDataSet,而 vtkLandmarkTransform 的输入数据类型为 vtkPoints,需要注意两者的区别。因此,这里使用 vtkVertexGlyphFilter 将读入模型和变换后模型的点集转换为相应的 vtkPolyData 数据,并设置为 vtkIterativeClosestPointTransform 的源点数据和目标点数据。vtkIterativeClosestPointTransform 内部定义了一个 vtkLandmarkTransform 指针,用于计算 ICP 迭代中的最佳匹配点集。可以通过 GetLandmarkTransform()函数获取,并通过 vtkLandmarkTransform 指针设置相应的变换类型。SetMaximumNumberOfIterations()函数用于设置 ICP 算法迭代的次数,StartByMatchingCentroidsOn()函数则用于设置配准之前先计算两个点集重心,并平移源点集使得两者重心重合。配置完毕,可以通过 GetMatrix()函数获取相应的变换矩阵。最后,再次使用 vtkTransfonnPolyDataFilter 利用 ICP 配准变换对源点进行空间变换。图 3.6-26 所示为示例 3.6.8_PolyDataICP 的运行结果,其中绿色点为源点集,红色点为目标点集,蓝色点为配准后的点集(由于配准后的点集与目标点集是重合的,因此用肉眼观看不是很清晰)。

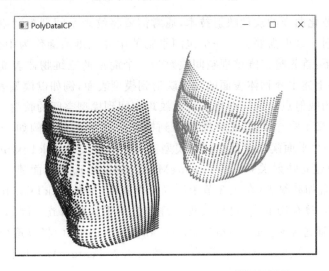

图 3.6-26　示例 3.6.8_PolyDataICP 的运行结果

3.6.9 纹理映射

纹理映射(texture mapping)是将纹理空间中的纹理像素映射到屏幕空间中的像素的过程。纹理生成过程实质上是将所定义的纹理映射为某种三维物体表面的属性,并参与后续的光照计算。在三维图形中,纹理映射运用得非常广泛,尤其是描述具有真实感的物体。比如绘制一面砖墙,就可以使用一幅具有真实感的图像或者照片作为纹理贴到一个矩形上,这样一面逼真的砖墙就绘制好了。

实现纹理映射主要是建立纹理空间与模型空间、模型空间与屏幕空间之间的映射关系(见图 3.6-27)。纹理空间可以定义为 $u-v$ 空间,每个轴坐标范围为$(0,1)$。对于一个纹理图像,其左下角坐标为$(0,0)$,右上角坐标为$(1,1)$。而对于简单的参数模型,可以方便地建立模型空间与纹理空间的映射关系,例如球面、圆柱面等。根据图形学三维空间变换容易实现模型空间到屏幕空间的变换,因此最终显示在计算机屏幕上的图像即是纹理映射后的结果。

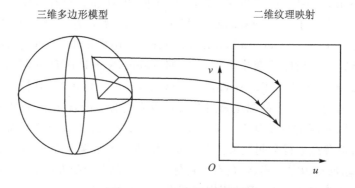

三维多边形模型　　　　　　　　二维纹理映射

图 3.6-27　纹理映射示意图

对于无参数化曲面的纹理映射技术,通常需要将纹理空间到模型空间的映射分解为两个简单映射。这里需要引入一个包围景物的中介三维曲面作为中介映射媒介,主要实现步骤如下:首先将二维纹理空间映射为一个简单的三维物体表面,例如球面、圆柱面等;然后将上述中介物体表面的纹理映射到模型表面,例如以模型表面法线与中介模型的交点作为映射点。这样即可实现由纹理空间到模型空间的映射。

VTK 中定义了多个类实现纹理空间到模型空间的映射。例如 vtkTextureMap-ToPlane 通过一个平面建立纹理空间到模型空间的映射关系;vtkTextureMapToCylinder 通过圆柱面建立映射关系;vtkTextureMapToSphere 通过球面建立映射关系。vtkTexture 则实现加载纹理(在 3.3 节中已经介绍过)。另外,vtkTransformTextureCoords 也是一个非常有用的类,可以实现纹理坐标的平移和缩放。例如,如果要实现重复纹理,则只须通过 vtkTransformTextureCoords::SetScale()将纹理坐标每个方向进行放大(如由[0,1]变换到[0,10])即可。示例 3.6.9_TextureMap 中使用 vtkTexture-MapToCylinder 来建立纹理映射:

示例 3.6.9_TextureMap(部分)

```
vtkSmartPointer < vtkJPEGReader > texReader =
    vtkSmartPointer < vtkJPEGReader > ::New();
texReader ->SetFileName("../data/cow.jpg");

vtkSmartPointer < vtkTexture > texture =
    vtkSmartPointer < vtkTexture > ::New();
texture ->SetInputConnection(texReader ->GetOutputPort());

vtkSmartPointer < vtkXMLPolyDataReader > modelReader =
    vtkSmartPointer < vtkXMLPolyDataReader > ::New();
modelReader ->SetFileName("../data/cow.vtp");

vtkSmartPointer < vtkTextureMapToCylinder > texturemap =
    vtkSmartPointer < vtkTextureMapToCylinder > ::New();
texturemap ->SetInputConnection(modelReader ->GetOutputPort());

vtkSmartPointer < vtkPolyDataMapper > mapper =
    vtkSmartPointer < vtkPolyDataMapper > ::New();
mapper ->SetInputConnection(texturemap ->GetOutputPort());

vtkSmartPointer < vtkActor > actor =
    vtkSmartPointer < vtkActor > ::New();
actor ->SetMapper( mapper );
actor ->SetTexture( texture );
```

代码中先使用 vtkTexture 来加载纹理图像,并通过 vtkActor::SetTexture()设置纹理;然后使用 vtkTextureMapToCylinder 来建立纹理空间与模型空间的映射关系;最后通过 VTK 渲染引擎进行渲染,运行结果如图 3.6 - 28 所示。

图 3.6 - 28 示例 3.6.9_TextureMap 的运行结果

3.6.10 文本与标注

在绘图时经常需要标注文字。VTK 中的类 vtkVectorText 提供矢量文字(目前只支持 ASCII 字母、数字和标点),可以将输入的字符串转为 vtkPolyData。VTK 中的类 vtkFollower 是 vtkActor 的一个子类,可以让对象的位置不随屏幕相机的转动而改变方向。vtkVectorText 与 vtkFollower 结合可以在三维空间显示文字,而 VTK 中的类 vtkTextActor 可以显示二维文字。示例 3.6.10_TextOrigin 中使用了这三个类显示文本:

示例 3.6.10_TextOrigin(部分)

```
vtkSmartPointer < vtkNamedColors > colors =
    vtkSmartPointer < vtkNamedColors > ::New();

// Create the axes and the associated mapper and actor.
vtkSmartPointer < vtkAxes > axes =
    vtkSmartPointer < vtkAxes > ::New();
axes ->SetOrigin(0.5, 0.0, 0);

vtkSmartPointer < vtkPolyDataMapper > axesMapper =
    vtkSmartPointer < vtkPolyDataMapper > ::New();
axesMapper ->SetInputConnection(axes ->GetOutputPort());

vtkSmartPointer < vtkActor > axesActor =
    vtkSmartPointer < vtkActor > ::New();
axesActor ->SetMapper(axesMapper);

// Create the 3D text and the associated mapper and follower (a type of
// actor).  Position the text so it is displayed over the origin of the
// axes.
vtkSmartPointer < vtkVectorText > atext =
    vtkSmartPointer < vtkVectorText > ::New();
atext ->SetText("Origin");

vtkSmartPointer < vtkPolyDataMapper > textMapper =
    vtkSmartPointer < vtkPolyDataMapper > ::New();
    textMapper ->SetInputConnection(atext ->GetOutputPort());

vtkSmartPointer < vtkFollower > textActor =
    vtkSmartPointer < vtkFollower > ::New();
    textActor ->SetMapper(textMapper);
```

```
    textActor ->SetScale(0.1, 0.1, 0.1);

    textActor ->AddPosition(0.5, 0.0, 0);

    textActor ->GetProperty() ->SetColor(1, 0, 0); // red


// Create a text actor.
vtkSmartPointer < vtkTextActor > txt =
    vtkSmartPointer < vtkTextActor > ::New();

    txt ->SetInput("Hello World!");
vtkTextProperty * txtprop = txt ->GetTextProperty();

    txtprop ->SetFontFamilyToArial();

    txtprop ->BoldOn();

    txtprop ->SetFontSize(36);

    txtprop ->ShadowOn();

    txtprop ->SetShadowOffset(4, 4);

    txtprop ->SetColor(colors ->GetColor3d("Cornsilk").GetData());

    txt ->SetDisplayPosition(10, 10);


// Create the Renderer, RenderWindow, and RenderWindowInteractor.
vtkSmartPointer < vtkRenderer > renderer =
    vtkSmartPointer < vtkRenderer > ::New();
vtkSmartPointer < vtkRenderWindow > renderWindow =
    vtkSmartPointer < vtkRenderWindow > ::New();
renderWindow ->AddRenderer(renderer);

renderWindow ->SetSize(640, 480);


vtkSmartPointer < vtkRenderWindowInteractor > interactor =
    vtkSmartPointer < vtkRenderWindowInteractor > ::New();
interactor ->SetRenderWindow(renderWindow);


vtkSmartPointer < vtkInteractorStyleTrackballCamera > style =
    vtkSmartPointer < vtkInteractorStyleTrackballCamera > ::New();
interactor ->SetInteractorStyle( style );


// Add the actors to the renderer.
    renderer ->AddActor(axesActor);

    renderer ->AddActor(textActor);

    renderer ->AddActor(txt);


    renderer ->SetBackground(colors ->GetColor3d("Silver").GetData());
```

303

```
// Zoom in closer.
    renderer ->ResetCamera();

    renderer ->GetActiveCamera() ->Zoom(1.3);

    renderer ->GetActiveCamera() ->Azimuth(15);

    renderer ->SetBackground(colors ->GetColor3d("Silver").GetData());

// Reset the clipping range of the camera; set the camera of the
// follower; render.
    renderer ->ResetCameraClippingRange();

    textActor ->SetCamera(renderer ->GetActiveCamera());

    interactor ->Initialize();

    renderWindow ->Render();

    interactor ->Start();
```

代码中先使用 vtkAxes 创建了一个坐标系;然后使用 vtkVectorText 创建了字符串"Origin",并使用 vtkFollower 使字符串不随图形的旋转等变换而改变方向;最后用 vtkTextActor 创建了字符串"Hello World!",并使用 vtkTextProperty 设置了文字的格式和颜色等。运行结果如图 3.6 – 29 所示。

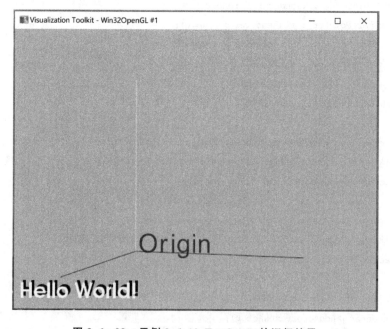

图 3.6 – 29 示例 3.6.10_TextOrigin 的运行结果

在使用 VTK 的过程中,有时需要观察结点编号等,VTK 中的类 vtkLabeledData-Mapper 可以在数据点上渲染文本,文本格式可以使用 vtkTextProperty 设置(该类的使用参考示例 3.6.10_TextOrigin)。示例 3.6.10_LabeledDataMapper 中使用类 vtkLabeledDataMapper 来显示图形的结点编号：

示例 **3.6.10_LabeledDataMapper**(部分)

```cpp
int main(int, char *[])
{
    /////////////////////////////////////////////////
    //  Create a Cone
    /////////////////////////////////////////////////
    vtkSmartPointer < vtkConeSource > coneSource =
        vtkSmartPointer < vtkConeSource > ::New();
    coneSource ->SetResolution(10);
    coneSource ->SetCenter(0, 1, 0);
    coneSource ->Update();

    vtkSmartPointer < vtkPolyData > cone = coneSource ->GetOutput();
    int nPoints = cone ->GetNumberOfPoints();
    int nCells = cone ->GetNumberOfCells();
    double pnt[3];

    std::cout << "Points number:" << nPoints << std::endl;
    std::cout << "Cells  number:" << nCells << std::endl;

    vtkSmartPointer < vtkPolyDataMapper > coneMapper =
        vtkSmartPointer < vtkPolyDataMapper > ::New();
    coneMapper ->SetInputData(cone);

    vtkSmartPointer < vtkActor > coneActor =
        vtkSmartPointer < vtkActor > ::New();
    coneActor ->GetProperty() ->SetColor(0.0, 1.0, 1.0);
    coneActor ->GetProperty() ->SetEdgeVisibility(1);
    coneActor ->GetProperty() ->SetEdgeColor(0, 0, 1);
    coneActor ->SetMapper(coneMapper);

    /////////////////////////////////////////////////
    //  Create a point set
    /////////////////////////////////////////////////
    vtkSmartPointer < vtkPolyData > pointsData =
        vtkSmartPointer < vtkPolyData > ::New();
    pointsData ->SetPoints(cone ->GetPoints());
    pointsData ->SetVerts(cone ->GetVerts());
```

```cpp
// Create a mapper and actor
vtkSmartPointer < vtkPolyDataMapper > pointMapper =
    vtkSmartPointer < vtkPolyDataMapper > ::New();
pointMapper ->SetInputData(pointsData);

vtkSmartPointer < vtkActor > pointActor =
    vtkSmartPointer < vtkActor > ::New();
pointActor ->SetMapper(pointMapper);
//pointActor ->GetProperty() ->SetPointSize(10);
//pointActor ->GetProperty() ->SetColor(1, 1, 0.4);

vtkSmartPointer < vtkLabeledDataMapper > labelMapper =
    vtkSmartPointer < vtkLabeledDataMapper > ::New();
labelMapper ->SetInputData(pointsData);

vtkSmartPointer < vtkNamedColors > colors =
    vtkSmartPointer < vtkNamedColors > ::New();
vtkTextProperty * txtprop = labelMapper ->GetLabelTextProperty();
txtprop ->SetFontFamilyToArial();
txtprop ->BoldOn();
txtprop ->SetFontSize(15);
//txtprop ->ShadowOn();
//txtprop ->SetShadowOffset(4, 4);
txtprop ->SetColor(colors ->GetColor3d("Red").GetData());

vtkSmartPointer < vtkActor2D > labelActor =
    vtkSmartPointer < vtkActor2D > ::New();
labelActor ->SetMapper(labelMapper);

// Create a renderer, render window, and interactor
vtkSmartPointer < vtkRenderer > renderer =
    vtkSmartPointer < vtkRenderer > ::New();
vtkSmartPointer < vtkRenderWindow > renderWindow =
    vtkSmartPointer < vtkRenderWindow > ::New();
renderWindow ->AddRenderer(renderer);
vtkSmartPointer < vtkRenderWindowInteractor > renderWindowInteractor =
    vtkSmartPointer < vtkRenderWindowInteractor > ::New();
renderWindowInteractor ->SetRenderWindow(renderWindow);
```

```
                // Add the actor to the scene
        renderer ->AddActor(pointActor);

        renderer ->AddActor(labelActor);

        renderer ->AddActor(coneActor);


        renderer ->SetBackground(.1, .3, .2); // Background color green


                                            // Render and interact
        renderWindow ->Render();

        renderWindowInteractor ->Start();


        return EXIT_SUCCESS;
    }
```

代码中先创建了一个圆锥，然后提取其结点和顶点并创建了一个新的 vtkPolyData 对象，使用 vtkLabeledDataMapper 将结点编号显示出来。运行结果如图 3.6 - 30 所示。

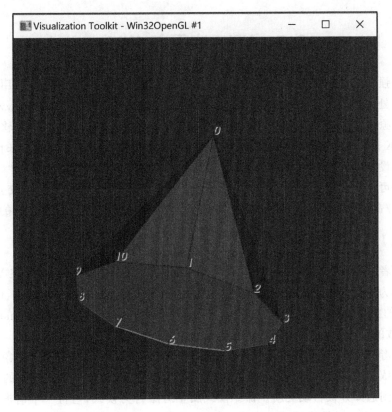

图 3.6 - 30　示例 3.6.10_LabeledDataMapper 的运行结果

307

3.6.11 小 结

图形处理是 VTK 中的一个重要内容。本节主要以多边形数据(vtkPolyData)为例来说明怎样利用 VTK 开发图形处理的应用程序。vtkPolyData 是一种使用较为广泛的 VTK 数据结构,而且在实际应用中,用 vtkPolyData 可以表示很多常用的数据,例如点云数据、面片模型等。因此,掌握 vtkPolyData 数据及其处理是学习 VTK 的一个重要内容。本节开始分析了 vtkPolyData 数据的基本组成、创建方法和显示管线。掌握这些基本内容,便了解了怎样将实际中的数据转换成一个 vtkPolyData 数据,并根据不同的需求将它显示出来。接着以一些简单的示例来分析一些 vtkPolyData 的基本操作,包括距离、面积、包围盒、法向量以及符号化等。这些都是高级图形处理的基本工具。对于高级图形处理,本节选择了一些比较有代表性的实例,着重分析了图形平滑、封闭性检测、连通性分析、多分辨率处理、表面重建、点云配准、纹理映射、文本与标注等内容。掌握了这些内容,便可解决许多实际的工程问题,此外,还可以将实现自定义的算法用于处理图形数据,当然这也需要继续阅读本书关于如何自定义 VTKFilter 的相关内容。

3.7 VTK 交互与 Widget

一个强大的可视化系统不仅需要强大的数据处理能力,也需要方便易用的交互功能。图形处理软件 ParaView、德国癌症研究中心研发的 MITK(http://www.mitk.org)等开源软件系统都提供了强大的交互功能,作为 ParaView、MITK 等软件构建基础的 VTK 同样也提供了各种各样的交互功能。VTK 交互除了可以监听来自鼠标、键盘等外部设备的消息之外,还可以在渲染场景中生成功能各异的交互部件(Widget),用于控制可视化过程的参数,达到用户的渲染要求。本节将介绍 VTK 的交互功能,包括观察者/命令(Observer/Command)模式以及 VTK 提供的各种用于交互的 Widget。

3.7.1 观察者/命令模式

观察者/命令模式是 VTK 里用得较多的设计模式。本节将详细介绍在 VTK 中这种交互行为是如何实现的。VTK 中绝大多数的类都派生自类 vtkObject。查看类 vtkObject 的接口可以找到 AddObserver()、RemoveObserver()、GetCommand()等函数,从函数的字面意思可以看出,这些函数是与观察者/命令模式相关的。

观察者/命令模式是指一个 Object 可以有多个 Observer,它定义了对象间的一种一对多的依赖关系,当一个 Object 对象的状态发生改变时,所有依赖于它的 Observer 对象都得到通知并被自动更新。命令模式属于对象行为模式,它将一个请求封装为一个对象,并提供一致性发送请求的接口,当一个事件发生时,它不直接把事件传递给事件调用者,而是在命令和调用者之间增加一个中间者,将这种直接关系切断,同时将两

者都隔离。事件调用者只是和接口打交道,不和具体事件实现交互。在 VTK 中,可以
通过两种方式实现观察者/命令模式,它们分别是使用事件回调函数以及从 vtkCom-
mand 派生出具体的子类。

3.7.1.1 事件回调函数

在类 vtkObject 中,有如下函数:

```
unsigned long AddObserver(unsigned long event, vtkCommand * , float priority = 0.0f);
unsigned long AddObserver(const char * event, vtkCommand * , float priority = 0.0f);
```

　　AddObserver()函数的作用就是针对某个事件添加观察者到某个 VTK 对象中,当
该对象发生观察者感兴趣的事件时,就会自动调用事件回调函数,执行相关的操作。示
例 3.7.1_ObserverCommandDemo1 演示了在 VTK 里是如何使用事件回调函数实现
观察者/命令模式(详见随书代码 3.7.1_ObserverCommandDemo1.cpp):

示例 3.7.1_ObserverCommandDemo1

```cpp
# include < vtkSmartPointer.h >
# include < vtkPNGReader.h >
# include < vtkImageViewer2.h >
# include < vtkRenderWindowInteractor.h >
# include < vtkCallbackCommand.h >
# include < vtkRenderWindow.h >
# include < vtkRenderer.h >

long pressCounts = 0;

//第一步,定义事件回调函数。注意事件回调函数的签名不能更改
void MyCallbackFunc(vtkObject * , unsigned long eid, void * clientdata, void * calldata)
{
    std::cout << "You have clicked: " << ++ pressCounts << " times." << std::endl;
}

//测试图像:../data/VTK-logo.png
int main(int argc, char * argv[])
{
    //if (argc < 2)
    //{
    //std::cout << argv[0] << " " << "ImageFile( * .png)" << std::endl;
    //return 0;
    //}

    vtkSmartPointer < vtkPNGReader > reader = vtkSmartPointer < vtkPNGReader > ::New
();
```

```
    //reader ->SetFileName(argv[1]);
    reader ->SetFileName("../data/VTK-logo.png");

    vtkSmartPointer < vtkImageViewer2 > viewer = vtkSmartPointer < vtkImageViewer2
>::New();
    viewer ->SetInputConnection(reader ->GetOutputPort());

    vtkSmartPointer < vtkRenderWindowInteractor > interactor =  vtkSmartPointer <
vtkRenderWindowInteractor >::New();
    viewer ->SetupInteractor(interactor);
    viewer ->Render();

    viewer ->GetRenderer() ->SetBackground(1.0, 1.0, 1.0);
    viewer ->SetSize(640, 480);
    viewer ->GetRenderWindow() ->SetWindowName("ObserverCommandDemo1");

    //第二步,设置事件回调函数
    vtkSmartPointer < vtkCallbackCommand > mouseCallback =
        vtkSmartPointer < vtkCallbackCommand >::New();
    mouseCallback ->SetCallback ( MyCallbackFunc );

    //第三步,将 vtkCallbackCommand 对象添加到观察者列表
    interactor ->SetRenderWindow(viewer ->GetRenderWindow());
    interactor ->AddObserver(vtkCommand::LeftButtonPressEvent, mouseCallback);

    interactor ->Initialize();
    interactor ->Start();

    return EXIT_SUCCESS;
}
```

示例 3.7.1_ObserverCommandDemo1 的功能非常简单,首先读入一幅 PNG 图像,然后监听鼠标左键消息,如果单击图像,那么就在控制台打印出相应的信息。由此可以看出,VTK 里使用事件回调函数实现观察者/命令模式主要分为以下三个步骤:

(1)定义事件回调函数。事件回调函数的函数签名只能是以下形式:

```
void func(vtkObject * obj, unsigned long eid, void * clientdata, void * calldata)
```

其中,obj 是调用事件的对象(即调用 AddObserver()函数的对象,在本例中即为 inter-actor);eid 为所要监听的事件 ID,VTK 中的事件定义于 vtkCommand.h 文件中;cli-entdata 是与 vtkCallbackCommand 实例相关联的数据,简单来说,是指当事件回调函

数需要访问主程序里的数据时,由主程序向事件回调函数传递的数据,可以通过 vtk-CallbackCommand::SetClientData()函数设置;calldata 是指当执行 vtkObject::InvokeEvent()函数时,随着事件回调函数发送的数据,比如当调用 ProgessEvent 事件时,会自动发送当前的进度值作为 calldata。

(2) 创建一个 vtkCallbackCommand 对象,并调用 vtkCallbackCommand::SetCallback()函数设置所定义的事件回调函数,代码如下:

```
vtkSmartPointer < vtkCallbackCommand > mouseCallback =
    vtkSmartPointer < vtkCallbackCommand > ::New();
mouseCallback ->SetCallback ( MyCallbackFunc );
```

(3) 将 vtkCallbackCommand 对象添加到对象的观察者列表中,代码如下:

```
interactor ->AddObserver(vtkCommand::LeftButtonPressEvent, mouseCallback);
```

vtkRenderWindowInteractor 提供了一种独立于平台的交互机制,用来响应不同平台的鼠标、按键和时钟等消息。当渲染窗口中有事件发生时(如单击消息),vtkRenderWindowInteractor 内部会调用与平台相关的子类,将该消息转换成对应平台的消息。因此,该示例通过 vtkRenderWindowInteractor 监听鼠标左键按下消息,一旦监听到对象的观察者列表中的消息时,程序会自动调用事件回调函数。该示例的运行结果如图 3.7 - 1 所示。

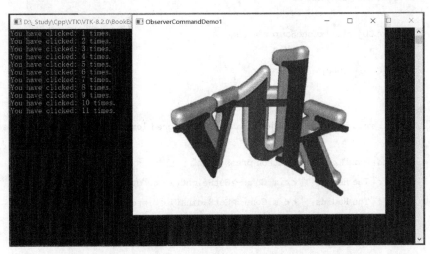

图 3.7 - 1 示例 3.7.1_ObserverCommandDemo1 的运行结果

3.7.1.2 vtkCommand 子类

观察者/命令模式除了使用事件回调函数外,还可以直接从类 vtkCommanxd 中派生出子类来实现。详细用法请参考示例 3.7.1_ObserverCommandDemo2(详见随书代码 3.7.1_ObserverCommandDemo2.cpp):

示例 3.7.1_ObserverCommandDemo2

```
#include < vtkSmartPointer.h >
#include < vtkConeSource.h >
#include < vtkPolyDataMapper.h >
#include < vtkRenderWindow.h >
#include < vtkRenderWindowInteractor.h >
#include < vtkCamera.h >
#include < vtkActor.h >
#include < vtkRenderer.h >
#include < vtkCommand.h >
#include < vtkBoxWidget.h >
#include < vtkTransform.h >
#include < vtkInteractorStyleTrackballCamera.h >


//第一步
class vtkMyCallback : public vtkCommand
{
public:
    static vtkMyCallback * New()
    {return new vtkMyCallback; }

    void SetObject(vtkConeSource * cone)
    {
        m_Cone = cone;
    }


    virtual void Execute(vtkObject * caller, unsigned long eventId, void * callData)
    {
        std::cout << "Left button pressed.\n"
        << "The Height: " << m_Cone ->GetHeight() << "\n"
        << "The Radius: " << m_Cone ->GetRadius() << std::endl;
    }

private:
    vtkConeSource * m_Cone;
};


int main()
{
    vtkSmartPointer < vtkConeSource > cone = vtkSmartPointer < vtkConeSource >::New
();
```

```
cone->SetHeight( 3.0 );
cone->SetRadius( 1.0 );
cone->SetResolution( 10 );

vtkSmartPointer < vtkPolyDataMapper > coneMapper =
    vtkSmartPointer < vtkPolyDataMapper > ::New();
coneMapper->SetInputConnection( cone->GetOutputPort() );

vtkSmartPointer < vtkActor > coneActor = vtkSmartPointer < vtkActor > ::New();
coneActor->SetMapper( coneMapper );

vtkSmartPointer < vtkRenderer > ren1 = vtkSmartPointer < vtkRenderer > ::New();
ren1->AddActor( coneActor );
ren1->SetBackground( 1.0, 1.0, 1.0 );

vtkSmartPointer < vtkRenderWindow > renWin =
    vtkSmartPointer < vtkRenderWindow > ::New();
renWin->AddRenderer( ren1 );
renWin->SetSize( 640, 480 );
renWin->Render();
renWin->SetWindowName("ObserverCommandDemo2");

vtkSmartPointer < vtkRenderWindowInteractor > iren =
    vtkSmartPointer < vtkRenderWindowInteractor > ::New();
iren->SetRenderWindow(renWin);

vtkSmartPointer < vtkInteractorStyleTrackballCamera > style =
    vtkSmartPointer < vtkInteractorStyleTrackballCamera > ::New();
iren->SetInteractorStyle(style);

//第二步
vtkSmartPointer < vtkMyCallback > callback = vtkSmartPointer < vtkMyCallback > ::
New();
callback->SetObject(cone);

//第三步
iren->AddObserver(vtkCommand::LeftButtonPressEvent, callback);

iren->Initialize();
```

313

```
        iren->Start();


        return EXIT_SUCCESS;
}
```

以上示例演示的同样是监听鼠标左键单击消息,如果监听到单击消息,那么就在控制台中打印出主程序所设置的锥体的高和底面半径等信息。类 vtkMyCallback 是从类 vtkCommand 中派生的,SetObject()函数用于设置锥体对象。利用这种方式使用 VTK 的观察者/命令模式时也应遵循如下三个步骤:

(1) 从类 vtkCommand 派生出子类,并实现 vtkCommand::Execute()虚函数,该函数原型为:

```
virtual void Execute(vtkObject * caller, unsigned long eventId, void * callData) = 0;
```

因为 Execute()是纯虚函数,所以从类 vtkCommand 派生的子类都必须实现这个方法。另外,类 vtkMyCallbackx 还定义了一个接口 SetObject(),用来设置锥体对象。该对象主要用于由主程序向类 vtkMyCallback 中传递数据。

(2) 在主程序中实例化一个 vtkCommand 子类的对象以及调用相关的方法。

(3) 调用 AddObserver()函数监听感兴趣的事件。如果所监听的事件发生,则会调用 vtkCommand 子类中的 Execute()函数。因此,针对所监听的事件,程序需要实现的功能一般都放在 Execute()函数中。

3.7.2 交互器样式

3.7.1 节介绍的观察者/命令模式是 VTK 实现交互的方式之一。在示例 3.3.1_RenderCylinder 中就已经接触过 VTK 的另外一种交互方式,在如图 3.3－1 所示的窗口中可以使用鼠标与柱体进行交互。比如使用鼠标滚轮可以对柱体进行放大、缩小;按住鼠标左键不放,然后移动鼠标可以转动柱体;按住鼠标左键的同时按下"Shift"键,移动鼠标可以移动整个柱体;按下"Ctrl"键的同时,再按下鼠标左键可以实现旋转功能;将鼠标停留在柱体上,然后按下"P"键可以实现对象的选取;按下"E"键可以退出 VTK 应用程序等。

那么 VTK 是如何捕捉这些消息并实现交互功能的呢？下面我们带着这个问题来探讨 VTK 的交互机制。

类 vtkRenderWindowInteractor,即渲染窗口交互器,提供一种平台独立的响应鼠标/按键/时钟事件的交互机制,可将平台相关的鼠标/按键/时钟等消息路由至 vtkInteractorObserver 或其子类。也就是说,vtkRenderWindowInteractor 作为一个基类,其具体的功能是由平台相关的子类(如 vtkWin32RenderWindowInteractor)完成的。当它从窗口系统中监听到感兴趣的事件(消息)时,通过调用 InvokeEvent()函数将平台相关的事件翻译成 VTK 事件,而这些 VTK 事件是平台独立的,然后路由至 vtkInteractorObserver 或其子类,再由已经对该事件进行注册的 vtkInteractorObserver 或其子类响应具体的操作。

示例 3.7.2_InteractionDemo 使用程序断点调试的方法演示了消息在 VTK 里是如何传递的(详见随书代码 3.7.2_InteractionDemo.cpp)：

示例 3.7.2_InteractionDemo(部分)

```cpp
vtkSmartPointer < vtkJPEGReader > reader =
    vtkSmartPointer < vtkJPEGReader > ::New();
reader ->SetFileName(fileName);
reader ->Update();

vtkSmartPointer < vtkImageActor > imageActor =
    vtkSmartPointer < vtkImageActor > ::New();
imageActor ->SetInputData( reader ->GetOutput() );

vtkSmartPointer < vtkRenderer > renderer =
    vtkSmartPointer < vtkRenderer > ::New();
renderer ->AddActor( imageActor );
renderer ->SetBackground(1.0, 1.0, 1.0);

vtkSmartPointer < vtkRenderWindow > renWin =
    vtkSmartPointer < vtkRenderWindow > ::New();
renWin ->AddRenderer( renderer );
renWin ->SetSize( 640, 480 );
renWin ->Render();
renWin ->SetWindowName("InteractionDemo");

vtkSmartPointer < vtkRenderWindowInteractor > iren =
    vtkSmartPointer < vtkRenderWindowInteractor > ::New();
iren ->SetRenderWindow(renWin);

vtkSmartPointer < vtkInteractorStyleImage > style =
    vtkSmartPointer < vtkInteractorStyleImage > ::New();
iren ->SetInteractorStyle(style);
iren ->Initialize();
iren ->Start();
```

示例 3.7.2_InteractionDemo 先读入一幅 JPEG 图像,然后用 vtkImageActor、vtkRenderer、vtkRenderWindow 等建立可视化管线。需要注意的是,在该示例中,使用类 vtkInteractorStyleImage 作为交互器样式。该交互器样式预设了针对二维图像的交互功能,如同时按下"Ctrl"键和鼠标左键可以实现图像的旋转;同时按下"Shift"键和鼠标左键可以实现图像的平移;按住鼠标左键并移动鼠标可以调节图像的窗宽和窗位;按"R"键可以实现图像的窗宽和窗位的重置;滑动鼠标滚轮可以实现图像的放缩等。

由前述内容可知,vtkRenderWindowInteractor 是一个基类,具体的操作是由平台相关的子类实现的。该示例程序是运行于 Win32 平台下的,因此,该平台下的消息先由类 vtkWin32RenderWindowInteractor 捕获。这里以窗宽和窗位的重置功能为例,跟踪当用户按下"R"键时,消息是如何传递的。

3.7.3   VTK Widget

由 3.7.2 节可知,交互器样式(如 vtkInteractorStyleImage)主要根据不同的键盘、鼠标等消息来控制相机(vtkCamera)、Actor 等相关参数,从而达到交互的目的。而在渲染场景中,这些交互器样式是没有表达实体的。也就是说,在交互之前,用户必须知道哪些键盘消息或者鼠标消息是与哪些事件绑定的,在整个交互过程中,用户"看不到"交互器样式长什么样子。比如在使用 vtkInteractorStyleImage 交互器样式时,用户必须知道"R"键是用于窗宽、窗位、相机参数等的重置的,鼠标滚轮可以缩放图像,按住鼠标左键不放然后移动鼠标可以调节窗宽、窗位等。

但是在与渲染场景中的对象进行交互时,如果可以"看得见"交互的样式,那么这样的交互过程也许会变得更加人性化。比如要在地图上测量 AB 两点之间的距离,直观的做法是:在 A 点上单击,当松开鼠标后,程序在单击的位置上生成一个端点(该端点可以是圆形、十字形或者其他任何形状的);然后移动鼠标至终点,在鼠标移动过程中,A 点与鼠标光标的当前位置之间生成一条直线,当鼠标移动至 B 点时再单击 B 点位置,即可显示出 AB 两点的距离并在 AB 两点之间生成一条直线。这样的交互方式显然比 3.7.2 节的交互器样式更加直观、生动。

VTK 交互除了提供各种交互器样式外,还提供了功能更为强大的、可以"看得见"的交互部件,即 Widget。VTK 的类 Widget 主要包括 vtk3DWidget 和 vtkAbstract-Widget 两个父类,其继承关系如图 3.7 - 2 所示。从图 3.7 - 2 可知,vtk3DWidget 和 vtkAbstractWidget 都派生自 vtkInteractorObserver,其中前者主要是在三维渲染场景中生成一个可以用于控制数据的可视化实体,比如点、线段(曲线)、平面、球体、包围盒(线框)等;而后者是 VTK 里实现交互/表达(interaction/representation)实体设计的所有 Widget 的基类。

vtk3DWidget 和 vtkAbstractWidget 的共同基类 vtkInteractorObserver 里的虚函数 OnChar(),主要用于响应交互的开关状态,即当用户按下"I"键时,可以实现 Widget 表达实体的显示与隐藏及决定它是否响应用户消息。对应的方法为:

```
vtkInteractorObserver::SetEnable(int);
vtkInteractorObserver::EnableOn();
vtkInteractorObserver::EnableOff();
vtkInteractorObserver::On();
vtkInteractorObserver::Off();
```

VTK 中 Widget 的设计是从 VTK 5.0 版本开始引入的,而最初的 Widget 是从 vtk3DWidget 派生出来的,从 VTK 5.1 版本开始,VTK Widget 重新进行设计,主要的

设计理念是将 Widget 的消息处理与几何表达实体分离,但还是保留了 vtk3DWidget
及其子类。vtkAbstractWidget 作为基类,只定义一些公共的 API 以及实现了交互/表

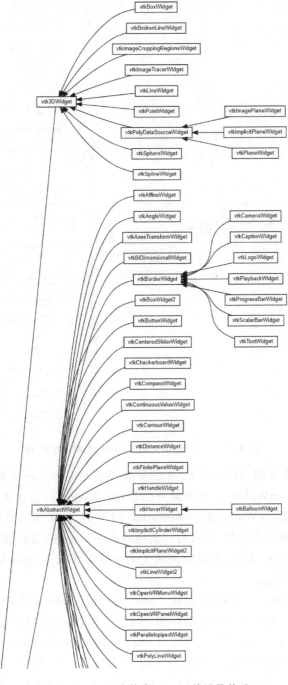

图 3.7 - 2   VTK 中的类 Widget 的继承关系

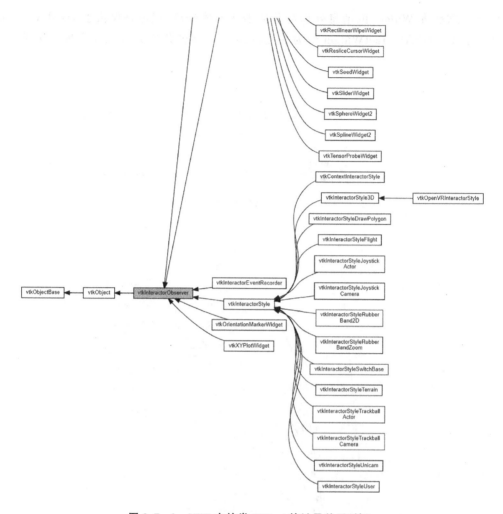

图 3.7 - 2　VTK 中的类 Widget 的继承关系(续)

达实体分离的设计机制,其中,把从 vtkRenderWindowInteractor 路由过来的消息(事件)交给 vtkAbstractWidget 的交互部分处理,而 Widget 的表达实体则对应一个 vtk-Prop 对象(或者是 vtkWidgetRepresentation 的子类)。这样做的好处是事件处理与 Widget 的表达实体互不干扰,而且可以实现同类 Widget 使用不同的表达形式,比如对于测量距离的 Widget 来说,可以定义两个十字形作为该 Widget 的两个端点(也可以定义两个球体来表达)。

此外,类 vtkAbstractWidget 提供了访问 vtkWidgetEventTranslator 对象的函数,即 GetEventTranslator(),该对象的作用是可以将 VTK 事件映射为 Widget 事件(定义于 vtkWidgetEvent. h 文件中)。通过类 vtkWidgetEventTranslator,用户可以定制符合自己使用习惯的控制 Widget 的事件绑定,比如对于一个测量长度的 Widget(vtkDistanceWidget),默认的操作是鼠标左键可以确定两个端点的位置,如果对这种操作不习惯,想用鼠标右键来实现同样的功能,那么可以通过以下代码来完成:

```
vtkWidgetEventTranslator * eventTranslator = widget ->GetEventTranslatorQ;
eventTranslator ->SetTranslation(
    vtkCommand：：RightButtonPressEvent,
    vtkWidgetEvent：：Select);
eventTranslator ->SetTranslation(
    vtkCommand：： RightButtonReleaseEvent,
    vtkWidgetEvent：：EndSelect);
```

每个 vtkAbstractWidget 子类的内部都会根据各个子类的功能,使用类 vtkWid-getEventTranslator 将 VTK 事件翻译成 Widget 事件,同时,利用类 vtkWidgetCall-backMapper 将相应的 Widget 事件与各个受保护的静态操作函数关联起来。

以 vtkDistanceWidget 为例,在该类的构造函数中,有如下代码:

```
this ->CallbackMapper ->SetCallbackMethod(vtkCommand：：LeftButtonPressEvent,
    vtkWidgetEvent：：AddPoint,
    this, vtkDistanceWidget：：AddPointAction);
this ->CallbackMapper ->SetCallbackMethod(vtkCommand：：MouseMoveEvent,
    vtkWidgetEvent：：Move,
    this, vtkDistanceWidget：：MoveAction);
this ->CallbackMapper ->SetCallbackMethod(vtkCommand：：LeftButtonReleaseEvent,
    vtkWidgetEvent：：EndSelect,
    this, vtkDistanceWidget：：EndSelectAction);
```

上述代码中的 CallbackMapper 即为 vtkWidgetCallbackMapper 类型,SetCall-backMethod()函数的代码如下:

```
void vtkWidgetCallbackMapper：：SetCallbackMethod(unsigned long VTKEvent,
    unsigned long widgetEvent,
    vtkAbstractWidget * w,
    CaltbackType f)
{
    this ->EventTranslator ->SetTranslation(VTKEvent, widgetEvent);
    this ->SetCallbackMethod(widgetEvent, w, f);
}
```

从以上两段代码可以看出,vtkWidgetCallbackMapper：：SetCallbackMethod()将 VTK 消息与实际的操作函数联系起来,SetCallbackMethod()函数内部则是调用 vtk-WidgetEventTranslator：：SetTranslation()方法将 VTK 事件翻译成 Widget 事件,这种实现机制有点类似 Qt 里的信号槽连接。

3.7.3.1 创建 Widget 交互

虽然每个 Widget 都提供了不同的功能以及不同的 API,但是 Widget 的创建以及使用基本都是类似的,一般步骤如下:

（1）实例化 Widget。

（2）指定渲染窗口交互器。Widget 可以通过它监听用户事件。

（3）必要时使用观察者/命令模式创建事件回调函数。与 Widget 交互时，它会调用一些通用的 VTK 事件，如 StartInteractionEvent、InteractionEvent 以及 EndInteractionEvent。用户通过监听这些事件并做出响应，从而可以更新数据、可视化参数或者应用程序的 GUI 等。

（4）创建合适的几何表达实体，并用 SetRepresentation()函数把它与 Widget 关联起来，或者使用 Widget 默认的几何表达实体。

（5）激活 Widget，使它在渲染场景中显示。在默认情况下，"I"键用于激活 Widget，使它在场景中可见。

正如前文所述，如果对 Widget 默认的事件绑定不满意，需要根据自己习惯自定义事件绑定，那么可以使用类 vtkWidgetEventTranslator。同样，也可以使用该类的 RemoveTranslation()函数取消已经绑定的事件，代码如下：

```
translator ->RemoveTranslation(vtkCommand::LeftButtonPressEvent);
translator ->RemoveTranslation(vtkCommand::LeftButtonReleaseEvent);
```

vtkWidget 除了响应来自用户的事件以外，也响应一些其他事件，比如时钟事件。以 vtkBalloonWidget 为例，该 Widget 主要用于当鼠标在某个 Actor 上停留指定的时间间隔后，弹出文本或图像等类型的提示信息。所以，对于这个 Widget 来说，它会监听交互器上的 MouseMoveEvent 和 TimerEvent 事件，当鼠标在某个 Actor 上停留的时间达到用户设定的"Timer Duration"（时间间隔）时，就会执行相应操作。

对于渲染窗口交互器的事件来说，有可能在某一时刻有多个对象监听，这些类包括 vtkInteractorObserver 的所有子类，如 vtkInteractorStyle 或者场景中的一个或多个类 Widget。在渲染场景中移动鼠标时，如果不是在某个 Widget 上移动，那么鼠标的移动事件就会被 vtkInteractorStyle 捕获；如果是在某个 Widget 上移动，那么鼠标的移动事件就会被这个 Widget 捕获。这种情景可能会导致事件的竞争。而对事件竞争的处理机制就是优先级（priorities）。所有 vtkInteractorObserver 的子类都会通过 SetPriority()函数设置一个优先级。拥有高优先级的对象比拥有低优先级的对象优先处理事件，还可以对捕获到的事件选择处理还是丢弃，实际上就是获取了"焦点"（focus）。实际上，Widget 可以比 vtkInteractorStyle 优先处理事件也是因为它拥有比 vtkIneractorStyle 高的优先级。

3.7.3.2 测量类 Widget

与测量相关的主要 Widget 如下：

- vtkDistanceWidget：用于在二维平面上测量两点之间的距离。
- vtkAngleWidget：用于二维平面的角度测量。
- vtkBiDimensionalWidget：用于测量二维平面上任意两个正交方向的轴长。

按照 3.7.3.1 节里的步骤创建一个用于测量距离的 Widget，示例 3.7.3_MeasurementWidget(详见随书代码 3.7.3_MeasurementWidget. cpp)演示了这个过程:

示例 3.7.3_MeasurementWidget(部分)

```
vtkSmartPointer < vtkDistanceWidget > distanceWidget =
    vtkSmartPointer < vtkDistanceWidget > ::New();
distanceWidget ->SetInteractor(renderWindowInteractor);
distanceWidget ->CreateDefaultRepresentation();
static_cast < vtkDistanceRepresentation * >(distanceWidget ->GetRepresentation())
    ->SetLabelFormat(" % - #6.3g px");

renderWindowInteractor ->Initialize();
renderWindow ->Render();
distanceWidget ->On();
```

以上代码中使用了类 vtkDistanceWidget 测量二维空间的距离:先实例化一个 vtkDistanceWidget 实例;然后调用该类的 SetInteractor()函数设置渲染窗口交互器;接着调用 CreateDefaultRepresentation()函数创建默认的几何表达实体,即用十字形表示两个端点,端点之间使用带有刻度的直线连接(需要注意的是,在程序中调用 SetLabelFormat()函数设置两点之间所测距离的文本表示格式);最后调用 On()函数激活 vtkDistanceWidget 实例。

程序运行后,用户只要用鼠标左键单击屏幕,然后松开鼠标并移至另外一个点,即会在两点之间生成一条线段,并有距离的测量值,程序运行结果如图 3.7 - 3(a)所示(图 3.7 - 3(b)所示为使用类 vtkAngleWidge 的程序运行结果,图 3.7 - 3(c)所示为使用类 vtkBiDimensionalWidget 的程序运行结果)。

用于角度测量的 vtkAngleWidget 以及用于二维正交方向长度测量的 vtkBiDimensionalWidget 的使用方法与 vtkDistanceWidget 类似,它们的二维几何表达形式分别为 vtkAngleRepresentation2D 和 vtkBiDimensionalRepresentation2D。

(a) 类vtkDistanceWidget　　　(b) 类vtkAngleWidge　　　(c) 类vtkBiDimensionalWidget

图 3.7 - 3　示例 3.7.3_MeasurementWidget 的运行结果

3.7.3.3 标注类 Widget

在可视化应用程序中,经常会对某个对象做一些标注说明。比如在医学图像诊断中,常常会手动标注出被诊断为肿瘤的区域或者其他病变区域,并用文字等进行标注。又如在气象领域中,会用一些颜色图标表示各个地理区域在某个时间段温度高低的分布情况等。在 VTK 中与标注相关的主要 Widget 如下:

- vtkTextWidget:在渲染场景中生成一串标识文本,可以随意调整该文本在渲染场景中的位置,缩放其大小等。
- vtkScalarBarWidget:根据输入的数据在渲染场景中生成一个标量条,通过设置颜色查找表,可以用标量条上的颜色来指示输入的数据。渲染场景中的标量条可以随意移动、改变大小、设置不同的方向等。
- vtkCaptionWidget:用一个带线框及箭头的文本信息标注某一对象。
- vtkOrientationMarkerWidget:渲染场景中所渲染数据的方向指示标志。在医学图像应用程序中有广泛的应用,比如通过 CT、MR 等扫描的数据,当将它们导入可视化应用程序时,需要标识其上、下、左、右、前、后等方位。
- vtkBalloonWidget:当鼠标停留在渲染场景中的某个 Actor 一段时间后,会弹出提示信息。所提示的信息除了可以用文本表示外,也可以用图像表示。

示例 3.7.3_AnnotationWidget(详见随书代码 3.7.3_AnnotationWidget.cpp)演示了以上几个 Widget 的用法,程序运行结果如图 3.7 - 4 所示。

示例 3.7.3_AnnotationWidget(部分)

```
// vtkScalarBarWidget
vtkSmartPointer < vtkScalarBarActor > scalarBarActor = vtkSmartPointer < vtkScalarBar-
Actor > ::New();
scalarBarActor ->SetOrientationToHorizontal();
scalarBarActor ->SetLookupTable(lut);


vtkSmartPointer < vtkScalarBarWidget > scalarBarWidget = vtkSmartPointer < vtkScalar-
BarWidget > ::New();
scalarBarWidget ->SetInteractor(interactor);
scalarBarWidget ->SetScalarBarActor(scalarBarActor);
scalarBarWidget ->On();


// vtkTextWidget
vtkSmartPointer < vtkTextActor > textActor =
    vtkSmartPointer < vtkTextActor > ::New();
textActor ->SetInput("VTK Widgets");
textActor ->GetTextProperty() ->SetColor( 0.0, 1.0, 0.0 );

vtkSmartPointer < vtkTextWidget > textWidget =
    vtkSmartPointer < vtkTextWidget > ::New();
```

```
vtkSmartPointer < vtkTextRepresentation > textRepresentation =
    vtkSmartPointer < vtkTextRepresentation > ::New();
textRepresentation ->GetPositionCoordinate() ->SetValue( .15, .15 );
textRepresentation ->GetPosition2Coordinate() ->SetValue( .7, .2 );
textWidget ->SetRepresentation( textRepresentation );

textWidget ->SetInteractor(interactor);
textWidget ->SetTextActor(textActor);
textWidget ->SelectableOff();
textWidget ->On();


// vtkBalloonWidget
    vtkSmartPointer < vtkBalloonRepresentation > balloonRep =
vtkSmartPointer < vtkBalloonRepresentation > ::New();
balloonRep ->SetBalloonLayoutToImageRight();

vtkSmartPointer < vtkBalloonWidget > balloonWidget =
    vtkSmartPointer < vtkBalloonWidget > ::New();
balloonWidget ->SetInteractor(interactor);
balloonWidget ->SetRepresentation(balloonRep);
balloonWidget ->AddBalloon(actor, "This is a widget example",NULL);
balloonWidget ->On();


// vtkOrientationMarkerWidget
    vtkSmartPointer < vtkAxesActor > iconActor = vtkSmartPointer < vtkAxesActor > ::
New();
    vtkSmartPointer < vtkOrientationMarkerWidget > orientationWidget  =
vtkSmartPointer < vtkOrientationMarkerWidget > ::New();
orientationWidget ->SetOutlineColor( 0.9300, 0.5700, 0.1300 );
orientationWidget ->SetOrientationMarker( iconActor );
orientationWidget ->SetInteractor( interactor );
orientationWidget ->SetViewport( 0.0, 0.0, 0.2, 0.2 );
orientationWidget ->SetEnabled( 1 );
orientationWidget ->InteractiveOn();
```

以上 Widget 在使用时需要注意的地方是,除了指定 Widget 的表达实体以外,某些 Widget 还需要与其他 Actor 协同使用,比如 vtkScalarBarWidget 要与 vtkScalarBar-Actor 协同工作,vtkTextWidget 要与 vtkTextActor 协同工作等。

图 3.7－4　示例 3.7.3_AnnotationWidget 的运行结果

3.7.3.4 分割/配准类 Widget

图像分割与配准是数字图像处理技术两大主要的应用领域,特别是在医学图像处理中,其应用更加广泛。著名的医学图像分割与配准工具包 ITK(Insight Segmentation and Registration Toolkit)的重要应用领域就是图像分割与配准。ITK 实现了许多经典的分割、配准算法,但不提供可视化的功能,因此,在应用中一般都会和 VTK 一起使用。由 ITK 负责分割、配准等数据处理,其处理结果由 VTK 进行显示,必要时可以使用 VTK 的交互 Widget,从用户的交互过程中获取所需的数据,并向 ITK 的处理算法传递用户的参数设置。比如,对于区域增长算法,需要设置初始的种子点,而种子点的设置则可以使用 VTK 的 vtkSeedWidget。

与图像分割、配准应用相关的主要 Widget 如下:

- vtkContourWidget:绘制轮廓线。所绘制的轮廓可以是闭合的,也可以是不闭合的,这取决于最后一个点的位置。
- vtkImageTracerWidget:绘制轨迹线。该类在手动分割图像中应用得较多。
- vtkSeedWidget:放置种子点。在基于种子点的分割算法中应用得较多。
- vtkCheckerboardWidget:在二维图像上生成棋盘格,而且可以控制棋盘格的数目。使用该类可以查看两幅图像配准后的重叠效果。
- vtkRectilinearWipeWidget:在二维图像上生成棋盘格,与 vtkCheckboardWidget 不同的是,该类不可以控制棋盘格的数目,所生成的棋盘格是固定的 2 ×2,但是可以调节该 2 ×2 的棋盘格的大小,主要也是应用于图像配准中。

3.7.3.5 其他 Widget

除了以上介绍的 Widget 以外,VTK 还提供与绘图相关的 Widget,如 vtkXYPlot-

Widget；与动画、视频相关的 Widget，如 vtkCameraWidget、vtkPlaybackWidget；与参数控制等相关的 Widget，如 vtkCompassWidget、vtkSliderWidget、vtkCenteredSlider-Widget 等；与数据探测提取等相关的 Widget，如 vtkPlaneWidget、vtkImagePlaneWid-get、vtkImplicitPlaneWidget2、vtkTensorProbeWidget；还有与空间变换相关的 Wid-get，如 vtkAffineWidget 等。

虽然每个 Widget 都有不同的功能及应用范围，但是它们的使用方法大同小异，基本都遵循 3.7.3.1 节所述的操作步骤。每个 Widget 内部都会绑定不同的事件，在使用这些 Widget 类时，只要知道应该捕获哪些消息，然后根据具体的需求实现相应的事件回调函数即可，而 Widget 的样式则由相应的 Represention 类进行表达。用户可以使用默认的表达实体或者指定其他的表达实体，这就是 vtkAbstractWidget 里交互/表达实体分离的好处。

3.7.4 拾 取

选择拾取是人机交互过程的一个重要功能。举个简单的例子，在玩 3D 游戏时，场景中可能会存在多个角色，有时需要使用鼠标来选择所要控制的角色，这就需要用到拾取功能。另外，在某些三维图形的编辑软件中，经常需要编辑其中的一个点、一个面片或者一个局部区域，这也需要通过拾取功能来完成。VTK 中定义了多个拾取功能的类，图 3.7－5 所示为这些拾取类的继承关系。VTK 中的所有拾取类都继承自类 vtk-AbstractPicker，利用这些类可以实现许多复杂的功能。

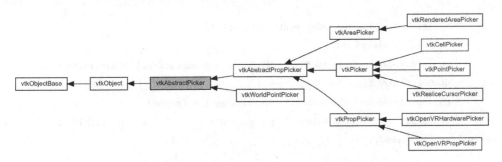

图 3.7－5　与拾取相关的 VTK 类的继承关系

接下来通过具体的示例分析 VTK 的点、面以及 Prop 对象拾取的用法，对于其他拾取类的使用方法，可以参考以下示例以及相关类的说明文档。

3.7.4.1 点拾取

从图 3.7－5 可以看出，完成点拾取功能的类是 vtkPointPicker。VTK 中的消息是通过类 vtkRenderWindowInteractor 处理的，在类 vtkRenderWindowInteractor 中有如下函数：

```
virtual void SetPicker(vtkAbstractPicker *);
```

该函数用来设置具体的 vtkAbstractPicker 对象执行对应的拾取操作，对于点拾取就是设置 vtkPointPicker 对象。

由前面内容可知,vtkRenderWindowInteractor 内部定义了一个 vtkInteractorStyle 对象。vtkInteractorStyle 类是一个虚基类,其子类定义了多种鼠标和键盘消息的处理方法,在实现拾取操作时,需要定制相应的鼠标消息处理函数。比如当拾取某个点时,应该响应鼠标的左键按下消息,并在响应该消息的函数中根据鼠标的当前窗口坐标来完成拾取操作。示例 3.7.4_PointPicker(详见随书代码 3.7.4_PointPicker.cpp)演示了点拾取的使用过程:

示例 3.7.4_PointPicker(部分)

```
// PointPickerInteractorStyle
class PointPickerInteractorStyle : public vtkInteractorStyleTrackballCamera
{
public:
    static PointPickerInteractorStyle * New();
    vtkTypeMacro(PointPickerInteractorStyle, vtkInteractorStyleTrackballCamera);

    virtual void OnLeftButtonDown()
    {
        std::cout << "Picking pixel: " << this ->Interactor ->GetEventPosition()[0]
<< " " << this ->Interactor ->GetEventPosition()[1] << std::endl;
        this ->Interactor ->GetPicker() ->Pick(this ->Interactor ->GetEventPosition()
[0],
        this ->Interactor ->GetEventPosition()[1],
        0,  // always zero.
        this ->Interactor ->GetRenderWindow() ->GetRenderers() ->GetFirstRenderer());
    double picked[3];
    this ->Interactor ->GetPicker() ->GetPickPosition(picked);
    std::cout << "Picked value: " << picked[0] << " " << picked[1] << " " <<
picked[2] << std::endl;

    vtkSmartPointer < vtkSphereSource > sphereSource =
        vtkSmartPointer < vtkSphereSource > ::New();
    sphereSource ->Update();

    vtkSmartPointer < vtkPolyDataMapper > mapper =
        vtkSmartPointer < vtkPolyDataMapper > ::New();
    mapper ->SetInputConnection(sphereSource ->GetOutputPort());
    vtkSmartPointer < vtkActor > actor = vtkSmartPointer < vtkActor > ::New();
    actor ->SetMapper(mapper);
    actor ->SetPosition(picked);
    actor ->SetScale(0.05);
```

```
        actor ->GetProperty() ->SetColor(1.0, 0.0, 0.0);
    this ->Interactor ->GetRenderWindow() ->GetRenderers() ->GetFirstRenderer() ->AddActor
(actor);

        vtkInteractorStyleTrackballCamera::OnLeftButtonDown();
    }
};
```

类 PointPickerInteractorStyle 从 vtkInteractorStyleTrackballCamera 派生,并覆盖
了该类的 OnLeftButtonDown()函数。在该函数中,调用了 vtkRenderWindowInterac-
tor 的 GetEventPosition()函数输出鼠标单击位置的屏幕坐标(以像素为单位)。实现
拾取的函数是:

```
    int Pick(double selectionX, double selectionY, double selectionZ, vtkRenderer * rende-
rer);
```

该函数需要接收四个参数:前三个参数为 selectionX、selectionY、selectionZ,即鼠
标的当前窗口坐标,其中 selectionZ 通常为 0;第四个参数是 vtkRenderer 对象。

GetPickPosition()函数输出鼠标当前单击位置的世界坐标系下的坐标值。为
了更加直观地显示鼠标左键按下的位置,以上程序在鼠标的单击位置生成了一个
小红球。而在 main()函数中,类 vtkPointPicker 和 PointPickerInteractorStyle 的用
法如下:

```
vtkSmartPointer < vtkPointPicker > pointPicker =
    vtkSmartPointer < vtkPointPicker > ::New();

vtkSmartPointer < vtkRenderWindowInteractor > renderWindowInteractor =
    vtkSmartPointer < vtkRenderWindowInteractor > ::New();
renderWindowInteractor ->SetPicker(pointPicker);
renderWindowInteractor ->SetRenderWindow(renderWindow);

vtkSmartPointer < PointPickerInteractorStyle > style =
    vtkSmartPointer < PointPickerInteractorStyle > ::New();
```

实例化 vtkPointPicker 对象以后,调用 vtkRenderWindowInteractor::SetPicker()
函数将它设置到渲染窗口交互器中;PointPickerInteractorStyle 类则与它的交互样式
的使用方法类似。图 3.7－6 所示为示例 3.7.4_PointPicker 的运行结果。

3.7.4.2 单元拾取

类 vtkCellPicker 用于拾取模型中的某个单元。示例 3.7.4_CellPicker(详见随书
代码 3.7.4_CellPicker.cpp)演示了单元拾取的实现过程。

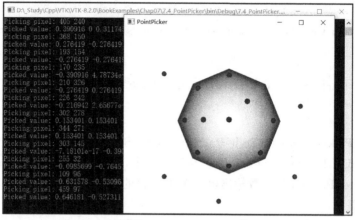

图 3.7-6 示例 3.7.4_PointPicker 的运行结果

示例 3.7.4_CellPicker(部分)

```
class CellPickerInteractorStyle : public vtkInteractorStyleTrackballCamera
{
public:
    static CellPickerInteractorStyle * New();

    CellPickerInteractorStyle()
    {
        selectedMapper = vtkSmartPointer < vtkDataSetMapper > ::New();
        selectedActor = vtkSmartPointer < vtkActor > ::New();
    }

    virtual void OnLeftButtonDown()
    {
        int * pos = this ->GetInteractor() ->GetEventPosition();

        vtkSmartPointer < vtkCellPicker > picker =
            vtkSmartPointer < vtkCellPicker > ::New();
        picker ->SetTolerance(0.0005);
        picker ->Pick(pos[0], pos[1], 0, this ->GetDefaultRenderer());

        if(picker ->GetCellId() ! = - 1)
        {
        vtkSmartPointer < vtkIdTypeArray > ids =
            vtkSmartPointer < vtkIdTypeArray > ::New();
ids ->SetNumberOfComponents(1);
        ids ->InsertNextValue(picker ->GetCellId());
```

```
        vtkSmartPointer < vtkSelectionNode > selectionNode =
            vtkSmartPointer < vtkSelectionNode > ::New();
        selectionNode ->SetFieldType(vtkSelectionNode::CELL);
        selectionNode ->SetContentType(vtkSelectionNode::INDICES);
        selectionNode ->SetSelectionList(ids);

        vtkSmartPointer < vtkSelection > selection =
            vtkSmartPointer < vtkSelection > ::New();
        selection ->AddNode(selectionNode);

        vtkSmartPointer < vtkExtractSelection > extractSelection =
            vtkSmartPointer < vtkExtractSelection > ::New();
        extractSelection ->SetInputData(0, polyData);
        extractSelection ->SetInputData(1, selection);
        extractSelection ->Update();

        selectedMapper ->SetInputData((vtkDataSet * )extractSelection ->GetOutput());
        selectedActor ->SetMapper(selectedMapper);
        selectedActor ->GetProperty() ->EdgeVisibilityOn();
        selectedActor ->GetProperty() ->SetEdgeColor(1,0,0);
        selectedActor ->GetProperty() ->SetLineWidth(3);

    this ->Interactor ->GetRenderWindow() ->GetRenderers() ->GetFirstRenderer() ->Add-
Actor(selectedActor);
    }
    vtkInteractorStyleTrackballCamera::OnLeftButtonDown();
    }

    vtkSmartPointer < vtkPolyData >        polyData;
    vtkSmartPointer < vtkDataSetMapper > selectedMapper;
    vtkSmartPointer < vtkActor >          selectedActor;
};
```

　　类 CellPickerInteractorStyle 同样派生自 vtkInteractorStyleTrackballCamera,并通过重载该类的 OnLeftButtonDown() 函数处理鼠标左键消息。polyData 为被拾取的模型数据,需要通过外部设置。在响应鼠标左键消息时,首先定义了 vtkCellPicker 对象,使用 Pick() 函数实现拾取功能。拾取完毕,即可通过 GetCellId() 函数得到当前拾取的单元的索引号。

　　为了更方便地显示拾取的结果,可实现单元边的高亮显示。这里就涉及了 vtk-PolyData 的局部数据提取功能。在实现该功能时使用了几个新的类。vtkIdType-

Array 对象存储当前选中的单元的索引号,每次只选择一个单元,因此该对象每次仅有一个索引号;vtkSelectionNode 对象通常与 vtkSelection 对象搭配使用,vtkSelection 实际上是一个 vtkSelectionNode 的数组,而 vtkSelectionNode 则声明了要提取的数据的类型,这里 SetFieldType()设置数据的类型为单元,SetContentType()设置数据的内容为索引号。vtkExtractSelection 实现了数据提取功能,其第一个输入为被提取的 vtk-PolyData 数据;第二个输入为 vtkSelection 对象,标记要提取的数据类型。提取完毕,即可将提取的结果保存至一个 vtkActor 对象,并添加至当前的 vtkRenderer 中显示。

下述代码片段演示了如何使用类 CellPickerInteractorStyle 实时选择一个单元数据。

```
vtkSmartPointer < vtkRenderWindowInteractor > renderWindowInteractor =
    vtkSmartPointer < vtkRenderWindowInteractor > ::New();
renderWindowInteractor ->SetRenderWindow(renderWindow);
renderWindowInteractor ->Initialize();


vtkSmartPointer < CellPickerInteractorStyle > style =
    vtkSmartPointer < CellPickerInteractorStyle > ::New();
style ->SetDefaultRenderer(renderer);
style ->polyData = sphereSource ->GetOutput();
renderWindowInteractor ->SetInteractorStyle(style);
```

示例 3.7.4_CellPicker 定义了一个球体的 vtkPolyData 数据,并为它定义了一个标准的可视化管线。为了实现单元的拾取功能,定义 CellPickerInteractorStyle 对象后,需要通过 SetDefaultRenderer()函数设置当前 vtkRenderer 对象,并设置内部的 polyData 对象,定义完毕再将它设置到 vtkRenderWindowInteractor 中。这样当每次按下鼠标左键时,即可响应到 CellPickerinteractorStyle 的 OnLeftButtonDown()函数中,实时拾取鼠标当前击中的单元并高亮显示。示例 3.7.4_CellPicker 的运行结果如图 3.7-7 所示。

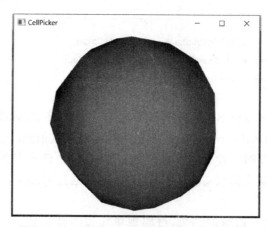

图 3.7-7   示例 3.7.4_CellPicker 的运行结果

3.7.4.3 Prop 拾取

在渲染场景中拾取某一 Prop 对象时,使用的类是 vtkPropPicker。示例 3.7.4_PropPicker(详见随书代码 3.7.4_PropPicker.cpp)演示了该类的使用方法:

示例 3.7.4_PropPicker(部分)

```
// Handle mouse events
class PropPickerInteractorStyle : public vtkInteractorStyleTrackballCamera
{
public:
    static PropPickerInteractorStyle * New();
    vtkTypeMacro(PropPickerInteractorStyle, vtkInteractorStyleTrackballCamera);

    PropPickerInteractorStyle()
    {
        LastPickedActor = NULL;
        LastPickedProperty = vtkProperty::New();
    }
    virtual ~PropPickerInteractorStyle()
    {
        LastPickedProperty ->Delete();
    }
    virtual void OnLeftButtonDown()
    {
        int * clickPos = this ->GetInteractor() ->GetEventPosition();

        // Pick from this location.
        vtkSmartPointer < vtkPropPicker >  picker =
            vtkSmartPointer < vtkPropPicker > ::New();
        picker ->Pick(clickPos[0], clickPos[1], 0, this ->GetDefaultRenderer());

        double *  pos = picker ->GetPickPosition();
        // If we picked something before, reset its property
        if (this ->LastPickedActor)
        {
        this ->LastPickedActor ->GetProperty() ->DeepCopy(this ->LastPickedProperty);
        }
        this ->LastPickedActor = picker ->GetActor();
        if (this ->LastPickedActor)
        {
            // Save the property of the picked actor so that we can restore it next time
            this ->LastPickedProperty ->DeepCopy(this ->LastPickedActor ->GetProperty
());
            // Highlight the picked actor by changing its properties
            this ->LastPickedActor ->GetProperty() ->SetColor(1.0, 0.0, 0.0);
```

```
                    this ->LastPickedActor ->GetProperty() ->SetDiffuse(1.0);
                    this ->LastPickedActor ->GetProperty() ->SetSpecular(0.0);
            }


            // Forward events
            vtkInteractorStyleTrackballCamera::OnLeftButtonDown();
        }


    private:
        vtkActor     * LastPickedActor;
        vtkProperty * LastPickedProperty;
};
```

类 PropPickerInteractorStyle 主要也是重载了鼠标左键按下的消息响应函数:首先获取鼠标单击位置的坐标值,然后实例化一个 vtkPropPicker 对象,并调用 Pick()函数实现 Prop 的拾取。该类的主要功能是当用户单击渲染场景中的某个对象时,对所拾取的对象进行红色高亮显示,所以,为了便于恢复 Actor 原来的属性设置,程序中先储存当前拾取的 Actor 属性值到 LastPickedProperty 中,以便在下次拾取其他 Actor 对象时,将先前所拾取的对象恢复到原来的属性。

类 PropPickerInteractorStyle 在 main()函数中的使用方法与类 PointPickerInteractorStyle 和类 CellPickerInteractorStyle 相似,在此不再赘述。示例 3.7.4_Propicker 的运行结果如图 3.7 - 8 所示。

其他的拾取类,如 vtkAreaPicker 可以根据用户提供的矩形框选择该矩形框范围内的 vtkActor/vtkProp 对象,vtkWroldPointPicker 可以实现窗口坐标到世界坐标的转换等,这里不再一一举例,实现方法基本上都是一致的。实现的关键在于 vtkInteractorStyle 的定义和消息处理。掌握了这部分知识,就可以实现很多复杂的图形编辑功能,有兴趣的读者可以试着实现更加复杂的功能。

3.7.5 小 结

本节主要介绍了 VTK 的交互功能。在 VTK 中要实现与数据的交互,可以基于观察者/命令模式。可以通过两种方式实现该模式:一种是定义事件回调函数;另一种是从 vtkCommand 派生出子类。两者的实现过程基本类似,都是通过 AddObserver 监听感兴趣的事件,然后在事件回调函数或者 vtkCommand::Execute()函数里实现所需的功能。

除了可以基于观察者/命令模式实现 VTK 交互之外,还可以通过交互器样式。在 3.7.2 节里借助一个非常简单的示例演示了 VTK 里的消息是如何传递的。在 VTK 程序中,当实例化交互器样式 vtkRenderWindowInteractor 对象时,程序运行时会根据具体的平台实例化对应的子类响应窗口消息,VTK 内部通过 vtkObject::InvokeEvent() 函数将平台相关的消息翻译成 VTK 事件,最后再分发给不同的观察者,而观察者则调用事件回调函数 vtkInteractorStyle::ProcessEvents()具体处理这些 VTK 事件。因

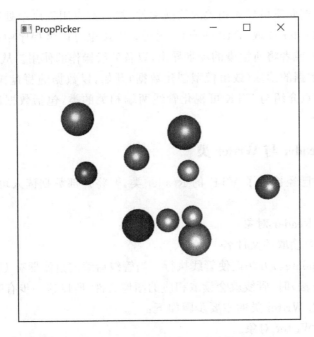

图 3.7-8　示例 3.7.4_PropPicker 的运行结果

此,也可以从 vtkInteractorStyle 或其子类中派生出子类,在所派生的子类里定制这些 VTK 事件的处理过程,实现所需的交互。

无论是观察者/命令模式的交互还是交互器的交互,在用户交互过程中都无法"看见"交互的样式,而 VTK Widget 则弥补了这个不足。VTK 提供了种类丰富、功能强大的 Widget,vtkAbstractWidget 实现了交互/表达实体分离的设计机制,使得事件处理与 Widget 的表达实体互不干扰。不同 Widget 的使用步骤基本相似:首先实例化 Widget;然后给该 Widget 对象指定渲染窗口交互器,必要时使用观察者/命令模式创建事件回调函数;接着创建合适的几何表达实例表示 Widget 的样式;最后激活 Widget,让它在渲染场景中可见。

选择拾取是交互过程中的一个重要功能。VTK 中的拾取类继承自 vtkAbstract-Picker,3.7.4 节通过具体的示例程序演示了 VTK 点拾取、单元拾取以及 Prop 对象拾取的使用方法,从中可以看出,实现拾取时主要调用了 Pick() 函数。除了本节介绍的拾取类,VTK 还提供了 vtkAreaPicker、vtkWorldPointPicker 等类。

3.8　VTK 数据的读写

对于应用程序而言,都需要处理特定的数据,VTK 应用程序也不例外。通过对本章前面各节的学习可知,VTK 应用程序所需的数据可以通过两种途径获取:第一种是生成模型,然后处理这些模型数据(如由类 vtkCylinderSource 生成的多边形数据);第二种是从外部存储介质里导入相关的数据文件,然后在应用程序中处理这些读入的数据(如 vtkBMPReader 读取 BMP 图像)。另外,VTK 也可以将程序中处理完成的数据写入单个文件中,或者将所渲染的场景导出,以备后续操作的使用。从可视化管线的角度来看,一般以数据的读取(或由模型创建数据)开始,以数据的写盘操作(或 Mapper)结束。本节将重点介绍与 VTK 可视化管线两端相关的类,包括数据读写以及场景的导入导出。

3.8.1 Reader 与 Writer 类

在 3.3 节中已经接触了 VTK 的 Reader 类,要将外部数据读入可视化管线,主要的步骤如下:

(1) 实例化 Reader 对象。

(2) 指定所要读取的文件名。

(3) 调用 Update() 方法促使管线执行。当管线后续的过滤器有 Update() 请求(如调用 Render() 方法)时,管线就会读取相应的图像文件,所以这一步有时也可省略。

类似地,使用 Writer 类的主要步骤如下:

(1) 实例化 Writer 对象。

(2) 输入要写盘的数据以及指定待写盘的文件名。

(3) 调用 Write() 方法促使 Writer 类开始写盘操作。

VTK 提供了不同的 Reader/Writer 类读写各种文件,对于类的使用者而言,最重要的是根据不同的文件类型选择合适的 Reader/Writer 类进行读写操作,不同的 Reader 类所输出的数据类型不相同,不同的 Writer 类所要求输入的数据类型也不同。3.5 节已经介绍了主要的数据集,包括 vtkImageData、vtkPolyData、vtkRectilinearGrid 等,下面根据不同的数据集类型介绍常见的 Reader/Writer 类,并以 vtkImageData 类型的 Reader/Writer 类为例,演示 VTK 进行文件读写操作的方法。

3.8.1.1 vtkImageData 类型

图像数据在 VTK 中是用 vtkImageData 类表示的,对于不同的图像文件类型,VTK 提供相对应的类对图像文件进行读写操作。比如,类 vtkBMPReader 用于读取 BMP 图像,类 vtkJPEGReader 用于读取 JPEG 图像。VTK 除了支持 BMP、JPEG 图像格式之外,还支持其他多种图像格式的读写。

接下来通过几个示例,看看 VTK 是如何进行单个文件或者多个文件的读写操作的。

1. 读写单个图像文件

单个图像文件的读写操作非常简单,只要根据图像文件格式选取适当的 VTK 类即可。示例 3.8.1_ReadWriteSingleImage 演示了 PNG 图像的读取,并将读入的图像保存成 JPEG 图像。

示例 3.8.1_ReadWriteSingleImage

```cpp
# include < vtkSmartPointer.h >
# include < vtkPNGReader.h >
# include < vtkJPEGWriter.h >
# include < vtkImageViewer2.h >
# include < vtkRenderWindowInteractor.h >
# include < vtkInteractorStyleImage.h >
# include < vtkRenderer.h >
# include < vtkRenderWindow.h >


//测试文件:data/VTK-logo.png
int main( int argc, char * argv[])
{
    //if (argc < 2)
    //{
    //std::cout << argv[0] << " " << "PNG - File( * .png)" << std::endl;
    //return EXIT_FAILURE;
    //}
    //读取 PNG 图像
    vtkSmartPointer < vtkPNGReader > reader = vtkSmartPointer < vtkPNGReader > ::New
();
    //reader ->SetFileName(argv[1]);
    reader ->SetFileName("../data/VTK-logo.png");

    vtkSmartPointer < vtkInteractorStyleImage > style = vtkSmartPointer < vtkInterac-
torStyleImage > ::New();

    //显示读取的单幅 PNG 图像
    vtkSmartPointer < vtkImageViewer2 > imageViewer = vtkSmartPointer < vtkImageView-
er2 > ::New();
    imageViewer ->SetInputConnection(reader ->GetOutputPort());

    vtkSmartPointer < vtkRenderWindowInteractor > renderWindowInteractor =
        vtkSmartPointer < vtkRenderWindowInteractor > ::New();
    renderWindowInteractor ->SetInteractorStyle(style);

    imageViewer ->SetupInteractor(renderWindowInteractor);
    imageViewer ->Render();
    imageViewer ->GetRenderer() ->ResetCamera();
    imageViewer ->Render();
```

```
        imageViewer ->SetSize(640,480);

        imageViewer ->GetRenderWindow() ->SetWindowName("ReadWriteSingleImage");


        //保存成 JPEG 图像
        vtkSmartPointer < vtkJPEGWriter > writer = vtkSmartPointer < vtkJPEGWriter > ::New
();

        writer ->SetFileName("../data/VTK-logo.jpg");

        writer ->SetInputConnection(reader ->GetOutputPort());

        writer ->Write();


        renderWindowInteractor ->Start();


        return EXIT_SUCCESS;
}
```

该例先使用类 vtkPNGReader 读入 PNG 图像,然后用 VTK 窗口显示读取的 PNG 图像,最后使用类 vtkJPEGWriter 将读入的文件写成 JPEG 图像。示例中使用 Set-FileName()方法设置要读写的图像名,在写文件操作时要调用方法 Write()才会将内存中的数据写入存储介质中。此外,该示例与 3.4 节中介绍的 VTK 可视化管线有所不同,在显示图像时并没有用到 vtkRenderWindow、vtkRenderer、vtkActor 等类,而只是使用了 vtkImageViewer2 以及设置了交互样式。其实,VTK 可视化管线相关的几个类都已经封装在 vtkImageViewer2 里。vtkImageViewer2 主要是针对二维图像(特别是医学图像)显示设计的,实现了图像缩放、旋转、平移、窗宽窗位调节等功能;除了可以用于单幅二维图像的显示之外,也可以显示三维图像的某个切片,还可以设置不同的显示方向。

2. 读取序列图像文件

医学图像应用程序中常常会处理序列的图像文件,比如计算机断层成像或者磁共振成像所成的图像一般都是由多个有顺序的二维图像组成的,应用程序需要一次性导入一个序列的二维图像。VTK 没有提供专门的类读取序列图像文件,但 VTK 的图像 Reader 类都有提供方法 SetFileNames()来设置多个图像文件名,利用该方法可以实现序列图像的读取。示例 3.8.1_ReadSeriesImages1 首先读取一个 JPEG 的序列图像 Head,该序列图像包含 100 张大小为 256×256 像素的二维图像,由这 100 张二维图像组成一个三维数据体(程序运行结果如图 3.8 - 1 所示)。

示例 3.8.1_ReadSeriesImages1

```
# include < vtkSmartPointer.h >
# include < vtkJPEGReader.h >
# include < vtkImageViewer2.h >
# include < vtkRenderWindowInteractor.h >
# include < vtkInteractorStyleImage.h >
# include < vtkRenderer.h >
```

```
# include < vtkStringArray.h >
# include < vtkRenderWindow.h >


int main()
{
    //生成图像序列的文件名数组
    vtkSmartPointer < vtkStringArray > fileArray = vtkSmartPointer < vtkStringArray
> ::New();
    char fileName[128];
    for(int i = 1; i < 100; i++)
    {
        sprintf(fileName, "../data/Head/head%03d.jpg", i);
        std::string fileStr(fileName);
        fileArray ->InsertNextValue(fileStr);
    }


    //读取 JPEG 序列图像
    vtkSmartPointer < vtkJPEGReader > reader = vtkSmartPointer < vtkJPEGReader > ::New
();
    reader ->SetFileNames(fileArray);


    vtkSmartPointer < vtkInteractorStyleImage > style = vtkSmartPointer < vtkInterac-
torStyleImage > ::New();


    //显示读取的 JPEG 图像
    vtkSmartPointer < vtkImageViewer2 > imageViewer = vtkSmartPointer < vtkImageView-
er2 > ::New();
    imageViewer ->SetInputConnection(reader ->GetOutputPort());


    vtkSmartPointer < vtkRenderWindowInteractor > renderWindowInteractor =
        vtkSmartPointer < vtkRenderWindowInteractor > ::New();
    renderWindowInteractor ->SetInteractorStyle(style);


    imageViewer ->SetSlice(50); //默认显示第 50 个切片(即第 50 层)
    imageViewer ->SetSliceOrientationToXY();
    //imageViewer ->SetSliceOrientationToYZ();
    //imageViewer ->SetSliceOrientationToXZ();
    imageViewer ->SetupInteractor(renderWindowInteractor);
    imageViewer ->Render();
```

```
imageViewer ->GetRenderer() ->SetBackground(1.0, 1.0, 1.0);

imageViewer ->SetSize(640, 480);

imageViewer ->GetRenderWindow() ->SetWindowName("ReadSeriesImages1");


renderWindowInteractor ->Start();


return EXIT_SUCCESS;
}
```

示例中使用 vtkStringArray 生成文件名列表,然后调用 vtkJPEGReader 的方法 SetFileNames()设置待读取的序列图像的文件名。初始显示该序列图像的第 50 个切片,显示的方向为 SetSliceOrientationToXY()。

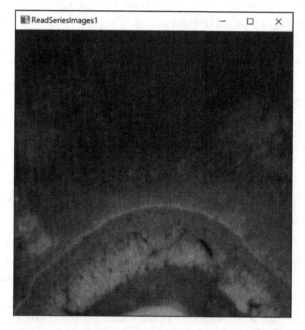

图 3.8 - 1　示例 3.8.1_ReadSeriesImages1 运行结果

另外,还可以使用 Reader 类里的 SetFilePrefix()和 SetFilePattern()等方法读取序列图像。示例 3.8.1_ReadSeriesImages2 演示了这两种方法的使用:

示例 3.8.1_ReadSeriesImages2

```
vtkSmartPointer < vtkJPEGReader > reader =
    vtkSmartPointer < vtkJPEGReader >::New();
reader ->SetFilePrefix ("../data/Head/head");
reader ->SetFilePattern(" % s % 03d. jpg");
reader ->SetDataExtent (0,255,0,255,1,100);
reader ->Update();
```

在调用 SetFilePrefix()和 SetFilePattern()等方法读取序列图像文件时,要求序列图像文件的命名要有规律,比如示例 3.8.1_ReadSeriesImages2 中读取的文件命名为 head001.jpg、head002.jpg…… headl00.jpg。在示例中,先使用 SetFilePrefix()设置图象文件名中的相同部分(可包含路径信息),再用 SetFilePattern()设置图像文件名中的序号变化的部分。

除了以上两种方法之外,读取序列图像文件时也可以先一张一张地读入,然后再合并成一个三维的数据体。示例 3.8.1_ReadSeriesImages3 演示了这种用法:

示例 3.8.1_ReadSeriesImages3(部分)

```
vtkSmartPointer < vtkImageAppend > append = vtkSmartPointer < vtkImageAppend > ::New
();

    append ->SetAppendAxis(2);

vtkSmartPointer < vtkJPEGReader > reader =
    vtkSmartPointer < vtkJPEGReader > ::New();
char fileName[128];
for(int i = 1; i < 21; i++)
{
    sprintf(fileName,"../data/Head/head % 03d.jpg", i);
    reader ->SetFileName(fileName);
    append ->AddInputConnection(reader ->GetOutputPort());
}
```

示例 3.8.1_ReadSeriesImages3 使用类 vtkImageAppend 做数据的合并操作,其中 SetAppendAxis(2)函数是指定 Z 轴为读入的每层图像数据的堆叠方向。

3.8.1.2 vtkPolyData 类型

从 3.5 节可以知道,vtkPolyData 是图形处理中使用非常广泛的一种数据集类型,在 3.6 节重点介绍了 vtkPolyData 类型数据的图形处理方法,这里不再赘述。

3.8.2　场景的导入与导出

场景的导入(import)与导出(export)是指将渲染场景中的对象(包括光照、相机、Actor、属性、变换矩阵等信息)写入文件中,或者从外部文件中将这些对象导入渲染场景中,所导入的文件一般含有多个数据集。Importer 类可以生成 vtkRenderWindow 和 vtkRenderer 实例,用户也可以另外指定 vtkRenderWindow 和 vtkRenderer 对象。VTK 中以关键字 Imporer 和 Exporter 命名的类一般是与场景的导入与导出相关的。Importer 类可以导入由其他 3D 模型软件(如 3ds Max)所生成的模型文件;Exporter 类则可以将 VTK 里的场景生成可被其他 3D 模型软件所处理的文件。

VTK 支持的 Importer 类包括 vtk3DSImporter 和 vtkVRMLImporter;而支持的 Exporter 类则相对要多一些,主要有 vtkRIBExporter、vtkGL2PSExporter、vtkIVExporter、vtkOBJExporter、vtkOOGLExporter、vtkVRMLExporter、vtkPOVExporter、 vtkX3D Exporter 等。

这部分内容相对比较简单,示例 3.8.2_Import3DS 演示了类 vtk3DSimporter 的用法,其他类的用法基本类似。

示例 3.8.2_Import3DS(部分)

```
// 3DS Import
vtkSmartPointer < vtk3DSImporter > importer = vtkSmartPointer < vtk3DSImporter > ::New
();

importer ->SetFileName ( filename.c_str() );
importer ->ComputeNormalsOn();
importer ->Read();


vtkSmartPointer < vtkRenderer > renderer = importer ->GetRenderer();
vtkSmartPointer < vtkRenderWindow > renderWindow = importer ->GetRenderWindow();
vtkSmartPointer < vtkRenderWindowInteractor > renderWindowInteractor =
    vtkSmartPointer < vtkRenderWindowInteractor > ::New();
renderWindowInteractor ->SetRenderWindow(renderWindow);
```

示例 3.8.2_Import3DS 先用类 vtk3DSimporter 导入一个扩展名为"＊.3ds"的模型文件,调用 ComputerNormalsOn()方法打开法向量的计算功能(关于法向量的内容,请参考本书 3.6 节);然后分别生成从 vtk3DSImporter 的实例中获取的 vtkRenderWindow 和 vtkRenderer 的实例。程序运行结果如图 3.8-2 所示。

图 3.8-2 示例 3.8.2_Import3DS 的运行结果

3.8.3 小 结

本节主要介绍了处于 VTK 可视化管线两端的类,即与读操作和写操作相关的类。VTK 针对不同的数据类型,提供了不同的读写类,对于类的使用者而言,最重要的是根据不同的文件类型选择合适的 Reader/Writer 类进行读写操作。

另外,VTK 还可以导入由其他 3D 模型软件所生成的文件,也可将 VTK 里生成的数据写成可被其他 3D 模型软件所处理的模型文件,这样有利于 VTK 与其他主流的模型软件的结合。

3.9　基于 ParaView 的数据可视化

作为一个跨操作系统平台的数据分析和显示工具,ParaView 大大简化了大规模数据分析和显示的工作量。ParaView 带有分布式架构,应用领域涉及范围很广,可以作为桌面终端或其他远程并行计算资源。ParaView 包含一个可扩展框架和一个工具集合,可用于多种应用程序,其中包括使用脚本(使用 Python)、web 可视化(使用 ParaViewWeb)或者情景分析(使用 Catalyst)。

其界面布局如图 3.9-1 所示。

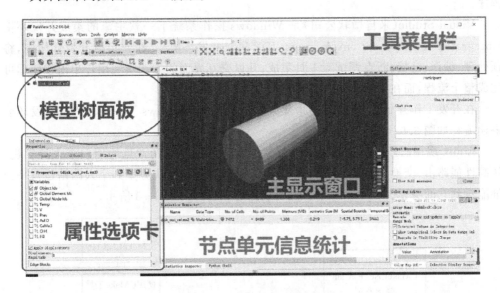

图 3.9-1　ParaView 界面布局

ParaView 使用并行数据处理和渲染工具实现大规模数据的交互,也包含对大规模数据显示的支持,其中包括平铺显示等。

可以在 ParaView 中使用解释型语言 Python 完成补丁处理等脚本任务。借助内置 Python 解释器模块和一个交互终端,可以通过编写脚本实现与用户窗口(user interface,UI)交互完全一致甚至更为强大的功能。ParaView 代码开源(遵循 BSD 协议),与很多成功的开源项目一样,ParaView 由一个活跃的用户群和一个开发社区团队提供技术支持。

下面首先介绍在 Windows 与 Linux 操作系统上的开发环境搭建流程并概述开发

过程;然后介绍 ParaView 两种开发方式;最后为了后续在 ParaView 基础上进行大规模计算力学软件开发,需要详细介绍如何使用项目配置工具 CMake。

3.9.1 开发环境搭建

开发环境搭建主要指:

- ParaView 源码编译生成可执行文件,文件在不同平台上可以正确运行。
- VTK 源码编译生成动态链接库,用于编写 VTK 内置类。

对此,PC 端计算力学软件跨平台特性的要求:一方面指软件可以在 Linux、Widows 等操作系统平台上完成开发工作,另一方面指开发完成的软件在不同平台上可正确运行。

3.9.1.1 各操作系统平台开发环境搭建流程

Windows 操作系统为运行于其上层的应用程序提供多任务环境,并且提供了接口来呈现一致的窗口及其控件。开发并运行在 Windows 上的程序被叫作 Windows 应用程序。

Visual Studio(来自微软公司)是 Windows 操作系统下一款主流的集成开发环境(integrated development environment,IDE 集成开发环境)。在此集成开发环境中,将预处理、编译、链接、断点调试等工具集成,并以交互界面的方式实现用户单击按钮即可完成整个流程,而在 Linux 中需要通过命令行执行操作。

在开发工作开始之前,首先要搭建开发环境。在 Windows 下一般软件的开发环境搭建流程如图 3.9-2 所示。

Linux 现在已经被应用到诸多领域。从高性能服务器到常见的用户个人计算机,从高性能路由、交换设备到嵌入式终端产品,从大型企业解决方案到个人网站运营平台都能看到它的身影。在 Linux 中开发环境搭建流程如图 3.9-3 所示。

图 3.9-2　Windows 下开发环境搭建流程

图 3.9-3　Linux 下开发环境搭建流程

在软件开发过程中,快速编辑源码需要使用文本编辑工具,如 vi/vim 等,下面给出的命令可以用来在 Linux 操作系统中启动 vi/vim 工具。此外,也可以使用一些支持代码关键字高亮显示的 UI(如 sublime 等)完成项目管理和源码编写。

```
cd path/to/testfile
touch filename
sudo vim filename
```

3.9.1.2 Windows 下 ParaView 环境搭建

下面将以 Windows 下 ParaView 编译为例介绍实际操作流程:

(1) 在官网上下载 ParaView 源码 5.6 版本,使用 CMake 图形界面生成 Visual Studio 解决方案.sln 文件。使用本地集成开发环境(如图 3.9 - 4 所示使用 Visual Studio 2015 版本)打开解决方案,稍等一段时间直至解决方案中项目加载完毕。

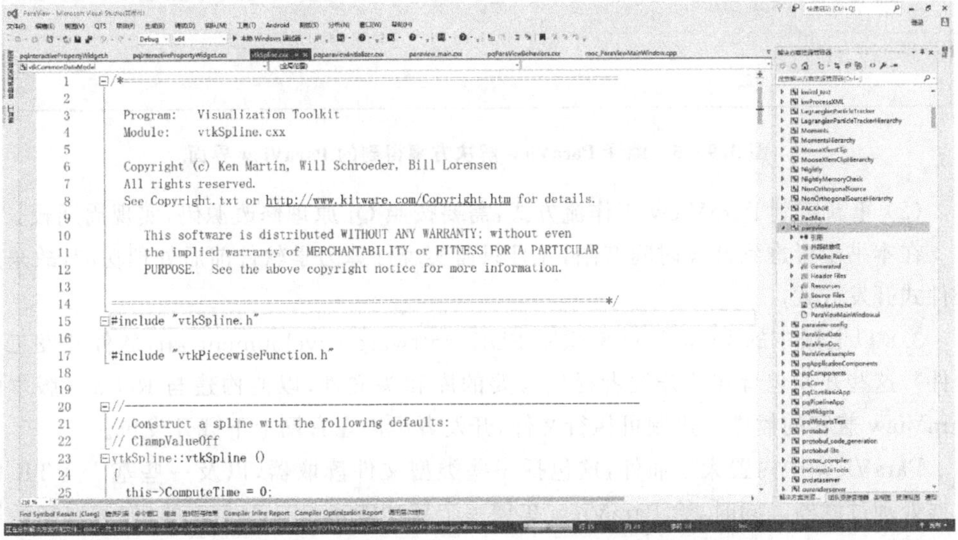

图 3.9 - 4　用 Visual Studio 2015 打开 ParaView 解决方案

(2) 确保当前配置的目标平台选项为"Debug ×64"并单击工具栏"编译"按钮,将开始超过 1 h 的编译过程。编译时长因计算机而异,在一般情况下,Release 模式比 Debug 模式编译稍快。正确编译完成后可在相应文件夹找到可执行文件,运行得到如图 3.9 - 5 所示的界面。至此,开发环境搭建完毕。

3.9.2　开发方式与开发工具

3.9.2.1 ParaView 开发方式

ParaView 开发方式有两种:

(1) 插件式:无须修改源码,使用 ParaView 提供的 API 添加面板、菜单等,也可以定制文件读取器、过滤器等。

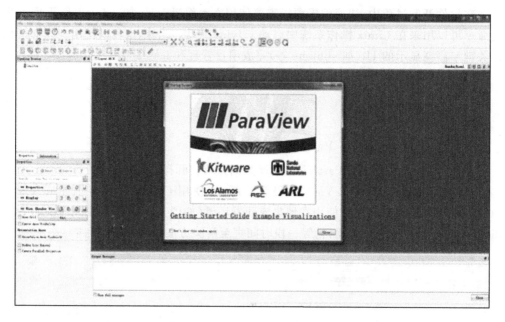

图 3.9 – 5 编译 ParaView 解决方案得到的 ParaView 界面

(2) 重新定制 ParaView 工作流方式:需要按照 Qt 原理修改源码,实现周期较长。

在本书中考虑到开发时间有限,并且只需实现计算力学软件前后处理功能,故采用插件式开发方式。

3.8 以上版本的 ParaView 提供了 SDK(software development kit,软件开发工具套件),这些开发包旨在给开发者提供必要的库和头文件,以便构建与 Release 版本的 ParaView 兼容的插件二进制可执行文件,开发者可以在官网上下载开发包。

ParaView 中内置大量插件,这包括一些类型文件读取器,以及一些基于 VTK 的数据处理过滤器。同时,给 ParaView 扩展一个新功能也是易于实现的,如读取初始图形交换文件(IGES,the initial graphics exchange specification),或实现一个新的数据处理算法(曲面剪裁、求交等)。

插件可以实现的功能有很多种。除了上面提到的读取器、过滤器、写入器之外,它还包括定制的 GUI 组件,如工具栏按钮、新的选项卡、下拉菜单、编辑框等。下面介绍如何使用 ParaView 内部插件以及开发客户定制的新插件。

插件在目录中以共享库形式(在 UNIX 操作系统中是 * . so 文件,在 Mac 操作系统中是 * . dylib 文件,在 Windows 操作系统中是 * . dll 文件等)存在。在 ParaView 中可载入并使用的插件可分成两类:服务器端插件和客户端插件。

载入插件方式主要包括:
• 使用 UI 插件管理器手动载入。
• 配置环境变量自动载入。
• 在对应目录下配置.plugins 文件自动载入。

　　此处仅介绍最常用的手动载入方式与配置.plugins 文件自动载入方式：

　　(1) 手动载入插件。在 ParaView 主界面选择 Tools→Manage Plugins→Extensions 菜单项,打开插件管理器,如图 3.9－6 所示。插件管理器由两部分组成,右侧用于载入客户端插件,左侧用于载入服务器端插件。为了在客户端和服务器端同时载入插件,浏览器导航到插件所在路径,如果载入成功,则插件名称将会出现在已载入的插件列表中,并显示"loaded"标识。插件管理器也列出了 ParaView 启动时自动查找插件的默认路径并记录已经载入过的插件,下次需要载入插件时可以直接在列表中定位插件名称,单击"Load Selected"按钮载入插件。

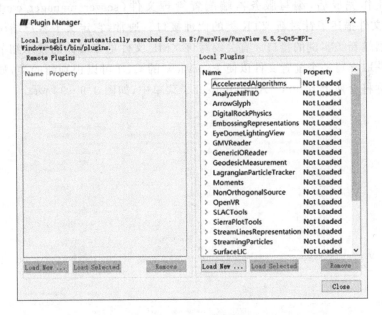

图 3.9－6　ParaView 插件管理器

　　(2) 使用".plugins"文件配置所需插件。在该文件中列出的插件将会在插件管理器中自动显示,同时可选择是否自动载入。".plugins"文件是在 ParaView 编译过程中自动创建的,其中包含了全部参与整个 ParaView 编译过程的插件。图 3.9－7 所示为一个典型的".plugins"文件,用于自动载入 H5PartReader 阅读器插件。

```xml
<?xml version="1.0"?>
<Plugins>
  <Plugin name="Moments" auto_load="0"/>
  <Plugin name="PrismPlugin" auto_load="0"/>
  <Plugin name="PointSprite_Plugin" auto_load="0"/>
  <Plugin name="pvblot" auto_load="0"/>
  <Plugin name="SierraPlotTools" auto_load="0"/>
  <Plugin name="H5PartReader" auto_load="1"/>
</Plugins>
```

图 3.9－7　一个典型的".plugins"文件

编写和编译插件需要按照如下步骤进行:

(1) 配置 CMakeLists. txt 文件。需要指定 ParaView_DIR,即 ParaView 编译过程指定的生成路径;还需要配置参数 PARAVIEW_USE_FILE,用于引入编译插件的参数和宏。添加新插件的 CMakeLists. txt 文件内容如图 3.9 - 8 所示。

```
find_package (ParaView REQUIRED)
include($ {PARAVIEW_USE_FILE})
```

图 3.9 - 8   添加新插件的 CMakeLists. txt 文件内容

上述工作完成后,编写服务器端配置管理文件(server manager configuration, XML),该文件描述了针对新 VTK 类的代理接口。通常,它定义了客户端用于创建和修改服务器端新类实例的接口。有关编写该 XML 文件更多具体的技术细节可以通过访问官网获取。写一个配置文件以便 ParaView 的 GUI 可以识别新的类,如识别到的过滤器名称将会列于 filters—Alphabetical 子菜单中,如图 3.9 - 9 所示。

图 3.9 - 9   ParaView 已识别的过滤器列表

以实现一个新过滤器为例,有两种方式实现插件:①配置 XML 文件生成所需插件;②将插件编译成共享库文件。第一种方式是最简单的实现方式,而第二种方式可以形成模板,方便后续创建新的过滤器。然而如果未从源码编译 ParaView,则只能通过第一种方式开发插件。图 3.9 - 10 展示如何编写 XML 文件将 vtkCellDerivatives 过滤器类添加到 ParaView 中。此时,可以将该文件直接导入插件管理器而无须编译,但是这种方式只能定制面板、菜单栏等 UI 功能。

```xml
<ServerManagerConfiguration>
  <ProxyGroup name="filters">
  <SourceProxy name="MyCellDerivatives" class="vtkCellDerivatives" label="My Cell Derivatives">
    <Documentation
      long_help="Create point attribute array by projecting points onto an elevation vector."
      short_help="Create a point array representing elevation.">
    </Documentation>
    <InputProperty
      name="Input"
      command="SetInputConnection">
        <ProxyGroupDomain name="groups">
          <Group name="sources"/>
          <Group name="filters"/>
        </ProxyGroupDomain>
        <DataTypeDomain name="input_type">
          <DataType value="vtkDataSet"/>
        </DataTypeDomain>
    </InputProperty>

  </SourceProxy>
  </ProxyGroup>
</ServerManagerConfiguration>
```

图 3.9 - 10　编写 XML 配置文件

若 ParaView 是从源码编译得到的,那么可以将插件编译成共享库,需要继续配置 CMakeLists. txt,其代码如图 3.9 - 11 所示。

```
find_package(ParaView REQUIRED)
include(${PARAVIEW_USE_FILE})

add_paraview_plugin(CellDerivatives "1.0"
  SERVER_MANAGER_XML CellDerivatives.xml)
```

图 3.9 - 11　将插件编译成共享库 CMakeLists. txt 的代码

(2)编译。为了应用这些插件,必须首先通过源码编译 ParaView 并编译编写好的插件源码文件,操作包括:①创建并编写用以配置工具链变量的 CMakeLists. txt 文件;②配置 Make 工具编译开发好的插件。

考虑到本项目是基于 Windows 操作系统,故以上编译步骤可以生成动态链接库插件,后缀名为.dll。

(3)载入。使用 ParaView 窗口浏览器导航并载入插件,操作步骤如前文所述。

继 ParaView3.0 版本发布之后,出现越来越多基于它开发的应用程序。对于图形交互界面软件设计,为了符合更多客户诉求,官方将底层重构,提供了更多灵活设计方案:可以实现完全不同于 ParaView 的界面设计,完全不同的任务流;可以实现基于 ParaView 的界面与变量,但是完全不同的响应状态。

3.9.2.2 ParaView 插件开发工具

3.9.2.1 节提到,插件是动态链接库,在 Windows 下的开发过程借助 Visual Studio 来完成,对此细节不再赘述。下面介绍在 Linux 下使用编译和调试工具 GCC 与 GDB 构建调试、生成插件。

GCC 在 Linux 操作系统中是常用的编译器,开发于 20 世纪 80 年代,当时用户仅将它作为一个免费的、开放修改的 C 编译器[37,39],直到 1987 年 GCC 正式发布。它的全称是 GNU C Compiler。经过开发者们几年的贡献,GCC 不仅对 C 语言提供支持,还可用于编译 Ada、C++等。现在 GCC 已具备更多功能,GCC 含义也扩充为 GNU 编译器集合(GNU compiler collection)。

除上述开发语言之外,GCC 也兼容各种硬件平台,这一突出优势使得 GCC 广受极客开发者欢迎。

GCC 命令格式一般为:

gcc［选项］源文件名［选项］目标文件名[①]

图 3.9 - 12 所示为程序编译流程,而 GCC 的编译也是按照此流程进行的,分为四个步骤:

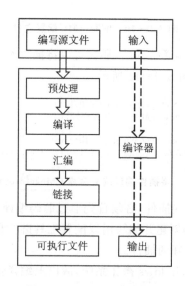

图 3.9 - 12 程序编译流程

1. 预处理

在预处理阶段主要完成三方面工作:头文件引入(♯include)、条件编译(常用于选择调试♯if 等)、宏定义(用于文本复制而无类型检查♯define)。可以通过"-E"选项

---

① 若在编译时不指定目标文件,则 GCC 会编译得到一个统一名称的文件(如某些平台上为 a.out)。

执行,配置编译器仅仅完成预处理工作。

预处理操作输入是".c"源码文件,输出得到".i"预处理文件。

```
gcc-E filename.c -o outfilename.i
```

2. 编　译

在编译阶段主要对代码进行词法、语法检查,并编译得到汇编代码。可通过"−s"选项单独执行编译操作,可使 GCC 执行至编译阶段结束。

编译输入后缀名为".i"的预处理文件,输出汇编文件的后缀是".s",如下所示:

```
gcc-s filename.i -o outfilename.s
```

3. 汇　编

在汇编阶段将后缀名为".s"的汇编代码汇编得到".o"目标文件。常使用"−c"选项,即当 GCC 完成汇编阶段则停止编译。

汇编的输入是".s"文件,输出是".o"文件,即目标文件。

```
gcc-c filename.s-o outfilename.o
```

4. 链　接

在链接阶段,将汇编过程得到的所有目标文件和动态库".so"、静态库".a"得到可执行机器码文件。链接无须选项,可以通过"−o"选项及其紧随的参数指明计算机可识别文件的名称。

链接过程输入的是以".o"结尾的目标文件。

```
gcc filename.o -o outfilename
```

GCC 有 12 类选项,包括机器相关选项、调试选项、汇编器选项、警告选项、链接器选项、预处理选项、代码生成选项、目录选项、优化选项、总体选项、目标机选项和语言选项。

GDB 是 Linux 系统上的一款强有力的调试工具,用于程序运行时调试系统内部结构和监控内存使用情况。它通常用于完成调试程序、设置动态断点、检查运行状态、执行环境动态改变四方面工作。

GDB 可以如下两种方式调试指定源文件:①在终端中直接输入 gdb filename,通过 filename 指定可执行文件所在路径与文件名,之后可以随 GDB 启动自动加载被调试文件;②在进入 GDB 调试环境后输入 file filename 指令指明要加载的调试文件。

需要注意的是,只有在编译时打开"−g"选项,保存调试信息,才能使用 GDB 调试编译得到的应用程序。另外,成功加载被调试文件后,输入 run 才可以在终端显示调试信息。

3.9.2.3 ParaView 大规模项目开发管理

当编译生成单个插件(动态库)时,使用 GCC 足以胜任要求,但对于开发计算力学软件等包含成百上千个源文件的大型工程,单纯使用 GCC 命令编译会导致选项过多,从而一次编译过程太烦琐,这就需要借助自动化项目管理工具。下面分别介绍如何使用 Make 与 CMake 指明编译依赖关系。

1. Make

Make 是一种脚本工具,主要用于大型代码项目中多文件依赖关系维护。在通常情况下,当修改源码工程中若干头文件内容时,若能够跟踪并只编译与这些头文件及与它有依赖关系的文件则会十分省时。Make 可以维护一个源文件的依赖树,通过时间戳确定新修改的文件,并只对相应文件进行编译。

依赖规则需要开发人员手动编写 Makefile 脚本进行建立和维护。当前也有一些辅助 Makefile 脚本生成工具,如借助于开发工具 Eclipse For CDT 或 CMake 工具。本项目开发就使用 CMake 工具辅助开发 Makefile,下面对 CMake 进行介绍。

2. CMake

CMake 原创于 kitware 公司,是由一些开发者根据项目需求研发可视化工具套件过程的中间产物,经过开源社区维护发展形成一定体系,并逐渐成为一个独立项目[40,43]。

上面提到,Make 在大型项目开发中遇到的问题可以由 CMake 协助解决。而使用 CMake 过程中,通常也需要编写脚本文件(称为 CMakeLists. txt,在根目录与子目录各一个),遵守 CMake 语言规则。需要注意的是,使用 CMake 工具需要限定项目源码语言为 C/C++或 Java。

CMake 当前已成为诸如 Ubuntu、Linux Mint 等主流 Linux 发行版内置组件,所以一般无须手动安装。如果系统没有提供,则可以在 CMake 官网(http://www.cmake.org/HTML/Download. html)下载安装。

在 CMake 使用过程中,系统在对应目录自动生成 CMakeFiles、缓存文件 CMake-Cache. txt 以及 Make 脚本 Makefile 等文件,然后在该目录中执行 make 命令。可以通过使用 make VERBOSE=1 参数或 VERBOSE=1 make 命令配置构建,监控 make 编译的详细过程。

下面通过 VTK-7.1.1 版本源码中 CMakeLists. txt 文件给出各指令语法及其含义(见图 3.9-13~图 3.9-16)。其中指令不区分字母的大小写。

```
cmake_minimum_required (VERSION 2.8.8 FATAL_ERROR)
```

以上语句中 cmake_minimum_required 指令按照如下格式使用(其中方括号表示可选):"cmake_minimum_required (VERSION 版本号 [FATAL_ERROR])"。其含义是,若 CMake 版本小于 2.8.8,则整个构建过程会因为出现严重错误而中止。

```
option(VTK_ENABLE_KITS "Build VTK using kits instead of modules" OFF)
```

此命令在 GUI 界面中生成一个选项,可以通过搜索关键字找到,并将其默认值设置为关闭(勾选框不选中)。将鼠标在选项名称上面稍作停留,可以看到第二个参数设置的属性说明,如图 3.9-14 所示。

```
 1    cmake_minimum_required(VERSION 2.8.8 FATAL_ERROR)
 2
 3    option(VTK_ENABLE_KITS "Build VTK using kits instead of modules.
 4    mark_as_advanced(VTK_ENABLE_KITS)
 5  ⊟if(VTK_ENABLE_KITS)
 6      # Kits use INTERFACE libraries which were introduced in 3.0.
 7      cmake_minimum_required(VERSION 3.0 FATAL_ERROR)
 8    endif()
 9
10  ⊟foreach(p
11        CMP0020 # CMake 2.8.11
12        CMP0022 # CMake 2.8.12
13        CMP0025 # CMake 3.0
14        CMP0053 # CMake 3.1
15        CMP0054 # CMake 3.1
16        CMP0063 # CMake 3.3
17        )
18    ⊟ if(POLICY ${p})
19        cmake_policy(SET ${p} NEW)
20      endif()
21    endforeach()
22
```

图 3.9 - 13　VTK 中 CMakeLists. txt 文件(局部)

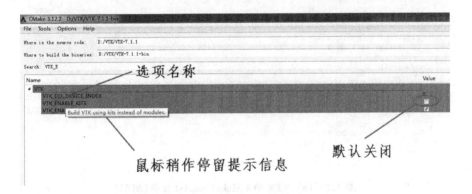

图 3.9 - 14　option 指令语法及其含义

```
mark_as_advanced(VTK_ENABLE_KITS)
```

此命令常常和上一条指令连用,作用是标记上面 option 指定的变量为"高级(advanced)"或"非高级(unadvanced)",即控制在 CMake 图形界面中显示情况。其中,若指定第一个参数为 CLEAR,则选项为 unadvanced;若指定为 FORCE,则选项为 advanced;若如命令所示未给出具体参数,则新变量为 advanced,非新变量则为 unadvanced。

```
if(VTK_ENABLE_KITS)
    COMMAND1(ARGS …)
endif(expression)
```

采用选项 VTK_ENABLE_KITS 作为判断条件,该变量为布尔类型。设置对应于布尔型 TRUE,取消对应 FALSE。

```
foreach(p
    CMP0020  # CMake 2.8.11
    ···argN
    )
    if(POLICY $[178])
        cmake_policy(SET $[178]NEW)
    endif()
endforeach ()
```

其中 p 为循环变量,循环范围由后面的 argN 参数列表指定。按照官方文档(https://cmake. org/cmake/help/v3. 0/policy/CMP0020. html)中的说明,配置 CMP0020 变量用于在 Windows 平台上自动链接 Qt 库到 qtmain 目标文件中。

```
62   include(vtkModuleMacros)
63   include(vtkExternalData)
64
65   #------------------------------------------------------------------
66   # Forbid downloading resources from the network during a build. This helps
67   # when building on systems without network connectivity to determine which
68   # resources much be obtained manually and made available to the build.
69   option(VTK_FORBID_DOWNLOADS "Do not download source code or data from the network" OFF)
70   mark_as_advanced(VTK_FORBID_DOWNLOADS)
71   macro(vtk_download_attempt_check _name)
72     if(VTK_FORBID_DOWNLOADS)
73       message(SEND_ERROR "Attempted to download ${_name} when VTK_FORBID_DOWNLOADS is ON")
74     endif()
75   endmacro()
76
77   # Set a default build type if none was specified
78   if(NOT CMAKE_BUILD_TYPE AND NOT CMAKE_CONFIGURATION_TYPES)
79     message(STATUS "Setting build type to 'Debug' as none was specified.")
80     set(CMAKE_BUILD_TYPE Debug CACHE STRING "Choose the type of build." FORCE)
81     # Set the possible values of build type for cmake-gui
82     set_property(CACHE CMAKE_BUILD_TYPE PROPERTY STRINGS "Debug" "Release"
83       "MinSizeRel" "RelWithDebInfo")
84   endif()
85
```

图 3.9 - 15   VTK 中 CMakeLists. txt 文件(局部)

```
macro(vtk_download_attemp_check _name)
    command(···)
endmacro()
```

上面语句描述了 CMake 中宏的用法,即将实参通过_name 变量传给 vtk_download_attempt_check 变量。

```
1   cmake_minimum_required(VERSION 2.8)
2
3   project(VTK_READER)
4   find_package(ParaView REQUIRED)
5   include(${PARAVIEW_USE_FILE})
6   add_paraview_plugin(MyReader "1.0"
7     SERVER_MANAGER_XML MyReader.xml
8     SERVER_MANAGER_SOURCES MyReader.cxx)
9     #GUI_RESOURCE_FILES MyReaderGUI.xml
```

图 3.9 - 16   VTK 中 CMakeLists. txt 文件(局部)

下面再以编写的 ParaView 插件为例,给出文件中出现的其他一些较为常用的命令。插件开发其他细节将在本书下册第 4 章中介绍。

```
project(VTK)
```

使用 project 指令中第一个必选参数指明工程名称(如上为 VTK);用第二个可选参数指明本工程支持的编程语言列表,若未给出此参数,则表示支持语言包括 C++/C/JAVA。同时,该指令执行完,xxx_BINARY_DIR 与 xxx_SOURCE_DIR 两个路径变量被隐式定义,其中"xxx"为工程名称,即该变量需随工程名修改而同步修改。内部编译和外部编译这两个默认路径会有所不同:内部编译中两个路径变量值为 CMake-Listst.txt 所在绝对路径;对于外部编译,执行 CMake 命令参数指定的路径即为生成二进制文件路径。另外,还有两个 CMake 系统内置变量 PROJECT_BINARY_DIR 与 PROJECT_SOURCE_DIR,可以 set 显式指定。定义后,可以在其他语句中直接使用这两个变量。

set 指令按照如下格式使用:

```
set (关键字 VAR [变量值] [CACHE 类型 DOCSTRING [可选:FORCE]])
```

这是一个常用的给变量赋值的命令。指令"set(SRC_LIST NURBSParam.cpp)"表示 SRC_LIST 源码列表中有 NURBSParam.cpp。如果需要使用多个源文件组成的列表,则只须用空格分开:

```
SET(SRC_LIST NURBSParam.cpp pvNURBS.c)
```

message 按照如下格式使用:

```
message([三个关键字] "提示需要显示的消息")
```

本指令常用于将输出用户自定义信息输出到终端,第一个参数给出输出信息类型:使用 SEND_ERROR 表示用户可无视当前错误继续运行;使用 STATUS 将前缀为 - 的状态信息输出;FATAL_ERROR,提示 CMake 执行过程立即终止。

```
add_executable(proj ${SRC_LIST})
```

上面语句指定本工程生成可执行文件的文件名为 NURBSPlugin,将参与编译的 SRC_LIST 作为源文件列表,也可借助指令"add_executable(NURBSPlugin NURB-SParam.cpp)"替代变量直接生成。上面语句中"${}"表示使用变量内容,但是如果使用 if 判断语句,那么其中的判断条件不能使用"${}"来引用变量,因为这样判断条件会判断名为"${xxx}"整体所代表的变量。

总结上述内容,CMake 语法规则是:

(1) 常规语句使用"${}"做变量引用,if 控制语句除外。

(2) 指令使用格式:

```
CMD 指令(arg1 arg2 …)
```

(3) 指令名称不区分字母的大小写,但是变量与参数需要注意字母的大小写。按照习惯,本书中指令名称全部使用小写字母。

（4）与传统 autotools 工具一样，CMake 提供清理工程命令——make clean。但是需要注意，在 CMake 中不能使用 make distclean 功能。

（5）内部构建与外部编译：

内部构建会在源码文件所在路径生成较多临时文件，大型项目中不推荐使用。

外部编译以编译 NURBS 动态库插件为例，指令执行顺序如下：①在项目中建立 plugin 目录；②导航到 plugin 路径下，执行配置指令"../configure"，则 Make 可在此目录生成 NURBS 的静态库插件，在其中".."表示相对路径，回到上一级目录中。

外部编译其他需要注意的细节如下：

• 当编译出错，修改配置再次编译时，注意将上次编译生成的缓存文件 CMake-Cache.txt 删除，否则二次编译将参考其中的内容。

• 可以在任何合适的位置创建 build 目录，用于存放中间文件。

• 终端定位当前工作路径到 build 目录（也可以是动态库或静态库生成路径），运行 cmake /相对路径/即可。

• 运行 make 执行 MakeFile 脚本，会在 MakeFile 所在目录得到插件文件。

由于操作全部在 build 目录完成，因此外部编译对源码目录文件组成没有产生影响。一方面保证了原项目的完整性，另一方面便于管理编译生成的文件（包括中间文件与目标文件）。

3.9.3 基于C++的面向对象软件开发

3.9.3.1 C++语言特性与 STL 使用

C++是一门兼具过程性与面向对象特性的编程语言。面向对象有三个基本特征：封装、继承、多态性。

封装实现了底层数据和操作的隐藏，如一个文件读取器内部包含协议解析操作函数、NURBS 计算中间变量等，其访问权限均设置为私有，仅仅给外界保留 Read()作为读取操作接口。类外通常使用 setxxx()、getxxx()、isxxx()等公有接口设置，获取或判断私有变量，如 setFilename()用于给私有字符串类型 filename 文件名变量成员进行设置。

继承指由基类派生出子类表达"IsA 关系"。通常，父类是较抽象的概念，子类是父类的一种扩展。它一方面继承了父类属性和操作，另一方面也加入了自身的新特征和功能。

多态性通常包含两种：静态多态和动态多态。静态多态指对同名函数以不同特征标实现的函数重载。比如常用的加法操作，可以完成内置类型加法，也可以重载实现类实例的加法。动态多态，又称动态联编、动态绑定，是以相同函数名与特征标实现的子类函数重写，是基类引用或指针允许不同类的实例（彼此亲子关系）对某操作做出各自响应。

由此可见，与过程性编程相比，面向对象使得程序的灵活性进一步提高。设计的面向对象的计算力学前后处理软件框架也具有实际意义：可以降低程序各组分关联度，从而提高可维护度、二次开发效率。因此,本项目中 ParaView 插件全部使用 C++语言开发完成。下面结合 IGES Reader 插件描述用到的库文件工具。

STL(standard template library,标准模板库)是 C++新增语言特性,提供迭代器、容器等功能。STL 包括线性表 vector,双向链表 list 以及一些红黑树实现的关联容器 set、map 等,下面介绍其中较为常用的几个。

模板类 vector 底层由存储空间连续的线性表实现,其起始地址固定而长度按需增减。而由双向链表实现的 list 可以使用迭代器遍历访问,之所以称之为"双向",是因为每块内存维护两个指针,可以直接访问前驱与后继。另外,链表内存空间不连续,提高了空间利用率。对于插入和删除操作,相比较于线性表的 $O(n)$,链表所需时间为常量;但是对于存取操作,链表不如线性表速率快。如图 3.9-17 所示代码中使用 vector 实现数组功能存储。

```
158
159        // 创建一个NRUBS Curve
160   □    /*
161        std::vector<std::vector<double>> coefsPos = {
162           {0.5, 3, 0, 1}, {1.5, 5.5, 0, 1}, {4.5, 5.5, 0, 1},
163           {3.0, 1.5, 0, 1}, {7.5, 1.5, 0, 1}, {6.0, 4, 0, 1},
164           {8.5, 4.5, 0, 1}
165        };
166
```

图 3.9-17   嵌套使用的 vector 作为二维数组用于存储控制点坐标

关联容器 map、set 底层实现都是红黑树(R-B Tree)。红黑树是一种二叉搜索树,结构上自平衡,可以通过中序遍历得到有序的排列,相比较于 AVL 树(另一种平衡二叉搜索树),红黑树在几何上并不严格平衡,但是增加了对节点和路径上红黑颜色的限制,同样保证了增、删、查操作的时间复杂度为 $O(\log n)$。但是 AVL 树对每次插入操作最多只需要一次旋转,对每个删除操作需要 $O(\log n)$ 次旋转;而红黑树对每个插入和删除操作都只需要一次旋转。这样的差距在旋转操作可以以 $O(1)$ 时间复杂度完成的情况下并没有太大区别,但是如果旋转不能在常量时间范围内完成,那么这种差别就会相当重要。

相比较于 map、set,multiset 与 multimap 都可以存储相同 key 的键值对,hash_map 存储无序,其底层实现为哈希表。在实际应用中,如果需要按照关键字进行查找、插入和删除,那么哈希表在性能上超过了平衡搜索树;但是若按关键字实施字典操作,并且要求操作时间不能超过指定范围,则此时应该使用平衡搜索树(限定最坏情况);对于按照名次实施的查找和删除操作,以及限定匹配大小关系范围的字典操作,同样应该使用平衡搜索树。

3.9.3.2 面向对象的软件工程

随着面向对象概念与方法的提出,面向对象软件开发方法成为程序设计的趋势[42,46]。在计算力学前后处理软件中,图形创建、渲染与显示的各部分管线流程以及图形界面窗口组件均可以用类来抽象,而组件之间的关系可以使用类继承(public、private、protected)、组合包含等描述和实现。

本项目中计算力学前后处理软件设计和实现采用面向对象的软件工程手段,开发思路与流程如图 3.9-18 所示。首先分析需求并对系统架构进行设计;然后对界面交互进行建模,数据存储与算法实现部分主要采用开源几何内核协助实现,采用 UML(uniform modeling language,统一建模语言)工具完成类图绘制;最后根据原生类图编写源码分别实现界面交互、模型数据与算法部分。

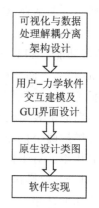

图 3.9-18 计算力学前后处理软件研发思路和实现流程

开发第一步需要确定软件需求(计算力学前后处理)并设计架构。架构设计是确定待开发系统软件架构的过程,常用的软件架构包括 N 层架构、客户端-服务器(client - server,CS)架构和模型-视图-控制器(model - view - controller,MVC)架构等。对于计算力学前后处理软件,使用可视化与数据处理解耦分离的架构,可以实现计算算法与显示组件松耦合,便于扩展自己的算法,提高软件二次开发效率。如果进一步将软件扩展开发成一主多从的模式,即一个运算服务器为多个客户端提供服务(其中,客户端通过 socket 套接字请求服务器执行运算操作,而客户端之间相对隔离),那么可以采用客户端-服务器架构。

3.9.3.3 关键插件 UML 类图

UML 常用于描述设计的模式结构,模式结构是软件开发的核心组成部分。下面首先介绍 UML 设计类图,然后结合 IGES Reader 中一个类的源码说明 UML 设计类图的绘制流程。

DCD(design class diagram,设计类图)是一种十分常用的 UML,描述了类及其接口和成员变量,以及类彼此关联、组合等关系,可以从底向上构建一个完整的设计类图。整个软件系统一般只有一个设计类图,作为后续开发、测试与集成整合的设计蓝图。设计类图是从领域模型和行为模型两方面综合得到的。行为模型有很多种,包括状态图、顺序图等,可构建它们来辅助开发、交流和校验设计思想,设计检查的过程是确保图能满足需求与约束。如果是从领域模型得到的,那么设计类图应至少包含所有满足需求的类、操作和关系。

通常 C++编程 UML 类图可以使用微软公司的 visio 工具来绘制。类 Entity Param 源码如图 3.9-19 所示。

类 Entity Param UML 类图如图 3.9-20 所示,此类图完整说明了类 EntityParam 的实现细节,类名在最上方栏目居中给出,下面紧接着是私有变量与函数。其中字符串数据类型属性(entityName)是私有访问权限,用"-"来表达。公有接口包括默认构造函数、拷贝构造函数、赋值运算符重载、析构函数等,其返回类型通过冒号":"与函数名、函数参数列表隔开。

可以遵循如下步骤完成上述 UML 类图绘制:

```
14  ┌class EntityParam
15  │  {
16  │  public:
17  │      EntityParam(int type = 0, const std::string name = "UNINITIALIZED");// 只有声明指定默认参数
18  │
19  │      EntityParam(const EntityParam&);
20  │
21  │      EntityParam& operator=(const EntityParam&);
22  │
23  │      virtual ~EntityParam() {};
24  │
25  │      virtual void parseIGESStringInfo(std::vector<double>) = 0;
26  │
27  │      virtual void showEntityInfo() {};
28  │
29  │      const int getEntityType() const { return entityType; };
30  │
31  │  private:
32  │
33  │      int entityType;
34  │      std::string entityName;
35  │
36  └  };
```

图 3.9 – 19　类 EntityParam 源码

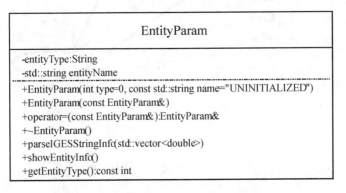

图 3.9 – 20　类 EntityParam UML 类图

（1）启动 Microsoft Visio 软件，在向导中选择新建空白框图。

（2）打开"更多形状→软件和数据库→软件→UML 类"菜单项，将它作为常用工具栏，如图 3.9 – 21 所示。

（3）根据需要绘制实体与关系对应的图形表达。

3.9.3.4 开发中应用的设计模式

在 IGES Reader 插件设计中使用了工厂模式，下面对此做简要介绍。对软件开发者而言，设计模式的重要性不言而喻。通常而言，设计模式指由"GoF(GangOfFour，四人组)"提出的经典设计模式，共 23 种。虽然现在设计模式在使用和创造上得到了相当程度的扩展，但是传统设计模式仍然被广泛使用。

传统设计模式主要包括 3 类：

（1）创建型：包括单例模式、原型模式、建造者模式等 6 种（严格来讲为 5 种，排除

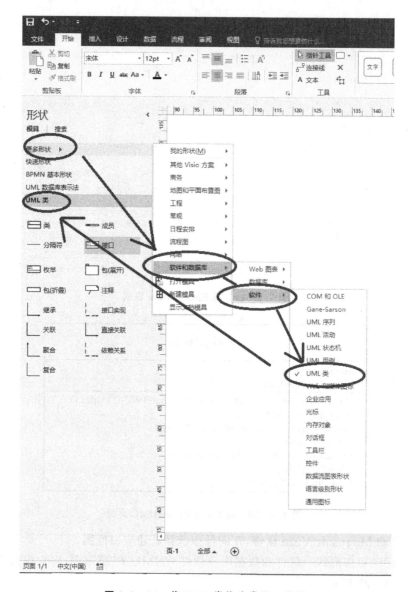

图 3.9 - 21　将 UML 类作为常用工具栏

简单工厂模式)。

(2)结构型:包括适配器模式、代理模式等 7 种。

(3)行为型:包括职责链模式和访问者模式等 11 种。

在 IGES Reader 的设计过程中,使用了工厂方法模式。作为一种创建型设计模式,其使用频率非常高。通常,工厂模式可按照解决问题层次顺序分为简单工厂模式、工厂方法模式和抽象工厂模式,了解简单工厂模式的原理对于理解另外两种模式十分有帮助,尽管严格来讲它不属于 23 种经典设计模式。

简单工厂模式中可由工厂类提供一个静态访问接口,用于传入一个参数即可返回得到对应的产品类的实例。产品类需要有一定共性,并将它抽象于一个抽象基类中。

工厂方法模式用于解决在简单工厂模式中增加产品类时,需要违背开闭原则修改工厂类静态接口、增加 switch 选项的问题。可将简单工厂抽象成一个基类,实例化产品的任务由其子类工厂完成。工厂方法模式又可称作虚拟构造器模式或多态工厂模式。

抽象工厂模式用于解决子类工厂职责过于单一而导致程序含有过多工厂类的问题,可考虑用一个子类工厂解决一类相关联产品类实例化问题从而得到抽象工厂模式。

根据工厂模式思想,下面给出描述模型文件读取器中各类关系的 UML 类图,如图 3.9-22 所示。

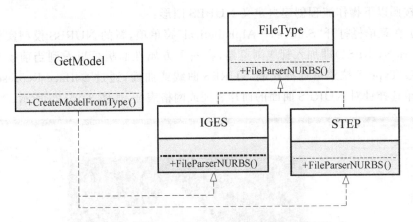

图 3.9-22 工厂方法模式描述不同类型文件解析生成

可以看到,图 3.9-22 非常符合工厂模式应用场景。从 UML 概念层面上说,图 3.9-22 主要包括以下 4 个部分:

(1) 视图:由许多单独类图共同组成的一个抽象组合。

(2) 图:UML 图是描述 UML 视图内容的图形。最新版本 UML 提供了多种图,其中常用的有用例图(use case diagram)和上文提到的类图(class diagram)。

(3) 模型元素:模型元素和 OOP(object oriented programming,面向对象编程)常用概念相对应。类、实例化对象及其关系(如关联关系(继承)、属性和接口、依赖关系、泛化关系等)在图 3.9-22 中都有对应的图形表达。

(4) 通用机制:由 UML 提供,除了为模型元素提供说明信息外,也保留了一些扩展功能接口,允许进一步对 UML 进行扩展。例如,可在图 3.9-22 中进一步扩充产品类型,实现更多种类读取器开发。

具体而言,模型数据文件可能有多种类型,如 IGES、STEP 等,它们各自包含 NURBS 模型参数。可以将不同类型文件统一抽象为模型文件类(FileType),使用工厂类(GetModel)中的静态方法(CreateModelFromType())根据所读入文件后缀名判断"产品"种类,进一步实例化特定类型产品,最后获得此对象,返回给调用的工厂类。

3.9.3.5 ParaView 界面创建 NURBS 曲线/曲面模型

NURBS 定义式如下:

$$C(u) = \frac{\sum_{i=0}^{n} N_{i,p}(u)\omega_i P_i}{\sum_{i=0}^{n} N_{i,p}(u)\omega_i} \quad a \leqslant u \leqslant b \tag{3.9-1}$$

其中,P 为控制点坐标;ω 是权重;N 是基函数,可以通过递推得到。根据式(3.9-1)确定的参数可以将参数域的点映射到物理域。其公式推导与算法设计在第 2 章中已经详细介绍过,此处不再赘述。

可按照以下操作流程创建自定义 NURBS 图形:

(1)在菜单栏打开"Sources→Alphabetical"菜单项,新的 NURBS 模型实例(名为 ParametricNURBS1)即加入管线浏览器,在左下方属性面板可以看到当前模型参数;可以通过 Type 下拉菜单选择绘制 NURBS 曲线或曲面,通过 Surface Representation 下拉菜单选择针对 NURBS 曲面的面片表征或网格表征,如图 3.9-23 所示。

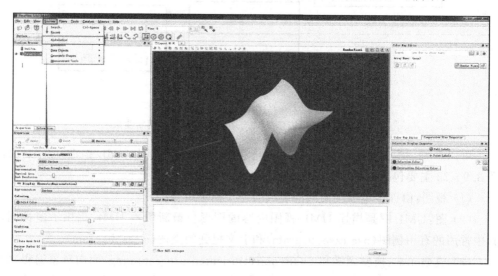

图 3.9-23 ParaView 创建 NURBS 几何模型操作流程一

(2)原始模型给出控制点坐标、节点位置。可以通过属性面板增加、删减或调整坐标来调节几何模型(见图 3.9-24)。

(3)修改显示类型为网格型,通过 Physical Area Mesh Resolution 滑块调节曲面网格精度。NURBS 曲面网格如图 3.9-25 所示。

3.9.4 小 结

本节主要对开发环境搭建、开发工具选取与开发思想进行介绍,是开发前的准备工作。为满足软件跨平台特性需求,文中分别概述 Windows 与 Linux 操作系统下的开发流程,并以 Windows 中 ParaView 编译运行过程为例,介绍开发环境搭建的实际操作步

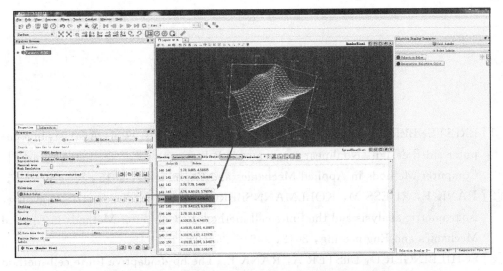

图 3.9 - 24 ParaView 创建 NURBS 几何模型操作流程二

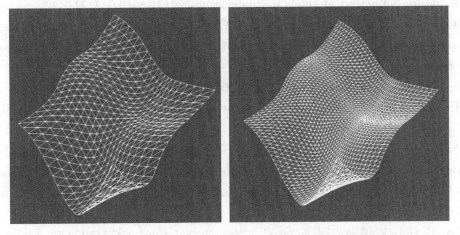

(a) 参数域 *uv* 方向均为 20 个种子   (b) 参数域 *uv* 方向均为 40 个种子

图 3.9 - 25 NURBS 曲面网格

骤。本书中主要采用 OOP－C＋＋编程语言开发完成,合理运用实现隐藏、父子类继承与函数多态等思想。对软件系统,设计出界面与数据算法解耦分离架构,提高了系统灵活性。通过原生设计类图提高开发效率,采用设计模式规范开发流程,最后进行软件实现。

参考文献

[1] BREITENBERGER M,APOSTOLATOS A,PHILIPP B, et al. Analysis in computer aided design：Nonlinear isogeometric B-Rep analysis of shell structures[J]. Computer Methods in Applied Mechanics and Engineering，2015，284：401-457.

[2] RANK E, RUESS M, KOLLMANNSBERGER S, et al. Geometric modeling, isogeometric analysis and the finite cell method[J]. Computer Methods in Applied Mechanics and Engineering，2012，249 - 252(0)：104-115.

[3] SCHILLINGER D, DüSTER A, RANK E. The hp-d-adaptive finite cell method for geometrically nonlinear problems[J] of solid mechanics[J]. International Journal for Numerical Methods in Engineering，2012，89(9)：1171-1202.

[4] COTTRELL JA, HUGHES T J R, BAZILEVS Y. Isogeometric analysis：toward integration of CAD and FEA [M]. Singapore：John Wiley & Sons, Ltd，2009.

[5] SCHMIDT R，WüCHNER R，BLETZINGER KU. Isogeometric analysis of trimmed NURBS geometries[J]. Computer Methods in Applied Mechanics and Engineering，2012，241-244(0)：93-111.

[6] ENGVALL L, EVANS J A. Isogeometric triangular Bernstein-Bézier discretizations：Automatic mesh generation and geometrically exact finite element analysis [J]. Computer Methods in Applied Mechanics and Engineering，2016，304：378-407.

[7] WANG H, ZENG Y, LI E, et al. "Seen Is Solution" a CAD/CAE integrated parallel reanalysis design system[J]. Computer Methods in Applied Mechanics and Engineering，2016，299：187-214.

[8] KIM H J, SEO Y D, YOUN S K. Isogeometric analysis for trimmed CAD surfaces[J]. Computer Methods in Applied Mechanics and Engineering，2009，198(37-40)：2982-2995.

[9] 徐岗，李新，黄章进，等. 面向等几何分析的几何计算[J].计算机辅助设计与图形学学报，2015(04)：570-581.

[10] HUGHES T J R, COTTRELL J A, BAZILEVS Y. Isogeometric analysis：CAD, finite elements, NURBS, exact geometry and mesh refinement[J]. Computer Methods in Applied Mechanics and Engineering，2005，194(39-41)：4135-4195.

362

[11] PARVIZIAN J, DüSTER A, RANK E. Finite cell method[J]. Computational Mechanics, 2007, 41(1): 121-133.

[12] DüSTER A, PARVIZIAN J, YANG Z, et al. The finite cell method for three-dimensional problems of solid mechanics[J]. Computer Methods in Applied Mechanics and Engineering, 2008, 197(45-48): 3768-3782.

[13] KIM H J, SEO Y D, YOUN S K. Isogeometric analysis with trimming technique for problems of arbitrary complex topology[J]. Computer Methods in Applied Mechanics and Engineering, 2010, 199(45-48): 2796-2812.

[14] SCHILLINGER D, DEDè L, SCOTT MA, et al. An isogeometric design-through-analysis methodology based on adaptive hierarchical refinement of NURBS, immersed boundary methods, and T-spline CAD surfaces[J]. Computer Methods in Applied Mechanics and Engineering, 2012, 249-252 (0): 116-150.

[15] GIANNELLI C, JüTTLER B, KLEISS S K, et al. THB-splines: An effective mathematical technology for adaptive refinement in geometric design and iso-geometric analysis[J]. Computer Methods in Applied Mechanics and Engineering, 2016, 299: 337-365.

[16] RUESS M, SCHILLINGER D, ÖZCAN A I, et al. Weak coupling for isogeometric analysis of non-matching and trimmed multi-patch geometries[J]. Computer Methods in Applied Mechanics and Engineering, 2014, 269(0): 46-71.

[17] BAZILEVS Y, CALO VM, COTTRELL J A, et al. Isogeometric analysis using T-splines[J]. Computer Methods in Applied Mechanics and Engineering, 2010, 199(5-8): 229-263.

[18] SPELEERS H, MANNI C, PELOSI F, et al. Isogeometric analysis with Powell-Sabin splines for advection-diffusion-reaction problems[J]. Computer Methods in Applied Mechanics and Engineering, 2012, 221-222(0): 132-148.

[19] MAY S, VIGNOLLET J, DE BORST R. Powell-Sabin B-splines and unstructured standard T-splines for the solution of the Kirchhoff-Love plate theory exploiting Bézier extraction[J]. International Journal for Numerical Methods in Engineering, 2016, 107(3): 205-233.

[20] TAKACS T. Construction of Smooth Isogeometric Function Spaces on Singularly Parameterized Domains[C]// Curves and surfaces. Cham: Springer, 2015, 433-451.

[21] JAXON N, QIAN X. Isogeometric analysis on triangulations[J]. Computer-Aided Design, 2014, 46(0): 45-57.

[22] WANG D, XUAN J. An improved NURBS-based isogeometric analysis with enhanced treatment of essential boundary conditions[J]. Computer Methods in

Applied Mechanics and Engineering, 2010, 199(37-40): 2425-2436.

[23] ZHU X, HU P, MA Z D. B++ splines with applications to isogeometric analysis[J]. Computer Methods in Applied Mechanics and Engineering, 2016, 311: 503-536.

[24] EMBAR A, DOLBOW J, HARARI I. Imposing Dirichlet boundary conditions with Nitsche's method and spline-based finite elements[J]. International Journal for Numerical Methods in Engineering, 2010, 83(7): 877-898.

[25] SCHILLINGER D, RUTHALA PK, NGUYEN L H. Lagrange extraction and projection for NURBS basis functions: A direct link between isogeometric and standard nodal finite element formulations[J]. International Journal for Numerical Methods in Engineering, 2016, 108(6): 515-534.

[26] KIENDL J, BAZILEVS Y, HSU M C, et al. The bending strip method for isogeometric analysis of Kirchhoff-Love shell structures comprised of multiple patches[J]. Computer Methods in Applied Mechanics and Engineering, 2010, 199 (37-40): 2403-2416.

[27] ZUO B Q, HUANG Z D, WANG Y W, et al. Isogeometric analysis for CSG models[J]. Computer Methods in Applied Mechanics and Engineering, 2015, 285: 102-124.

[28] DE PRENTER F, VERHOOSEL C V, VAN ZWIETEN G J, et al. Condition number analysis and preconditioning of the finite cell method[J]. Computer Methods in Applied Mechanics and Engineering,2017,316:297-327.

[29] JOULAIAN M, ZANDER N, BOG T, et al. A high-order enrichment strategy for the finite cell method[J]. PAMM, 2015, 15(1): 207-208.

[30] SEDERBERG T W, ZHENG J, BAKENOV A, et al. T-splines and T-NURCCs. Acm Transactions on Graphics[J], 2003, 22(3): 477-484.

[31] SEDERBERG T W, CARDON D L, FINNIGAN GT, et al. T-spline simplification and local refinement[J]. ACM Trans. Graph. , 2004, 23(3): 276-283.

[32] DöRFEL M R, JüTTLER B, SIMEON B. Adaptive isogeometric analysis by local h-refinement with T-splines[J]. Computer Methods in Applied Mechanics and Engineering, 2010, 199(5-8): 264-275.

[33] SCOTT M A, LI X, SEDERBERG T W, et al. Local refinement of analysis-suitable[J] T-splines. Computer Methods in Applied Mechanics and Engineering, 2012, 213-216(0): 206-222.

[34] LIU C, LIU B, XING Y, et al. In-plane vibration analysis of plates in curvilinear domains by a differential quadrature hierarchical finite element method[J]. Meccanica, 2016, 52(4): 1017-1033.

[35] LIU C, LIU B, ZHAO L, et al. A differential quadrature hierarchical finite ele-

ment method and its applications to vibration and bending of Mindlin plates with curvilinear domains[J]. International Journal for Numerical Methods in Engineering, 2016, 109(2): 174-197.

[36] LIU C, LIU B, KANG T, et al. Micro/macro-mechanical analysis of the interface of composite structures by a differential quadrature hierarchical finite element method[J]. Composite Structures, 2016, 154: 39-48.

[37] LIU B, XING Y, WANG W, et al. Thickness-shear vibration analysis of circular quartz crystal plates by a differential quadrature hierarchical finite element method[J]. Composite Structures, 2015, 131: 1073-1080.

[38] KARNIADAKIS GE, SHERWIN S J. Spectral/hp Element Methods for Computational Fluid Dynamics [M], 2nd ed. New York: Oxford University Press, 2005.

[39] SHERWIN S J, KARNIADAKIS G E. A triangular spectral element method: applications to the incompressible Navier-Stokes equations[J]. Computer Methods in Applied Mechanics and Engineering, 1995, 123(1-4): 189-229.

[40] LIU B, Xing Y, Wang Z, et al. Non-uniform rational Lagrange functions and its applications to isogeometric analysis of in-plane vibration and deformation of plates (submitted).

[41] LIU B. NURL toolbox. [Retrieved 2017; A collection of routines for the creation and operation of Non-Uniform Rational Lagrange (NURL) geometries. http://nurl.sourceforge.net

[42] RUESS M, SCHILLINGER D, BAZILEVS Y, et al. Weakly enforced essential boundary conditions for NURBS-embedded and trimmed NURBS geometries on the basis of the finite cell method[J]. International Journal for Numerical Methods in Engineering, 2013, 95(10): 811-846.

[43] ZHANG W, ZHAO L, CAI S. Shape optimization of Dirichlet boundaries based on weighted B-spline finite cell method and level-set function[J]. Computer Methods in Applied Mechanics and Engineering, 2015, 294: 359-383.

[44] ZHANG W, ZHAO L. Exact imposition of inhomogeneous Dirichlet boundary conditions based on weighted finite cell method and level-set function[J]. Computer Methods in Applied Mechanics and Engineering, 2016, 307: 316-338.

[45] ZIENKIEWICZ O C, TAYLOR R L. The Finite Element Method for Solid and Structural Mechanics [M] Gthed Edinburg: Butterworth-Heinemann/Elsevier, 2005.

[46] 钟万勰, 陆仲绩. CAE:事关国家竞争力和国家安全的战略技术——关于发展我国 CAE 软件产业的思考[J]. 中国科学院院刊, 2007(02): 115-119.

[47] 国家自然科学基金委员会, 中国科学院. 未来十年中国科学发展战略:力学[M].

北京：科学出版社，2012.

[48] 钟万勰，程耿东. 跨世纪的中国计算力学[J]. 力学与实践，1999(01)：11-16.

[49] ZHUANG Z, MAITIREYIMU M. Recent research progress in computational solid mechanics[J]. Chinese Science Bulletin, 2012, 57(36): 4683-4688.

[50] TURNER M J. Stiffness and Deflection Analysis of Complex Structures[J]. Journal of the Aeronautical Sciences (Institute of the Aeronautical Sciences), 1956, 23(9): 805-823.

[51] CLOUGH R W. The finite element in plane stress analysis[C]// Proceedings of the second ASCE Conference on Electronic Computation. Pittsburgh: ASCE, 1960.

[52] ZIENKIEWICZ O C. Achievements and some unsolved problems of the finite element method[J]. International Journal for Numerical Methods in Engineering, 2000, 47(1-3): 9-28.

[53] BARDELL N S. An engineering application of the h-p Version of the finite element method to the static analysis of a Euler-Bernoulli beam[J]. Computers & Structures, 1996, 59(2): 195-211.

[54] 詹世革，孟庆国. 固体力学学科发展探讨[J]. 中国科学基金，2008(06)：331-334.

[55] 袁明武. 计算力学软件开发战略的思考[C]// 中国科学院技术科学论坛第二十三次学术报告会议论文集. 北京：中国科学院，2006：385-387.

[56] PETYT M. Introduction to Finite Element Vibration Analysis[M]. 2nd ed. NewYork: Cambridge University Press, 2010.

[57] ZIENKIEWICZ OC, IRONS BM, SCOTT F C, et al. Three-dimensional stress analysis, Proc. IUTAM Symp[J]. High Speed Computing of Elastic Structures[J], 1970: 413-431.

[58] 诸德超. 论升阶谱有限元技术[J]. 计算结构力学及其应用，1985(03)：1-10.

[59] BESLIN O, NICOLAS J. A hierarchical functions set for predicting very high order plate bending modes with any boundary conditions[J]. Journal of Sound and Vibration, 1997, 202(5): 633-655.

[60] CAMPION S D, JARVIS J L. An investigation of the implementation of the p-version finite element method[J]. Finite Elements in Analysis and Design, 1996, 23(1): 1-21.

[61] 李晓军，朱合华. 有限元可视化软件设计及其快速开发[J]. 同济大学学报(自然科学版)，2001(04)：500-504.

[62] ZIENKIEWICZ O C, D E S R GAGO J P KELLY D W. The hierarchical concept in finite element analysis[J]. Computers & Structures, 1983, 16(1-4): 53-65.

[63] ZHU D C. Hierarchal finite elements and their application to structural natural vibration problems[C]// 23rd Structures, Structural Dynamics and Materials Conference. Washington: American Institute of Aeronautics and Astronautics,1982.

[64] RIBEIRO P, PETYT M. Non-linear vibration of beams with internal resonance by the hierarchical finite-element method[J]. Journal of Sound and Vibration, 1999, 224(4): 591-624.

[65] HAN W, PETYT M. Geometrically nonlinear vibration analysis of thin, rectangular plates using the hierarchical finite element method—I: The fundamental mode of isotropic plates[J]. Computers & Structures, 1997, 63(2): 295-308.

[66] RIBEIRO P. hierarchical finite element analyses of geometrically non-linear vibration of beams and plane frames[J]. Journal of Sound and Vibration, 2001, 246(2): 225-244.

[67] 诸德超. 升阶谱有限元法[M]. 北京：国防工业出版社，1993.

[68] WEBB J P, ABOUCHACRA R. Hierarchal triangular elements using orthogonal polynomials[J]. International Journal for Numerical Methods in Engineering, 1995, 38(2): 245-257.

[69] HOUMAT A. Free vibration analysis of membranes using the h-p version of the finite element method[J]. Journal of Sound and Vibration, 2005, 282(1-2): 401-410.

[70] HOUMAT A. Free vibration analysis of arbitrarily shaped membranes using the trigonometric p-version of the finite-element method[J]. Thin-Walled Structures, 2006, 44(9): 943-951.

[71] 柯栗，孙秦. 薄壁结构固有频率的 p 型有限元数值计算收敛性研究[J]. 航空计算技术，2010(02): 65-68+72.

[72] XING Y, LIU B. High-accuracy differential quadrature finite element method and its application to free vibrations of thin plate with curvilinear domain[J]. International Journal for Numerical Methods in Engineering, 2009, 80(13): 1718-1742.

[73] XING Y, LIU B, LIU G. A differential quadrature finite element method[J]. International Journal of Applied Mechanics, 2010, 2(1): 207-227.

[74] SHEPHARD MS, DEY S, FLAHERTY J E. A straightforward structure to construct shape functions for variable p-order meshes[J]. Computer Methods in Applied Mechanics and Engineering, 1997, 147(3-4): 209-233.

[75] 葛效尧，诸德超. 铁木辛柯梁的升阶谱元素及其在固有振动问题中的应用[J]. 北京航空学院学报，1982(01): 81-100.

[76] 时国勤，诸德超. 部分正交升阶谱圆筒壳元素及其在固有振动中的应用[J]. 应用力学学报，1984(02): 51-62+134.

［77］诸德超. 部分正交一维升阶谱元素［J］. 中国航空科技文献，1982.

［78］ZHU D C. Development of hierarchical finite element methods at BIAA. The International Conference on Computational Mechanics. Tokyo：Springer Japan kk,1986.

［79］HOUMAT A. An alternative hierarchical finite element formulation applied to plate vibrations［J］. Journal of Sound and Vibration，1997，206(2)：201-215.

［80］HOUMAT A. Hierarchical finite element analysis of the vibration of membranes［J］. Journal of Sound and Vibration，1997，201(4)：465-472.

［81］RIBEIRO P，PETYT M. Non-linear vibration of composite laminated plates by the hierarchical finite element method［J］. Composite Structures，1999，46(3)：197-208.

［82］BERT C W，JANG S K，STRIZ A G. Two new approximate methods for analyzing free vibration of structural components［J］. AIAA Journal，1988，26(5)：612-618.

［83］BELLMAN R，CASTI J. Differential quadrature and long term integration［J］. Journal of Mathematical Analysis and Applications，1971(34)：235-238.

［84］BERT C W，MALIK M. Differential Quadrature Method in Computational Mechanics：A Review［J］. Applied Mechanics Reviews，1996，49(1)：1-28.

［85］LIU B，XING Y. Comprehensive exact solutions for free in-plane vibrations of orthotropic rectangular plates［J］. European Journal of Mechanics a-Solids，2011，30(3)：383-395.

［86］LIU B，XING Y F，QATU M S，et al. Exact characteristic equations for free vibrations of thin orthotropic circular cylindrical shells［J］. Composite Structures，2012，94(2)：484-493.

［87］刘波. 板振动问题的新解法［D］，北京：北京航空航天大学,2009.

［88］刘波，邢誉峰. 升阶谱求积单元方法及其在薄板和 Mindlin 板中的应用［C］// 中国力学大会 2011 暨钱学森诞辰 100 周年纪念大会论文集. 2011：1-22.

［89］LIU B，XING Y F，EISENBERGER M，et al. Thickness-shear vibration analysis of rectangular quartz plates by a numerical extended Kantorovich method ［J］. Composite Structures，2014，107(0)：429-435.

［90］BITTENCOURT M L，VAZQUEZ MG，VAZQUEZ T G. Construction of shape functions for the h-and p-versions of the FEM using tensorial product［J］. International Journal for Numerical Methods in Engineering，2007，71(5)：529-563.

［91］KORNEEV V G，JENSEN S. Domain decomposition preconditioning in the hierarchical p-version of the finite element method［J］. Applied Numerical Mathematics，1999，29(4)：479-518.

[92] ROSSOW MP, KATZ I N. Hierarchal finite elements and precomputed arrays [J]. International Journal for Numerical Methods in Engineering, 1978, 12(6): 977-999.

[93] CARNEVALI P, MORRIS R B, TSUJI Y, et al. New basis functions and computational procedures for p-version finite element analysis[J]. International Journal for Numerical Methods in Engineering, 1993, 36(22): 3759-3779.

[94] WEBB J P, ABOUCHACRA R. Hierarchal triangular elements using orthogonal polynomials[J]. International Journal for Numerical Methods in Engineering, 1995, 38(2): 245-257.

[95] WEBB J P. Hierarchal vector basis functions of arbitrary order for triangular and tetrahedral finite elements[J]. IEEE Transactions on Antennas & Propagation, 1999, 47(8): 1244-1253.

[96] VILLENEUVE D, WEBB J P. Hierarchical universal matrices for triangular finite elements with varying material properties and curved boundaries[J]. International Journal for Numerical Methods in Engineering, 1999, 44(2): 215-228.

[97] SHEN J, TANG T, WANG L L. Spectral methods : algorithms, analysis and applications[M]. Berlin: Springer, 2011.

[98] ADJERID S, AIFFA M, FLAHERTY J E. Hierarchical finite element bases for triangular and tetrahedral elements[J]. Computer Methods in Applied Mechanics and Engineering, 2001, 190(22-23): 2925-2941.

[99] SZABó B, BABUšKA I. Finite Element Analysis[M]. New York: John Wiley & Sons, 1991.

[100] FERREIRA L J F, BITTENCOURT M L. Hierarchical High-Order Conforming C1 Bases for Quadrangular and Triangular Finite Elements[J]. International Journal for Numerical Methods in Engineering, 2016(7): 936-964.

[101] PEANO A. Hierarchies of conforming finite elements for plane elasticity and plate bending[I]. Computers & Mathematics with Applications, 1976, 2(3-4): 211-224.

[102] WANG D W, KATZ I N, SZABO B A. Implementation of a C-1 triangular element based on the P-version of the finite element method[J]. Computers & Structures, 1984, 19(3): 381-392.

[103] CHINOSI C, SCAPOLLA T, SACCHI G. A hierarchic family of C1 finite elements for 4th order elleptic problems[J]. Computational Mechanics, 1991, 8(3): 181-191.

[104] BESLIN O, NICOLAS J. A hierarchical functions set for predicting very high order plate bending modes with any boundary conditions[J]. Journal of Sound and Vibration, 1997, 202(5): 633-655.

［105］ HOUMAT A. Hierarchical finite element analysis of the vibration of membranes[J]. Journal of Sound and Vibration，1997，201(4)：465-472.

［106］ HOUMAT A. Free vibration analysis of arbitrarily shaped membranes using the trigonometric p-version of the finite-element method[J]. Thin-Walled Structures，2006，44(9)：943-951.

［107］ HOUMAT A. An alternative hierarchical finite element formulation applied to plate vibrations[J]. Journal of Sound and Vibration，1997，206(2)：201-215.

［108］ RIBEIRO P. Hierarchical finite element analyses of geometrically non-linear vibration of beams and plane frames[J]. Journal of Sound and Vibration，2001，246(2)：225-244.

［109］ RIBEIRO P，PETYT M. Non-linear vibration of composite laminated plates by the hierarchical finite element method[J]. Composite Structures，1999，46(3)：197-208.

［110］ HOUMAT A. Free vibration analysis of membranes using the h-p version of the finite element method[J]. Journal of Sound and Vibration，2005，282(1-2)：401-410.

［111］ LIU B，LU S，WU Y，et al. Three dimensional micro/macro-mechanical analysis of the interfaces of composites by a differential quadrature hierarchical finite element method[J]. Composite Structures，2017，176：654-663.

［112］ LIU B，LIU CY，LU S，et al. A differential quadrature hierarchical finite element method using Fekete points for triangles and tetrahedrons and its applications to structural vibration[J]. Computer methods in applied mechanics and engineering，2019，349(1)：799-838.

［113］ TAYLOR M A，WINGATE B A，VINCENT R E. An Algorithm for Computing Fekete Points in the Triangle[J]. SIAM Journal on Numerical Analysis，2000，38(5)：1707-1720.

［114］ BRIANI M，SOMMARIVA A，VIANELLO M. Computing Fekete and Lebesgue points：Simplex，square，disk[J]. Journal of Computational and Applied Mathematics，2012，236(9)：2477-2486.

［115］ BLYTH M G，POZRIKIDIS C. A Lobatto interpolation grid over the triangle [J]. IMA Journal of Applied Mathematics，2006，71(1)：153-169.

［116］ BLYTH M G，LUO H，POZRIKIDIS C. A comparison of interpolation grids over the triangle or the tetrahedron[J]. Journal of Engineering Mathematics，2006，56(3)：263-272.

［117］ LUO H，POZRIKIDIS C. A Lobatto interpolation grid in the tetrahedron[J]. IMA Journal of Applied Mathematics，2006，71(2)：298-313.

［118］ WARBURTON T. An explicit construction of interpolation nodes on the simplex[J]. Journal of Engineering Mathematics, 2006, 56(3): 247-262.

[119] POZRIKIDIS C. A spectral collocation method with triangular boundary elements [J]. Engineering Analysis with Boundary Elements, 2006, 30 (4): 315-324.

[120] ZHONG H, XU J. A non-uniform grid for triangular differential quadrature [J]. SCIENCE CHINA Physics, Mechanics & Astronomy, 2016, 59 (12): 124611.

[121] BARDELL N S. Free vibration analysis of a flat plate using the hierarchical finite element method [J]. Journal of Sound & Vibration, 1991, 151 (2): 263-289.

[122] KIENDL J, BLETZINGER KU, LINHARD J, et al. Isogeometric shell analysis with Kirchhoff-Love elements[J]. Computer Methods in Applied Mechanics and Engineering, 2009, 198(49-52): 3902-3914.

[123] SHOJAEE S, IZADPANAH E, VALİZADEH N, et al. Free vibration analysis of thin plates by using a NURBS-based isogeometric approach[J]. Finite Elements in Analysis and Design, 2012, 61(0): 23-34.

[124] BOISSERIE B J M. Curved finite elements of class C1: Implementation and numerical experiments. Part 1: Construction and numerical tests of the interpolation properties[J]. Computer Methods in Applied Mechanics & Engineering, 1993, 106(1-2): 229-269.

[125] ZHONG H, YUE Z. Analysis of thin plates by the weak form quadrature element method[J]. Science China Physics, Mechanics and Astronomy, 2012, 55 (5): 861-871.

[126] JIN C, WANG X. Weak form quadrature element method for accurate free vibration analysis of thin skew plates[J]. Computers & Mathematics with Applications, 2015, 70(8): 2074-2086.

[127] ZIENKIEWICZ O C, TAYLOR R L, ZHU J Z. The Finite Element Method: Its Basis and Fundamentals[M]. 7th ed. New York: Elsevier, 2013.

[128] HAN W, PETYT M, HSIAO K M. An investigation into geometrically nonlinear analysis of rectangular laminated plates using the hierarchical finite element method [J]. Finite Elements in Analysis & Design, 1994, 18 (1): 273-288.

[129] RIBEIRO P, PETYT M. Nonlinear vibration of plates by the hierarchical finite element and continuation methods[J], Internationul Journal of mechanical Sciences,1999,41(4-5):437-459.

[130] RIBEIRO P, PETYT M. Nonlinear vibration of plates by the hierarchical finite element and continuation methods[J]. International Journal of Mechanical Sci-

ences，1999，41(4-5)：437-459.

[131] DüSTER A，NIGGL A，NüBEL V，et al. A Numerical Investigation of High-Order Finite Elements for Problems of Elastoplasticity[J]. Journal of Scientific Computing，2002，17(1)：397-404.

[132] RIBEIRO P，VAN DER HEIJDEN G H M. Elasto-plastic and geometrically nonlinear vibrations of beams by the p-version finite element method[J]. Journal of Sound and Vibration，2009，325(1-2)：321-337.

[133] HARTMANN R，LEICHT T. Generation of unstructured curvilinear grids and high-order discontinuous Galerkin discretization applied to a 3D high-lift configuration[J]. International Journal for Numerical Methods in Fluids，2016，82(6)：316-333.

[134] KRAUSE R，MüCKE R，RANK E. hp-Version finite elements for geometrically non-linear problems[J]. Communications in Numerical Methods in Engineering，1995，11(11)：887-897.

[135] SZABó B A，ACTIS R L，HOLZER S M. Solution of Elastic-Plastic Stress Analysis Problems by the P-version of the Finite Element Method[M]. New York：Springer，1995.

[136] XU J，CHERNIKOV A N. Automatic Curvilinear Quality Mesh Generation Driven by Smooth Boundary and Guaranteed Fidelity[J]. Procedia Engineering，2014，82：200-212.

[137] POYA R，SEVILLA R，GIL A J. A unified approach for a posteriori high-order curved mesh generation using solid mechanics[J]. Computational Mechanics，2016，58(3)：457-490.

[138] ZIENKIEWICZ OC，IRONS BM，SCOTT F C，et al. Three dimensional stress analysis，Proc. IUTAM Symp[J]. High Speed Computing of Elastic Structures，1971，413-432.

[139] KARNIADAKIS G E，SHERWIN S. Spectral/hp Element Methods for Computational Fluid Dynamics[M]. 2nd ed. New York：Oxford Sciene Publications，2005.

[140] 刘波，伍洋，邢誉峰. 微分求积升阶谱有限元方法[M]. 北京：国防工业出版社，2019.

[141] BERT C W，MALIK M. Differential Quadrature Method in Computational Mechanics：A Review[J]. Applied Mechanics Reviews，1996，49(1)：1-28.

[142] BASSI F，REBAY S. High-Order Accurate Discontinuous Finite Element Solution of the 2D Euler Equations[J]. Journal of Computational Physics，1997，138(2)：251-285.

[143] COCKBURN B，KARNIADAKIS G E，SHU C W. Discontinuous Galerkin

Methods[M]. Berlin: Springer, 2000.

[144] TURNER M, PEIRó J, MOXEY D. A Variational Framework for High-order Mesh Generation[J]. Procedia Engineering, 2016, 163: 340-352.

[145] TOULORGE T, LAMBRECHTS J, REMACLE J F. Optimizing the geometrical accuracy of curvilinear meshes[J]. Journal of Computational Physics, 2016, 310: 361-380.

[146] TOULORGE T, GEUZAINE C, REMACLE J F, et al. Robust untangling of curvilinear meshes[J]. Journal of Computational Physics, 2013, 254: 8-26.

[147] SHERWIN S J, PEIRó J. Mesh generation in curvilinear domains using high-order elements[J]. International Journal for Numerical Methods in Engineering, 2002, 53(1): 207-223.

[148] XIE ZQ, SEVILLA R, HASSAN O, et al. The generation of arbitrary order curved meshes for 3D finite element analysis[J]. Computational Mechanics, 2013, 51(3): 361-374.

[149] VINCENT P E, JAMESON A. Facilitating the Adoption of Unstructured High-Order Methods Amongst a Wider Community of Fluid Dynamicists[J]. Math. Model. Nat. Phenom. , 2011, 6(3): 97-140.

[150] GARGALLO-PEIRó A, ROCA X, PERAIRE, et al. Optimization of a regularized distortion measure to generate curved high-order unstructured tetrahedral meshes[J]. International Journal for Numerical Methods in Engineering, 2015, 103(5): 342-363.

[151] GARGALLO-PEIRó A, ROCA X, PERAIRE J, et al. A distortion measure to validate and generate curved high-order meshes on CAD surfaces with independence of parameterization[J]. International Journal for Numerical Methods in Engineering, 2016, 106(13): 1100-1130.

[152] WANG Z J, FIDKOWSKI K, ABGRALL R, et al. High-order CFD methods: current status and perspective[J]. International Journal for Numerical Methods in Fluids, 2013, 72(8): 811-845.

[153] JOHNEN A, REMACLE J F, GEUZAINE C. Geometrical validity of curvilinear finite elements[J]. Journal of Computational Physics, 2013, 233: 359-372.

[154] GEUZAINE C, JOHNEN A, LAMBRECHTS J, et al. The Generation of Valid Curvilinear Meshes [M]// IDIHOM: Industrialization of High-Order Methods-A Top-Down Approach: Results of a Collaborative Research Project Funded by the European Union, 2010-2014. cham: Springer International Publishing, 2015:15-39.

[155] TURNER M, PEIRó J, MOXEY D. Curvilinear mesh generation using a variational framework[J]. Computer-Aided Design, 2018, 103: 73-91.

[156] XU H, CANTWELL C D, MONTESERIN C, et al. Spectral/hp element methods: Recent developments, applications, and perspectives[J]. Journal of Hydrodynamics, 2018, 30(1): 1-22.

[157] KROLL N, BIELER H, DECONINCK H, et al. ADIGMA - A European Initiative on the Development of Adaptive Higher-Order Variational Methods for Aerospace Applications[M]. New York: Springer, 2010.

[158] DEY S, O'BARA RM, SHEPHARD M S. Towards curvilinear meshing in 3D: the case of quadratic simplices[J]. Computer-Aided Design, 2001, 33(3): 199-209.

[159] PERSSON P O, PERAIRE J. Curved Mesh Generation and Mesh Refinement using Lagrangian Solid Mechanics[C]// Office of Scientific & Technical Information Technical Reports, 2009.

[160] JOHNEN A, REMACLE J F, GEUZAINE C. Geometrical validity of high-order triangular finite elements[J]. Engineering with Computers, 2014, 30(3): 375-382.

[161] SHEPHARD M S, DEY S, FLAHERTY J E. A straightforward structure to construct shape functions for variable p-order meshes[J]. Computer Methods in Applied Mechanics and Engineering, 1997, 147(3-4): 209-233.

[162] REMACLE J-F, CHEVAUGEON N, MARCHANDISE É, et al. Efficient visualization of high-order finite elements[J]. International Journal for Numerical Methods in Engineering, 2007, 69(4): 750-771.

[163] GEUZAINE C, REMACLE J F. Gmsh: A 3-D finite element mesh generator with built-in pre- and post-processing facilities[J]. International Journal for Numerical Methods in Engineering, 2009, 79(11): 1309-1331.

[164] KROLL N, HIRSCH C, BASSI F, et al. IDIHOM: Industrialization of High-Order Methods - A Top-Down Approach[M]. New York: Springer, 2015.

[165] 郑耀, 陈建军. 非结构网格生成:理论、算法和应用[M]. 北京: 科学出版社, 2016.

[166] LIU B, XING Y, WANG Z, et al. Non-uniform rational Lagrange functions and its applications to isogeometric analysis of in-plane and flexural vibration of thin plates[J]. Computer Methods in Applied Mechanics and Engineering, 2017, 321: 173-208.

[167] YOSIBASH Z, HARTMANN S, HEISSERER U, et al. Axisymmetric pressure boundary loading for finite deformation analysis using p-FEM[J]. Computer Methods in Applied Mechanics and Engineering, 2007, 196(7): 1261-1277.

[168] SZABó B, DüSTER A, RANK E. The p-Version of the Finite Element Meth-

od[J]. Encyclopedia of Computational Mechanics，2004,1:119-139.

[169] WU Y, XING Y, LIU B. Hierarchical p-version C1 finite elements on quadrilateral and triangular domains with curved boundaries and their applications to Kirchhoff plates[J]. International Journal for Numerical Methods in Engineering，2019,119(3):177-207.

[170] LIU B, LIU C, LU S, et al. A differential quadrature hierarchical finite element method using Fekete points for triangles and tetrahedrons and its applications to structural vibration[J]. Computer Methods in Applied Mechanics and Engineering，2019：1-47(accepted).

[171] WU Y, XING Y, LIU B. Analysis of isotropic and composite laminated plates and shells using a differential quadrature hierarchical finite element method[J]. Composite Structures，2018，205：11-25.

[172] 陈璞，傅向荣，张群，等. 计算力学科研、教学与 CAE 软件开发[C]// 北京力学会第 21 届学术年会暨北京振动工程学会第 22 届学术年会论文集，2015:1-3.

[173] 冯志强，刘建涛，彭磊，等. 自主 CAE 平台及计算力学软件研发新进展[J]. 西南交通大学学报，2016(03)：519-524.

[174] 张洪武，陈飙松，李云鹏，等. 面向集成化 CAE 软件开发的 SiPESC 研发工作进展[J]. 计算机辅助工程，2011(02)：39-49.

[175] WEI GW, ZHAO Y B, XIANG Y. A novel approach for the analysis of high-frequency vibrations [J]. Journal of Sound ＆ Vibration，2002，257（2）：207-246.

[176] FERREIRA A J M. Analysis of Composite Plates Using a Layerwise Theory and Multiquadrics Discretization[J]. Mechanics of Advanced Materials and Structures，2005，12(2)：99-112.

[177] LIU B, LIU C, WU Y, et al. A Differential Quadrature Hierarchical Finite Element Method，Singapore：World Scientific，2021.

[178] SHETTY N, CHAUDHARY A, COMING D, et al. Immersive ParaView：A community-based，immersive，universal scientific visualization application [C]//. 2011 IEEE Virtual Reality Conference，2011.

[179] PATRIKALAKIS N M, Maekawa T. Shape Interrogation for Computer Aided Design and Manufacturing[M]. Berlin Heidelberg：Springer,2010:341-352.

[180] PIEGL L，TILLER W. The NURBS Book ［M］. 2nd ed. Berlin：Springer，1997.